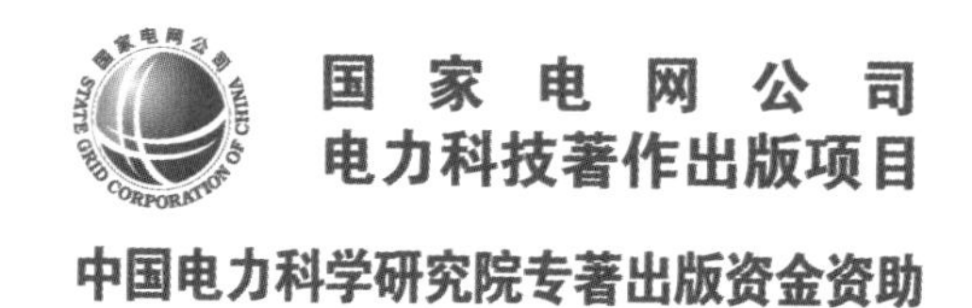

交直流混联大电网仿真分析与稳定控制

Simulation Analysis and Stability Control of Large-Scaled AC and HVDC Hybrid Power Grid

郑 超 马世英 著

内 容 提 要

本书全面阐述了交直流混联大电网发展特征，以及高压直流输电仿真模型、混联大电网受扰动态行为分析和安全稳定控制方法。本书主要内容包括交直流混联大电网发展概况及直流参与稳定控制的典型场景、直流输电机电暂态仿真模型、交直流耦合作用对混联电网稳定性影响及应对控制策略、基于局部受扰轨迹特征的混联电网稳定态势评估及紧急控制方法、面向混联电网不同稳定形态的特性分析与稳定控制措施、直流参与稳定控制技术需求及混联电网在线动态安全分析与预警系统。

本书可供从事交直流混联大电网稳定分析与控制的工程技术人员，以及高等院校电气专业的教师和研究生参考。

图书在版编目（CIP）数据

交直流混联大电网仿真分析与稳定控制 / 郑超，马世英著 . —北京：中国电力出版社，2021.10

ISBN 978-7-5123-4544-7

Ⅰ. ①交… Ⅱ. ①郑… ②马… Ⅲ. ①电网－混合输电－电力系统－系统仿真②电网－混合输电－稳定控制 Ⅳ. ① TM721.3 ② TM727

中国版本图书馆 CIP 数据核字（2020）第 053340 号

出版发行：中国电力出版社
地　　址：北京市东城区北京站西街 19 号（邮政编码 100005）
网　　址：http://www.cepp.sgcc.com.cn
责任编辑：陈　丽（010-63412348）
责任校对：黄　蓓　马　宁
装帧设计：郝晓燕
责任印制：石　雷

印　　刷：三河市万龙印装有限公司
版　　次：2021 年 10 月第一版
印　　次：2021 年 10 月北京第一次印刷
开　　本：710 毫米 ×1000 毫米　16 开本
印　　张：17.75
字　　数：314 千字
印　　数：0001—1000 册
定　　价：145.00 元

序言

电力系统发展经历了“三代”演变。第一代电力系统的特点是小机组、低电压、小电网，是初级阶段的电网发展模式；第二代电力系统的特点是大机组、超高压、大电网，优势在于大机组、大电网的规模经济性和大范围资源优化配置能力；第三代电力系统即新一代电力系统，是第一、二代电力系统在新能源革命下的传承和发展，其特点是基于可再生能源和清洁能源、骨干电网与分布式电源结合、主干电网与局域网和微网结合，是可持续的综合能源电力发展模式。

近十年来，风力发电、光伏发电的快速发展，“西电东送”特高压直流输电的大规模建设，用户端分布式多能互补综合能源和能源互联网的兴起，使电力系统中高比例可再生能源、高比例电力电子装备、多能互补综合能源、物理信息深度融合的智能电网和能源互联网等新一代电力系统的技术特征更加显现。

随着大量不同类型、不同电压等级的电力电子装备接入电网，我国电力系统呈现出电力电子化发展趋势，给系统建模与仿真、系统分析和控制带来了诸多问题和挑战，例如直流闭锁故障引起的交直流输电系统大范围潮流转移和连锁故障问题、受端多馈入直流换相失败再启动引起的电压稳定问题，以及系统惯量减小造成的频率波动和频率稳定问题等。未来，更多、更加复杂的电力电子装备大规模接入电网将会使系统特性更难掌控，需要在系统建模仿真、特性分析以及控制措施等方面开展持续的深入研究，确保我国交直流混联大电网安全稳定运行。

《交直流混联大电网仿真分析与稳定控制》专著是作者多年来，依托中国电力科学研究院电力系统研究所承担的重大交直流输电工程咨询项目、大电网安全稳定分析与控制科研项目所取的系统性研究成果。该书体系严谨，结构清晰，是大电网稳定分析与控制领域很好的参考用书，无论电力系统专业的大学生、研究生，还是从事大电网规划、设计、运行的企业工作人员和咨询人员，都可以从中获益。相信本书的出版，将会受到相关领域的欢迎和好评。

中国科学院院士
中国电力科学研究院名誉院长
周孝信

前言

合理的电网结构，是电力系统安全稳定运行的客观物质基础。电网结构改变将导致安全稳定运行特性发生显著变化。当前，仿真计算分析与调度运行实践均已表明，与交流输电为主导形态的传统电网相比，交直流混联大电网受扰行为和安全稳定特性已显现出诸多差异化新特征、新问题。面对这些新特征、新问题，电网受扰行为的认知能力、稳定运行的控制能力均面临新的挑战。

电网安全关乎国计民生和国家安全，一旦发生稳定破坏事故乃至大面积停电事故，损失难以估量。为此，面对出现的新特征、新问题、新挑战，电力工程界和学术界给予了高度关注，围绕交直流混联大电网完善仿真手段、探究行为机理、创建新型理论、革新控制方法等方面的研究，已成为电力系统研究领域的热点和重点。

本书针对我国大电网规划设计、运行调度等不同阶段出现的交直流混联电网典型场景，借助数值仿真手段并结合理论分析，研究交直流耦合作用机制及其对混联电网受扰行为的影响，在此基础上，提出稳定控制措施。

本书共9章。第1章介绍了我国交直流混联大电网发展概况及其呈现出的强直弱交特征，针对规划设计和调度运行不同发展阶段出现的交直流混联电网结构，以宏观视角梳理了具备共性特征的直流参与混联电网稳定控制的典型场景；第2章阐述了高压直流换流器准稳态模型和四种控制系统模型，以及附加控制模型，并提出了直流换流站非线性功率特性的测试方法——大扰动激励法；第3章基于改进的CIGRE HVDC Benchmark直流控制系统模型，研究了整流站、逆变站大扰动无功功率特性，以及逆变站扰动对整流站的影响、逆变站受扰功率波动对振荡阻尼的影响，提出了测度指标以及优化控制措施和紧急控制策略；第4章基于ABB公司直流控制系统模型，研究了整流站近区交流短路故障引发过电压的机制、逆变器换相失败预测控制及其对电压稳定性的影响，分析了特高压分层馈入直流的层间耦合特性，针对存在的稳定威胁提出了应对控制方案；第5章针对大扰动冲击下振荡中心落点的交流线路受扰轨迹，揭示了其“双峰一谷”特征与互联电网稳定态势间的联系，并提出了基于局部受扰信息的紧急控制策略；

第 6～8 章则围绕功角稳定、电压稳定、频率稳定等不同形态，研究了交直流混联电网稳定性及控制措施；第 9 章总结了直流参与混联电网稳定控制的技术需求，提出了在线动态安全分析与预警系统的设计方案。

本书的研究工作，得到国家电网公司重大科技专项“大电网严重故障下的故障隔离控制方法研究”课题 2“交直流、多直流安全稳定紧急控制技术”等项目的资助，在此表示感谢！

囿于作者水平，以及仿真工具所揭示客观真实现象的程度，书中可能存在不妥之处，恳请广大读者批评指正。

中国电力科学研究院　郑超

2020 年 6 月

本书所用主要名词术语缩略语

CEC	Current Error Control	电流偏差控制
EMS	Energy Management System	能量管理系统
ESCR	Effective Short Circuit Ratio	有效短路比
FACTS	Flexible AC Transmission System	灵活交流输电系统
FLC	Frequency Limit Controller	频率限制器
LCC-HVDC	Line Commutated Converter Based High Voltage Direct Current	电网换相高压直流输电
MDI	Multiple Document Interface	多文档界面
MTDC	Multi-Terminal DC	多端直流输电
MISCR	Multi-Infeed Short Circuit Ratio	多馈入直流短路比
$MISCR_{CQQ}$	MISCR with Considering the "Quality" and "Quantity"	计及短路电流质量差异的多馈入直流短路比
MPPT	Maximum Power Point Tracking	最大功率点追踪
OSCR	Operation Short Circuit Ratio	直流运行短路比
PMU	Phase Measurement Unit	相量测量单元
PI	Proportion Integration Controller	比例积分调节器
PSS	Power System Stabilizer	电力系统稳定器
RAML	Rectifier Alpha Min Limiter	整流器最小触发角限制器
SCADA	Supervisory Control and Data Acquisition	数据采集与监视控制系统
SCR	Short Circuit Ratio	直流短路比
SVC	Static var Compensator	静止无功补偿器
TCSC	Thyristor Controlled Series Compensation	可控串联补偿装置

UPFC	Unified Power Flow Controller	统一潮流控制器
VDCOL	Voltage Dependent Current Order Limit	低压限流
VSC-HVDC	Voltage Sourced Converter Based High Voltage Direct Current	电压源换流器高压直流输电
WAMS	Wide Area Measurement System	广域量测系统

本书所用主要物理量符号

c_{d}	直流线路电容
E'_{d}、E'_{q}	发电机 d 和 q 轴暂态电势
E_{fd}	发电机励磁电压
E_{s}、ΔE_{s}、E_{s0}	交流电网戴维南等值内电势幅值及其变化幅度、稳态运行值
f	电网运行频率
f_{N}	电网额定频率
Δf	发电机、母线以及电网频率偏差
G_{a}	电流控制增益
G_{Ui}	增益系数
i_{d}	直流电流
Δi_{d}	直流电流偏差
i_{dEmg}	紧急控制附加直流电流
i_{dh}	VDCOL 启动电流
i_{dr}、i_{di}	整流器和逆变器直流电流
i_{dN}	直流额定电流
i_{dref}	直流电流参考值
i_{δ}	直流电流控制裕度
i_{gd}、i_{gq}	发电机定子电流的 d、q 轴分量
l_{d}	直流线路电感
P_{d}	直流换流器与交流电网交换的有功功率
P_{dN}	直流额定功率
P_{dref}	直流功率参考值
P_{e}	发电机电磁功率
P_{m}	发电机机械功率
P_{p}	光伏 VSC 交流输出有功功率

Q_{cr}、Q_{ci} 整流站和逆变站从交流电网中吸收的无功功率

Q_{dr}、Q_{di} 整流器和逆变器消耗的无功功率

Q_f 滤波器和电容器组输出的容性无功功率

r_a 发电机定子电阻

r_d 直流线路电阻

T 换流变压器变比

T'_{d0} 发电机 d 轴开路时间常数

T_e 发电机电磁力矩

T_{fm} 频率测量时间常数

T_{ir} 整流器定电流控制 PI 调节器积分时间常数

T_{ii} 逆变器定电流控制 PI 调节器积分时间常数

T_{udrm}、T_{idrm} 整流器直流电压和直流电流测量时间常数

T_{udim}、T_{idim} 逆变器直流电压和直流电流测量时间常数

T_γ 定熄弧角控制 PI 调节器积分时间常数

$T_{\gamma m}$ 逆变器熄弧角测量时间常数

U_{cr}、U_{ci} 整流站、逆变站换流母线电压

U_{cif} 换相失败预测控制启动电压

u_d 直流电压

u_{d0} 无相控理想空载直流电压

u_{dc} 直流电容电压

u_{dh} VDCOL 启动电压

u_{dr}、u_{di} 整流器、逆变器直流电压

u_{dN} 直流额定电压

u_{gd}、u_{gq} 发电机机端电压的 d、q 轴分量

X_c 折算至阀侧的换流变压器漏抗

x'_d、x'_q 发电机 d、q 轴暂态电抗

X_{sr}、X_{si} 整流站和逆变站交流电网戴维南等值电抗

α 直流换流器触发滞后角

α_r、α_i 整流器和逆变器触发滞后角

α_{min} 整流器最小触发角

β_r、β_i	整流器和逆变器触发超前角
β_{ii}	逆变器定电流调节器输出角度
$\beta_{i\gamma}$	逆变器定熄弧角调节器输出角度
γ	逆变器熄弧角
$\Delta\gamma$	逆变器熄弧角偏差值
γ_{iref}	逆变器熄弧角参考值
γ_{max}	逆变器熄弧角最大值
δ	发电机功角或母线电压相位角
δ_c	故障清除时刻发电机功角
$\Delta\delta$	发电机功角差、母线电压相位角差
η	VSC 功率转换效率系数
η_U	逆变站电压稳定定量测度指标
δ_{sr}、δ_{si}	整流站和逆变站交流电网戴维南等值内电势相位角
μ	换相角
φ	换流器功率因数角
ω_N	发电机额定转速
ω_c	故障清除时刻发电机转速
ω_s	交流电网戴维南等值内电势扰动角频率

注：本书如无特别说明，则交直流混联电网基准容量 S_B 取值为 100MVA，直流电压与直流电流基准值 u_{dB}、i_{dB}取为额定直流电压和额定直流电流。

目录

1　交直流混联大电网发展及直流参与稳定控制的典型场景

1.1　交直流混联大电网发展及其稳定性特征

1.1.1　交直流混联大电网发展概况

电力工业是推动国民经济发展和社会文明进步的基础性能源产业之一。电力工业发展是永恒持续的，满足经济社会日益增长的用能需求、适应能源产业变革，是推动其发展的外因；实现调控灵活、促进节能降耗、保障安全稳定，则是推动其发展的内因。

广义电网即电力系统，是由发、输、变、配、用五个主要环节构成的统一整体，实现电能生产、传输、分配与消费。交流输电与直流输电，是输电环节中的两种典型形式，具有不同的技术特点与经济优势，前者适用于地区电网和区域电网组网，实现网内电能传输与交换，后者则适用于区域电网之间远距离大容量送电，实现大范围资源优化配置。我国电网在局部地区电网兴起和完善的基础上，逐步演化形成省级电网和多省联合的区域电网，并于 20 世纪 90 年代至 21 世纪初，开展了邻近区域电网交流弱互联的工程实践；与此同时，在 20 世纪 90 年代，以三峡送出工程为契机，拉开了利用直流进行区域电网互联的全国联网序幕；2009 年 1 月 1000kV 长治—南阳—荆门特高压交流工程投运和 2010 年 7 月向家坝—上海奉贤±800kV/6400MW 直流工程（简称复奉直流）投运，标志着我国已步入区域电网大容量特高压交直流混联新时代。

对应电网发展进程，我国输电网主导形态依次经历了纯交流阶段、超高压小容量直流与交流混联阶段，以及当前的特高压大容量直流与交流混联发展阶段。随着特高压直流容量由 6400MW 逐渐增大至 7200MW、8000MW 和 12000MW，以及单一直流落点发展为多直流送出和馈入密集落点，交直流混联大电网的特性已发生深刻变化，与纯交流电网和超高压小容量直流与交流混联的电网（以下统称为传统电网）相比，存在诸多显著差异。

自 2010 年起，复奉、锦苏、宾金以及天中、灵绍等特高压直流陆续投运。

随着电网发展，到 2020 年，祁韶、昭沂、扎青、锡泰、雁淮和吉泉等多回特高压直流也已相继投运，如表 1-1 所示。区域电网之间直流互联格局如图 1-1 所示，其中特高压直流总容量达到 103600MW。与此同时，区域电网之间交流联网仍维持华北与华中经 1000kV 长治—南阳—荆门特高压交流互联的格局。各区域电网内部则以 500kV 交流为主干输电网。

表 1-1　2020 年底国家电网有限公司经营区域已投运的特高压直流输电工程

直流	送受端区域电网	额定电压（kV）	额定容量（MW）	投运时间
复奉	西南—华东	±800	6400	2010 年
锦苏	西南—华东	±800	7200	2012 年
天中	西北—华中	±800	8000	2014 年
宾金	西南—华东	±800	8000	2014 年
灵绍	西北—华东	±800	8000	2016 年
祁韶	西北—华中	±800	8000	2017 年
昭沂	西北—华北	±800	10000	2017 年
扎青	东北—华北	±800	10000	2017 年
锡泰	华北—华东	±800	10000	2017 年
雁淮	华北—华东	±800	8000	2017 年
吉泉	西北—华东	±1100	12000	2018 年
青豫	西北—华中	±800	8000	2020 年

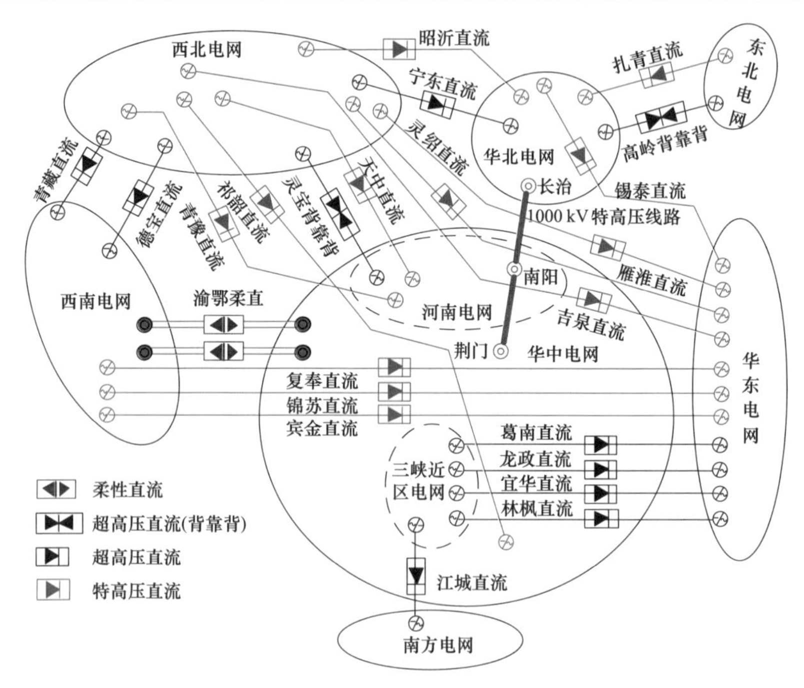

图 1-1　2020 年底国家电网有限公司经营范围内区域电网互联格局

1.1.2 直流输电与交流电网发展特征

1.1.2.1 直流输电发展新特征

特高压交直流混联大电网中，直流输电的发展具有如下新特征：

（1）单一直流送电功率实现聚合化。以吉泉直流为例，双极送电功率达到12000MW，相当于四回±500kV/3000MW超高压直流。直流故障所激发的扰动功率显著增大。

（2）送受端多直流落点凸现密集化。以四川电网复奉、锦苏、宾金送出直流，宁夏电网昭沂、灵绍、宁东送出直流，以及华东电网吉泉、宾金、灵绍等馈入直流为例，送受端均已形成多个近电气距离落点的直流群。直流与直流、直流与交流之间强电气耦合，相互影响和相互作用程度加剧。

（3）区域直流互联格局显现复杂化。连接西南—华东电网的复奉、锦苏、宾金直流，连接西北—华中、西北—华北的天中、昭沂直流，以及连接西北—华东、西南—华东的吉泉、宾金直流等，分别形成了多直流同送端同受端、同送端不同受端、不同送端同受端的区域电网互联格局。多回直流扰动功率叠加以及扰动经直流接续传播至互联区域电网，将增大冲击幅度与冲击影响范围。

（4）直流功率汇集方式呈现多样化。以复奉、祁韶和扎青直流为例，功率汇集方式分别为配套电源就近供电、配套电源与网内风电打捆供电，以及全网多类型电源汇集供电等不同形式。后两种方式下，直流故障易引发潮流大范围涌动。

1.1.2.2 交流电网发展特征

在直流输电以及风电、光伏等新能源快速发展的共同影响下，交流电网已呈现出新的显著特征，即电力电子化特征。其对电网的影响，具体表现在如下两个方面：

（1）传统电源的替代容量增大，电网调节能力下降。在受端，以华东电网为例，直流馈入总容量占总负荷比例高达40%以上。在送端，以西北电网为例，基于电力电子变频器的风电、光伏等新能源并网容量与区内负荷水平基本相当。直流馈入和新能源并网引起的火电、水电等传统电源替代效应，使交流电网转动惯量减小，频率调节能力下降；同时，电压支撑能力减弱，电压调节能力下降。

（2）电源耐频耐压性能降低，电网抗扰动能力弱化。基于电力电子变频器的风电、光伏等新能源电源，其耐受高频、低频以及高电压、低电压的能力较传统电源弱，电网受扰后，新能源电源易出现规模化脱网。

此外，受短路电流、输电走廊等制约电网发展的客观因素影响，区域电网内部500kV交流主干输电网关键输电线路和输电断面的潮流承载能力增长有限。

相对持续增长的直流送电功率，交流电网承载直流故障引发的转移潮流的能力已显现出不足。

1.1.3 交直流混联大电网强直弱交特征

1.1.3.1 强直弱交的定义

特高压交直流混联，已使电网特性发生深刻变化。针对电网呈现出的新特性，国内工程界和学术界已取得广泛共识，并将其高度概括为“强直弱交”特性。

综合已有认识，对这一特性做出如下定义，强直弱交指的是，超特高压交直流混联电网中，交流与直流两种输电形态在其结构发展不均衡的特定阶段，直流有功、无功受扰大幅变化激发起的超出既定设防标准或设防能力的强扰动，冲击承载能力不足的交流薄弱环节，使连锁故障风险加剧，全局性安全水平明显下降的混联电网运行新特性。

1.1.3.2 强直弱交的内涵

强直弱交，是对混联大电网特性的定性描述，其具体内容涉及以下五个方面：

（1）传统电网中，交流与直流是主从关系，直流扰动不会显著影响交流电网正常运行；强直弱交型混联大电网中，交流与直流是相互依存关系，直流平稳运行已成为交流安全的重要前提。

（2）强直即强冲击。强直非绝对的强，是相对弱承载的强，表现为不平衡有功功率和无功功率的冲击幅度大，包括单回特高压直流大容量送电功率瞬时中断或闭锁，以及多回直流扰动功率叠加累聚等形式。

（3）弱交即弱承载。弱交非绝对的弱，是相对强冲击的弱，表现为不平衡有功功率和无功功率承载能力不足，包括潮流转移能力不足、无功电压和频率调节能力不足，以及新能源设备对大频差和大压差的耐受能力不足等形式。

（4）强直弱交对混联大电网稳定性威胁主要体现在两个方面，即单一故障向连锁故障转变和局部扰动向全局扰动扩展。强直激发的大量不平衡有功功率、无功功率，冲击承载能力不足的弱交流电网，当有功功率、电压、频率等电气量变化幅度相继超过不同薄弱环节的耐受能力时，单一故障将向连锁故障转变；直流送受端强耦合，使扰动经直流向互联区域电网传播，加之多回直流扰动功率叠加放大，局部扰动将向全局扰动扩展。

（5）安全稳定设防标准决定故障防控级别，调控资源的广度与深度决定故障防控措施，两者均影响交流电网抵御冲击的能力。面向发展中的交直流混联电网及其呈现出的大有功、大无功冲击，既定的设防标准和控制措施，将制约平抑和疏散冲击功率、隔离和阻断扰动传播等能力，会使强直冲击下弱交承载能力不足的矛盾更为突出。

1.1.3.3 强直弱交型混联大电网的稳定威胁形式

（1）强直弱交型混联大电网主导稳定形态。强直弱交型混联大电网中，交流电网发挥着基础性支撑作用，其稳定与否直接关乎电网能否连续可靠供电。因此，混联电网失稳的核心仍为交流电网失去稳定，表现为故障冲击下有功功率、无功功率不能达到平衡，发电机功角、母线电压以及电网频率等关键电气量大幅变化，且无法恢复至新的稳定运行状态。与此对应，强直弱交型混联大电网的主导稳定形态仍为功角稳定、电压稳定和频率稳定。

与纯交流电网不同，在交直流混联大电网中，直流电流源型换流器的电网换相，可使交流故障激发的扰动能量显著增大；直流换流器的有功功率与无功功率强关联、交流与直流强耦合，使交流电网多稳定形态交织；直流控制方式与控制逻辑转换引起的交直流交换功率非线性变化，使交流电网受扰行为更加复杂。在强直弱交型混联大电网中，特高压直流大容量输电显著增大了扰动所能激发的不平衡功率，电网稳定威胁呈现新变化，如1.1.3.2所述，表现为单一故障向连锁故障转变和局部扰动向全局扰动扩展两个方面，其发生、发展的形式如图1-2所示。

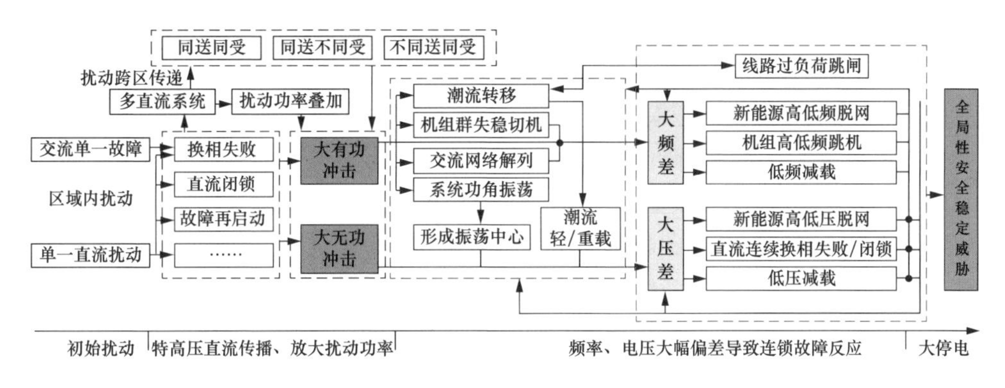

图1-2 强直弱交型混联大电网稳定威胁发生、发展的形式

（2）单一故障向连锁故障转变。在强直弱交型混联大电网中，交流单一故障和单一直流扰动向连锁故障转变的风险，均显著增大，具体表现如下。

对于直流馈入的受端电网，交流单一短路故障引发近电气距离多回直流同时换相失败，有功瞬时中断激发的扰动冲击相互叠加，易导致功角振荡，位于振荡中心近区的直流逆变站则会因电压大幅跌落，存在连续换相失败甚至闭锁风险；多回直流换相失败后有功同时恢复提升过程中，逆变站从交流电网吸收大量无功功率，存在因交流电压无法恢复导致发电机过励磁跳闸、电动机低压脱扣等风险。

对于直流外送的送端电网，交流单一短路故障后，受直流有功恢复延迟的影响，配套电源出力受阻程度增大，机组加速使局部地区面临短时频率骤升，易导致邻近风电、光伏等新能源高频脱网；单一直流闭锁等故障，滤波器切除前过剩容性无功使局部交流电网面临过电压冲击，易导致新能源高压脱网。

此外，单一特高压直流送出功率占区域电网发电比例，或馈入功率占区域电网负荷比例较大的场景中，直流闭锁引起的送、受端电网功率盈余或缺额，易导致高频切机、低频减载动作；直流闭锁后的转移潮流冲击交流输电瓶颈，易引发线路过负荷跳闸等，均是强直弱交型混联大电网中单一故障向连锁故障转变的重要形式。

（3）局部扰动向全局扰动扩展。区域电网之间多回直流互联，已形成同送端同受端、同送端不同受端、不同送端同受端等多种复杂格局，送、受端电网之间关联耦合更加紧密。局部交流电网的故障扰动，因激发起直流功率大幅波动，已呈现向互联区域电网乃至全网扩展蔓延的趋势。具体表现在如下三个方面。

1）受端交流电网短路故障导致逆变器换相失败，在换相失败结束直流功率恢复过程中，整流站有大量盈余容性无功功率注入送端电网，易导致风光新能源高压脱网，并继而威胁送端频率安全。

2）区域电网直流同送端同受端互联格局中，当受端交流电网发生单相永久接地、单相开关拒动等故障时，换相失败导致的多回直流同时多次功率瞬时跌落，使不平衡加速能量叠加累聚，易导致送端电网失去暂态稳定。

3）区域电网直流同送端不同受端、不同送端同受端两种互联格局中，以前者为例，送端交流电网故障，导致受端落点于不同区域电网的直流的输送功率同时波动，若受端区域电网之间存在薄弱的交流联络线，则易使其功率出现大幅涌动，甚至导致联络线功率因超过静稳极限而使互联电网解列。

需要指出的是，单一故障向连锁故障转变与局部扰动向全局扰动扩展，不是相互独立、相互排斥的，而是相互交织、相互推进的，是同一受扰动态过程中的两种表现形式。

1.1.4 提升强直弱交型混联大电网安全水平的相关措施

1.1.4.1 提升混联电网安全水平的三个方面

保障电网安全的相关措施，需与电网稳定特性相适应。电网是不断发展的，不同发展阶段具有不同的稳定新特性，因此，保障电网安全的相关措施，也面临不断发展的新要求。

针对强直弱交型混联大电网，亟须围绕修编完善安全稳定标准、协调发展直流与交流输电、构建大电网安全综合防御体系等三个方面，研究制定与其新特性相适应的措施，有效应对单一故障向连锁故障转变、局部扰动向全局扰动扩展，保障电网安全运行。

1.1.4.2 修编完善安全稳定标准

安全稳定标准，是在兼顾经济性和安全性的基础上制定的保障电网安全可靠供电、稳定连续运行的系列准则，是电网规划建设与调度运行的纲领性、强制性和规范性文件。其中，明确规定了电网应具备的故障冲击抵御能力、故障设防原则，以及控制措施选择依据。

长期以来，我国电网规划建设与调度运行中的安全稳定标准，均遵从DL 755—2001《电力系统安全稳定导则》和DL/T 723—2000《电力系统安全稳定控制技术导则》，并据此构建了安全稳定三道防线体系，有效保障了电网在以往各发展阶段的安全稳定运行。然而，随着传统电网向强直弱交型混联大电网快速演变，针对新出现的对电网稳定威胁较大的故障或扰动，如特高压直流换相失败和直流故障再启动等，DL/T 723—2000在故障设防原则等相关内容上显现出了空白。此外，与传统电网中严重故障冲击程度相当的单一故障，如大容量特高压直流单极闭锁等，对DL/T 723—2000中相应的设防原则也应予以重新审视。

为此，针对强直弱交型混联大电网稳定控制新要求，应在科学论证的基础上，适时修编和完善相关标准。

1.1.4.3 协调发展直流与交流输电

合理的电网结构是电力系统安全稳定运行的客观物质基础。面向强直弱交型混联大电网，协调直流与交流输电发展，提升电网安全稳定水平，涉及减小直流的冲击发生概率和增强交流的冲击承载能力两个方面。

减小直流的冲击发生概率，主要是降低直流逆变器换相失败发生概率。一方面，可采用优化晶闸管固有关断时间、优化换相失败预测方法等技术；另一方面，可采用电容换相逆变器或电压源型逆变器，替代电流源型逆变器。

增强交流的冲击承载能力，可采取如下措施。

（1）优化交流一次主干网架，适应直流有功强冲击。消除输电瓶颈约束，增强交流主网潮流灵活转运和疏散能力；科学布局直流落点，抑制多回直流受扰功率的叠加累聚效应。

（2）加强电压支撑能力，适应直流无功强冲击。充分利用已建的传统发电机组，优化布点新建的调相机以及增建的静止无功补偿装置（SVC）、静止同步补偿器（STATCOM）等无功源，为直流换流站提供充裕的动态无功，支撑交流电压快速恢复。

（3）改善源网控制及其协调控制能力。优化机组励磁、调速以及电力系统稳定器（PSS）等调节控制，增加灵活交流输电系统（FACTS）设备附加阻尼等控制功能；通过虚拟同步发电机等先进适用技术，增强风电、光伏等新能源电源参与电网频率、电压调控的能力。

1.1.4.4 构建大电网安全综合防御体系

现有稳定控制措施，以《电力系统安全稳定导则》和《电力系统稳定控制技术导则》为既定设防标准，以常规切机、切负荷为主要控制资源，以相互独立的输变电工程为需求依托，在面对交直流混联大电网强直弱交新特性时，已表现出不适应性，具体包括：应对大容量特高压直流强冲击，难以满足控制措施量的要求；单一集中控制措施，难以应对单一故障向连锁故障的转变；控制措施组织协调能力，难以应对局部扰动向全局扰动扩展的变化。

鉴于以上诸多不适应性，应构建大电网安全综合防御体系，增加控制的资源类型、拓展控制的空间分布、优化控制的时序逻辑、增强控制的协调能力，适应强直弱交型混联大电网的稳定控制新要求。

（1）设定安全综合防御体系的目标。大电网安全综合防御体系，以现有安全稳定三道防线为基础，依托先进的信息通信技术，实现对电网多频段、高精度的全景状态感知；基于故障诊断和动态响应轨迹，实现多场景、全过程的实时智能决策；整合广泛分布于全网的多种控制资源，实现有序、分层的一体化协同控制，通过缓解强直的故障冲击、强化弱交的承载能力，达到有效降低大电网安全运行风险的目标。

（2）实现安全综合防御的一体化协同控制。其包括四个具体方面，即多资源统筹控制、多地域配合控制、多尺度协调控制以及多目标联合控制。

1）多资源统筹控制。在传统单一切机、切负荷控制的基础上，统筹利用直流功率控制、抽蓄切泵控制、调相机控制、新能源紧急有序控制等各种可控资源，增加应对强冲击的可控容量。

2）多地域配合控制。针对扰动冲击的高强度和大范围，匹配并整合不同地域、不同电压等级的控制资源，实现大范围立体配合控制，消除瓶颈约束，增强弱交的承载能力。

3）多尺度协调控制。针对不同稳定形态的时间尺度特征和各类控制资源的时效性，通过毫秒级、秒级和秒级以上控制的相互优化协调，实现电网动态过程的全覆盖。

4）多目标联合控制。综合利用不同时间尺度和不同空间范围内的各种控制措施，联合应对故障演变全过程中的不同稳定问题，抑制扰动冲击、阻断连锁反应，提升稳定裕度，防止电网崩溃。

（3）开展关键支撑技术攻关。构建大电网安全综合防御体系是一项复杂的系统工程，为保障多资源参与的一体化协同控制有效实施，需围绕以下五个方面开展关键支撑技术攻关。

1）电力电子化源网荷精细化仿真技术。包括：拓扑结构高频变换的电压源换流器高效精准仿真、新能源发电集群的外特性聚合模拟、基于实际工程的直流控制与保护逻辑建模与仿真、分布式电源高渗透型综合负荷的特性建模与仿真，乃至基于超级计算机群的交直流混联大电网全电磁暂态仿真等。

2）强直弱交型混联电网大扰动行为机理。包括：大扰动冲击下，直流换流站多时间尺度功率响应特征及关键影响环节识别；复杂扰动场景下，交直流、多直流以及直流送受端交互作用机制，及其对混联电网多形态稳定性影响机理；强直弱交型混联电网连锁故障发展路径识别及隔离阻断技术。

3）混联电网稳定态势表征方法与评估指标。包括：在传统直流短路比静态量化评估交流电网强弱的基础上，进一步提出计及有源设备受扰行为特征的动态量化评估指标；混联电网多形态稳定性与受扰电气量之间的关联映射方法；表征稳定性演化态势的关键电气量特征识别技术；基于关键电气量响应轨迹的稳定性定量评估指标。

4）混联电网协调控制基础理论与方法。包括：适应强直弱交型混联电网非线性特征的多资源、多目标综合协调控制基础理论；计及连续与离散特点、集中与分布特征、响应时间尺度差异特性的多资源协调控制方法，以及大电网综合协调控制的体系架构设计方法。

5）大容量先进适用控制技术。包括：不同响应速度的规模化精准负荷控制技术、基于电力电子的大容量电气制动技术，以及大容量储能的多速率能量调控技术等。

1.2 直流参与混联大电网稳定控制的典型场景

1.2.1 直流功率调控改善混联电网稳定水平的可行性

从交直流混联大电网的稳定形态上划分，可分为功角稳定、电压稳定和频率稳定；从时间尺度上划分，可分为暂态稳定和中长期稳定；从扰动大小上划分，可分为小干扰稳定和大扰动稳定。受网架结构、扰动形式以及输电容量等多重因素影响，扰动后混联电网能否稳定运行，取决于其维持有功与无功平衡的能力以及阻尼振荡的能力。

混联大电网受扰后，直流主控系统响应交直流电气量波动，动态调节换流器触发角，使直流电流或功率、熄弧角或直流电压逼近其参考值。直流刚性、被动的功率响应，加之控制方式切换及低压限流（Voltage Dependent Current Order Limit，VDCOL）等非线性因素，将影响交流电网有功转移冲击特性与无功平衡特性，进而影响混联电网稳定性。

叠加附加控制器输出的调控指令，直流可响应扰动后交流电网稳定控制需求，发挥其功率大范围紧急快速控制功能和柔性调制功能。直流附加控制主要包括紧急控制、有功调制、无功调制、频率调制。从功率类型上可分为有功控制和无功控制；从响应时间尺度上可分为紧急控制和调制控制。因此，直流可联合送受端交流电网，实现相互支援，缓解扰动后有功转移冲击或不平衡程度，减小交流电网驱动或制动能量，提升暂态功角稳定水平；通过有功控制减少换流器无功消耗，支撑交流电压恢复；跟随交流电气量波动动态调节有功，“削峰填谷”增强振荡阻尼。

《电力系统安全稳定导则》对电力系统稳定进行了分类，利用直流附加控制改善混联电网稳定性的对应关系，如图 1-3 所示。

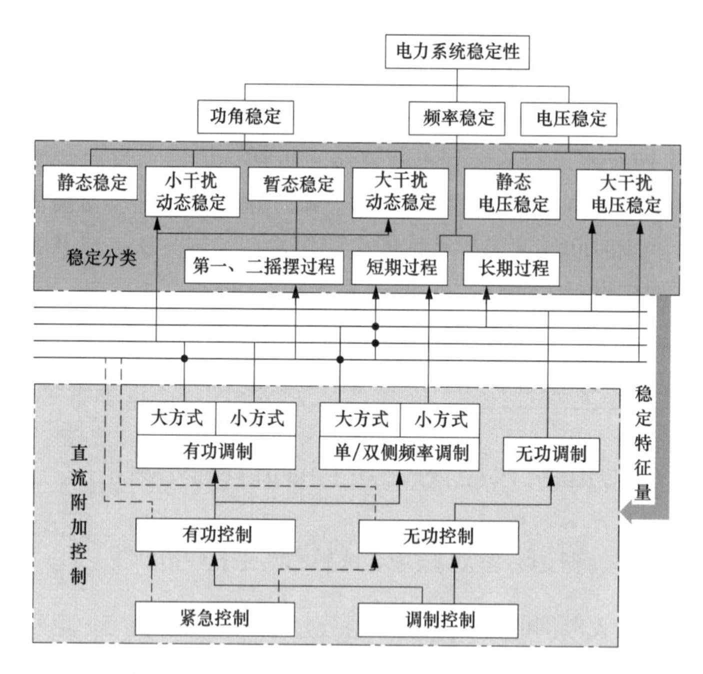

图 1-3　改善混联电网稳定性的直流附加控制

为讨论方便，对所涉及的交直流混联电网结构做如下定义：混联结构是指含有直流换流站的交直流混合电网的统称；并行结构是指输电断面中同时具有交流线路和直流线路的电网结构，包括并联结构与并列结构两种，其中，并联结构中直流整流站与逆变站均接入同一交流同步电网，并列结构中直流整流站与逆变站则分别接入不同的交流同步电网。

以下结合中国交直流混联电网发展进程，针对论证过的规划方案和不同阶段的运行方案，梳理直流参与稳定控制的典型场景。

1.2.2　直流参与稳定控制的典型场景

1.2.2.1　场景一：缓解振荡耦合提升区域电网输电能力

特高压直流和特高压交流大容量长距离输电线路，是区域电网互联的重要技术手段。随着区域电网交直流混联，电网将形成交直流并列结构。如图 1-4 所示，华北、华中和华东互联电网，长治—南阳特高压交流线路与复奉、锦苏、宾金以及三峡送出多回直流构成并列结构。

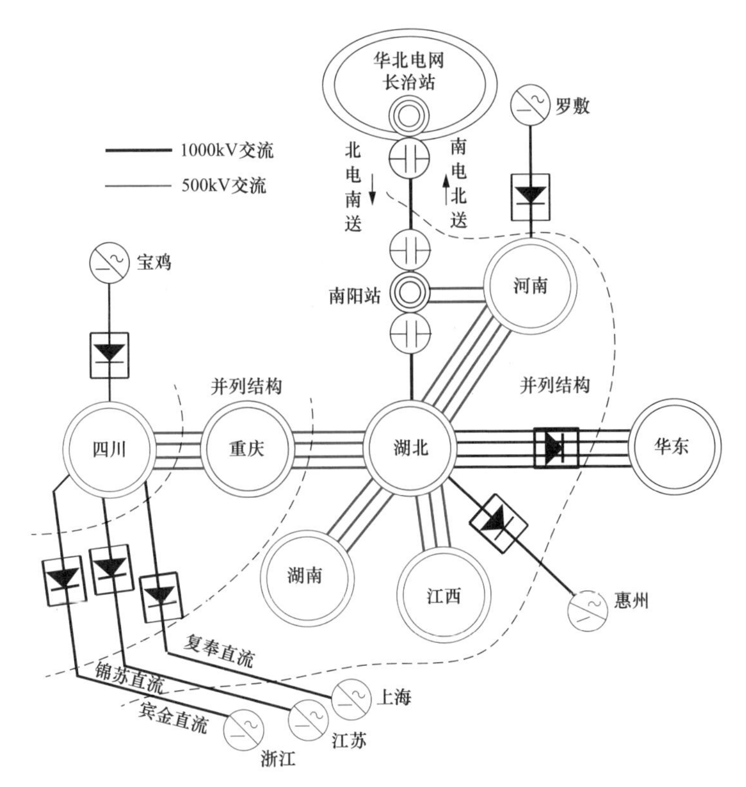

图 1-4　区域电网交直流并列结构

区域电网交流联络线弱互联条件下，区域内部省级电网振荡与区域互联电网振荡之间的耦合效应，将成为制约联络线输电能力的重要因素。例如，由交流电网互联结构及转动惯量分布特征决定的四川—华中、华中—华北两个主导强阻尼振荡模态对区域电网振荡驱动或制动能量的叠加累聚效应，会使华中西部末端四川电网网内故障造成华中—华北特高压联络线功率大幅涌动，威胁区域互联电网稳定运行。

利用直流紧急功率控制或大方式有功调制控制，降低大扰动后省级电网外涌功率的振荡幅度，则可降低区域电网振荡驱动或制动能量的叠加累聚水平，缓解区内外振荡耦合效应，进而提升区域电网互联线路电力交换能力。

1.2.2.2　场景二：协调大容量交直流并行线路安全运行

主干输电网发展初期，电力供需可局部平衡，电源与负荷通过较短距离的交流线路互联。随着负荷中心容量增长及其与大型能源基地空间距离增大，直流以其技术优势逐渐成为连接电源基地和负荷中心的重要输电形式，交直流并行线路也随之形成。中国已形成的交直流并行线路的混联结构，包括水电基地交直流并列外送的四川电网、交直流并列受电的长三角负荷中心电网以及多回交直流并联线路外送和馈入的南方电网等。

送受端落点于不同同步电网的交直流并列典型结构如图 1-4 中川电东送电网所示，落点于同一同步电网的交直流并联典型结构如图 1-5 中的南方电网所示。

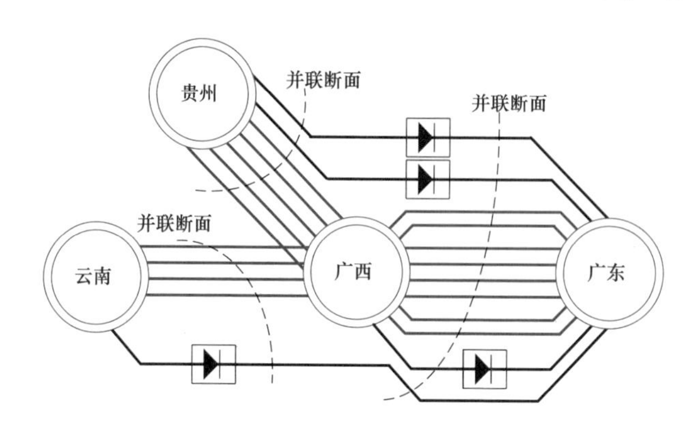

图 1-5　多级交直流并联结构

大容量交直流线路并行运行，直流闭锁或交流线路开断引起的潮流转移、盈缺功率重新分布以及电气联系减弱等，易诱发连锁故障、持续振荡，进而产生功角、电压、频率等稳定问题，如图 1-6 所示。

综合应用直流快速紧急控制和慢速调制控制，可实现交直流协调运行。例如，联合送受端交流电网，利用直流紧急功率控制在容量更大的电网中稀释不平衡功率的冲击影响；发挥直流过负荷送电能力，补偿交流线路开断后输电能力的损失；降低有功转移水平，减少无功损耗提升受端电网无功供需平衡能力；依据受扰后交流电气量振荡起伏反向调制直流有功，缓解交流联系减弱、送电潮流增大等弱化振荡阻尼的不利因素影响。

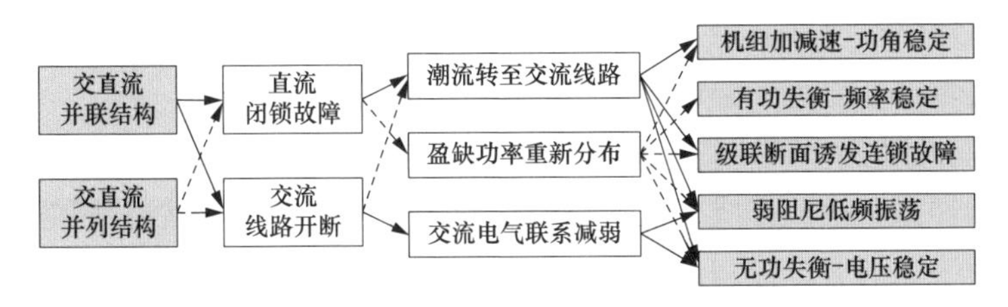

图 1-6　交直流并行线路运行稳定威胁

1.2.2.3　场景三：增大多直流密集馈入电网受电比例

为满足持续增长的用电需求和环保约束，南方电网和华东电网已形成多直流密集馈入的受端电网格局，同时也具有交直流并行受电结构特征，如图 1-5 和图 1-7 所示。交直流高比例受电、多逆变站近电气距离紧密耦合、负荷大容量高密度集中分布等固有特征，使得多回直流连续换相失败并诱发直流闭锁风险增大。此外，受扰后电压跌落偏离额定运行值时，受电动机滑差增大感性负荷增加、补偿电容器无功出力随电压降低成平方倍跌落、受阻直流功率转移交流线路引起无功损耗增大等多重因素影响，加之伴随有功同时恢复的多直流逆变器大量无功消耗叠加，受端综合无功供给与需求之间易失衡而发生电压失稳。

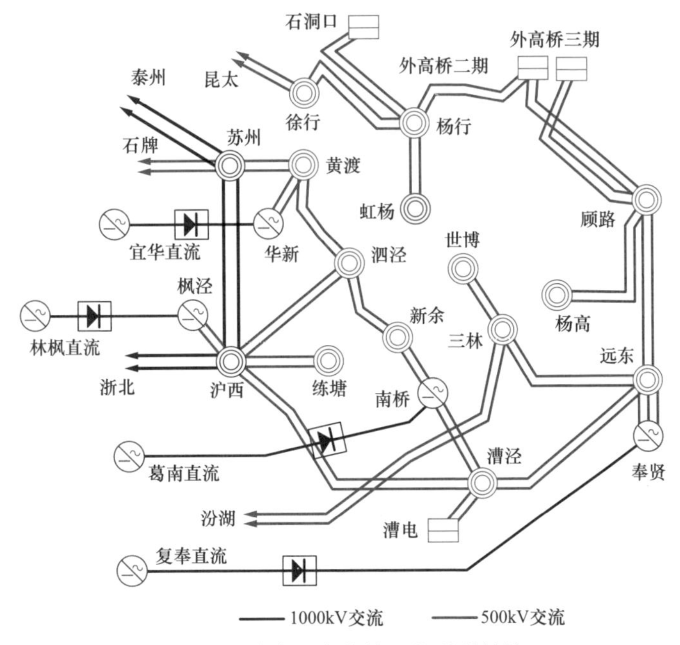

图 1-7　多直流密集馈入的混联结构

利用直流无功调制功能，动态调节熄弧角 γ 可降低逆变器无功消耗，但受换相失败威胁限制，γ 调节范围较小，因此无功调制辅助受端电压恢复效果有限。优化控制直流恢复时序，降低多直流集中恢复导致无功需求叠加对电压稳定的不利影响，是增加多直流密集馈入电网受电比例的重要手段。

1.2.2.4 场景四：抑制交直流耦合效应改善稳定特性

大扰动冲击后换流母线电压大幅起伏变化过程中，直流整流站和逆变站因直流控制系统快速响应、控制方式切换、VDCOL 以及大容量滤波器容性无功出力波动等因素影响，其与交流电网交换的有功和无功均会呈现出大幅度非线性变化。交直流大扰动耦合效应增强，存在弱化电网稳定性的威胁。

直流送端整流站落点于大扰动振荡中心的混联结构如图 1-8 所示，由于溪洛渡至浙西±800kV/8000MW 特高压直流配套的溪洛渡水电站先期投运，为减少弃水，电站经溪洛渡—复龙—泸州长链型交流线路和复龙—奉贤±800kV/6400MW 特高压直流向主网送电。复龙换流站出线短路故障后，存在随交流电压恢复直流在定功率控制作用下强行从局部电网抽取有功，导致送端机组回摆过制动，继而引发第二摆暂态失稳威胁；同时又存在振荡中心复龙站电压大幅起伏变化过程中，整流站定功率控制与定最小触发角 α_{min} 控制相互切换导致直流功率交替增减，功率转移将“助增促降”并列运行的交流线路功率波动，导致振荡阻尼弱化，甚至使送端机组增幅振荡。

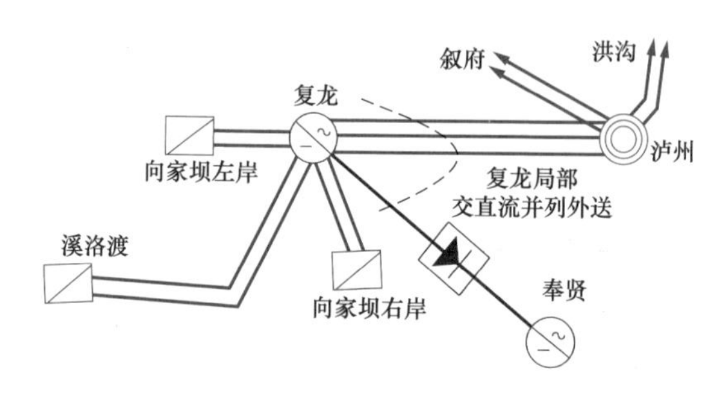

图 1-8 直流送端整流站落点于大扰动振荡中心的混联结构

直流受端逆变站落点于大扰动振荡中心的混联结构如图 1-9 所示，对应新疆准东火电基地外送±1100kV/10000MW 特高压直流落点于 1000kV 特高压交流长寿站的规划方案。大扰动冲击后，落于川渝断面或渝鄂断面的振荡中心均距离长寿逆变站较近，电压振荡跌落过程中，受滤波器无功出力大幅减小影响，逆变站将从交流电网吸收更多无功，加速电压跌落，存在恶化稳定性的威胁。

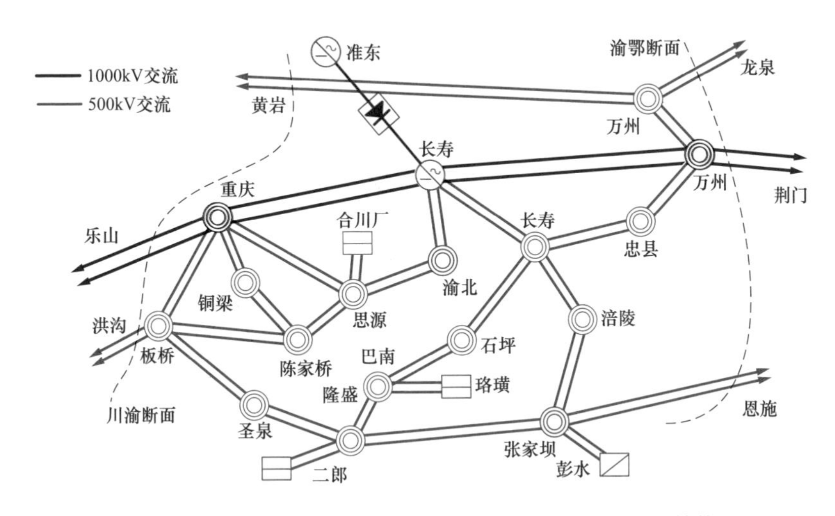

图 1-9　直流受端逆变站落点于大扰动振荡中心的混联结构

利用直流功率控制，可抑制交直流耦合效应，改善混联电网稳定特性。一方面，利用有功调制控制，可减缓直流功率恢复，缓解过制动功率引发的机组第二摆暂态稳定问题，也可平抑直流功率波动，弱化“助增促降”效应提升大扰动振荡阻尼；另一方面，利用紧急功率控制阶跃式降低直流送电有功，则可减少逆变站无功需求，甚至向交流电网输出无功支撑电压，抑制振荡中心电压跌落。

1.2.2.5　场景五：提高受端电网电压稳定水平

大扰动网源结构变化后，交直流混联受端电网与主网之间电气联系的紧密程度，对维持混联电网电压稳定具有重要意义。等效联系阻抗越小，则主网向受端电网供给无功和支撑电压的能力越强，受扰后电压和直流功率可快速恢复；反之，则存在受端电网无功需求与主网无功供给动态失衡，发生电压失稳的威胁。

受电源布局、输电距离等因素影响，混联受端电网与主网之间多回互联线路对逆变站短路电流贡献程度存在差异。短路电流贡献越大，则互联线路枢纽地位越突出。枢纽线路故障开断威胁受端电网电压稳定性的交直流混联结构如图 1-10 所示，对应呼盟±800kV/8000MW 特高压直流馈入重负荷河南豫西电网的规划方案。与其他线路相比，嘉和—汝州对豫西逆变站短路电流贡献较大，枢纽地位突出。该线路嘉和侧短路故障后开断，受端电网与主网之间等效联系阻抗将呈阶跃式大幅增加，对应主网最大无功供给能力则呈阶跃式下降，存在因无法满足电动机负荷、直流逆变站动态无功综合需求而发生电压失稳的威胁。

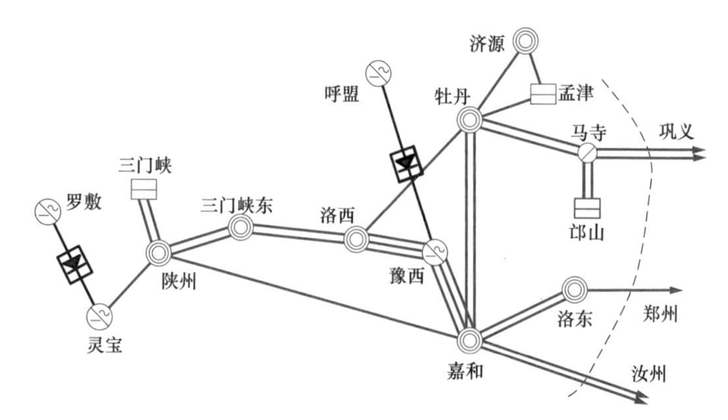

图 1-10　枢纽线路故障开断威胁受端电网电压稳定性的交直流混联结构

针对枢纽线路开断后，以无功供需平衡为主要矛盾的电网，可利用直流有功紧急控制，降低逆变器有功送电，减少无功消耗，则能起到提高电压稳定水平的作用。此外，简化网内接线，构建合理的受端电网结构，降低电站短路电流水平缓解故障冲击程度，以及均衡线路对受端电网支撑作用，避免单一线路枢纽地位过于突出，也是提高受端电网电压稳定水平的重要举措。

1.2.2.6　场景六：增强大机小网型受端电网连续供电能力

大机小网型电网通常主干输电网结构较为薄弱，总装机容量和惯性时间常数较小，且单台机组容量或单一线路供电容量占总装机容量比重较大。该类型电网频率稳定问题较为突出，一方面，大容量机组跳闸后，大量有功缺额将驱使电网频率快速大幅跌落，触发多级低频减载装置动作，损失大量负荷；另一方面，大容量负荷供电线路开断后，盈余功率将会驱使电网频率大幅快速上升，若切机容量与故障损失负荷容量失配或大容量火电机组高频保护动作，则电网面临低频减载威胁，甚至因频率大幅波动而面临崩溃威胁。

直流馈入大机小网型电网的混联结构如图 1-11 所示，对应±400kV/600MW青藏直流受端西藏中部电网。电网以 220kV 三角环网为主干网架，负荷容量较小，老虎嘴以及燃气等主力电站单机容量占电网总装机容量比重较大，同时存在乃琼—多林等大容量辐射状供电线路，在机组跳闸或终端负荷失电等扰动冲击下，电网频率稳定问题突出。利用直流紧急功率控制或频率调制控制，可快速补偿电网有功供需差额，减少低频减载切负荷容量，或降低频率大幅上升导致火电机组跳闸进而引发频率崩溃的威胁。

值得指出的是，大机小网型电网通常短路容量较小，电压支撑能力弱，直流有功调控引起的直流换流器无功消耗变化，会影响电压安全。因此，应兼顾电网的电压稳定和过电压耐受能力，综合考虑直流调控方案。

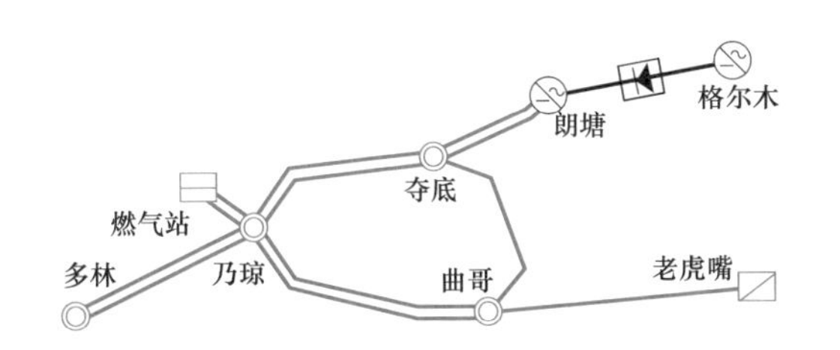

图 1-11　直流馈入大机小网型电网的混联结构

1.2.2.7　场景七：改善送端孤岛电网稳定性能

受电源分期投运送电需求小，交流线路延期投运或交流线路建设进度滞后等因素影响，在直流投运初期，存在直流送端电网与交流主网弱互联运行场景。锦苏±800kV/8000MW 特高压直流投运初期，送端整流站及水电群仅通过月城—普提线路与四川主网弱互联，线路开断后直流送端将与主网解列形成孤岛电网，如图 1-12 所示。

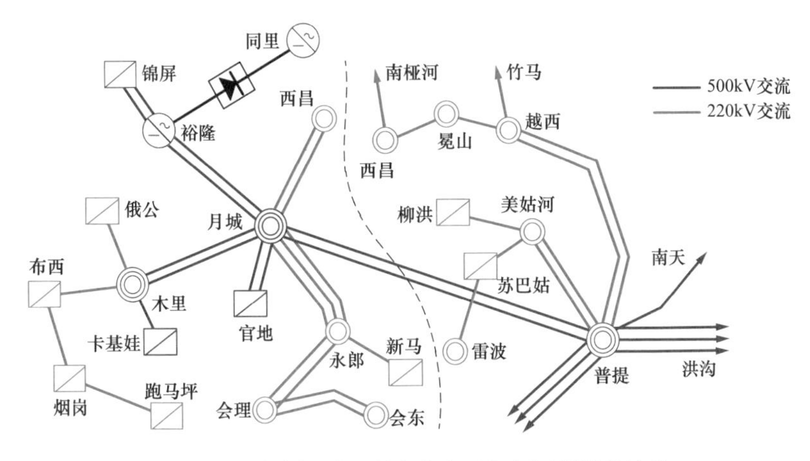

图 1-12　故障解列后形成直流孤岛电网的混联结构

受能源基地远离交流主网的现实条件制约，或从简化网络结构避免直流闭锁潮流转移冲击、降低连锁故障风险、简化安控配置等角度考虑，大型能源基地可将直流孤岛方式作为正常运行方式。如图 1-13 所示，云广±800kV/5000MW 特高压直流送端开断楚雄换流站至和平变电站交流线路，形成水电基地直流外送的孤岛电网。

图 1-14 所示为蒙古国锡伯敖包、布斯敖包煤电基地规划通过两回中蒙±660kV/4000MW 直流外送的孤岛电网。

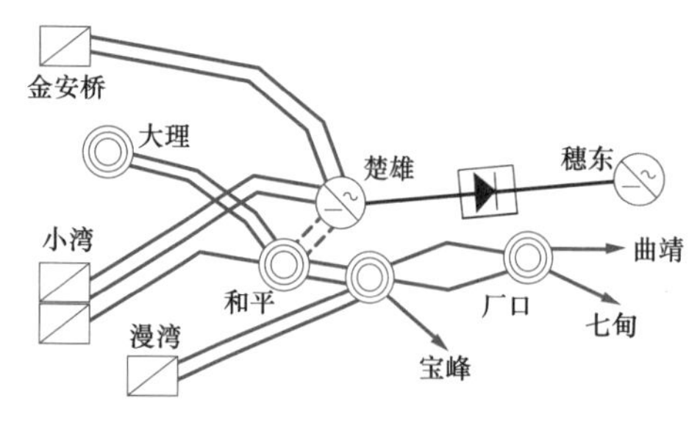

图 1-13　水电基地正常直流孤岛运行的混联结构

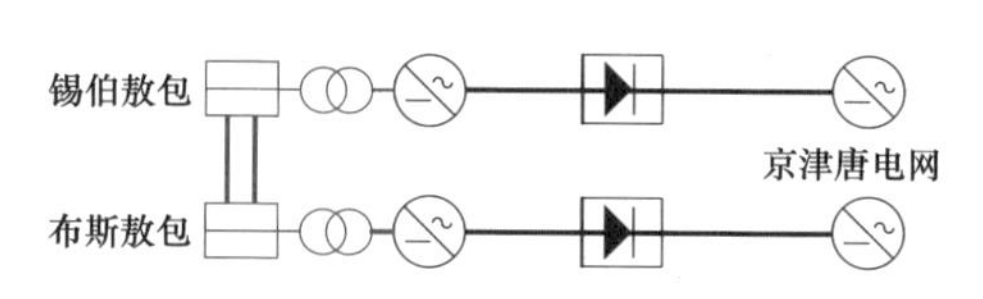

图 1-14　火电基地正常直流孤岛运行的混联结构

故障后或正常运行的送端直流孤岛电网，具有电源接入集中、送电线路单一、惯性时间常数和短路容量小，以及有功频率灵敏度高等特点。受机组原动机功率调节延时、主控制系统作用下直流刚性送电等因素影响，扰动引起有功注入与送出之间的偏差，将会威胁孤岛电网频率稳定。仅靠切机、原动机调节难以快速平抑频率波动和精细调控。利用直流紧急功率控制及频率调制控制，则可快速补偿功率盈缺，并提供频率振荡阻尼，提升孤岛电网频率控制和稳定运行能力。

此外，对于火电基地直流外送孤岛电网，可利用直流附加阻尼控制器微调直流送电功率，为机组轴系提供次同步振荡正阻尼。

1.2.2.8　场景八：提升新能源接纳能力

风电、太阳能发电等新能源电源，其出力具有时有时无的间歇性、忽大忽小的波动性和难以预测的随机性等特点，大规模开发利用对电网的控制和协调能力带来巨大挑战。在新能源资源与煤炭资源集中分布的重叠区域，新能源电源与火电联合打捆外送，跟随新能源电源出力变化反向调节火电出力，维持功率平稳输出，是提升新能源接纳能力的重要措施。但随着新能源并网规模增大，火电装机限制及运行经济性将制约新能源接纳。

新能源电源与火电联合打捆特高压直流大容量外送，是大范围资源优化配置的重要手段。西北电网中甘肃酒泉地区和新疆哈密地区风电与火电打捆多回特高压直流外送的混联电网规划方案，如图 1-15 所示。通过直流联合大容量受端电网，利用频率调制或有功调制动态调节直流送电功率，可平抑新能源电源出力波动，降低火电参与功率调节的幅度，提高送端电网频率稳定性和火电机组运行经济性。

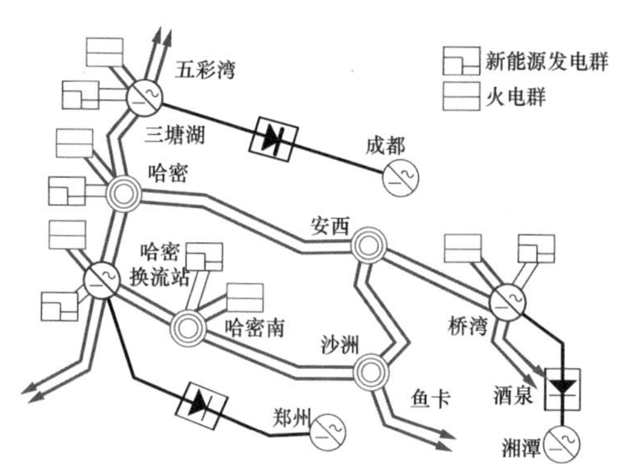

图 1-15 风火打捆直流外送混联结构

参考文献

[1] 周孝信，陈树勇，鲁宗相. 电网和电网技术发展的回顾与展望——试论第三代电网 [J]. 中国电机工程学报，2013，33 (22)：1-11.

[2] 刘振亚，张启平，董存，等. 通过特高压直流实现大型能源基地风、光、火电力大规模高效安全外送研究 [J]. 中国电机工程学报，2014，34 (16)：2513-2522.

[3] 韩启业，赵遵廉. 配合三峡工程华中华东联网方案研究 [J]. 电网技术，1994，18 (5)：18-22.

[4] 王晓刚，印永华，班连庚，等. 1000kV 特高压交流试验示范工程系统调试综述 [J]. 中国电机工程学报，2009，29 (22)：12-18.

[5] 杨万开，印永华，曾南超，等. 向家坝—上海±800kV 特高压直流输电工程系统调试技术分析 [J]. 电网技术，2011，35 (7)：19-23.

[6] 郑超，马世英，申旭辉，等. 强直弱交的定义、内涵与形式及其应对措施 [J]. 电网技术，2017，41 (8)：2491-2498.

[7] 李明节. 大规模特高压交直流混联电网特性分析与运行控制 [J]. 电网技术，2016，40 (4)：985-991.

[8] 陈国平，李明节，许涛，等. 关于新能源发展的技术瓶颈研究 [J]. 中国电机工程学报，2017，37 (1)：20-26.

[9] 袁小明，程时杰，胡家兵. 电力电子化电力系统多尺度电压功角动态稳定问题 [J]. 中国电机工程学报，2016，36 (19)：5145-5154.

[10] 王梅义，吴竞昌，蒙定中. 大电网系统技术 [M]. 北京：水利电力出版社，1991.

[11] 孙华东，汤涌，马世英. 电力系统稳定的定义及分类述评 [J]. 电网技术，2006，30 (17)：31-35.

[12] 郑超，汤涌，马世英，等. 直流参与稳定控制的典型场景及技术需求 [J]. 中国电机工程学报，2014，34 (22)：3750-3759.

[13] 郑超，马世英，盛灿辉，等. 跨大区互联电网与省级电网大扰动振荡耦合机制 [J]. 中国电机工程学报，2014，34 (10)：1556-1565.

2　高压直流输电机电暂态仿真模型及交直流耦合特性分析方法

2.1　高压直流输电及其准稳态模型

2.1.1　高压直流输电物理模型

以单极 400kV＋400kV 双十二脉动换流桥阀特高压直流输电为例，其物理模型如图 2-1 所示，主要部件包括换流桥阀、换流变压器、交流滤波器和无功补偿器（以下统称交流滤波器）、直流滤波器、平波电抗器以及直流线路等。

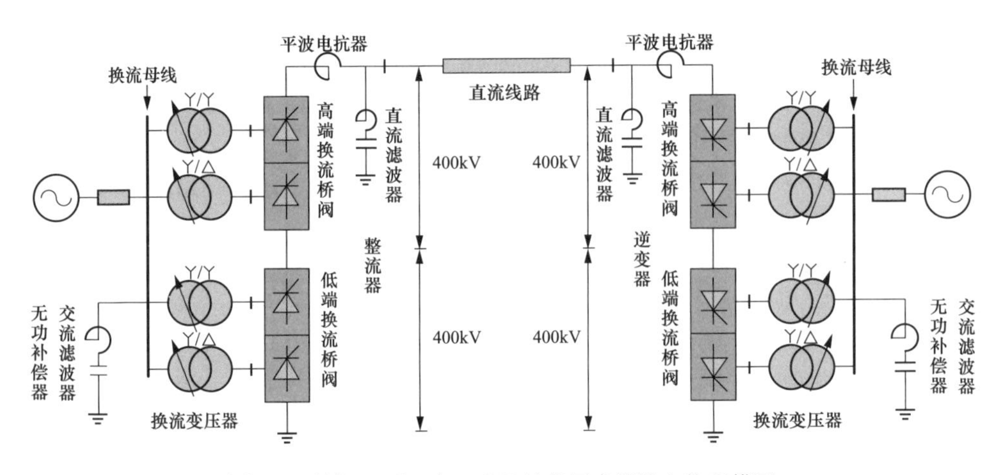

图 2-1　单极 400kV＋400kV 特高压直流输电物理模型

2.1.2　高压直流输电准稳态模型

潮流和机电暂态计算分析中，高压直流输电通常采用准稳态模型，模型的导出基于以下几点假设：

（1）换流母线电压为纯正弦波，且三相对称。

（2）换流器对称运行。

（3）直流电压、直流电流平直。

(4) 忽略换流变压器励磁电抗。

高压直流输电准稳态模型如图 2-2 所示。以单个六脉动换流桥阀整流器和逆变器为例，采用准稳态模型描述的直流换流器交流和直流电气量之间的约束关系如式（2-1）～式（2-7）所示，直流线路模型则如式（2-8）和式（2-9）所示，式中，γ 为逆变器熄弧角；μ 为换相角；φ 为换流器功率因数角；β 为逆变器触发超前角。此外，各变量下角标“r”和“i”分别代表整流器和逆变器变量。

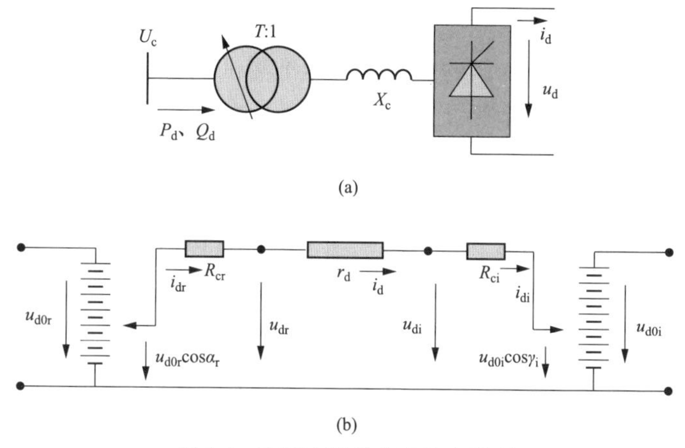

图 2-2　高压直流输电准稳态模型

(a) 交流侧准稳态模型；(b) 直流侧准稳态模型

U_c—换流母线电压；T—换流变压器变比；X_c—折算至阀侧的换流变压器漏抗；

P_d—换流器从交流电网吸收的有功功率；Q_d—换流器从交流电网吸收的无功功率；u_d—直流电压；

i_d—直流电流；u_{d0}—无相控理想空载直流电压；r_d—直流线路电阻；α_r—整流器触发滞后角；

R_c—模拟换流变压器电抗对直流电压影响的等值电阻

$$u_{dr}=u_{d0r}\cos\alpha_r-R_{cr}i_{dr}=\frac{3\sqrt{2}}{\pi T_r}U_{cr}\cos\alpha_r-\frac{3X_{cr}}{\pi}i_{dr} \tag{2-1}$$

$$\begin{aligned}u_{di}&=u_{d0i}\cos\beta_i+R_{ci}i_{di}=\frac{3\sqrt{2}}{\pi T_i}U_{ci}\cos\beta_i+\frac{3X_{ci}}{\pi}i_{di}\\&=u_{d0i}\cos\gamma_i-R_{ci}i_{di}=\frac{3\sqrt{2}}{\pi T_i}U_{ci}\cos\gamma_i-\frac{3X_{ci}}{\pi}i_{di}\end{aligned} \tag{2-2}$$

$$P_{dr}=u_{dr}i_{dr},\quad P_{di}=u_{di}i_{di} \tag{2-3}$$

$$Q_{dr}=P_{dr}\tan\varphi_r,\quad Q_{di}=P_{di}\tan\varphi_i \tag{2-4}$$

$$\cos\varphi_r=\frac{u_{dr}}{u_{d0r}},\quad \cos\varphi_i=\frac{u_{di}}{u_{d0i}} \tag{2-5}$$

$$\gamma_i=\beta_i-\mu_i \tag{2-6}$$

$$\mu_i=\beta_i-\arccos\left(\frac{\sqrt{2}i_{di}X_{ci}T_i}{U_{ci}}+\cos\beta_i\right) \tag{2-7}$$

$$u_{dr} = u_{di} + i_{di} r_d \tag{2-8}$$

$$i_{dr} = i_{di} = i_d \tag{2-9}$$

2.2 直流控制系统仿真模型

2.2.1 CIGRE HVDC Benchmark Model 改进模型—DM 模型

2.2.1.1 控制系统总体结构

国际大电网会议组织提供的直流输电标准测试模型（CIGRE HVDC Benchmark Model）中的直流控制系统，属于直流极控层。该控制系统忽略一些对电网安全稳定分析无关或影响甚微的环节，对实际直流控制系统进行了简化，具有结构清晰、功能明确等特点，可用于直流控制系统性能以及交直流混联电网特性分析等相关研究领域。在该控制系统的基础上，PSD-BPA 暂态稳定程序对其作了进一步改进，得到直流 DM 模型，如图 2-3 所示。具体改进包括以下两个方面。

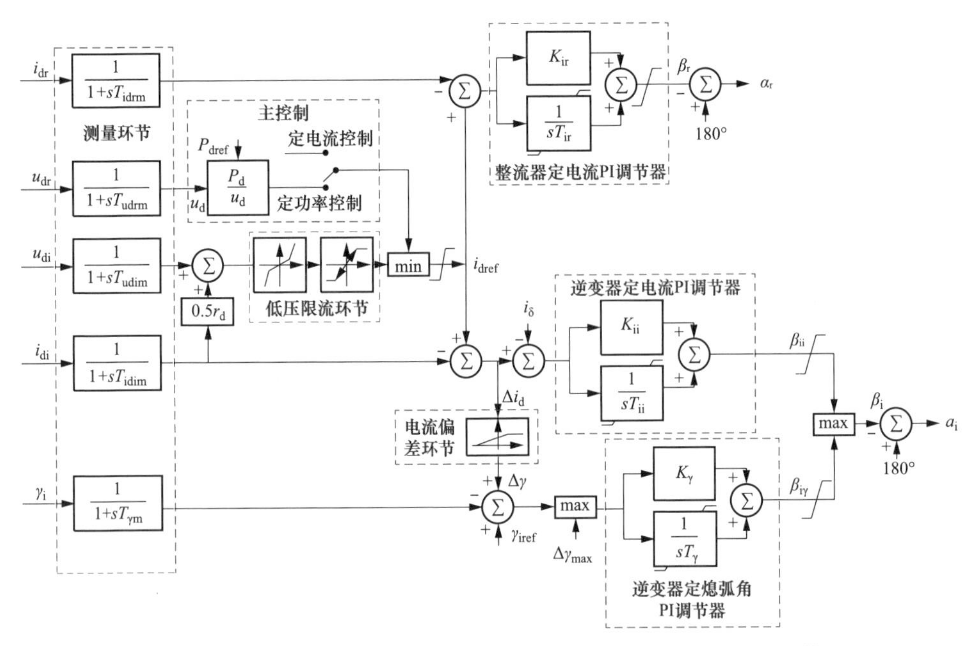

图 2-3 CIGRE HVDC Benchmark Model 控制系统改进模型—DM 模型

u_{dr}、i_{dr}、u_{di}、i_{di}、T_{udrm}、T_{idrm}、T_{udim}、T_{idim}—整流器和逆变器直流电压、直流电流以及相应的测量时间常数；$T_{\gamma m}$—逆变器熄弧角测量时间常数；P_{dref}、i_{dref}—直流功率和直流电流参考值；Δi_d、i_δ—直流电流偏差和逆变器直流电流控制裕度；β_r、α_r、β_i、α_i—整流器和逆变器触发超前角和触发滞后角；$\beta_{i\gamma}$、β_{ii}—逆变器定熄弧角和定电流比例积分调节器输出角度；γ_i、$\Delta\gamma$、$\Delta\gamma_{max}$、γ_{iref}—逆变器熄弧角及其调节增量、最大偏差限制值和参考值；K_{ir}、K_{ii}、K_γ、T_{ir}、T_{ii}、T_γ—整流器定电流、逆变器定电流和定熄弧角 PI 调节器的比例增益及积分时间常数

（1）限制低压限流 VDCOL 环节的输出速率。大扰动故障切除后的恢复过程中，直流电流过快的上升速率，易导致逆变器换相失败，并且因逆变器吸收大量无功易引起交流电网电压失稳。限制 VDCOL 输出速率，可使电流参考值平稳变化。

（2）直流电流参考值计算（主控制）中，增加了恒功率控制方式。恒功率控制时，为与实际控制特性相一致，直流电压测量时间常数与 VDCOL 中的直流电压测量时间常数可以分别设置为不同值。

整流器有定功率控制、定电流控制和定最小触发滞后角 α_{min} 控制方式，逆变器有定电流控制和定熄弧角控制方式。

2.2.1.2 低压限流控制

VDCOL 控制环节可改善受扰后交直流混联电网动态恢复特性，具体作用包括以下几个方面：

（1）提高交流电网电压稳定性。

（2）帮助直流输电系统在交直流故障后快速可控地恢复。

（3）减小换相失败发生的可能性。

（4）避免连续换相失败引起的阀过应力。

如图 2-3 所示，VDCOL 控制输入为直流线路中点电压，并依据该电压对主控制输出电流进行限幅。VDCOL 控制由两部分组成：一是限流特性曲线 u_d-i_d 的描述环节（见图 2-4），通过调节拐点 m、n 对应的坐标参数 u_{dh}、i_{dh} 和 u_{dl}、i_{dl}，即可调节电流限制幅度，此外，K_1、K_2 分别为 u_d 大于 u_{dh} 和小于 u_{dl} 时 i_d 的变化斜率；二是如前所述的输出速率限制。

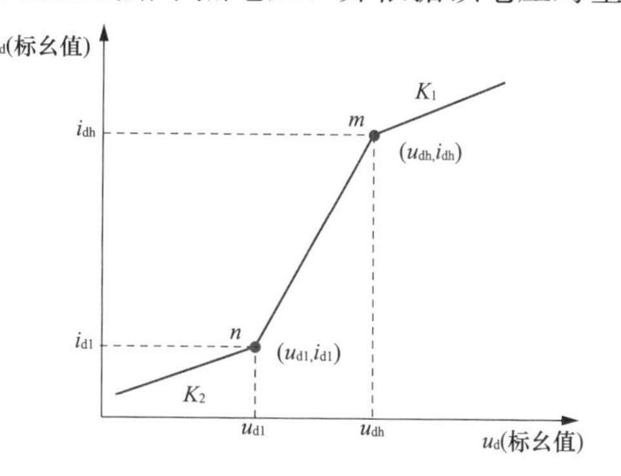

图 2-4 VDCOL 的 u_d-i_d 特性曲线

2.2.1.3 电流偏差控制

为避免逆变器控制方式不确定和频繁转换，利用电流偏差控制（Current Error Control，CEC）实现定熄弧角控制和定电流控制之间平滑过渡。输入为电流参考值与逆变器实际直流电流之间的电流偏差 Δi_d，输出为熄弧角调节增量 $\Delta\gamma$，如图 2-5 所示。

2.2.1.4 逆变器控制模式选择

逆变器定电流 PI 调节器输出的 β_{ii} 与定熄弧角 PI 调节器输出的 $\beta_{i\gamma}$，在任何时刻只能有一个被选中。根据逆变器运行特点，对两个控制器输出的 β 角进行取大选择，如图 2-6 所示。根据 $\alpha=180°-\beta$，可得到逆变器触发滞后角。

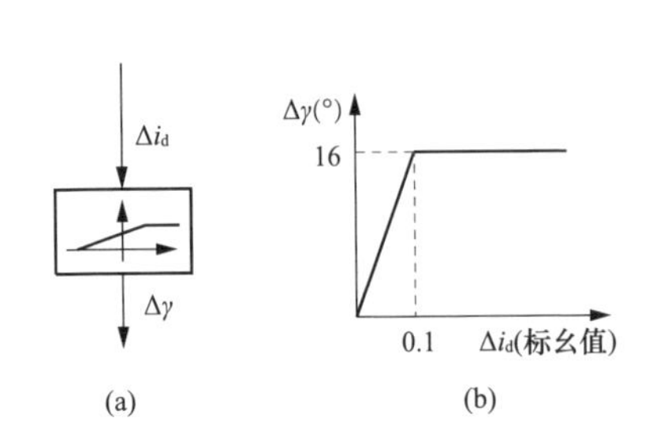

图 2-5　电流偏差控制逻辑框图及特性曲线

（a）逻辑框图；（b）特性曲线

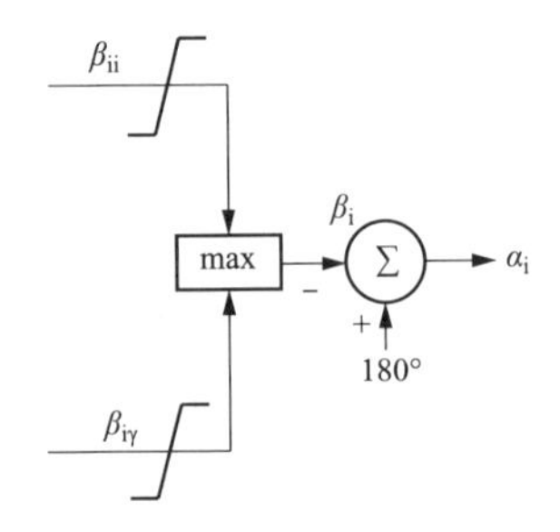

图 2-6　逆变器控制模式选择

2.2.1.5　换相失败判别

通过准稳态模型计算逆变器熄弧角 γ，对比该熄弧角与设定最小熄弧角 γ_{min}（一般为 6°～8°），如果 $\gamma < \gamma_{min}$，则判别逆变器发生换相失败；如果 $\gamma > \gamma_{min}$，则表征逆变器恢复换相。恢复过程由交流电网和直流特性共同决定。

2.2.2　美国太平洋直流联络线工程简化模型—D 模型

早期应用的模拟美国太平洋直流联络线工程中直流控制系统的简化仿真模型，如图 2-7 所示。该模型对应 PSD-BPA 暂态稳定程序中的直流 D 模型，可模拟定功率和定电流控制、定最小触发滞后角 α_{min} 控制、定熄弧角 γ 控制。

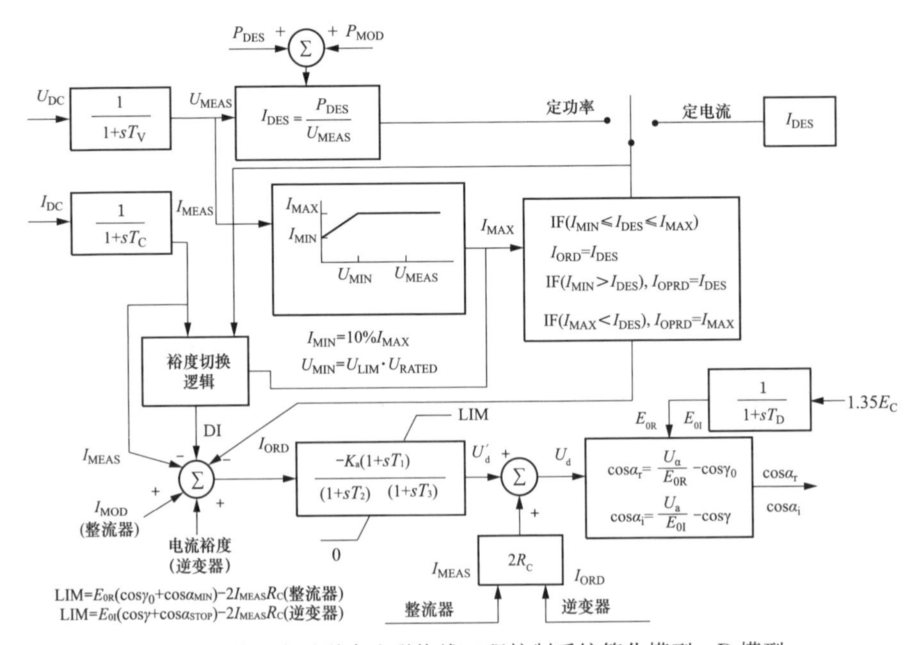

图 2-7　美国太平洋直流联络线工程控制系统简化模型—D 模型

直流D模型具有如下特点：

（1）定功率控制环节与VDCOL环节输入的直流电压，采用相同的测量输入，无法独立设置相应的测量时间常数。

（2）VDCOL环节中只能调整单一参数——启动电压，无法精确模拟现代特高压直流低压限流特性。

（3）直流控制系统动态响应特性的调节手段较少。

（4）模型本身不具备换相失败模拟功能，可基于换流母线电压跌落幅度和跌落速率，间接近似判别是否发生换相失败。

2.2.3 基于西门子公司直流控制系统的仿真模型——DN模型

PSD-BPA暂态稳定程序中直流DN模型，来源于西门子（SIEMENS）公司为贵广和天广直流输电工程设计的控制系统的电磁暂态仿真模型。在此基础上，为了适应机电暂态仿真需要，对模型中庞大和复杂的控制环节及其功能特性，进行了简化和等值处理，处理原则为：保留与交直流动态特性强相关的部分，忽略与换流阀、滤波器等元器件本身相关的控制保护功能。

直流控制系统DN模型，主要包括主控制、电流最大值控制、整流器极控中的偏差量计算、逆变器极控中的偏差量计算，以及PI调节器和阀触发角计算等模块。

2.2.3.1 主控制

主控制模型如图2-8所示，接受调度中心下达的功率参考值 P_{dref}，叠加附加控制器输出功率 P_{add}，再根据测得的双极直流电压 u_d，并经过限幅环节输出整流器直流电流参考值 i_{drref}。i_{drref}减去电流裕度 i_δ 后，生成逆变器直流电流目标指令值 i_{diref}。

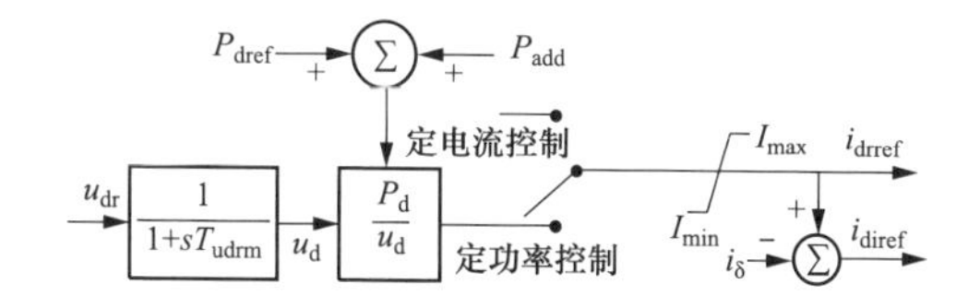

图2-8 主控制模型

I_{min}、I_{max}—电流上、下限幅值；T_{udrm}—整流侧直流电压测量时间常数

2.2.3.2 电流最大值控制

正常工况下，直流电流 i_d 不大于额定电流，电流最大值 I_{max} 等于短时

过负荷电流 I_{STmax}。当直流电流超过或等于 I_{STmax}后，根据过负荷量来确定容许的过负荷时间。过负荷量与容许过负荷时间呈反时限关系，过负荷量越大，容许过负荷时间越小。在不超过容许的过负荷时间内，I_{max}仍然等于 I_{STmax}；超过容许过负荷时间后，I_{max}将按设定的速率下降至连续过负荷电流限制值。

上述 I_{max}计算仅对定功率控制有效，对于定电流控制 $I_{max}=I_{STmax}$。

2.2.3.3 整流器极控中的偏差量计算

整流器极控模型中包含直流电流控制偏差量和直流电压控制偏差量计算，如图 2-9 所示。输入为整流器直流电压 u_{dr}和电流 i_{dr}、主控制计算的电流参考值 i_{drref}，以及电压参考值 u_{drref}。D_{idr}和 D_{udr}为电流偏差量和电压偏差量。输出偏差量 D_{rreg}为 D_{idr}和 D_{udr}中的最小值。

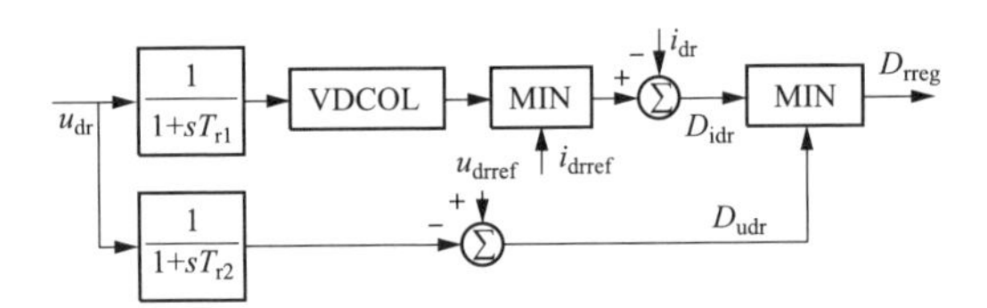

图 2-9　整流器极控中的偏差量计算模型

T_{r1}、T_{r2}—测量时间常数

2.2.3.4 逆变器极控中的偏差量计算

如图 2-10 所示，逆变器极控模型包含直流电压控制、熄弧角控制、直流电流控制和电流偏差控制，各控制相应的偏差量分别为 D_{udi}、$D_{\gamma i}$、D_{idi}和 D_{CEC}。输入为逆变器直流电压 u_{di}和电流 i_{di}、熄弧角 γ_i 及其参考值 u_{diref}、i_{diref}和 γ_{iref}，i_{CECref}为 CEC 控制参考值。D_{UC}为 D_{CEC}与 D_{udi}之和。输出偏差量 D_{ireg}为 $D_{\gamma i}$、D_{idi}和 D_{UC}中的最大值。T_{i1}为测量时间常数。

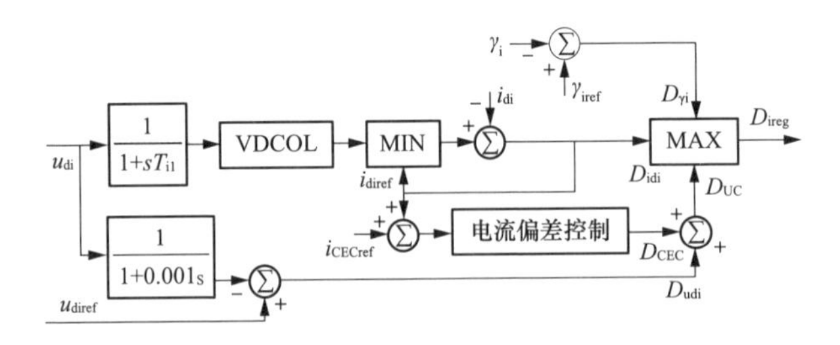

图 2-10　逆变器极控中的偏差量计算模型

2.2.3.5 PI调节器和触发角计算

通过PI调节器对偏差量D_{xreg}进行计算，其中，下角标“x”为“r”或“i”，分别代表整流器和逆变器控制偏差量，其输出为对应触发角α，如图2-11所示。控制器的比例增益K_p和积分时间常数T_i根据起作用的控制量进行计算。为避免比例增益参数的大幅波动，增加了时间常数为T_p的一阶惯性环节。

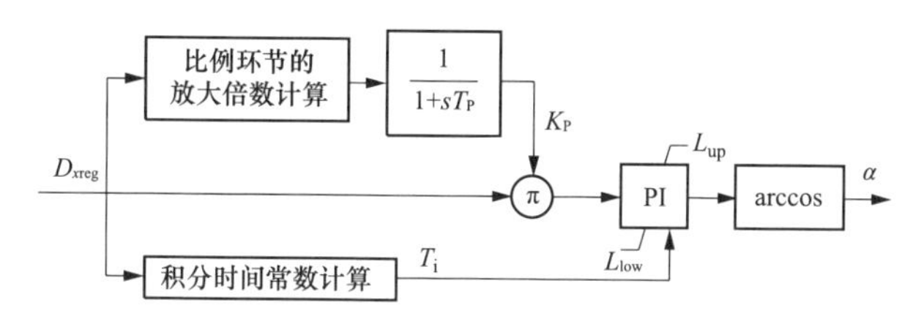

图2-11 PI调节器和触发角计算模型

L_{up}、L_{low}—控制器限幅

2.2.3.6 直流控制运行特性模拟

模型所模拟的直流控制运行特性如图2-12所示。

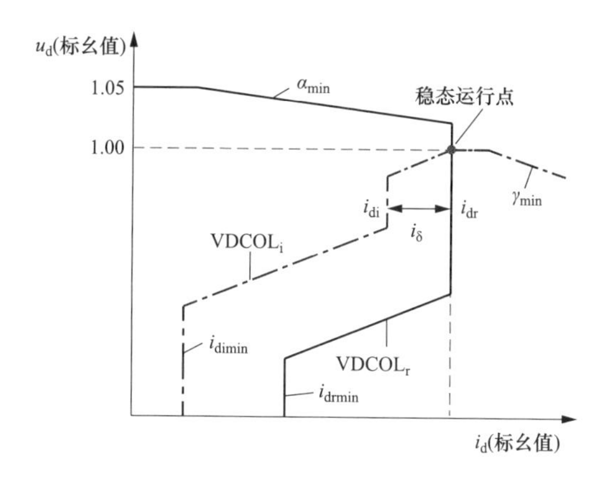

图2-12 直流控制的运行特性曲线

α_{min}—整流器最小触发滞后角限制曲线；γ_{min}—逆变器最小熄弧角限制曲线；i_δ—直流电流的裕度控制值；i_{drmin}—整流器最小直流电流限制；i_{dimin}—逆变器最小直流电流限制；$VDCOL_r$—整流器低压限流特性；$VDCOL_i$—逆变器低压限流特性

此外，直流DN模型换相失败判别方法与2.2.1.5小节所述一致。

2.2.4 基于ABB公司直流控制系统的仿真模型—DA模型

2.2.4.1 控制系统总体结构

模拟ABB公司直流控制系统的仿真模型总体结构如图2-13所示。该模型对应 PSD-BPA 暂态稳定程序中的直流 DA 模型。模型主要包括九个控制模块，即主控制、电流控制、整流器最小触发角限制控制、换相失败预测控制、低压限流控制、电压控制、熄弧角控制、γ_0 控制和重启动控制。

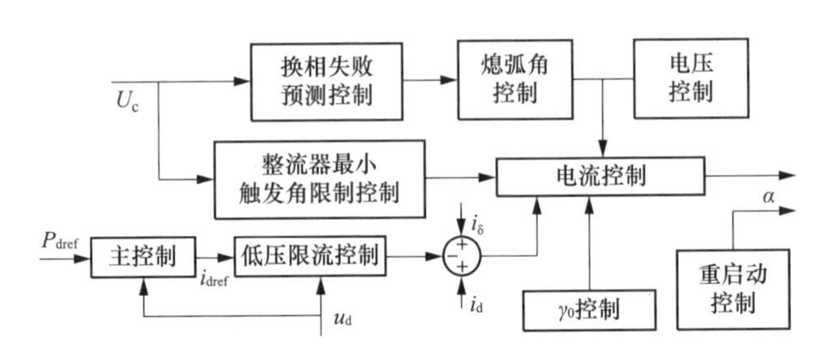

图 2-13　DA 模型总体结构

主控制根据所设定的功率参考值 P_{dref} 和测量直流电压 u_d，计算电流参考值 i_{dref}（若为定电流模式则直接给出电流参考值）；低压限流控制根据直流电压大小对 i_{dref} 进行限幅；电流控制计算触发角 α。

其他模块对 α 角进行动态限幅，具体配合关系为：对于整流器，α 角的下限值取电流控制输出角度、整流器最小触发角限制控制输出角度、最小常数触发角（5°）三者的最大值。正常情况下，整流器 α 角为电流控制的输出角，整流器处于电流控制状态；暂态过程中，上述三个限幅值均有可能取到，整流器可处于不同的控制状态。对于逆变器，α 角的上限值取为熄弧角控制与电压控制输出角度中的较小值，即逆变器 α 角为熄弧角控制、电压控制、电流控制三者输出角度中的最小值。正常情况下，熄弧角控制输出最小，逆变器处于熄弧角控制状态；暂态过程中，会出现电压控制或电流控制输出角度最小的情况。重启动控制是相对独立的模块，主要在直流侧发生故障时动作。

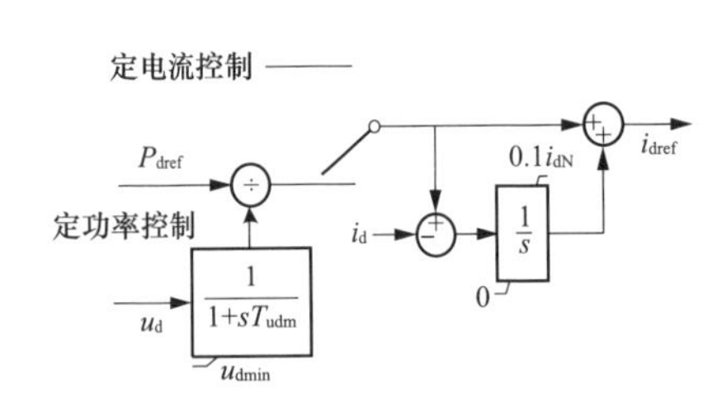

图 2-14　主控制模型

P_{dref}—直流功率参考值；T_{udm}—直流电压测量时间常数；u_{dmin}—直流电压下限幅；i_{dN}—直流电流额定值；i_{dref}—直流电流参考值

2.2.4.2　主控制

主控制模型如图 2-14 所示。

2.2.4.3　电流控制

电流控制模型如图 2-15 所示。

2.2.4.4　整流器最小触发角限制控制

正常情况下，整流器最小触发滞后角 α_{min} 为 5°。交流电网发生故障时，α 将迅速减小至α_{min}。故障切除后，若α过小，则随电压恢复可能出现直流电流冲击。整流器最小触发角限制器（Rectifier Alpha Min Limiter，RAML）提升α_{min}，可缓解电流冲击程度，其实现模型如图 2-16 所示。

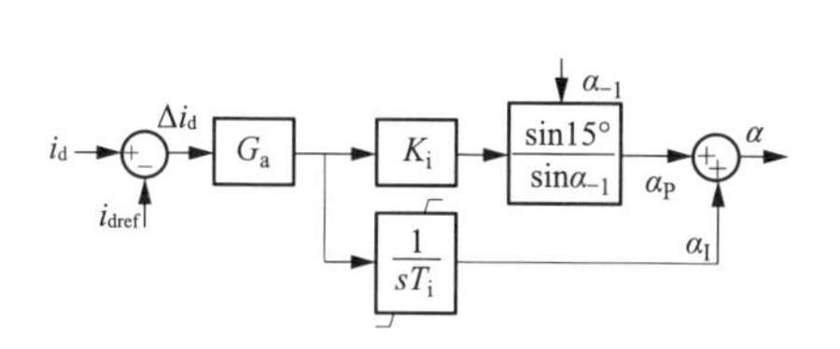

图 2-15　电流控制模型

Δi_d—直流电流与电流参考值之间的偏差；α_P—PI 调节器中比例环节输出角；α_I—PI 调节器中积分环节输出角；α、α_{-1}—电流控制模块本计算时步和上一计算时步输出的触发角；G_a—电流控制增益；K_i—PI 调节器的比例增益；T_i—PI 调节器的积分时间常数

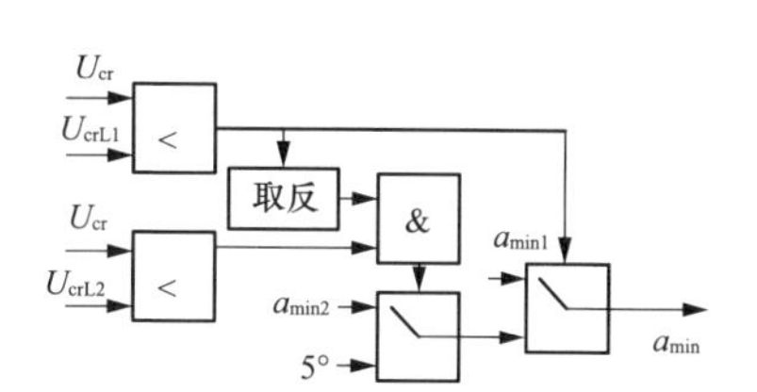

图 2-16　整流器最小触发角限制模型

U_{cr}—整流站换流母线电压；
U_{crL1}、U_{crL2}—启动电压；
α_{min1}、α_{min2}—触发角限制值

2.2.4.5　逆变器换相失败预测控制

逆变器换相失败预测控制仿真模型如图 2-17 所示。当$\Delta U_{ci} > 1-U_{cif}$时，换相失败预测控制启动，输出$\Delta\alpha$将减小逆变器触发角$\alpha$，实现提前触发，从而降低换相失败发生风险。

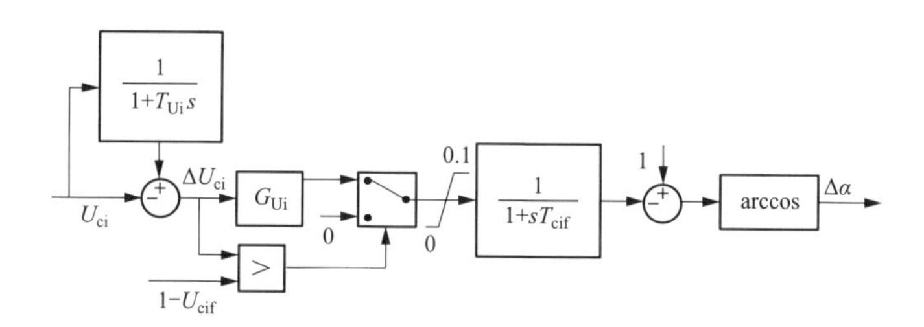

图 2-17　逆变器换相失败预测控制仿真模型

U_{ci}、ΔU_{ci}—逆变站换流母线电压及其跌落幅度；T_{Ui}—换流母线电压测量时间常数；U_{cif}—预测控制的启动电压；G_{Ui}—预测控制的增益系数；T_{cif}—预测控制的输出时间常数；$\Delta\alpha$—附加触发角

2.2.4.6　低压限流控制

低压限流控制的仿真模型如图 2-18（a）所示，当直流电压u_d高于u_{dh}时，输出为电流指令i_{dref}；当u_d低于u_{dl}时，输出为最小电流i_{dmin}；当u_d介于u_{dh}与u_{dl}二者之间时，输出由图 2-18（b）所示u_d-i_d特性曲线确定。参数T_{up}、T_{dn}为直流电压上升和下降过程中所采用的不同测量时间常数。

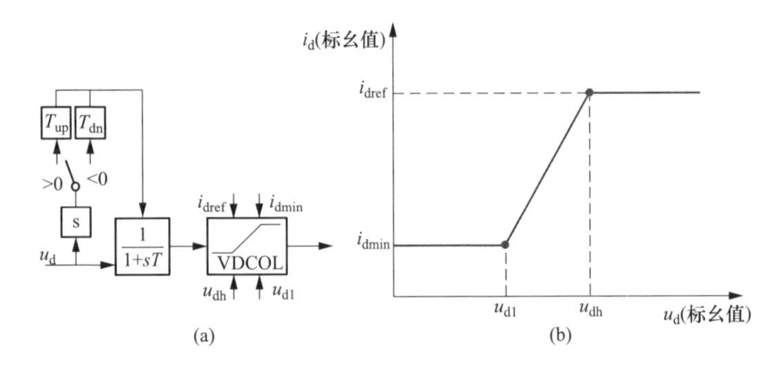

图 2-18　VDCOL 结构及其 u_d-i_d 特性曲线

（a）VDCOL 结构；（b）VDCOL 的 u_d-i_d 特性曲线

2.3　直流附加控制及仿真模型

2.3.1　直流附加控制分类与作用

2.3.1.1　直流附加控制分类

为改善直流换流站所连两端交流电网受扰暂态特性，发挥直流功率控制能力，直流输电通常可选择配置附加控制器。附加控制器输出 P_{add} 与直流功率参考值 P_{dref} 叠加后，作为直流主控制新的功率参考值 P'_{dref}。直流附加控制实施路径如图 2-19 所示。

直流附加控制的主要类型包括属于紧急控制的直流功率紧急提升或回降控制；属于预防控制的直流调制控制，具体有频率调制控制、有功功率调制控制和无功功率调制控制。

2.3.1.2　两类直流有功功率附加控制的作用

（1）快速紧急控制。直流有功功率紧急提升或回降控制，是在交流电网发生故障时，利用直流短时过负荷和连续过负荷能力（正常运行时，若直流送电功率小于额定送电功率，则可利用空闲容量），由安全稳定控制系统向直流控制器发送附加功率指令，快速、大幅度地提升或回降直流功率。

以直流紧急功率提升控制为例，其基本原理示意如图 2-20 所示。

通常，直流紧急功率控制可起到如下几个方面的作用。

1）联合送端和受端交流电网，共同抵御导致交直流混联大电网有功功率严重不平衡的故障冲击。例如，受端大型电厂全停故障，直流功率紧急提升则可将有功缺额在送端与受端电网分摊，在保持送端电网安全稳定性的限度内，可有效缓解受端电网受冲击影响的严重程度。

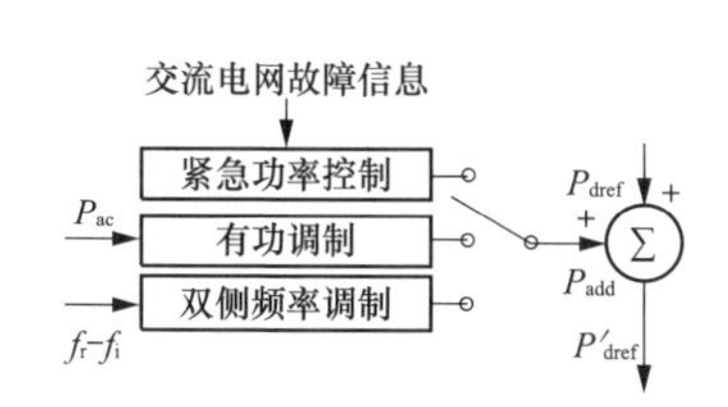

图 2-19　直流附加控制实施路径

P_{ac}—交流线路有功功率；f_r—整流侧交流电网频率；f_i—逆变侧交流电网频率

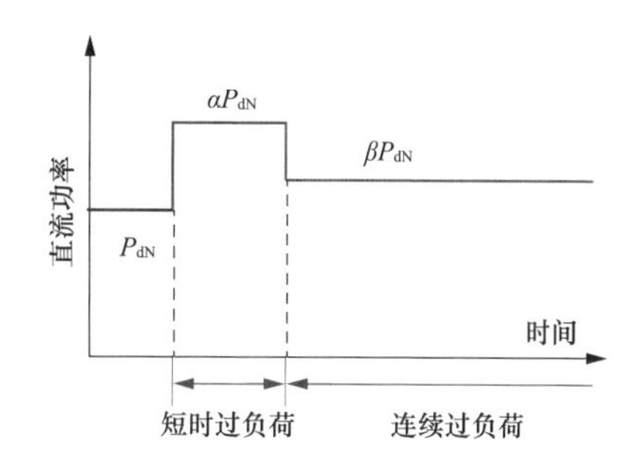

图 2-20　直流紧急功率控制基本原理示意

α—短时过负荷系数；β—连续过负荷系数

2）区域电网交直流送电或受电断面中，若直流或交流线路故障退出，区域电网之间功率交换能力将显著减弱，甚至会危及混联电网暂态稳定。直流功率紧急控制，则可部分补偿断面送受电能力的损失，保障电网稳定运行。

3）直流紧急功率控制，可改善故障后混联电网转移潮流分布，避免潮流过度集中引起的局部电压偏低、部分线路重载等问题。

4）对于受端电压支撑能力较弱的混联电网，严重故障扰动可能会导致电压恢复缓慢甚至电压失稳，若通过直流有功功率快速回降，减少逆变器无功消耗，释放一部分滤波器容量支援交流电网，则有可能起到提高受端电网电压稳定水平的作用。

（2）慢速调制控制。频率调制控制和有功功率调制控制，两者原理基本相同，前者采用电网频率作为调制控制器输入信号，后者输入信号则为交流线路有功功率或电流。由于受扰后换流站近区电网中各母线频率响应特性基本相同，因此输入频率信号的选择可就近采用换流母线频率。输入交流线路有功或电流信号的选择，则需要依据交直流混联电网网架结构特点，以及故障扰动后潮流转移和振荡特征，进行优化选取，选择不同信号作为输入，将直接影响调制器参数整定以及调制效果。

调制控制按其输出调制信号的调节幅度，分为大方式调制和小方式调制。调制控制的主要作用，体现在如下几个方面：

1）小方式调制响应交流电气量变化波动，小幅调节直流输送功率，可增加混联电网阻尼力矩，提升小干扰振荡阻尼水平；对大扰动暂态稳定无明显改善效果，但可加快后续振荡的衰减速度。

2）大方式调制响应交流电气量变化波动，可较大幅度调节直流输送功率。

受交流电网电气量变化速度等因素影响，与紧急控制相比，调制控制作用下直流功率变化相对平缓，可一定程度上提高混联电网第一摆暂态稳定性，对提升第二摆暂态稳定以及增加后续振荡衰减速度，效果则相对较好。

3）调制控制的故障适应性较好，对引起电网相同稳定问题的扰动，均会响应调节和发挥作用。

综合功率紧急控制以及功率调制控制的作用特点，两类直流附加控制的故障适应性以及对电网暂态稳定性、振荡阻尼特性影响的定性分析，如表 2-1 所示。

表 2-1　　直流附加控制作用的定性分析

附加控制	故障适应性	提高暂态稳定	改善振荡阻尼
紧急控制	针对设定故障稳定控制触发动作	可快速缓解功率不平衡程度，控制效果较好	由于减轻交流潮流，可一定程度上改善阻尼特性
大方式调制	响应电气量变化自动调节动作	响应交流电气量调节直流功率，功率变化相对平缓，可一定程度改善第一摆暂态稳定性，对于提高第二摆暂态稳定性则效果较好	效果较好
小方式调制	响应电气量变化自动调节动作	基本无效果	效果较好

2.3.1.3　直流附加控制效果示意

以大扰动冲击下，直流紧急功率提升控制改善混联电网稳定性为例，针对图 1-4 所示华北—华中特高压交直流混联电网，南阳—长治 1000kV 特高压交流联络线向华北送电 5000MW 条件下，华中网内发生短路故障后扰动功率冲击特高压联络线，易导致华北与华中电网机组失去稳定，如图 2-21 所示。失去稳定后，特高压联络线功率以及长治、南阳、荆门等特高压变电站电压将周期性大幅波动，只能依靠电网第三道防线——解列装置开断联络线，才能维持华北、华中电网各自稳定运行。

利用三峡送出多回 ±500kV/3000MW 超高压直流紧急功率控制功能，故障后发挥其短时过负荷能力，紧急提升直流送电功率，抑制特高压联络线功率涌动幅度，则可恢复混联电网稳定，稳定恢复后则可回降直流功率至正常运行水平，如图 2-22 所示。值得指出的是，叠加紧急功率提升控制指令后，实际直流功率提升效果，还受扰动过程中直流换流站母线电压等电气量影响。

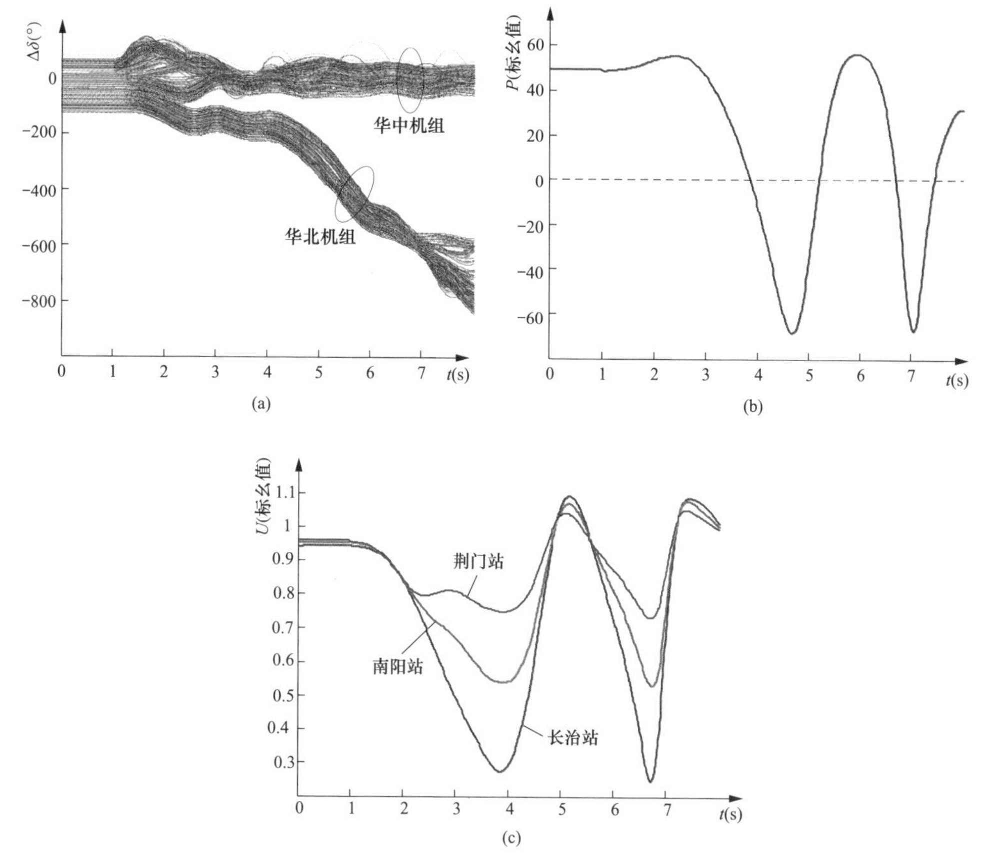

图 2-21　无直流附加控制交直流混联电网失去稳定示意

（a）华北—华中机组功角差；（b）南阳—长治有功功率；（c）特高压站母线电压

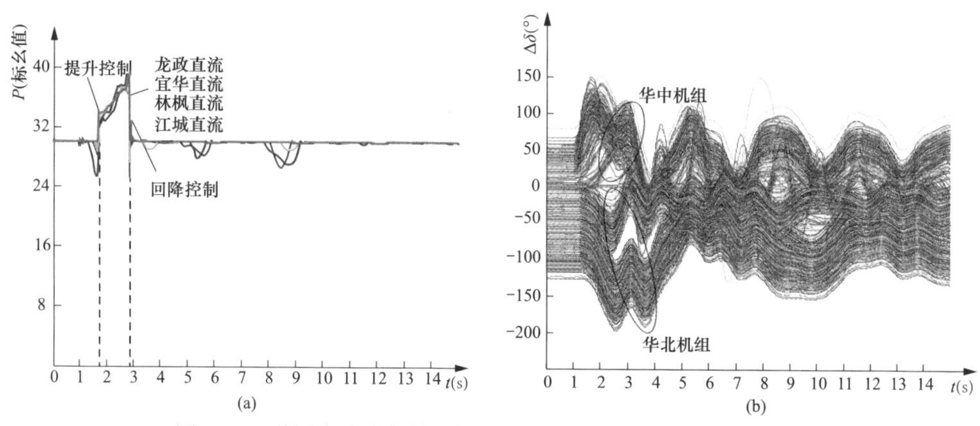

图 2-22　采用直流附加控制恢复交直流混联电网稳定示意（一）

（a）直流有功功率；（b）华北—华中机组功角差

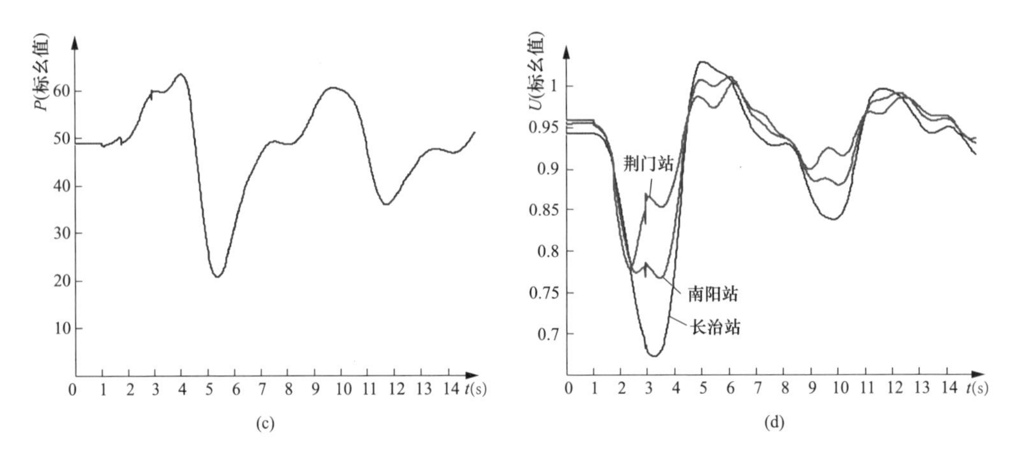

图 2-22 采用直流附加控制恢复交直流混联电网稳定示意（二）

（c）南阳—长治有功功率；（d）特高压站母线电压

2.3.2 直流附加调制控制仿真模型

2.3.2.1 有功功率调制控制

交直流并行外送型或受电型电网受扰后，并行交流线路的有功功率 P_{ac} 和电流 I_{ac} 中包含有电网暂态稳定和振荡特征信息。例如，受扰后交流线路有功功率或电流的首摆变化趋势，能够反映电网有功盈余或缺额状态，后续摆动的变化趋势包含有电网振荡阻尼特性信息。

因此，利用并行交流线路有功或线路电流作为输入信号，对直流功率进行调节，能一定程度地缓解交流电网功率盈余或缺额，并可在后续振荡中对原电网振荡轨迹“削峰填谷”，达到抑制振荡的效果。

以交流线路功率 P_{ac} 或电流 I_{ac} 为输入信号的直流有功调制控制器可以采用不同结构的传递函数，如图 2-23 所示。控制器输入信号经隔直、测量模拟、比例放大、移相以及限幅等环节后，向直流主控制输出有功附加调制信号 P_{add}。

调整控制器放大倍数和限幅环节上下限值，可以改变功率调节幅度。

2.3.2.2 双侧频率调制控制

直流双侧频率调制控制，是利用能够反映送受端交流电网有功平衡状态的频率信号，联合两端电网，实现有功相互支援的直流附加控制。两种直流双侧频率调制控制器传递函数方框图如图 2-24 所示，其主要组成环节包括频率测量、隔直、移相以及限幅等环节。

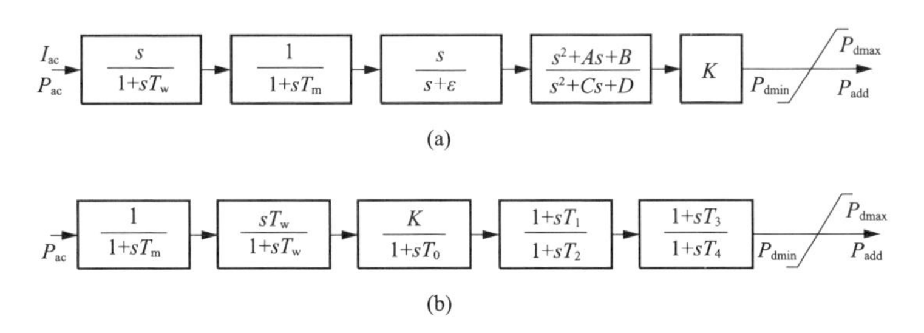

图 2-23 直流有功功率调制控制方框图

(a) 实现方案一；(b) 实现方案二

T_w—隔直环节时间常数；T_m—测量环节时间常数；ε—引导补偿因子；A、B、C、D、T_1、T_2、T_3、T_4—超前滞后移相环节的系数与时间常数；K—增益系数；T_0—惯性时间常数；P_{dmin}—控制器输出下限幅；P_{dmax}—控制器输出上限幅

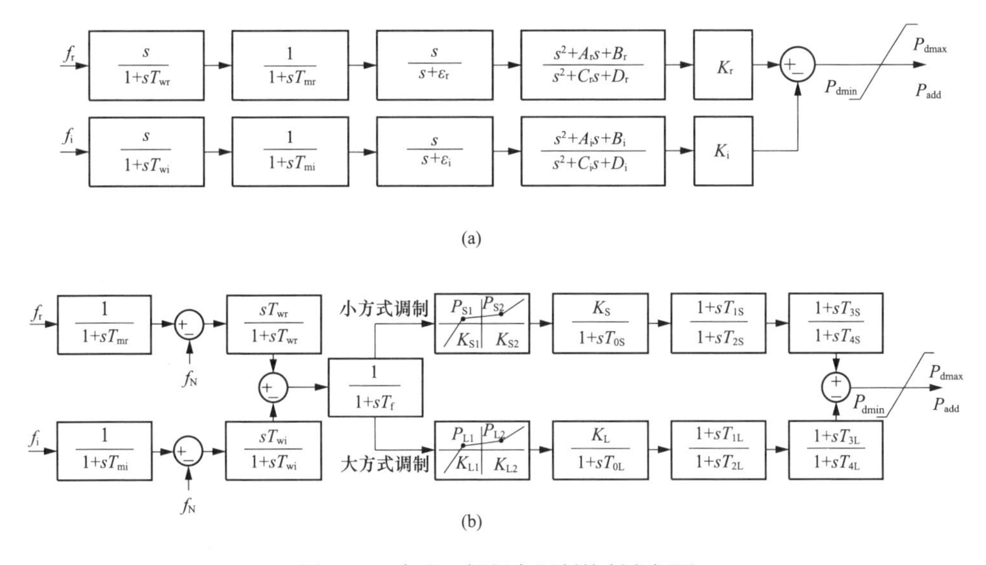

图 2-24 直流双侧频率调制控制方框图

(a) 实现方案一；(b) 实现方案二

图中，各变量下标“r”和“i”分别对应整流侧和逆变侧变量。T_{wr}、T_{wi}为隔直环节时间常数；T_{mr}和T_{mi}为测量时间常数；P_{dmin}和P_{dmax}为控制器输出下限幅和上限幅；P_{add}输出调制信号。此外，图 2-24（a）中，ε_r和ε_i为引导补偿因子；A_r、B_r、C_r和D_r以及A_i、B_i、C_i和D_i为超前滞后移相环节的系数；K_r和K_i为增益系数。图 2-24（b）中，各变量下标“S”和“L”分别对应小方式调制和大方式调制变量，P_{S1}、P_{S2}和K_{S1}、K_{S2}以及P_{L1}、P_{L2}和K_{L1}、K_{L2}为调制特性曲线的坐标值；K_S、K_L和T_{0S}、T_{0L}为比例惯性环节的增益与时间常数；T_{1S}、

T_{2S}、T_{3S}和 T_{4S}以及 T_{1L}、T_{2L}、T_{3L}和 T_{4L}为超前滞后移相环节的时间常数。

以图 2-24（a）所示双侧频率调制控制为例，若送端整流侧电网发生故障导致有功盈余频率 f_r 升高，受端逆变侧电网由于未受扰动频率 f_i 无变化，此时，在控制器输出的正有功附加调制量 P_{add}的作用下，直流送电功率增加，进而可缓解送端有功盈余程度。受端电网因直流馈入功率增加将会出现频率升高，进入稳态后，直流送电功率的增量取决于两侧频率偏差大小以及控制增益的取值。

因此，从控制器动作特性上看，双侧频率调制控制能够将直流送端或受端电网中的不平衡有功功率在两端电网按一定比例共同分摊，从而等效增大送端或受端电网容量，“稀释”故障冲击影响。

双侧频率调制控制，主要适用于送受端电网直流异步互联场景。

2.3.2.3 频率限制控制

直流频率限制器（Frequency Limit Controller，FLC）结构如图 2-25 所示。FLC 响应电网频率偏差 Δf 自动调制直流功率。

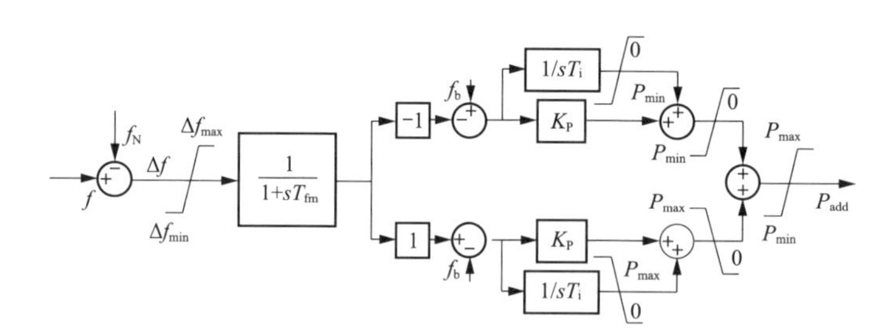

图 2-25　直流频率限制器结构

f—电网运行频率；f_N—电网额定频率；T_{fm}—频率测量时间常数；Δf_{max}、Δf_{min}—频率偏差的上、下限值；P_{max}、P_{min}—调制有功的上、下限值；K_p—PI 调节器的比例增益；T_i—PI 调节器的积分时间常数；f_b—偏差死区

2.3.2.4 无功功率调制控制

对于直流逆变器，其交流侧功率因数角 φ 可表示为

$$\cos\varphi = [\cos\gamma + \cos(\gamma + \mu)]/2 \tag{2-10}$$

式中：γ 和 μ 分别为熄弧角和换相角。

可以看出，增大熄弧角可降低逆变器功率因数，使逆变器无功功率消耗增加，反之消耗减少。因此，借助于逆变器熄弧角快速调节，可改变逆变器无功功率消耗，进而改善交流电网电压稳定性。

逆变器熄弧角调制也称为无功功率调制，其典型的控制器传递函数方框图如图 2-26 所示，图中，T_{Um}为测量环节的时间常数。控制器以换流母线电压 U_c 及其参考值 U_{cref}之间的偏差作为输入信号，经移相和放大环节后输出熄弧角调制信

号 $\Delta\gamma$，调制信号与稳态运行值 γ_0 叠加，经限幅环节后输出目标熄弧角 γ。限幅环节中，γ_{min}取值通常要留有一定裕度，以避免熄弧角过小使换相失败发生风险增大。

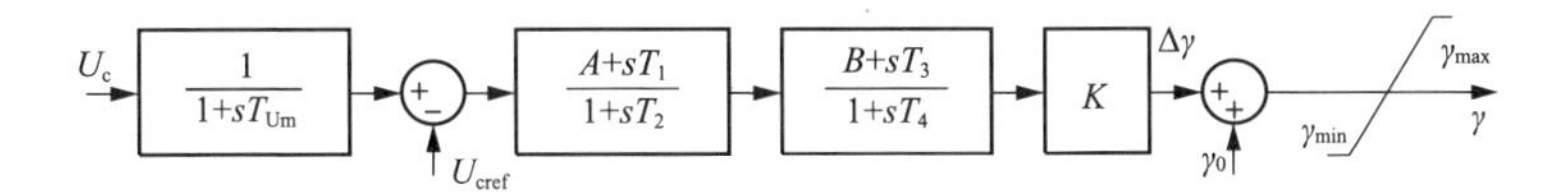

图 2-26　逆变器熄弧角调制控制方框图

通常，对于电压支撑能力较弱的直流受端电网，可考虑采用直流熄弧角调制控制。

2.4　直流线路仿真模型

在交直流混联电网机电暂态仿真中，直流线路采用 R-L 串联或 R-L-C“T”型连接的集中参数模型，如图 2-27 所示，对应的方程如式（2-11）～式（2-15）所示。

$$l_d \frac{di_{dr}}{dt} = u_{dr} - u_{di} - r_d i_{dr} \tag{2-11}$$

$$i_{dr} = i_{di} \tag{2-12}$$

$$l_d \frac{di_{dr}}{dt} = 2(u_{dr} - u_{dc}) - r_d i_{dr} \tag{2-13}$$

$$l_d \frac{di_{di}}{dt} = 2(u_{dc} - u_{di}) - r_d i_{di} \tag{2-14}$$

$$c_d \frac{du_{dc}}{dt} = i_{dr} - i_{di} \tag{2-15}$$

式中：l_d、c_d、r_d 为直流线路电感、电容和电阻；u_{dc}为直流电容电压。

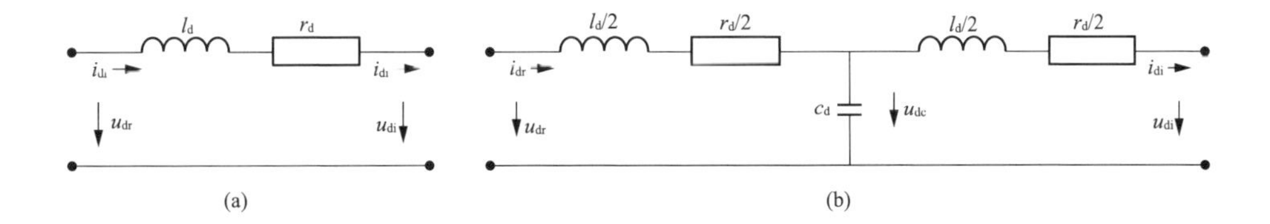

图 2-27　直流线路仿真模型

（a）R-L 串联模型；（b）R-L-C“T”型连接模型

若无特殊说明，本书交直流混联电网仿真中，直流线路仿真模型均采用 R-L 串联模型，即 $i_{dr}=i_{di}=i_d$。

2.5 交直流混联大电网仿真原理及耦合特性分析方法

2.5.1 交直流混联大电网仿真原理及方法

2.5.1.1 交直流混联大电网仿真模型

交直流混联大电网是发、输、变、配、用各环节中不同类型电气元件广泛互联而构成的统一整体，实现电能的生产、传输、分配和使用。机电暂态分析中，交直流混联大电网机电暂态仿真模型的架构如图 2-28 所示。

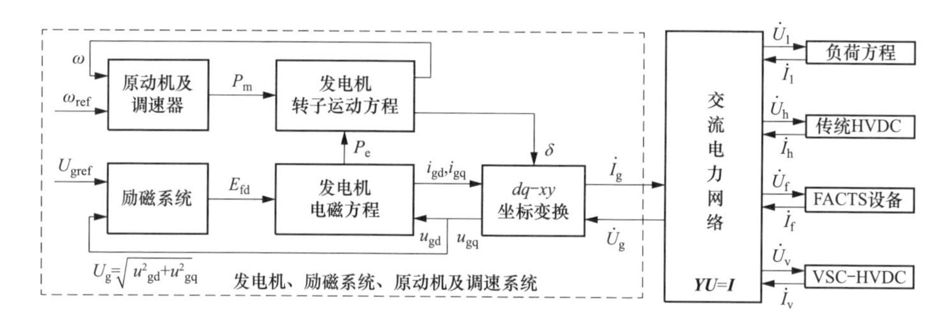

图 2-28 交直流混联大电网机电暂态仿真模型架构

$\dot{U}_g$、$\dot{U}_l$、$\dot{U}_h$、$\dot{U}_f$、$\dot{U}_v$ 和 $\dot{I}_g$、$\dot{I}_l$、$\dot{I}_h$、$\dot{I}_f$、$\dot{I}_v$—发电机、负荷、基于电流源换流器的传统高压直流（LCC-HVDC）、灵活交流输电（FACTS）设备以及基于电压源换流器的柔性直流（VSC-HVDC）并网母线电压相量和注入电流相量；δ—发电机功角；u_{gd}、u_{gq}—$\dot{U}_g$ 在发电机 dq 坐标系中的分量；i_{gd}、i_{gq}—$\dot{I}_g$ 在发电机 dq 坐标系中的分量；P_m、P_e、E_{fd}—发电机机械功率、电磁功率、励磁电压；U_{gref}—并网母线电压幅值 U_g 的参考值；ω、ω_{ref}—发电机转速及其参考值

交直流混联大电网模型可以统一描述成如式（2-16）和式（2-17）所示的微分—代数方程组。

$$\frac{\mathrm{d}\boldsymbol{X}}{\mathrm{d}t}=\boldsymbol{G}(\boldsymbol{X},\boldsymbol{Z}) \tag{2-16}$$

$$\boldsymbol{0}=\boldsymbol{F}(\boldsymbol{X},\boldsymbol{Z}) \tag{2-17}$$

式中：$\boldsymbol{X}$ 表示微分方程组中描述电网动态特性的状态变量；$\boldsymbol{Z}$ 表示代数方程组中电网的运行参量。$\boldsymbol{X}$ 由发电机状态变量 $\boldsymbol{X}_g$、基于电流源换流器的传统 LCC-HVDC 状态变量 $\boldsymbol{X}_h$、灵活交流输电（Flexible AC Transmission System，FACTS）设备状态变量 $\boldsymbol{X}_f$、基于电压源换流器的柔性直流输电 VSC-HVDC 状态变量 $\boldsymbol{X}_v$，以及负荷状态变量 $\boldsymbol{X}_l$ 等构成，如式（2-18）所示。

$$\boldsymbol{X} = [\boldsymbol{X}_{\mathrm{g}}, \boldsymbol{X}_{\mathrm{h}}, \boldsymbol{X}_{\mathrm{f}}, \boldsymbol{X}_{\mathrm{v}}, \boldsymbol{X}_{\mathrm{l}}]^{\mathrm{T}} \tag{2-18}$$

在机电暂态尺度下，式（2-16）中所包括的微分方程组主要有：

（1）描述各同步发电机暂态和次暂态电势变化规律的微分方程。

（2）描述各同步发电机转子运动的摇摆方程。

（3）描述同步发电机励磁调节系统动态特性的微分方程。

（4）描述同步发电机原动机及其调速器动态特性的微分方程。

（5）描述各感应电动机和同步电动机负荷动态特性的微分方程。

（6）描述传统直流 LCC-HVDC 和柔性直流 VSC-HVDC 控制系统行为的微分方程。

（7）描述灵活交流输电 FACTS 设备（如 SVC、TCSC、UPFC 等）动态特性的微分方程。

式（2-17）中代数方程组主要包括：

（1）网络方程，即式（2-19），描述在 xy 公共参考坐标系下母线电压和母线注入电流之间的关系。

$$\boldsymbol{YU} = \boldsymbol{I} \tag{2-19}$$

$$\boldsymbol{I} = [\boldsymbol{I}_{\mathrm{g}}, \boldsymbol{I}_{\mathrm{h}}, \boldsymbol{I}_{\mathrm{f}}, \boldsymbol{I}_{\mathrm{v}}, \boldsymbol{I}_{\mathrm{l}}, \cdots, \boldsymbol{0}]^{\mathrm{T}} \tag{2-20}$$

$$\boldsymbol{U} = [\boldsymbol{U}_{\mathrm{g}}, \boldsymbol{U}_{\mathrm{h}}, \boldsymbol{U}_{\mathrm{f}}, \boldsymbol{U}_{\mathrm{v}}, \boldsymbol{U}_{\mathrm{l}}, \cdots, \boldsymbol{U}_{\mathrm{o}}]^{\mathrm{T}} \tag{2-21}$$

式中：$\boldsymbol{Y}$ 为交流电网导纳矩阵，$\boldsymbol{I}$ 为母线注入电流向量，$\boldsymbol{U}$ 为母线电压向量。其中，m 台发电机构成的电流注入向量及母线电压向量分别为 $\boldsymbol{I}_{\mathrm{g}}=[I_{\mathrm{g1}},\cdots,I_{\mathrm{g}k},\cdots I_{\mathrm{g}m}]^{\mathrm{T}}$ 和 $\boldsymbol{U}_{\mathrm{g}}=[U_{\mathrm{g1}},\cdots,U_{\mathrm{g}k},\cdots,U_{\mathrm{g}m}]^{\mathrm{T}}$，$n$ 回传统直流构成的电流注入向量及母线电压向量分别为 $\boldsymbol{I}_{\mathrm{h}}=[I_{\mathrm{h1}},\cdots,I_{\mathrm{h}k},\cdots,I_{\mathrm{h}n}]^{\mathrm{T}}$ 和 $\boldsymbol{U}_{\mathrm{h}}=[U_{\mathrm{h1}},\cdots,U_{\mathrm{h}k},\cdots,U_{\mathrm{h}n}]^{\mathrm{T}}$，$p$ 套 FACTS 设备构成的电流注入向量及母线电压向量分别为 $\boldsymbol{I}_{\mathrm{f}}=[I_{\mathrm{f1}},\cdots,I_{\mathrm{f}k},\cdots,I_{\mathrm{f}p}]^{\mathrm{T}}$ 和 $\boldsymbol{U}_{\mathrm{f}}=[U_{\mathrm{f1}},\cdots,U_{\mathrm{f}k},\cdots,U_{\mathrm{f}p}]^{\mathrm{T}}$，$q$ 条柔性直流构成的电流注入向量及母线电压向量分别为 $\boldsymbol{I}_{\mathrm{v}}=[I_{\mathrm{v1}},\cdots,I_{\mathrm{v}k},\cdots,I_{\mathrm{v}q}]^{\mathrm{T}}$、$\boldsymbol{U}_{\mathrm{v}}=[U_{\mathrm{v1}},\cdots,U_{\mathrm{v}k},\cdots,U_{\mathrm{v}q}]^{\mathrm{T}}$，$r$ 个负荷构成的电流注入向量及母线电压向量分别为 $\boldsymbol{I}_{\mathrm{l}}=[I_{\mathrm{l1}},\cdots,I_{\mathrm{l}k},\cdots,I_{\mathrm{l}r}]^{\mathrm{T}}$、$\boldsymbol{U}_{\mathrm{l}}=[U_{\mathrm{l1}},\cdots,U_{\mathrm{l}k},\cdots,U_{\mathrm{l}r}]^{\mathrm{T}}$。其他联络母线或无电流注入的母线，注入电流为 $\boldsymbol{0}$，电压为 $\boldsymbol{U}_{\mathrm{o}}$。

（2）各同步发电机定子电压方程（建立在各自 dq 坐标系下）以及 dq 坐标系与 xy 坐标系之间的坐标变换方程。

（3）传统直流电流源换流器准稳态方程。

（4）FACTS 设备与交流电网功率交换方程。

（5）柔性直流电压源换流器与交流电网功率交换方程。

（6）负荷静态特性方程。

2.5.1.2 机电暂态仿真基本流程

交直流混联大电网机电暂态仿真是研究故障冲击下电网动态响应行为和安全稳定特性的重要技术手段。依据发电机功角、母线电压和电网频率等电气量时域响应数据，并结合不同形态稳定性的判据，得出混联电网稳定与否的定性结论。与此同时，还可通过对响应数据中内蕴信息的深度挖掘和分析，揭示交直流耦合作用机制、识别稳定性关键影响因素、提出稳定性量化评估指标等。

以交流电网故障或操作为例，交直流混联大电网机电暂态仿真的基本流程如图 2-29 所示，主要步骤为：

（1）机电暂态仿真前，输入动态元件模型与参数；依据交直流混联大电网潮流计算得到的运行参量初值 $\boldsymbol{Z}_{(0)}$，计算状态变量初值 $\boldsymbol{X}_{(0)}$；针对不同类型元件动态模型，形成相应的微分方程和代数方程，以及电网代数方程。

（2）设置仿真时间 $t=0$。

（3）判别当前时刻是否有电网故障或操作发生，如短路故障、切除输电设备等。

（4）针对故障或操作的类型及参数，相应修改电网导纳矩阵 $\boldsymbol{Y}$。

（5）求解网络方程 $\boldsymbol{YU}=\boldsymbol{I}$，更新各发电机、传统直流、FACTS、柔性直流、负荷并网母线电压 $\boldsymbol{U}_{\mathrm{g}}$、$\boldsymbol{U}_{\mathrm{h}}$、$\boldsymbol{U}_{\mathrm{f}}$、$\boldsymbol{U}_{\mathrm{v}}$、$\boldsymbol{U}_{\mathrm{l}}$。

（6）依据更新的并网母线电压 $U_{\mathrm{g}k}$，求解发电机微分方程 $\boldsymbol{G}_{\mathrm{g}k}(\boldsymbol{x}_{\mathrm{g}k},\ \boldsymbol{z}_{\mathrm{g}k})$ 和代数方程 $\boldsymbol{F}_{\mathrm{g}k}(\boldsymbol{x}_{\mathrm{g}k},\ \boldsymbol{z}_{\mathrm{g}k})$，更新机组注入电流 $I_{\mathrm{g}k}$，依次遍历所有 m 台发电机组；依据更新的并网母线电压 $U_{\mathrm{h}k}$，求解传统直流微分方程 $\boldsymbol{G}_{\mathrm{h}k}(\boldsymbol{x}_{\mathrm{h}k},\ z_{\mathrm{h}k})$ 和代数方程 $\boldsymbol{F}_{\mathrm{h}k}(\boldsymbol{x}_{\mathrm{h}k},\ z_{\mathrm{h}k})$，更新直流注入电流 $I_{\mathrm{h}k}$，依次遍历所有 n 回直流。与此类似，依次处理 FACTS、柔性直流和负荷等其他动态元件。

（7）形成各类型元件注入电流向量 $\boldsymbol{I}_{\mathrm{g}}=[I_{\mathrm{g}1},\cdots,I_{\mathrm{g}k},\cdots I_{\mathrm{g}m}]^{\mathrm{T}}$、$\boldsymbol{I}_{\mathrm{h}}=[I_{\mathrm{h}1},\cdots,I_{\mathrm{h}k},\cdots,I_{\mathrm{h}n}]^{\mathrm{T}}$、$\boldsymbol{I}_{\mathrm{f}}=[I_{\mathrm{f}1},\cdots,I_{\mathrm{f}k},\cdots,I_{\mathrm{f}p}]^{\mathrm{T}}$、$\boldsymbol{I}_{\mathrm{v}}=[I_{\mathrm{v}1},\cdots,I_{\mathrm{v}k},\cdots,I_{\mathrm{v}q}]^{\mathrm{T}}$ 以及 $\boldsymbol{I}_{\mathrm{l}}=[I_{\mathrm{l}1},\cdots,I_{\mathrm{l}k},\cdots,I_{\mathrm{l}r}]^{\mathrm{T}}$，并在此基础上，更新电网注入电流 $\boldsymbol{I}=[\boldsymbol{I}_{\mathrm{g}},\boldsymbol{I}_{\mathrm{h}},\boldsymbol{I}_{\mathrm{f}},\boldsymbol{I}_{\mathrm{v}},\boldsymbol{I}_{\mathrm{l}},\cdots,\boldsymbol{0}]^{\mathrm{T}}$。

（8）与步骤（5）相同，再次求解电力网络方程 $\boldsymbol{YU}=\boldsymbol{I}$，更新各发电机、传统直流、FACTS、柔性直流以及负荷并网母线电压 $\boldsymbol{U}_{\mathrm{g}}$、$\boldsymbol{U}_{\mathrm{h}}$、$\boldsymbol{U}_{\mathrm{f}}$、$\boldsymbol{U}_{\mathrm{v}}$、$\boldsymbol{U}_{\mathrm{l}}$。

（9）依据本时步上一次迭代与本次迭代结果，判别最大迭代误差是否小于设定允许值 ε_{e}，若小于则本时步计算收敛，否则仍需返回步骤（6）继续本时步的迭代计算。

（10）本时步计算已收敛，保存该时刻所求解出的状态变量 $\boldsymbol{X}_{(t)}$ 和运行参量 $\boldsymbol{Z}_{(t)}$。

（11）判断仿真时间 t 是否已达到仿真所设定时长 t_{end}。

（12）设置 $t=t+\Delta t$，仿真时间增加步长 Δt，进行下一时步的数值求解。

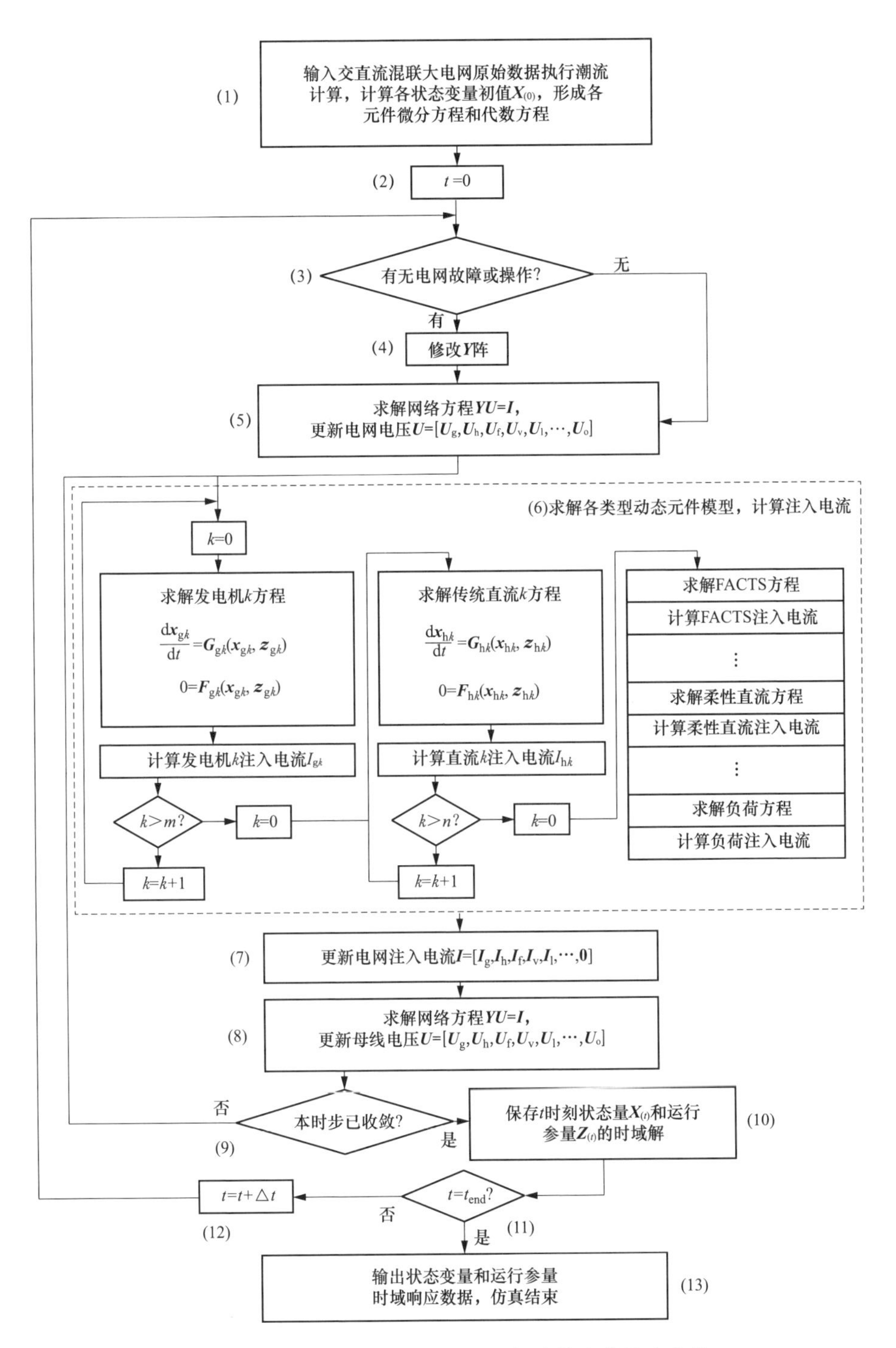

图 2-29　交直流混联大电网机电暂态仿真的基本流程

（13）输出状态变量 $\boldsymbol{X}$ 和运行参量 $\boldsymbol{Z}$ 的时间序列数据，供交直流混联大电网稳定性判别，以及相关数据的深入挖掘和分析处理。

2.5.1.3 机电暂态数值计算方法

机电暂态过程的时域仿真中，需要联立求解微分方程组和代数方程组。其中，求解微分方程组是指在一定的初值条件下，求微分方程的数值解，即对于离散的时间序列 t_1、t_2、t_3、…、t_n，逐步求解相应的电网状态变量 $\boldsymbol{X}_{(1)}$、$\boldsymbol{X}_{(2)}$、$\boldsymbol{X}_{(3)}$、…、$\boldsymbol{X}_{(n)}$，故又称为逐步积分法。

式（2-16）所示微分方程组 $\mathrm{d}\boldsymbol{X}/\mathrm{d}t=\boldsymbol{G}(\boldsymbol{X},\boldsymbol{Z})$，其数值求解原理与单变量微分方程的求解原理是一致的。因此，以一阶微分方程式（2-22）为例，讨论其数值求解方法。

$$\frac{\mathrm{d}x}{\mathrm{d}t}=g(x,t) \tag{2-22}$$

当 t_n 处的函数值 x_n 已知时，$t_{n+1}=t_n+\Delta t$ 处的函数值 x_{n+1} 可由式（2-23）计算，即

$$x_{n+1}=x_n+\int_{t_n}^{t_{n+1}}g(x,t)\mathrm{d}t \tag{2-23}$$

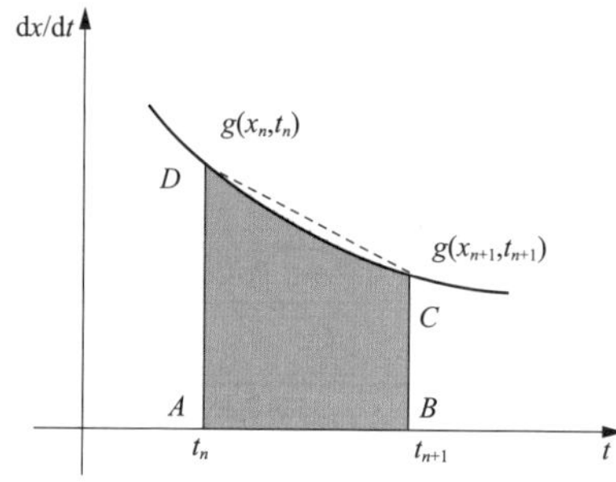

图 2-30　梯形积分法的几何解释

式（2-23）中的定积分相当于图 2-30 中阴影部分的面积。

当步长 Δt 足够小时，函数 $g(x,t)$ 在 t_n 到 t_{n+1} 之间的曲线段可以近似地用直线段代替，如图 2-30 中虚线所示。这样，阴影部分的面积就可以用梯形 $ABCD$ 的面积来代替。因此，式（2-23）可以改写为

$$x_{n+1}\approx x_n+\frac{\Delta t}{2}[g(x_n,t_n)+g(x_{n+1},t_{n+1})] \tag{2-24}$$

式（2-24）即为梯形积分法的差分公式，也就是将微分方程转换成代数方程求解。由于在式（2-24）等号的右侧也含有待求变量 x_{n+1}，这种隐式形式很难直接求解，为此通常采用式（2-25）进行迭代求解，即

$$x_{n+1(i+1)}=x_n+\frac{\Delta t}{2}[g(x_n,t_n)+g(x_{n+1(i)},t_{n+1})] \tag{2-25}$$

其中，i 为迭代次数，并设 $x_{n+1(0)}=x_n$。这样，由式 $x_{n+1(0)}$ 求 $x_{n+1(1)}$，再由 $x_{n+1(1)}$ 求 $x_{n+1(2)}$，依此类推，直至满足式（2-26）时，即可求得对应 t_{n+1} 时刻的值 $x_{n+1}=x_{n+1(i+1)}$。

$$|x_{n+1(i+1)}-x_{n+1(i)}|<\varepsilon_{\mathrm{e}} \tag{2-26}$$

2.5.2 直流换流站非线性功率特性的测试方法—大扰动激励法

关于系统的定义，在技术科学层次上，通常采用钱学森的定义：系统是由相互制约的各部分组成的具有一定功能的整体；在基础科学层次上，通常采用贝塔朗菲的定义：系统是相互联系、相互作用的诸元素的综合体。交直流混联大电网是典型大系统，具备多元性、关联性和整体性三个基本特征。

由图 2-28 所示交直流混联大电网机电暂态仿真模型架构，以及图 2-29 所示交直流混联大电网机电暂态仿真基本流程，可以看出，电网受扰后，电气元件并网母线电压变化将引起元件注入电流变化，所有母线变化的注入电流通过电力网络线性叠加形成新的母线电压，并进而产生新的元件注入电流。因此，元件与电网之间动态交互作用的接口电气量为并网母线电压及其注入电流。

交直流混联大电网中，受动态元件类型多、响应时间尺度差异大、非线性效应强等诸多因素影响，大扰动冲击后元件母线电压的受扰响应十分复杂，进而使得元件与电网交互作用分析变得困难。由于所有元件与电网动态交互效应的聚合，决定交直流混联大电网受扰响应行为，因此，识别单一元件与电网动态交互特性，是分析交直流混联大电网受扰响应行为的基础。为此，可将被研究元件从大电网中孤立解耦出来，利用大扰动激励法——元件并网母线施加按指定规律变化的电压大扰动激励——测试和识别其与电网之间的动态交互特性。

以直流为例，由式（2-1）～式（2-7）所示换流器准稳态模型可知，交流电网对直流的影响，仅取决于换流母线电压幅值 U_c 这一电气参量。因此，可构建如图 2-31 所示系统，以测试直流换流站大扰动响应特性。图中，E_s、δ_s 以及 X_s 分别为交流电网戴维南等值内电势及其相位角以及等值电抗，U_c 为换流母线电压幅值。

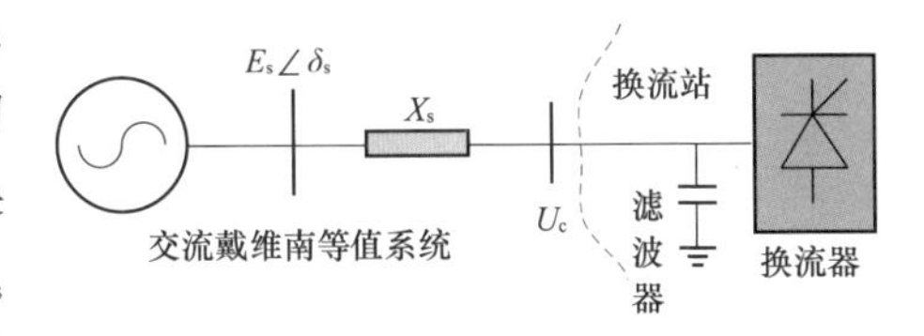

图 2-31 直流换流站大扰动响应特性的测试系统

鉴于交直流混联大电网短路故障和周期性振荡是导致直流换流母线电压大幅变化的主要形式，因此，可按式（2-27）或式（2-28）模拟 $E_s(t)$ 做半周期、全周期扰动，即

$$E_s(t)=\begin{cases} E_{s0}, & t<t_f, t>t_f+\dfrac{\pi}{\omega_s} \\ E_{s0}-\Delta E_s\sin[\omega_s(t-t_f)], & t_f\leqslant t\leqslant t_f+\dfrac{\pi}{\omega_s} \end{cases} \tag{2-27}$$

$$E_s(t)=\begin{cases}E_{s0}, & t<t_f, t>t_f+\dfrac{2\pi}{\omega_s}\\ E_{s0}+0.5\Delta E_s\{\cos[\omega_s(t-t_f)]-1\}, & t_f\leqslant t\leqslant t_f+\dfrac{2\pi}{\omega_s}\end{cases} \tag{2-28}$$

式中：E_{s0}、ΔE_s 和 ω_s 分别为交流等值内电势稳态初值、扰动幅度和扰动角频率；t_f 为扰动开始时刻。

以 $E_{s0}=1.0$（标幺值）、$\Delta E_s=0.3$（标幺值）、$t_f=1.0$s 为例，对应 ω_s 取值为 1.571rad/s、3.142rad/s、32.7rad/s 三种情况的 E_s 半周期变化曲线如图 2-32（a）所示，对应 ω_s 取值为 1.257rad/s、3.142rad/s、6.283rad/s，即振荡频率为 0.2Hz、0.5Hz 和 1.0Hz 三种情况的 E_s 全周期变化曲线如图 2-32（b）所示。

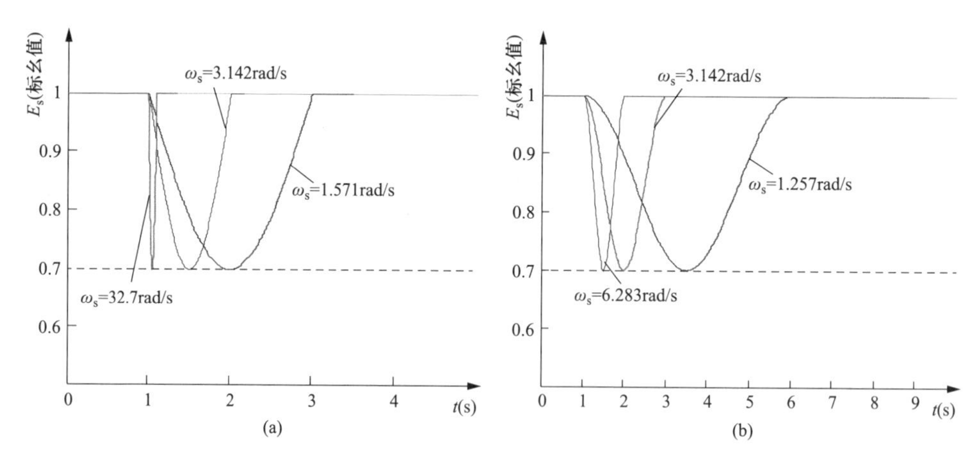

图 2-32　交流等值内电势波动特性曲线

（a）半周期波动；（b）全周期波动

机电暂态仿真中，将 X_s 设置为较小数值，如 1.0×10^{-4}（标幺值），则直流换流母线电压 U_c 具有与 E_s 相同的变化规律。根据实际需要，还可施加与式（2-27）和式（2-28）不同的按其他规律变化的 E_s 大扰动。

某实际电网短路故障冲击下，直流逆变站换流母线电压的录波曲线以及利用式（2-27）模拟的电压半周期变化大扰动激励曲线的对比如图 2-33 所示。可以看出，大扰动激励曲线可以表征实际电网受扰响应的主要特征。大扰动激励法的优点是，可以清晰刻画换流站各电气量随外施电压变化的连续响应轨迹，进而便于分析比较直流控制方式转换、VDCOL 参数等对换流站非线性功率特性的影响，识别关键因素。

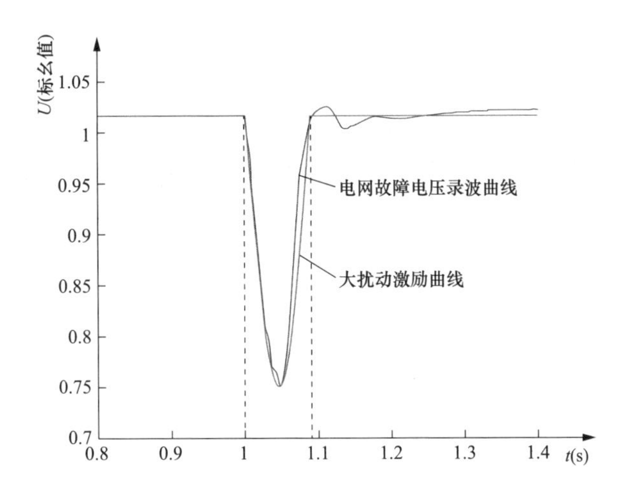

图 2-33　某实际电网故障电压录波曲线与大扰动激励曲线对比

参考文献

[1] 刘振亚. 特高压直流输电技术丛书　特高压直流输电理论［M］. 北京：中国电力出版社，2009.

[2] 周长春，徐政. 直流输电准稳态模型有效性的仿真验证［J］. 中国电机工程学报，2003，23（12）：33-36.

[3] 宋新立，吴小辰，刘文焯，等. PSD-BPA 暂态稳定程序中的新直流输电准稳态模型［J］. 电网技术，2010，34（1）：26-67.

[4] 徐政. 交直流电力系统动态行为分析［M］. 北京：机械工业出版社，2005.

[5] (加)Prabha Kunder. 电力系统稳定与控制［M］. 本书翻译组. 北京：中国电力出版社，2002.

[6] 郑超，盛灿辉，林俊杰，等. 特高压直流输电系统动态响应对受端电网故障恢复特性的影响［J］. 高电压技术，2013，39（3）：555-561.

[7] 万磊，汤涌，吴文传，等. 特高压直流控制系统机电暂态等效建模与参数实测方法［J］. 电网技术，2017，41（3）：708-714.

[8] 万磊，丁辉，刘文焯. 基于实际工程的直流输电控制系统仿真模型［J］. 电网技术，2013，37（3）：629-634.

[9] 王锡凡，方万良，杜正春. 现代电力系统分析［M］. 北京：科学出版社，2003.

[10] 苗东升. 系统科学精要［M］. 4 版. 北京：中国人民大学出版社，2016.

3　基于直流 DM 模型的交直流耦合特性分析及稳定控制

3.1　整流站动态无功特性解析及优化措施

3.1.1　整流站动态无功轨迹

3.1.1.1　仿真测试系统

在机电暂态仿真软件 PSD-BPA 中，建立如图 3-1 所示测试系统以分析整流站动态无功特性。其中，特高压直流额定直流电压 u_{dN}、额定电流 i_{dN}、额定送电功率 P_{dN}分别为±800kV、5kA 和 8000MW。

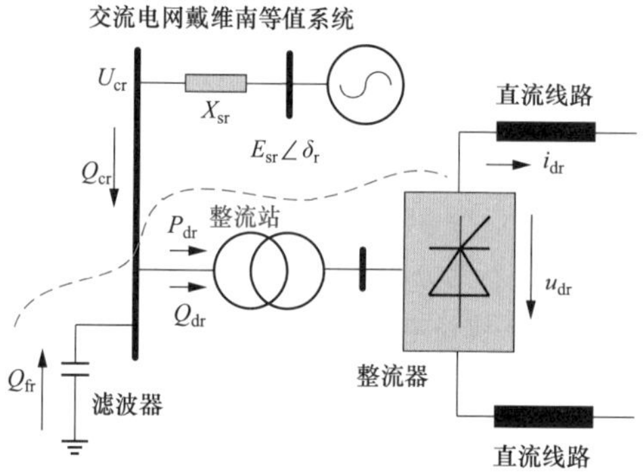

图 3-1　直流整流站动态无功特性测试系统

Q_{dr}—整流器消耗的无功功率；Q_{fr}—滤波器和电容器组（以下统称为滤波器）输出的容性无功功率；Q_{cr}—整流站从交流电网中吸收的无功，即整流站无功需求；E_{sr}—整流站交流电网戴维南等值内电势；δ_r—整流站交流电网戴维南等值内电势相位角；X_{sr}—整流站交流电网戴维南等值电抗；P_{dr}—整流站送电有功功率

特高压直流控制系统仿真模型采用 2.2.1 小节所述改进 CIGRE HVDC Benchmark Model—DM 模型。整流器具有定有功功率 P_d 和定最小触发滞后角 α_{min}控制方式，逆变器具有定熄弧角 γ、定直流电流 i_d 控制以及两者之间过渡的电流偏差 Δi 控制方式。如图 3-2 所示，低压限流三段式特性曲线中的拐点设置为 u_{dh}=0.8（标幺值）、i_{dh}=1.05（标幺值）和 u_{dl}=0.4（标幺值）、i_{dl}=0.55

（标幺值）。定功率控制环节中，直流电压测量时间常数 T_{udrm} 设置为 0.9s。稳态运行条件下，Q_{fr} 基本补偿无功消耗 Q_{dr}。

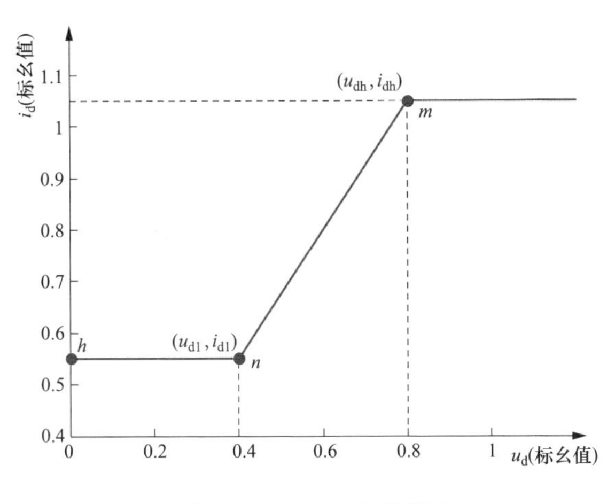

图 3-2　VDCOL 参数设置

应用 2.5.2 小节所述大扰动激励法，测试整流站非线性功率响应特性。图 3-1 所示系统中，与式（2-27）对应的 E_{sr0}、ΔE_{sr}、ω_{sr} 三个参数，分别设置为 1.05（标幺值）、0.65（标幺值）和 1.571rad/s。

3.1.1.2　扰动过程中直流控制方式切换逻辑

U_{cr} 大幅波动过程中，整流器触发滞后角 α 与逆变器触发超前角 β 以及熄弧角 γ 的变化轨迹，如图 3-3 所示。可以看出，整流器和逆变器控制系统响应 U_{cr} 变化均存在控制方式切换，对应 α 和 β 变化轨迹中出现相应的拐点。

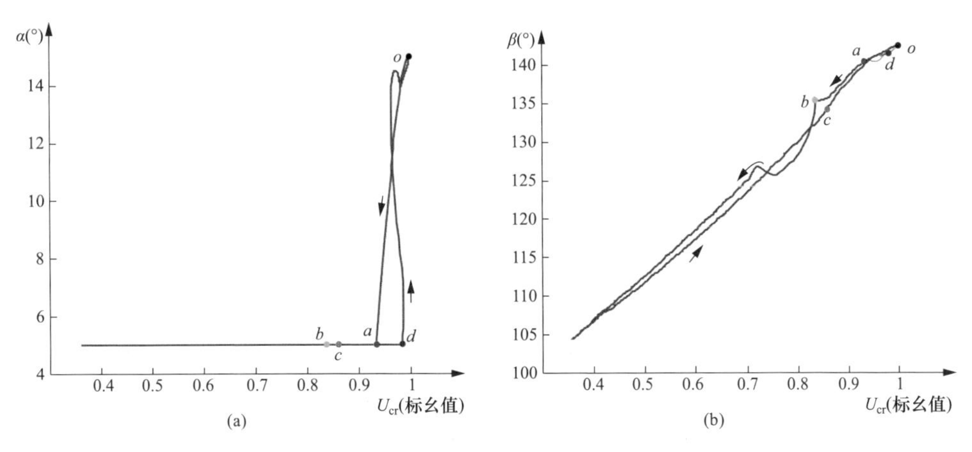

图 3-3　电气角随整流站交流电压变化的轨迹（一）

（a）$U_{cr}-\alpha$；（b）$U_{cr}-\beta$

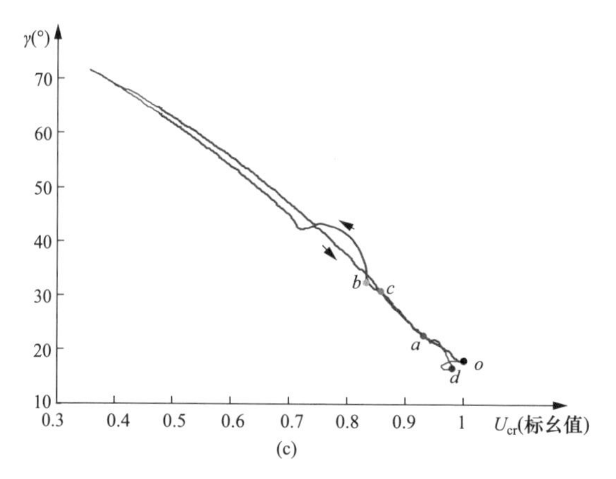

图 3-3 电气角随整流站交流电压变化的轨迹（二）

（c）$U_{cr}-\gamma$

稳态运行点 o，电流与参考值无偏差，整流器定功率 P_d 控制、逆变器定熄弧角 γ 控制。在 U_{cr}跌落的初始阶段，如图 3-3 中 oa 段所示，整流器维持定功率 P_d 控制、逆变器进入电流偏差控制（简记为 $P_d-\Delta i$ 控制），定功率控制器减小整流器 α 角，以抑制直流电压降低引起的送电有功偏差。

随着 U_{cr}的快速跌落，α 角降至 α_{min}，为保证可靠触发，整流器切换至 α_{min} 控制，逆变器仍运行于向定电流 i_d 控制过渡的电流偏差控制方式（简记为 $\alpha_{min}-\Delta i$ 控制），对应图 3-3 中 ab 段。

U_{cr}深度跌落及回升过程，逆变器运行于定电流 i_d 控制，参考值由定功率控制环节或 VDCOL 环节输出以及电流裕度 i_δ 共同决定。整流器和逆变器分别运行于定最小触发角 α_{min}和定电流 i_d 控制（简记为 $\alpha_{min}-i_d$ 控制），直至 U_{cr}回升至较高水平，如图 3-3 中 bc 段所示。

U_{cr}显著回升后，逆变器和整流器依次经历定电流 i_d 控制向 Δi 控制切换、α_{min}控制向定功率 P_d 控制切换，如图 3-3 中 cd 段和 do 段所示，对应控制方式分别简记为 $\alpha_{min}-\Delta i$ 控制和 $P_d-\Delta i$ 控制。

通过以上分析，在整流站交流母线电压大幅波动过程中，直流输电依次经历 $P_d-\Delta i$、$\alpha_{min}-\Delta i$、$\alpha_{min}-i_d$、$\alpha_{min}-\Delta i$、$P_d-\Delta i$ 控制方式，并最终随 U_{cr}提升，恢复至初始点 o 对应的 $P_d-\gamma$ 控制方式。主要控制方式切换逻辑及运行点变化如图 3-4 所示。

3.1.1.3 动态无功轨迹解析

对应 U_{cr}大幅波动过程的直流主要电气量变化轨迹如图 3-5 所示。受整流器、逆变器控制方式切换以及 VDCOL 限流等因素影响，直流各电气量响应轨迹具有明显的非线性特征，分阶段解析有助于揭示过渡过程及控制方式切换对动态无功特性的影响。整流站动态无功轨迹的分阶段解析如下。

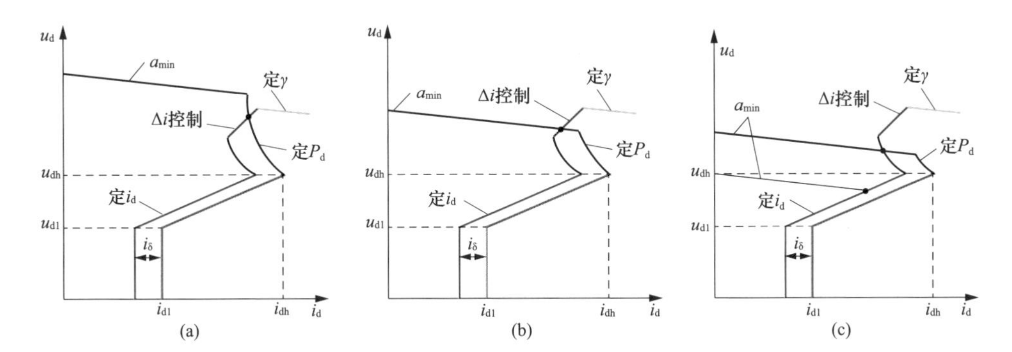

图 3-4　U_{cr}变化过程中直流控制方式切换示意图

（a）$P_d-\Delta i$ 控制；（b）$\alpha_{min}-\Delta i$ 控制；（c）$\alpha_{min}-\Delta i_d$ 控制

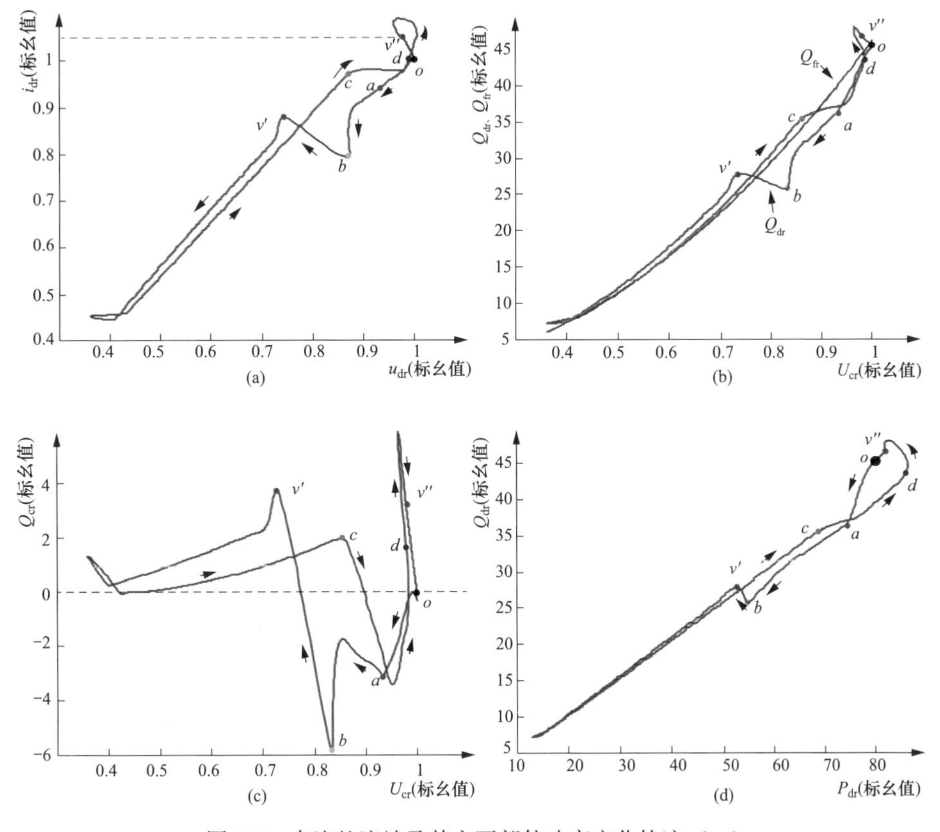

图 3-5　直流整流站及其主要部件功率变化轨迹（一）

（a）$u_{dr}-i_{dr}$；（b）$U_{cr}-Q_{dr}$和$U_{cr}-Q_{fr}$；（c）$U_{cr}-Q_{cr}$；（d）$P_{dr}-Q_{dr}$

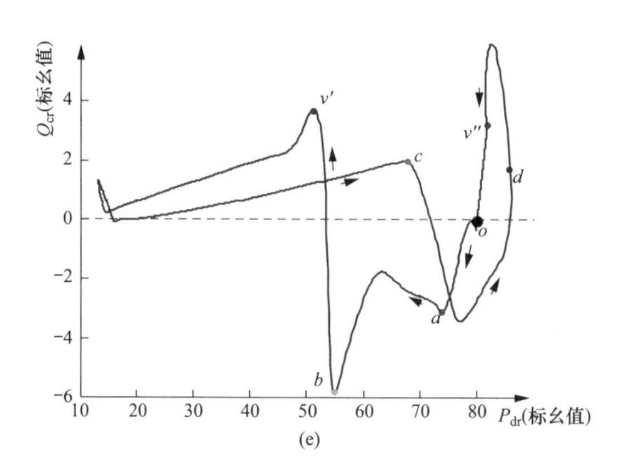

图 3-5 直流整流站及其主要部件功率变化轨迹（二）

（e）$P_{dr}-Q_{cr}$

（1）电压跌落的初始 oa 段，$P_d-\Delta i$ 控制方式。响应交流电压 U_{cr} 降低，整流器定功率控制器减小 α，但由于控制延时，α 减小量不足以抵偿 U_{cr} 下降的影响，如式（2-1）所示，直流电压将降低；对应直流电流和整流器送电有功均减小。

受 α、i_{dr} 和 P_{dr} 同时减小的多因素共同作用，整流器无功消耗 Q_{dr} 大幅降低，其值超过因电压降低导致的滤波器容性无功输出 Q_{fr} 减少量。因此，该过程中整流站向交流电网注入容性无功，可抑制电压跌落。

（2）电压持续跌落的 ab 段，$\alpha_{min}-\Delta i$ 控制方式。随着电压持续跌落，α 达到其设定的最小值 α_{min}，整流器切换至定最小触发角 α_{min} 控制，对应逆变器运行于由定熄弧角 γ 控制向定电流 i_d 控制过渡的电流偏差控制方式。α 角固定，整流器直流电压 u_{dr} 随 U_{cr} 跌落快速降低，i_{dr} 则大幅减小。与此同时，如式（2-1）所示，换相压降随 i_{dr} 减小将降低，可对 u_{dr} 跌落起抑制作用，因此该阶段 u_d-i_d 呈现明显的非线性。

直流有功 P_{dr} 随 u_{dr} 降低、i_{dr} 减小而下降，滤波器输出无功 Q_{fr} 供给整流器无功消耗 Q_{dr} 后的盈余量进一步增加，有助于抑制电压持续跌落。

（3）电压深度跌落及回升的 bc 段，$\alpha_{min}-i_d$ 控制方式。逆变器由电流偏差控制过渡至定电流 i_d 控制后的初始阶段，电流参考值由整流器定功率控制器输出减去电流裕度 i_δ 确定。参考值大于运行电流，逆变器将加快减小触发超前角 β，以快速降低逆变器直流电压以追踪参考电流。如图 3-5（b）所示，随着直流电流增大，Q_{dr} 快速增加并超过滤波器输出 Q_{fr}，整流站从交流电网吸收无功。

电压深度跌落，VDCOL 功能启动，逆变器指令电流在拐点 v' 处开始线性减小，可降低 Q_{dr} 和 Q_{cr} 水平。电压恢复提升过程中，由于直流电压一直低于额定值，定功率环节输出大于 VDCOL 输出，因此逆变器 i_d 参考值由 VDCOL 输出与 i_δ 差值确定。

此外，由图 3-5（d）可知，在 $v'c$ 段整流器具有近恒功率因数特性。

（4）电压显著回升的 cd 段，$\alpha_{min}-\Delta i$ 控制方式。进入 cd 段后，逆变器再次切换至电流偏差控制，电流增幅减缓。U_{cr} 快速恢复期间，Q_{cr} 会出现大幅波动。一方面，Q_{fr} 随电压回升增大，超过 Q_{dr} 并使 Q_{cr} 反向，对应整流站向交流电网注入无功；另一方面，随 u_{dr} 增大直流送电有功快速恢复，Q_{dr} 大幅增加，整流站再次从交流电网吸收无功。

（5）电压提升至初始值的 do 段，$P_d-\Delta i$ 控制方式。U_{cr} 提升至较高水平后，整流器由 α_{min} 控制切换至 P_d 控制。如图 3-5 和图 3-6 所示，由于时间常数 T_{udrm} 较大，定功率控制环节延迟感知 U_{cr} 升高，从而导致其输出电流值大于 VDCOL 输出 i_{dh}。由于 i_{dh} 大于额定电流 i_{dN}，因此对应该阶段的 P_{dr} 将大于 P_{dN}，整流器从交流电网吸收大量无功。

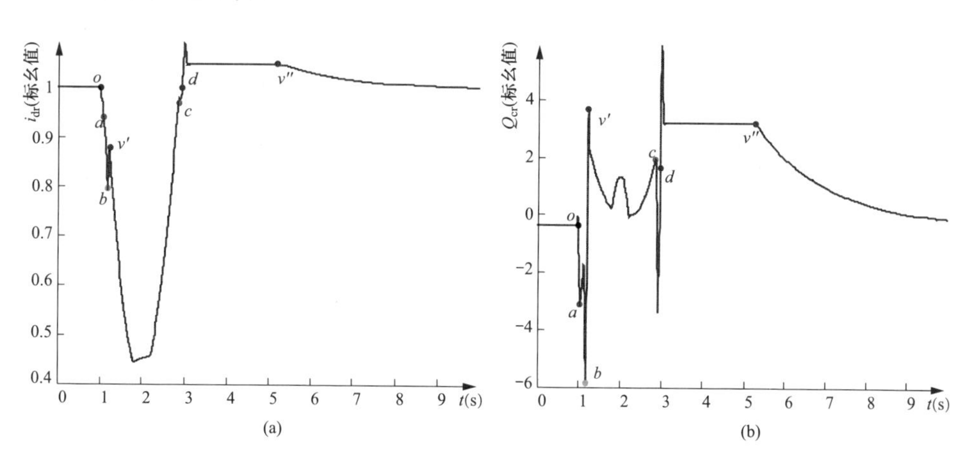

图 3-6　直流电流与整流站无功功率时域响应

（a）i_{dr}；（b）Q_{cr}

经一定时延，定功率控制环节感知 U_{cr} 升高减小输出电流，在其值小于 VDCOL 输出 i_{dh} 对应的 v'' 处，i_{dr} 开始降低，Q_{cr} 减小并逐渐恢复至扰动前运行状态。

3.1.1.4　整流站动态无功特性评述

从交流电压大幅起伏波动对应的整流站动态无功变化轨迹可以看出其特性为：

（1）受整流器与逆变器多种组合控制方式之间的切换，以及 VDCOL 作用影响，整流站动态无功轨迹具有强非线性特征。

（2）受扰过程中，整流器无功消耗与滤波器无功输出两者大小交替变化，整流站动态无功轨迹中即存在无功吸收区间，也存在无功输出区间。

（3）整流站动态无功轨迹与其控制系统参数设置密切相关，主要包括 VDCOL 启动电压 u_{dh} 和电流 i_{dh}、定功率控制电压测量时间常数 T_{udrm}，以及整流器定功率或定电流控制方式。

3.1.2 动态无功特性的影响因素分析

3.1.2.1 VDCOL 启动电压与电流的影响

（1）启动电压 u_{dh} 的影响。对应 u_{dh} 的标幺值分别取为 0.7、0.8 和 0.9 三种情况下，扰动特性的对比曲线如图 3-7 所示。可以看出，在电压跌落过程中，提升 u_{dh} 可加快限制直流电流，进而减小直流送电有功并降低整流器无功消耗 Q_{dr}，滤波器 Q_{fr} 补偿 Q_{dr} 后的更多盈余无功有助于维持交流电网电压。

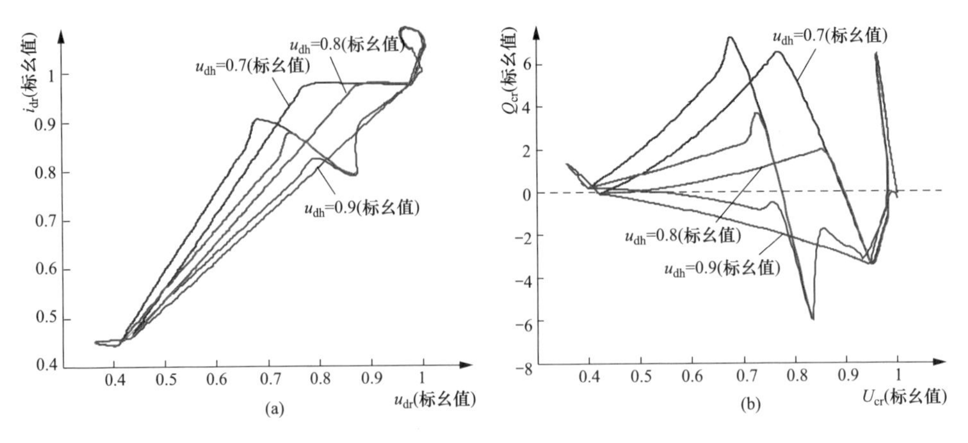

图 3-7 VDCOL 启动电压 u_{dh} 对动态无功特性的影响

(a) $u_{dr}-i_{dr}$；(b) $U_{cr}-Q_{cr}$

（2）启动电流 i_{dh} 取值的影响。对应不同 i_{dh} 取值的扰动特性对比曲线如图 3-8 所示。i_{dh} 取值增大，则相同电压下对应的限流幅度减小，整流站从交流电网中吸收无功 Q_{cr} 增加。此外，电压恢复过程中，参考电流切换至定功率控制输出值之前，VDCOL 输出较大的 i_{dh}，会大幅增加 Q_{cr}。综合以上分析，i_{dh} 取值为稳态运行电流有助于减小 U_{cr} 变化过程中整流站 Q_{cr}，抑制电压跌落和加快电压恢复。

3.1.2.2 定功率控制电压测量时间常数的影响

对应整流器定功率控制电压测量时间常数 T_{udrm} 分别取值 0.1s、0.9s 和 1.8s 三种情况，直流电压与电流以及整流站动态无功轨迹的对比曲线如图 3-9 所示。

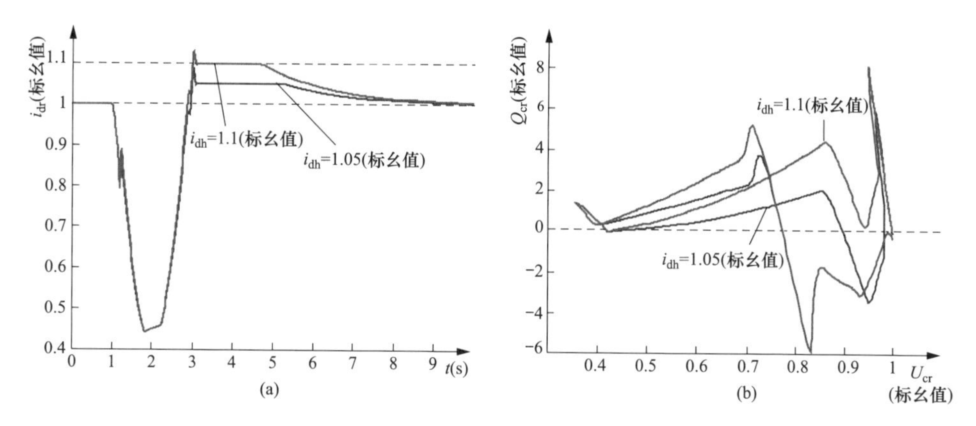

图 3-8　VDCOL 启动电流 i_{dh} 对动态无功特性的影响

(a) i_{dr}；(b) U_c-Q_{cr}

由图 3-9 可知，在整流器仍维持 P_d 控制的 U_{cr} 初始跌落过程中，较小的 T_{udrm} 可快速感知 u_{dr} 下降，参考电流快速上升将减缓运行电流 i_{dr} 下降，对应整流站无功需求较大，不利于抑制 U_{cr} 跌落。在 U_{cr} 回升过程中，较小的 T_{udrm} 可快速感知 u_{dr} 上升进而减小参考电流，缩短 VDCOL 输出参考电流为 i_{dh} 的作用时间，整流站无功需求快速减小，有助于加快电压恢复至正常运行水平。

3.1.2.3　直流控制方式的影响

整流器分别采用定功率 P_d 控制和定电流 i_d 控制两种方式下，直流电流和整流站动态无功轨迹的对比曲线如图 3-10 所示。

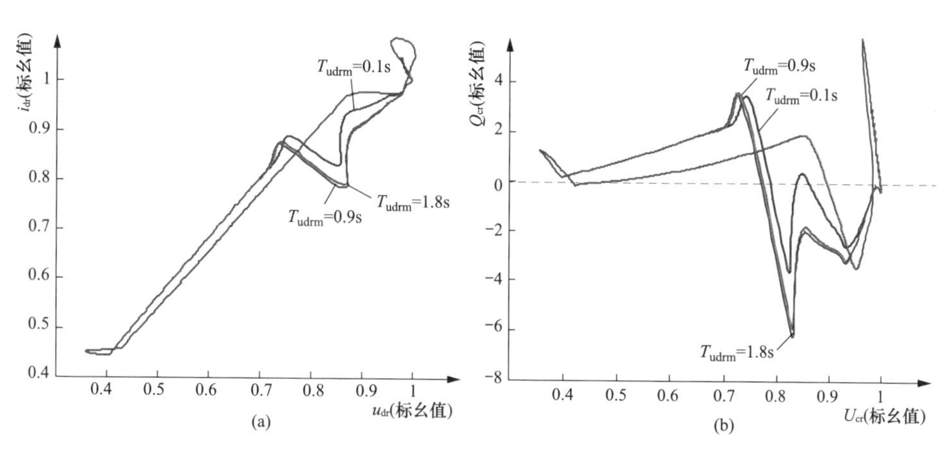

图 3-9　时间常数 T_{udrm} 对动态无功特性的影响（一）

(a) $u_{dr}-i_{dr}$；(b) $U_{cr}-Q_{cr}$

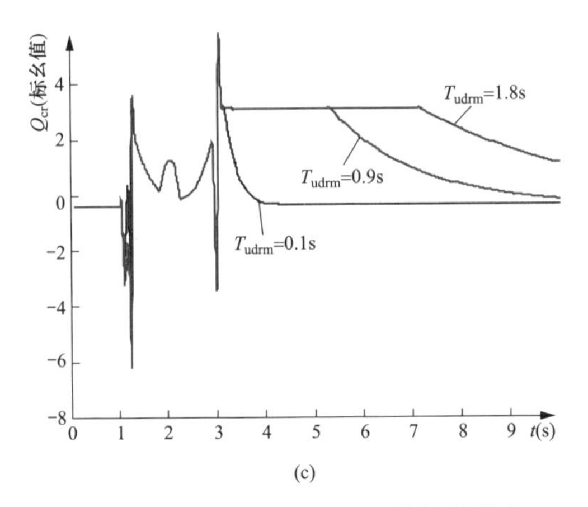

图 3-9　时间常数 T_{udrm} 对动态无功特性的影响（二）

（c）Q_{cr}

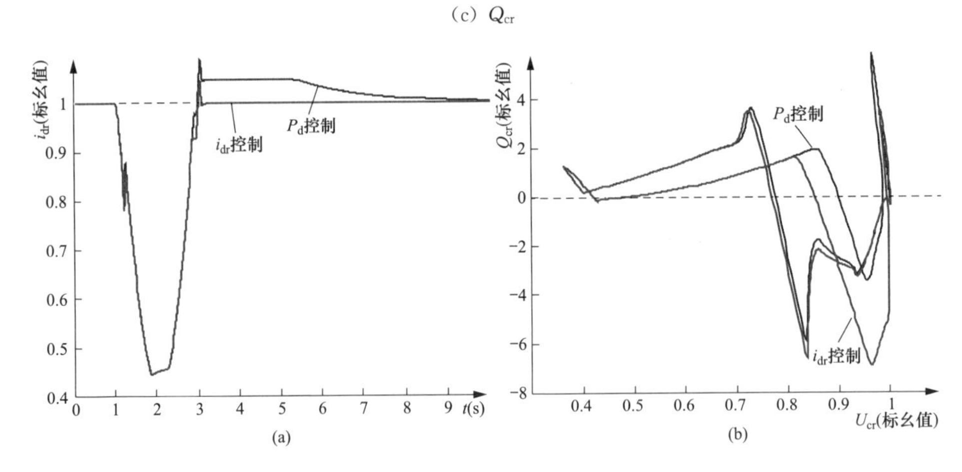

图 3-10　整流器控制方式对动态无功特性的影响

（a）i_{dr}；（b）$U_{cr}-Q_{cr}$

由图 3-10 可知，采用定电流 i_d 控制方式，电压提升且整流器由 α_{min} 控制切换至 P_d 控制后，直流电流可快速追踪并达到扰动前电流值，不会因直流电压测量延时，导致定功率 P_d 控制下直流电流持续维持 i_{dh} 运行。因此，在定电流 i_d 控制方式下，电压恢复至初始运行值的过程中，整流器无功消耗下降，整流站盈余无功增多，有助于改善电压恢复特性。

3.1.2.4　整流站动态无功特性影响因素评述

（1）定直流功率控制。定直流功率 P_d 控制方式下，提高 VDCOL 启动电压 u_{dh}，电压跌落过程中加快投入直流电流限制功能，可减少整流器无功消耗；电压测量时间常数 T_{udrm} 取值增减，对抑制电压跌落和加快电压恢复产生相反的作用，因此，应结合具体电网需求确定其取值。

VDCOL 启动电流 i_{dh}取值，对无功消耗特性影响显著，若其值大于稳态工况对应的直流电流，则电压恢复过程中整流器无功消耗将大幅增加。实际直流控制系统中，i_{dh}通常跟踪直流送电功率动态调整取值，然而，在混联电网稳定计算中，i_{dh}并不能自动调整。因此，直流非额定功率送电时，若计算中 i_{dh}仍按额定工况设置，将会导致整流站在故障恢复过程中从交流电网额外吸收大量无功，进而得出混联电网电压恢复特性乃至稳定特性偏于保守的结论。

（2）定直流电流控制。定直流电流 i_d 控制方式下，在交流电压低于正常运行水平的恢复过程中，整流器由 α_{min}控制切换至 i_d 控制后，参考电流自动取值为稳态运行值，不受 T_{ud}、i_{dh}取值的影响，可避免计算中整流站额外吸收大量无功；提高 VDCOL 启动电压 u_{dh}，加快投入低压限流功能，仍是减少整流器无功消耗的有效措施。

3.1.3 直流控制参数对电网稳定特性计算分析的影响

3.1.3.1 特高压直流送端电网及稳定威胁

四川省境内水电资源十分丰富，是中国“西电东送”的西南大送端。为实现区域电网之间资源优化配置，“十二五”期间四川网内投运了四川复龙至上海奉贤±800kV/6400MW（复奉直流）和四川锦屏至江苏同里±800kV/7200MW（锦苏直流）两回特高压直流，向华东负荷中心送电。与此同时，如图 1-4 所示，华中电网与华北电网通过长治—南阳特高压联络线互联，实现南北水火电力互济。由于复奉特高压直流投运初期，送端配套向家坝水电站建设滞后，为满足特高压直流大功率送电，需通过洪沟—泸州、沐川—叙府两个 500kV 交流线路从主网大量受电，如图 3-11 所示。

若洪沟—泸州线路中一回线发生三相永久短路同时开断双回线故障，与主网电气联系减弱加之大量潮流转移引起无功损耗增加，存在特高压直流送端复龙地区电压难以快速恢复，直流外送受阻功率转移至川渝交流线路，进而加剧对华中主网冲击的威胁。在长治—南阳特高压联络线大功率南电北送时，冲击会造成线路功率大量涌动，长治站电压大幅跌落，存在触发低压解列装置动作导致大区互联电网解列的风险。

为此，需正确仿真计算受扰后特高压直流整流站动态无功特性，以实现对交直流混联电网大扰动稳定性的精准评估，为制定联络线输电功率限值提供客观依据。此外，还应优化直流控制器参数，改善整流站动态无功特性，进而加快扰动后送端电压及直流功率恢复，减少转移有功，缓解故障对区域互联电网的冲击威胁。

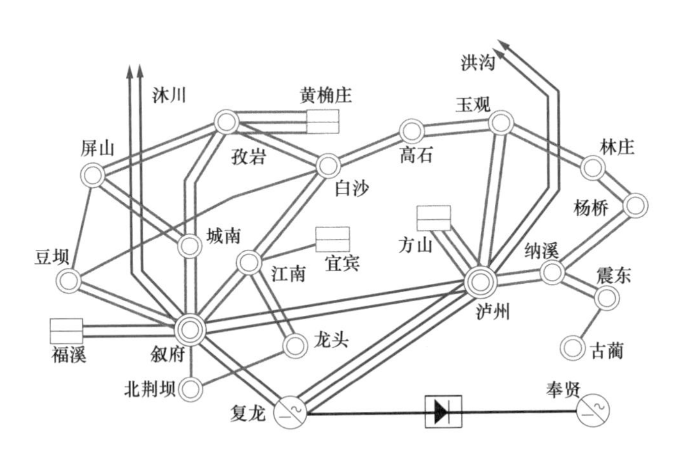

图 3-11　复奉特高压直流投产初期送端局部电网结构

3.1.3.2　关键控制参数设置对电网动态行为评估的影响

直流机电暂态仿真模型无法对应其稳态送电功率自动调整 VDCOL 启动电流 i_{dh}取值，当直流非额定功率送电时，若 i_{dh}仍取值为额定功率对应的电流值，将额外增加整流站恢复过程中的无功消耗，进而影响混联大电网计算精准性，对于强直弱交型电网，计算偏差更为显著。

对应图 1-4 和图 3-11 所示交直流混联电网，稳态运行时，复奉特高压直流双极送电 4300MW，福溪和方山电厂各运行一台 600MW 机组，为满足地区负荷用电及复奉直流送电需求，洪沟—泸州和沐川—叙府两个 500kV 线路从主网受电 4540MW。华北与华中特高压联络线大功率南电北送 5500MW。

复奉特高压直流主要控制器参数中的 u_{dh}和 T_{udrm}，分别取值为 0.7（标幺值）和 0.9s。考察整流器定功率控制和定电流控制两种方式，故障扰动后交直流混联大电网动态行为差异。其中，定功率控制方式下 i_{dh}取值分别为额定电流 1.0（标幺值）和运行工况电流 0.672（标幺值）。对应以上三种情况，洪沟—泸州线路洪沟侧三相永久短路开断双回线故障，电网的暂态响应对比曲线如图 3-12 所示。

由图 3-12 可知，定功率控制方式下，i_{dh}单一参数设置即会对直流整流站、局部电网以及区域互联电网计算特性产生显著影响。i_{dh}设置值大于直流工况电流，则电压恢复期间整流站从交流电网吸收大量无功，复龙站电压以及复奉直流功率均难以快速恢复。受此影响，华北与华中特高压联络线功率涌动加剧，近振荡中心的长治站电压标幺值由 0.72 进一步跌至 0.58。依据具有偏差的计算结果，将会制定出过于保守的区域电网特高压联络线输电功率限值。

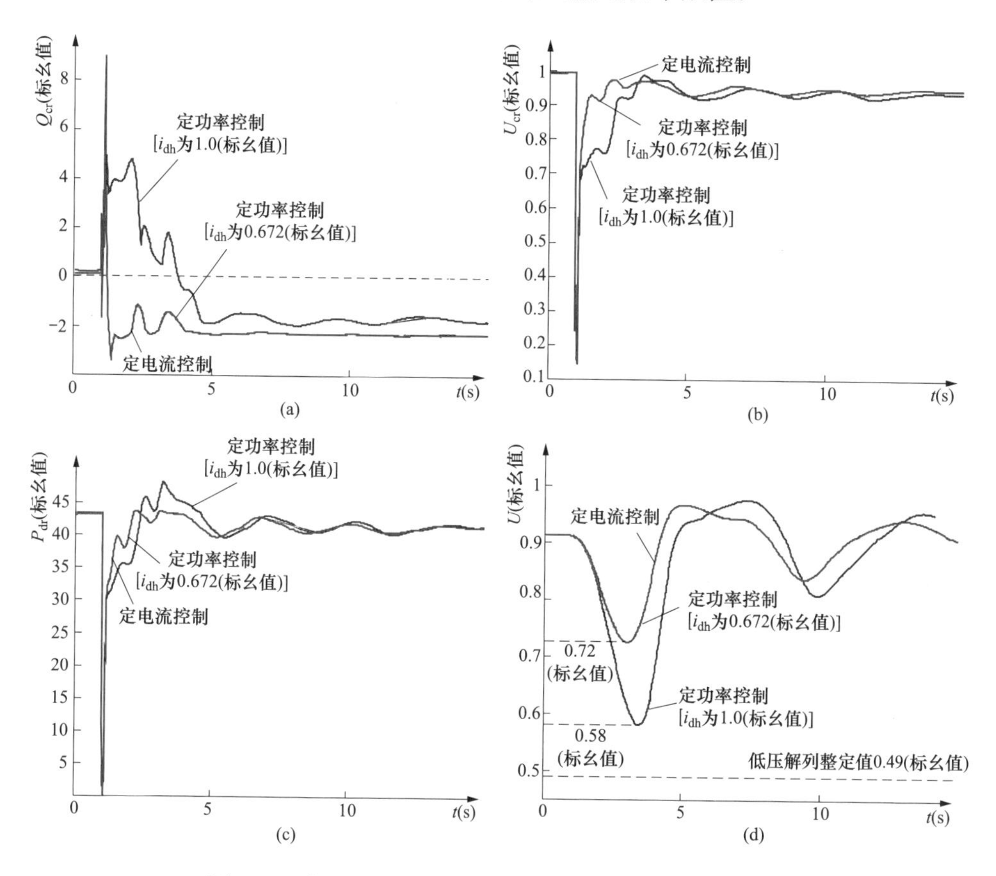

图 3-12　直流控制方式及控制参数对混联大电网特性影响

（a）复龙换流站吸收无功；（b）复龙换流站母线电压；（c）复奉直流有功；（d）长治特高压站电压

此外，对应定电流控制与按工况电流设置 i_{dh} 的定功率控制两种方式，受扰后电网响应相同。

3.1.3.3　定功率控制参数设置的影响及优化

（1）T_{udrm} 取值对受扰响应影响及优化。定功率控制方式下，对应不同 T_{udrm} 取值的交直流混联大电网受扰响应对比曲线如图 3-13 所示。

由图 3-13 可知，i_{dh} 按工况电流设置，则当电压降低偏离稳态运行值时，定功率环节输出电流大于 VDCOL 输出电流，参考电流将取值为 i_{dh}。因此，T_{udrm} 取值对混联电网大扰动响应特性影响较小，即优化 T_{udrm} 参数难以缓解故障冲击威胁。

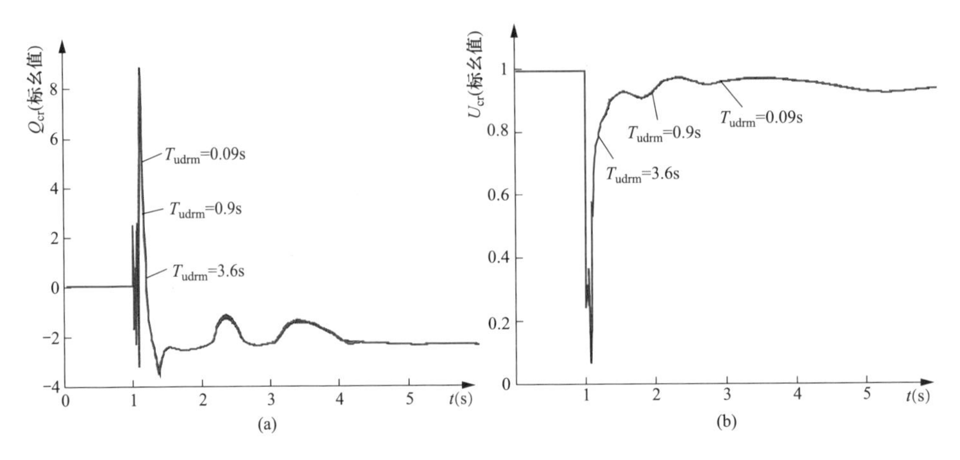

图 3-13　T_{udrm}取值对混联电网大扰动响应特性的影响

（a）复龙换流站吸收无功；（b）复龙换流站母线电压

（2）u_{dh}取值对受扰响应影响及优化。提高 VDCOL 启动电压 u_{dh}，在电压跌落过程中加快投入限流功能，使相同电压跌落水平下直流参考电流进一步减小，则可减少整流站无功需求，促进交流电压提升。

华北与华中特高压联络线南电北送功率提升至 6000MW，对应复奉特高压直流 u_{dh}的标幺值取值为 0.7 和 0.9 两种情况，电网受扰响应对比如图 3-14 所示。由图 3-14 可知，提升 u_{dh}可增加电压恢复期间整流站注入交流电网的无功功率，进而促进交流电压和直流送电有功恢复。由于直流受阻转移功率减少，特高压长治变电站最低电压标幺值可由 0.57 提升至 0.61，对应有名值电压提升幅度为 42kV。

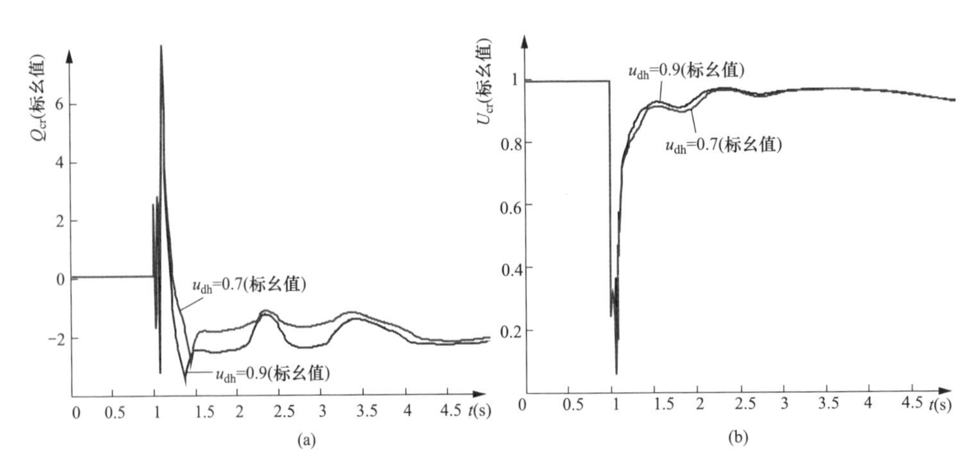

图 3-14　u_{dh}取值对混联电网大扰动响应特性的影响（一）

（a）复龙换流站吸收无功；（b）复龙换流站母线电压

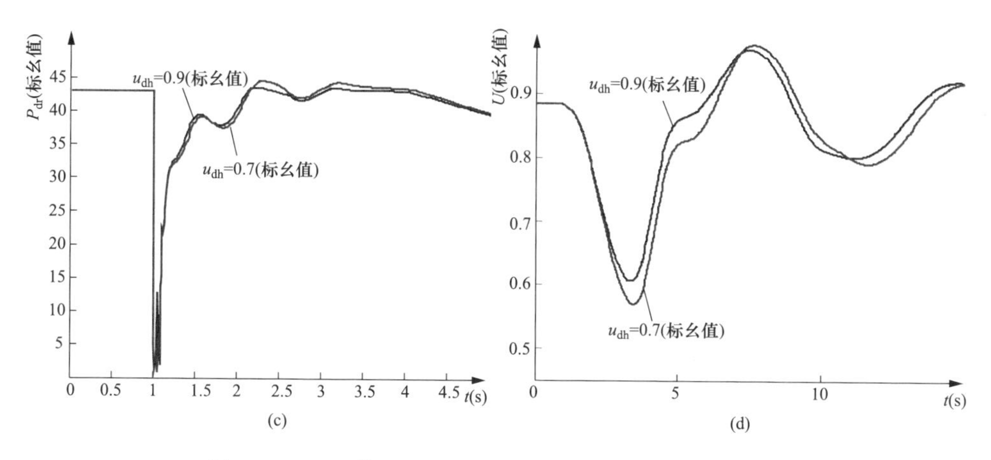

图 3-14 u_{dh}取值对混联电网大扰动响应特性的影响（二）

（c）复奉直流有功；（d）长治特高压变电站电压

综合以上分析，在强直弱交型混联电网计算分析中，正确设置与直流运行工况相对应的 VDCOL 启动电流 i_{dh}取值，是精准模拟整流站动态无功需求和客观评价混联电网稳定特性的前提。此外，提高 VDCOL 启动电压 u_{dh}取值，可降低受扰后整流站无功需求，进而缓解冲击威胁，促进电压恢复。

3.2 逆变站电压稳定测度指标及紧急控制

3.2.1 逆变站动态无功轨迹

3.2.1.1 仿真测试系统

在机电暂态仿真软件 PSD-BPA 中，建立如图 3-15 所示测试系统以分析逆变站动态无功特性。其中，特高压直流额定直流电压 u_{dN}、额定电流 i_{dN}、额定送电功率 P_{dN} 分别为 ±800kV、5kA 和 8000MW。图 3-15 中，Q_{di}为逆变器消耗的无功功率；Q_{fi}为滤波器和电容器组（以下统称为滤波器）输出的容性无功功率；Q_{ci}为逆变站从交流电网中吸收的无功功率，即逆变站无功需求；E_{si}、δ_i 以及 X_{si}分别为逆变站交流电网戴维南等值内电势及其相位角以及等值电抗；P_{di}为逆变站送电有功功率。

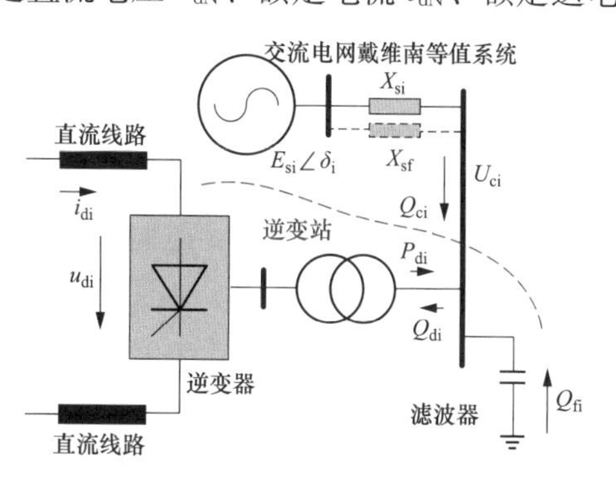

图 3-15 直流逆变站动态无功特性测试系统

特高压直流控制系统仿真模型采用如 2.2.1 小节所述改进 CIGRE HVDC Benchmark Model—DM 模型。VDCOL 三段式特性曲线拐点分别设置为 $u_{dh}=0.8$（标幺值）、$i_{dh}=1.0$（标幺值）和 $u_{dl}=0.4$（标幺值）、$i_{dl}=0.55$（标幺值）。定功率控制环节中，直流电压测量时间常数 T_{udrm} 设置为 0.9s。稳态运行条件下，Q_{fi} 补偿无功消耗 Q_{di}。

考察逆变站换流母线电压大幅跌落与回升过程中，直流各电气量以及逆变站各主要部件功率变化特性。为此，设置图 3-15 中交流电网戴维南等值内电势 E_{si} 按式（2-27）做半周期波动，其中，$E_{si0}=1.05$（标幺值），$\Delta E_{si}=0.65$（标幺值），$\omega_{si}=1.571$rad/s。

3.2.1.2 动态无功轨迹解析

U_{ci} 大幅跌落和回升过程，逆变器各电气角变化轨迹如图 3-16 所示。可以看出，响应电压跌落引起的换相角 μ 增大，逆变器定熄弧角控制增加 β 可维持熄弧角 γ 基本不变。逆变站换流母线电压非瞬间式振荡跌落过程中，γ 角在直流控制系统调节下可大于最小触发角，逆变器不会发生换相失败。因此，采用直流准稳态模型可较精准地模拟其功率特性。

对应 U_{ci} 大幅波动的直流逆变站及其主要部件的功率变化轨迹如图 3-17 所示。可以看出，功率变化轨迹具有如下特点。

（1）VDCOL 输入电压大于 u_{dh} 的初始阶段，由于整流器定功率控制环节中直流电压测量延时，直流参考电流未能跟随电压跌落快速增大，因此，直流有功减小。与此同时，如图 3-16（c）所示，γ 角随电压跌落小幅减小。两方面因素作用下，逆变器无功消耗减少，如图 3-17（b）中 oa 段所示。VDCOL 功能启动后，随着电压跌落直流电流下降，直流送电有功及逆变器无功消耗均显著减小。因此，逆变器本身具有电压稳定负反馈机制，即电压跌落无功消耗减少。

（2）如图 3-17（b）和图 3-17（c）所示，滤波器无功输出随电压跌落呈平方倍减小，其值大于逆变器无功消耗减小量。因此，逆变站从交流电网吸收大量无功，尤其在 VDCOL 功能启动前。

（3）VDCOL 的作用使逆变站无功特性呈现出非线性特征。运行于如图 3-2 所示 VDCOL 特性曲线 mn 段时，逆变器和逆变站均呈恒功率因数特性，如图 3-17（d）和图 3-17（e）中 ab 段，逆变器功率因数约为 0.85，即无功消耗为传输有功的 62%；逆变站功率因数则约为 0.985，即从交流电网中吸收的无功约为注入有功的 17.5%。运行于 VDCOL 特性曲线 nh 段时，直流电流基本维持不变，受熄弧角增大影响，有功降低的同时无功需求增大。

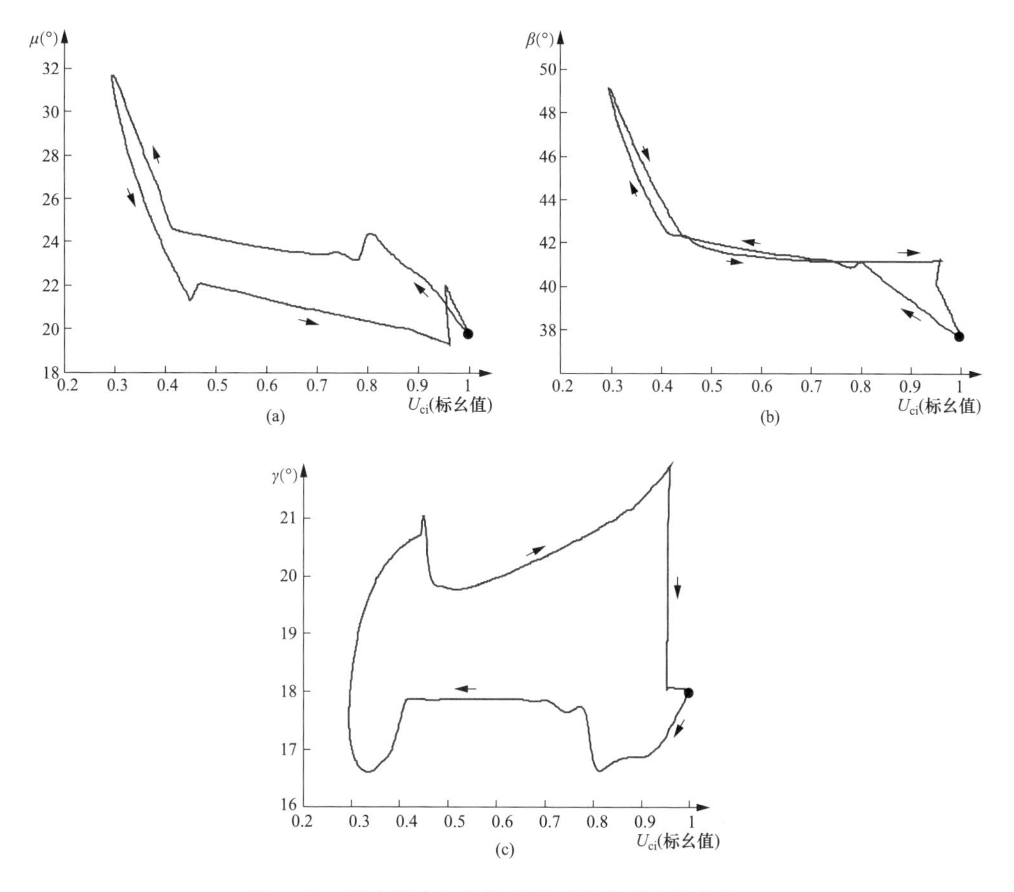

图 3-16 逆变器电气角随交流母线电压变化的轨迹

(a) $U_{ci}-\mu$；(b) $U_{ci}-\beta$；(c) $U_{ci}-\gamma$

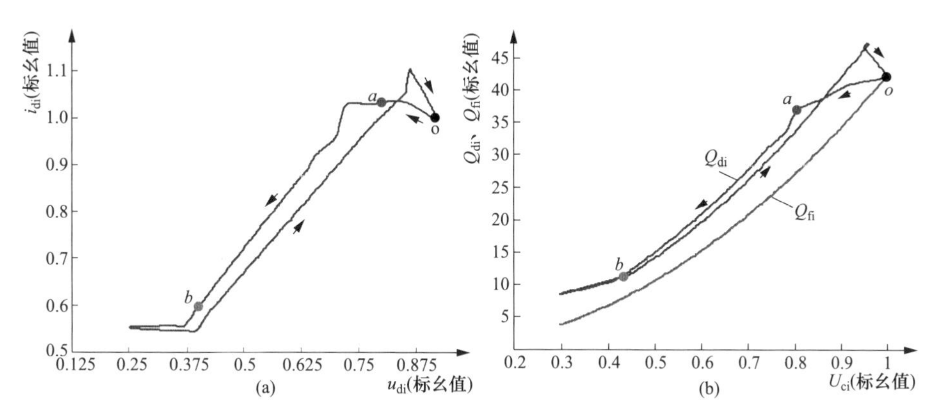

图 3-17 直流逆变站及其主要部件功率变化轨迹（一）

(a) $u_{di}-i_{di}$；(b) $U_{ci}-Q_{di}$和$U_{ci}-Q_{fi}$

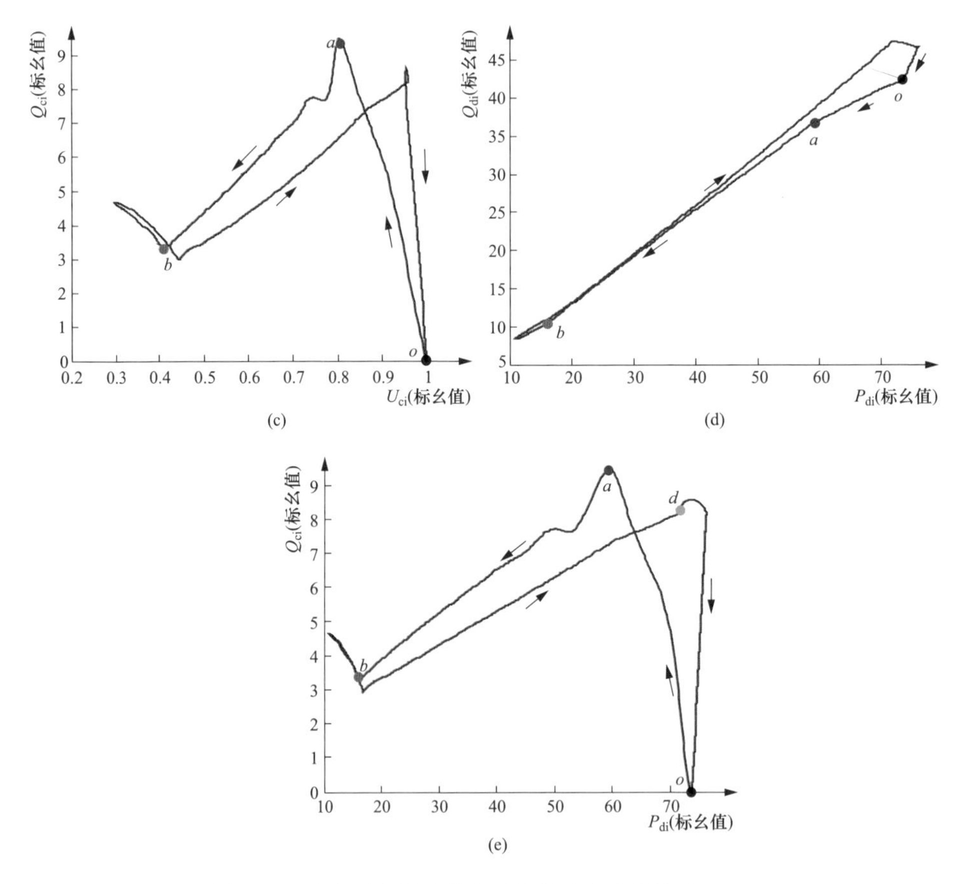

图 3-17　直流逆变站及其主要部件功率变化轨迹（二）

（c）$U_{ci}-Q_{ci}$；（d）$P_{di}-Q_{di}$；（e）$P_{di}-Q_{ci}$

（4）电压提升且 VDCOL 功能尚未退出的阶段，滤波器随电压升高的无功输出增量少于逆变器无功消耗增量，逆变站从交流电网中吸收的无功持续增大。

综合以上特点可以看出，电压跌落偏离稳态运行水平的过程中，逆变器无功消耗 Q_{di} 与滤波器无功输出 Q_{fi} 之间的特性差异，导致逆变站从受端交流电网吸收无功，会对电压稳定性产生不利影响。体现在：①在电压跌落过程中，Q_{fi} 减幅大于 Q_{di} 减幅，逆变站净无功需求促使电压进一步跌落；②在电压恢复提升过程中，Q_{fi} 增幅小于 Q_{di} 增幅，逆变站净无功需求增大将抑制电压提升。

3.2.2　受端交直流混联电网电压失稳机理评述

3.2.2.1　交流电网等值电抗对电压稳定性影响

电压大幅波动过程中，一方面，直流逆变站作为无功负荷需由受端交流电网供给无功；另一方面，交流电网结构减弱导致等值电抗 X_{si} 增大或电网振荡导致等值内电势 E_{si} 减小，均会降低无功供给能力。若无功供需无法平衡，则受端交直流混联电网电压失稳。

以下针对图 3-15 所示系统，分析等值电抗和等值内电势 E_{si} 对受端电网电压稳定性的影响。$E_{si}=1.05$（标幺值），$X_{si}=0.004$（标幺值），对应直流短路比（Short Circuit Ratio，SCR）为 3.0，增加并联线路 X_{sf}，通过 X_{si} 线路无故障开断模拟等值电抗变化。需要指出的是，对于如图 3-15 所示的无旋转元件的受端混联电网，若无功供需无法平衡即电网无稳定平衡点，则时域仿真中交直流交替求解无法收敛。

对应扰动后不同 X_{sf} 的逆变站运行电压 U_{ci} 如图 3-18 所示。从计算结果可以看出，随着等值电抗增大，无功供需能在依次降低的电压水平下达到平衡。X_{sf} 标幺值增至 0.0105 时，受端混联电网处于临界稳定状态，进一步增大 X_{sf} 则电压失稳，交直流交替求解无法收敛。

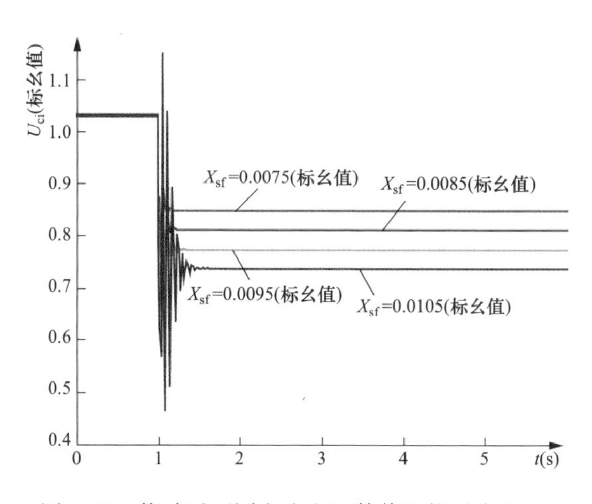

图 3-18　扰动后不同交流电网等值电抗对应的 U_{ci}

交流电网戴维南等值系统功率传递特性方程如式（3-1）和式（3-2）所示，其中 X 为 X_{si} 与 X_{sf} 的并联电抗，将表 3-1 中 X_{si} 线路无故障开断后，不同 X_{sf} 对应的交直流稳态运行参量代入上式，则可绘制等值系统无功供给能力曲线。结合逆变站无功特性曲线，可确定如图 3-19 所示的扰动后受端混联电网稳态运行点。

$$(U_{ci}^2)^2+(2Q_{ci}X-E_{si}^2)U_{ci}^2+X^2(P_{di}^2+Q_{ci}^2)=0 \tag{3-1}$$

则

$$U_{ci}=\sqrt{\frac{E_{si}^2}{2}-Q_{ci}X\pm\sqrt{\frac{E_{si}^4}{4}-X^2P_{di}^2-XE_{si}^2Q_{ci}}} \tag{3-2}$$

表 3-1　　　　　　　　扰动后不同 X_{sf} 对应的交直流运行变量

扰动后 X_{sf}（标幺值）	运行电压 U_{ci}（标幺值）	直流功率 P_{di}（标幺值）
0.0075	0.8460	57.82
0.0085	0.8090	53.27
0.0095	0.7723	48.92
0.0105	0.7375	44.82

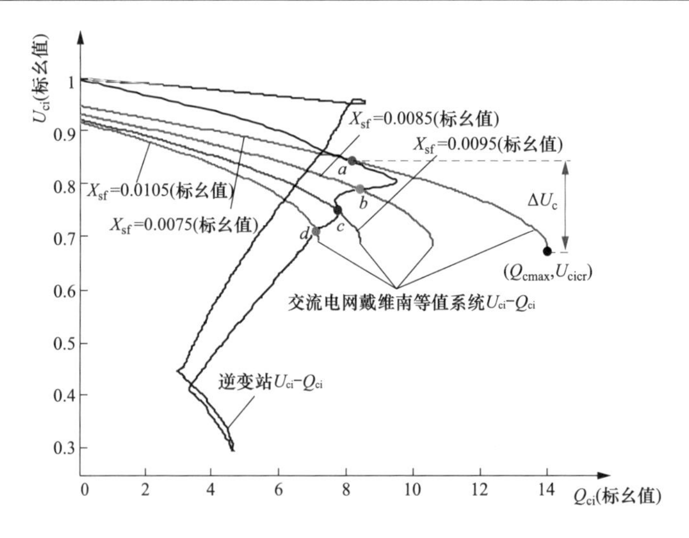

图 3-19　不同 X_{sf} 对应的无功供需平衡点

由图 3-19 可以看出，交流电网戴维南等值系统最大无功供给能力 Q_{cmax} 随等值电抗增大快速减小，故障后稳定平衡点逐步逼近等值系统 $U_{ci}-Q_{ci}$ 特性曲线拐点（Q_{cmax}，U_{cicr}），达到临界稳定状态，其中 U_{cicr} 为临界电压值。进一步增大电抗，则逆变站和等值系统的 $U_{ci}-Q_{ci}$ 特性曲线无交点，受端混联电网电压崩溃。

3.2.2.2　交流电网等值内电势对电压稳定性影响

直流逆变站落点于振荡中心近区时，受端交流电网无功供给能力随等值内电势幅值大幅跌落而减小，若混联电网无功供需失衡，则发生电压失稳。

依据式（3-1）计算不同 X 条件下，对应 E_{si} 变化的交流电网戴维南等值系统最大无功供给能力 Q_{cmax} 轨迹如图 3-20 所示，其中逆变站有功按恒功率因数 0.985 确定。

由图 3-20 可以看出，当 X=0.004（标幺值）受端交流电网相对较强时，仅当 E_{si} 大幅跌落至 0.45（标幺值）以下，对应 U_{ci} 约为 0.3（标幺值）时，才会出现电压失稳；若 X 增大受端交流电网强度减弱，则对应较高的 E_{si} 和 U_{ci}，即会出现无功供需失衡。

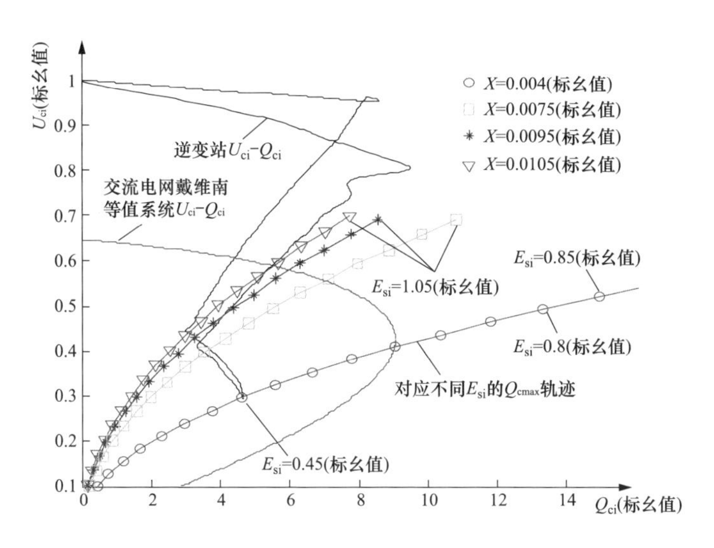

图 3-20　E_{si}变化对应的 Q_{cmax}轨迹及无功供需特性

3.2.2.3　受端混联电网电压稳定机理

交流电压跌落过程中，在低压限流环节的作用下，直流逆变器送电有功及无功消耗均减小，其本身具有维持电压稳定的负反馈机制，但由于滤波器无功输出大幅降低弱化电压稳定的正反馈机制较强，因此逆变站将从受端交流电网吸收大量无功，呈现出无功负荷特性。

直流馈入对电压稳定的威胁，取决于受端交流电网供给逆变站无功需求的能力。受等值电抗增大和内电势水平降低两方面因素影响，交流电网无功供给能力下降，若供需失衡则面临电压失稳威胁。

扰动清除后的电压振荡过程中，在发电机强励、低压减载等控制作用下，逆变站电压通常不会低至 0.3（标幺值）。因此，如图 3-20 所示，若受端等值电抗仍较小，则交流电网振荡过程中不易发生电压失稳。逆变站近区重要线路连锁故障开断，Q_{cmax}阶跃式减小，则是威胁受端混联电网电压稳定的主要形式。

3.2.3　逆变站电压稳定测度及控制策略

3.2.3.1　逆变站电压稳定测度

如图 3-19 所示，随着逆变站无功需求 Q_{ci}逐步接近受端交流电网最大无功供给能力 Q_{cmax}，逆变站电压 U_{ci}也将逼近临界电压 U_{cicr}。因此，U_{ci}与 U_{cicr}之间的幅度差，可表征受端混联电网无功供需平衡能力和电压稳定水平。为此，定义直流逆变站电压稳定定量测度指标 η_U，如式（3-3）所示。

$$\eta_U(t)=\frac{U_{ci}(t)-U_{cicr}(t)}{U_{cicr}(t)}\times 100\% \tag{3-3}$$

由图 3-17（d）逆变器 $P_{di}-Q_{di}$特性曲线可以看出，VDCOL 功能启动后逆变器近似具有恒功率因数特性，因此，若受端混联电网面临电压稳定威胁，可通过直流电流控制快速降低 P_{di}，进而减小 Q_{di}，缓解逆变站从交流电网吸收无功对电压稳定的威胁，甚至实现无功流向翻转，为交流电网提供电压支撑。此外，由式（3-4）可以看出，U_{ci}与 Q_{ci}之间的灵敏度随 X_{si}增大或 E_{si}减小而增大，因此对于受扰后的混联电网，减小逆变站从交流电网中吸收的无功或增大其向交流电网注入的无功，可较大幅度地提升逆变站电压。

$$\frac{dU_{ci}}{dQ_{ci}}=\frac{X_{si}}{E_{si}\cos\delta_i-2U_{ci}} \tag{3-4}$$

需要指出的是，直流电流控制后，直流电压随着交流电压升高而提升，会不同程度抵消电流降低对送电有功的影响，对应逆变器无功消耗会所有增加。因此，控制后交流电压提升幅度将由逆变器无功消耗变化量 ΔQ_{di}、滤波器输出无功增量 ΔQ_{fi}以及受端交流电网电气特性三者共同决定。

3.2.3.2　逆变站电压稳定控制

基于逆变站实时电压稳定测度指标 η_U，改善受端混联电网电压稳定性的直流电流控制策略如图 3-21 所示。基于在线戴维南等值高级应用功能，实时计算逆变站交流电网的 E_{si}和 X_{si}；结合直流送电有功 P_{di}，利用式（3-2）计算当前运行状态下逆变站换流母线临界电压 U_{cicr}；应用式（3-3）计算逆变站电压稳定测度指标 η_U；若 η_U 大于所设置的临界稳定裕度 η_{Ucr}，则稳定性较好，无需采取控制措施；若 $\eta_U<\eta_{Ucr}$，则快速减小直流电流，通过降低送电有功减少逆变器无功消耗。当 $\eta_U>\eta_{Ucr}$时，U_{ci}仍可能持续运行于较低水平，若 U_{ci}小于期望电压 U_{cie}，则可再次实施控制。

参照《电力系统安全稳定导则》对事故后静态电压稳定储备系数的相关要求，η_{Ucr}可取为 8%；为提升控制精度和降低直流控制对电网的冲击，电压稳定控制的附加电流 Δi_{dvltg}可取为直流额定电流的 5%，其实施路径如图 3-22 所示。

3.2.4　紧急控制有效性验证

以图 3-15 所示特高压直流受端混联电网为例，验证基于逆变站实时电压稳定测度指标 η_U，提升电压稳定性的直流电流控制有效性。图中，等值电抗 X_{si}由 X_{si1}、X_{si2}、X_{si3}三条并联线路组成，电抗标幺值分别为 0.0066、0.177 和 0.0106，对应 X_{si}的标幺值为 0.004。模拟连锁故障导致逆变站与受端交流电网电气联系减弱的扰动及时序分别为：2s 时，X_{si1}线路无故障开断，X_{si}标幺值增至 0.01；8s

时，X_{si2}线路无故障开断，X_{si}标幺值进一步增至0.0106。此外，仿真中U_{cie}的标幺值取值为0.9。

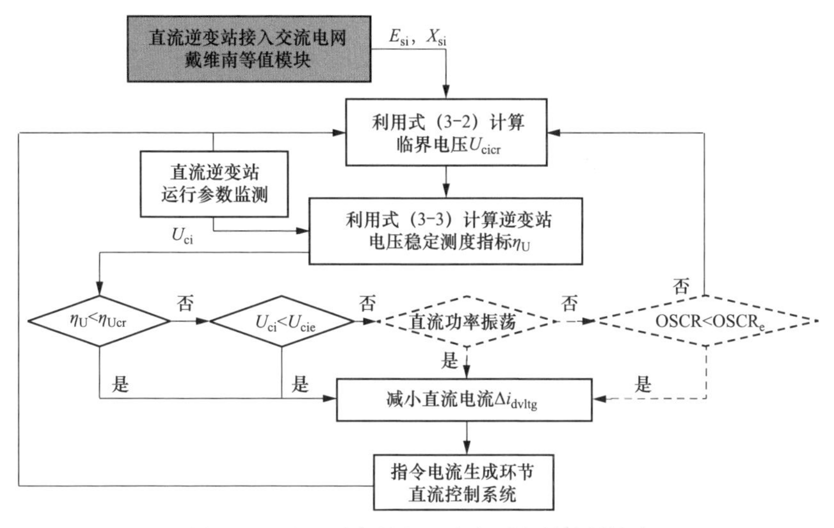

图 3-21　基于逆变站电压稳定测度的控制策略

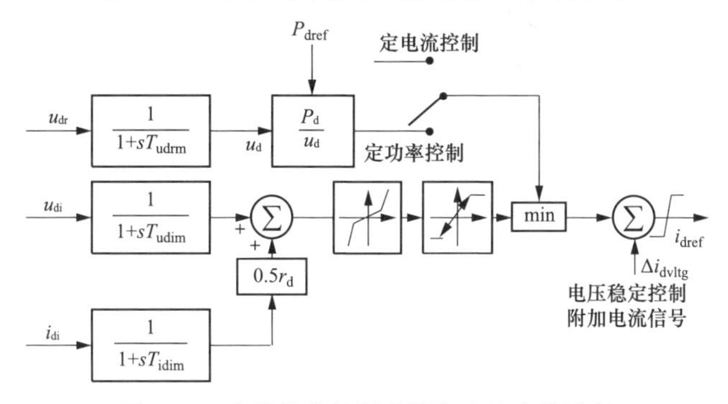

图 3-22　电压稳定控制的附加电流实施路径

对应上述连锁故障，逆变站换流母线电压时域响应曲线如图3-23所示，X_{si1}线路开断后，U_{ci}的标幺值跌落至0.738，对应该运行状态的U_{cicr}的标幺值为0.695，稳定测度指标η_U为6.2%，裕度较小。若无控制，X_{si2}线路开断后受端混联电网失去电压稳定。

如图3-24所示，X_{si1}线路开断后，混联电网运行点由初始点a过渡至b，对应逆变站从受端交流电网吸收无功约6.70（标幺值），η_U仅为6.2%。若在5s时，降低直流电流0.05（标幺值），则运行点过渡至c点，U_{ci}的标幺值提升至0.848，对应U_{cicr}的标幺值为0.721，稳定测度指标η_U已显著提升至17.6%。电压稳定裕度增大，抗扰动能力增强，此时X_{si2}线路开断，受端混联电网能够维持电压

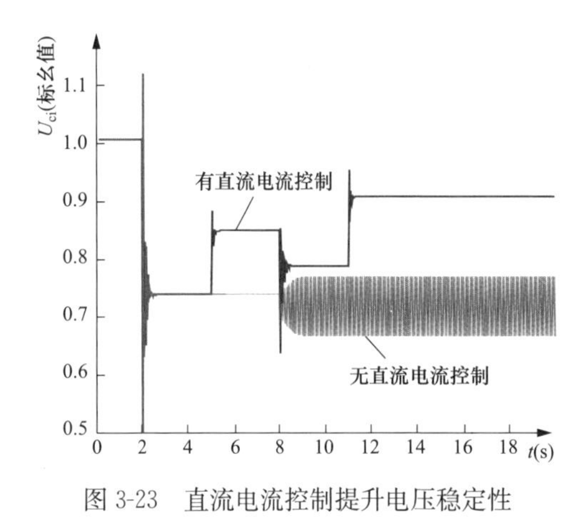

图 3-23　直流电流控制提升电压稳定性

稳定，如图 3-23 所示。对应 X_{si2} 线路开断后的运行点 d，U_{ci} 的标幺值和 η_U 分别为 0.787、9.9%。由于 U_{ci} 低于期望值 U_{cie}，因此，11s 时再次降低直流电流 0.05（标幺值），逆变站向交流电网反向注入约 5.4（标幺值）的无功，如 e 点所示，对应 U_{ci} 的标幺值大幅提升至 0.908，η_U 为 20.7%，此时稳定裕度及电压水平均能满足设定要求。

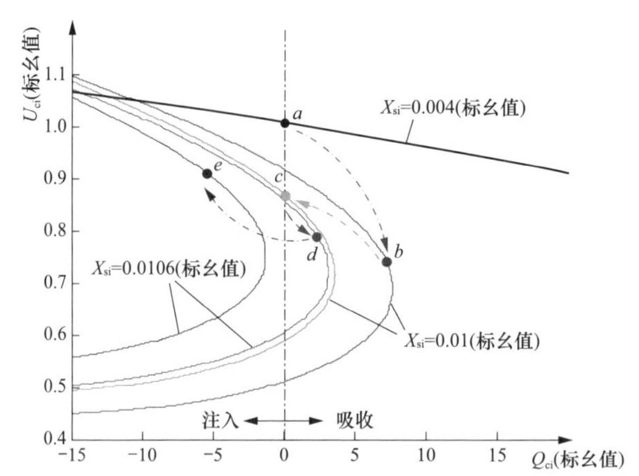

图 3-24　扰动及直流控制后混联电网运行点变化轨迹

对应连锁故障及直流电流控制下的交直流电气量时域响应曲线如图 3-25 所示。可以看出，i_{di} 减小后，u_{di} 随 U_{ci} 提升而增大，P_{di} 不减反增，有助于缓解受端有功缺额，对应逆变器无功消耗 Q_{di} 则小幅增加，由于滤波器容性无功输出 Q_{fi} 随电压提升大幅增加，Q_{ci} 将显著减少甚至反向。此外，随着扰动后等值电抗增加，逆变站换流母线无功电压灵敏度增大，直流电流控制提升母线电压的作用将更为有效。

需要指出的是，当交流电压大幅波动时，直流机电暂态仿真行为与其真实响应之间，可能存在较大偏差，例如当交流电网强度大幅减弱，对应直流短路比显著降低时，可能会出现直流控制系统振荡而不能稳定运行的现象。为提升直流紧急功率控制改善受端混联电网电压稳定性的适用性，可进一步引入直流功率振荡或直流运行短路比（Operation Short Circuit Ratio，OSCR）小于期望值 $OSCR_e$ 的控制触发新机制，如图 3-21 中虚线框所示，其中 OSCR 可由交流电网戴维南等值参数及直流运行工况计算。

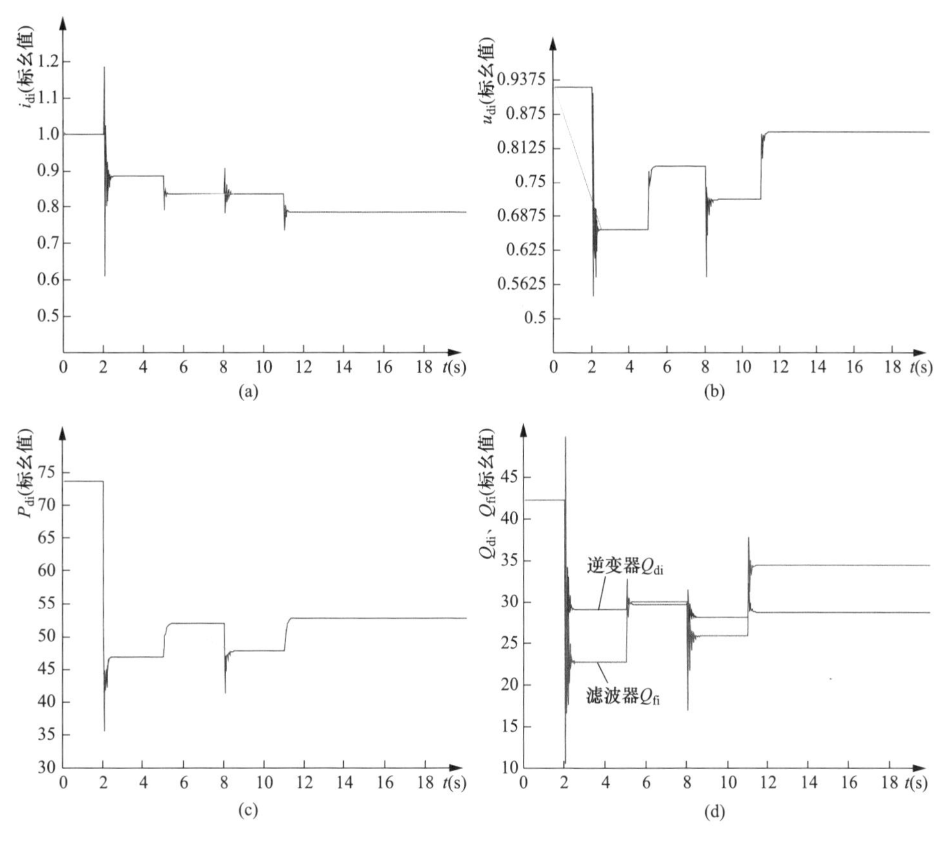

图 3-25　扰动及控制后交直流电气量时域响应

（a）i_{di}；（b）u_{di}；（c）P_{di}；（d）Q_{di}和 Q_{fi}

3.3　逆变站扰动传播特性及其对整流站影响与应对控制

3.3.1　仿真测试系统和传播机制的定性分析

3.3.1.1　仿真测试系统

在机电暂态仿真软件 PSD-BPA 中，建立如图 3-26 所示测试系统以分析逆变站扰动对整流站的影响。其中，特高压直流额定直流电压 u_{dN}、额定电流 i_{dN}、额定送电功率 P_{dN}分别为±800kV、5kA 和 8000MW。图中，各变量中下角标“r”

和“i”分别代表整流器和逆变器，各电气量正方向如图中箭头所示。

特高压直流控制系统仿真模型，采用如 2.2.1 小节所述改进 CIGRE HVDC Benchmark Model—DM 模型。稳态运行时，Q_{fr} 完全补偿整流器无功消耗 Q_{dr}，整流站与交流电网无功交换为零。整流站交流电网等值电抗 X_{sr} 的标幺值为 3.3×10^{-3}，对应直流短路比 SCR 为 3.0；模拟逆变站交流电网为无穷大系统，对应等值电抗 X_{si} 的标幺值为 1.0×10^{-4}。

VDCOL 三段式特性曲线的拐点，分别设置为 $u_{dh}=0.8$（标幺值）、$i_{dh}=1.0$（标幺值）和 $u_{dl}=0.4$（标幺值）、$i_{dl}=0.55$（标幺值）。定功率控制环节中，直流电压测量时间常数 T_{udrm} 设置为 0.9s。

3.3.1.2 扰动传播机制的定性分析

直流异步互联电网中，直流输电传播逆变站扰动及其对整流站影响的机制，如图 3-27 所示。扰动量 ΔU_{ci} 引起逆变站 u_{di} 改变；变化的直流电压差，导致直流电流 i_d 和直流功率 P_d 出现偏差；控制器响应此偏差，动态调节整流器触发滞后角 α。i_d、α 等电气量变化，影响整流器有功传输和无功消耗，进而改变交流电网频率和电压 U_{cr}。与此同时，变化的 U_{cr} 也将作用于直流电气量动态过渡过程，形成交直流交互影响。

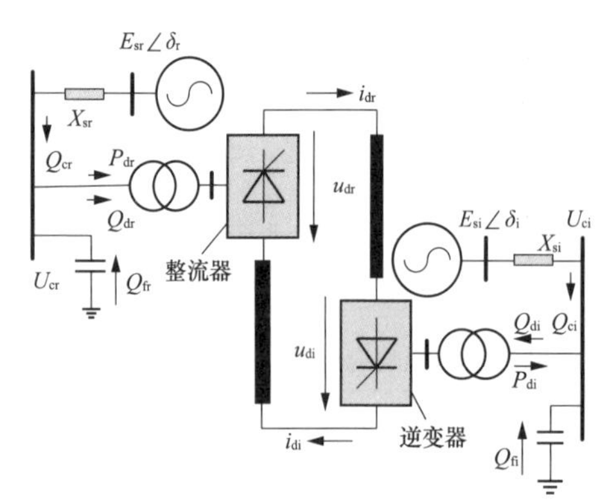

图 3-26 直流输电扰动传播特性测试系统

Q_c—换流站从交流电网中吸收的无功功率；Q_f—滤波器和电容器组（以下统称为滤波器）输出的容性无功；E_s、X_s—交流电网戴维南等值内电势和电抗；δ—内电势的相位角；P_d、Q_d—换流器与交流电网交换的有功功率与无功功率

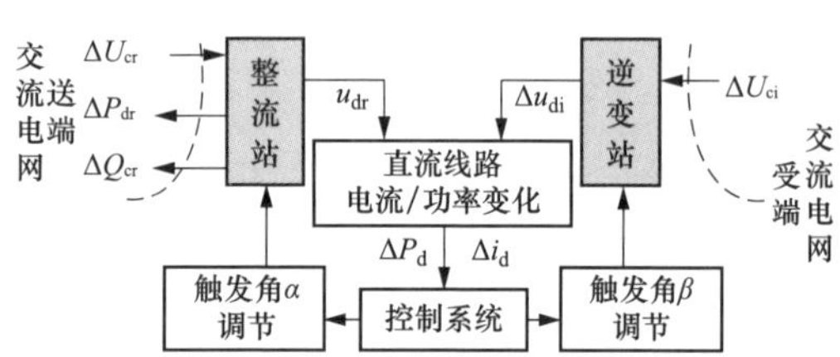

图 3-27 逆变站对整流站影响的扰动传播机制

3.3.2 逆变站交流电压慢速起伏变化

3.3.2.1 扰动传播及整流站运行参量变化特性

交流电网遭受大扰动故障后，不平衡冲击能量驱动发电机相对振荡，电网电压也会随之起伏波动。对应区域电网低频振荡的频率范围为 0.1～0.7Hz，为此，设置等值内电势 E_{si} 按式（2-27）做半周期波动，其中，$\Delta E_{si}=0.6$（标幺值），$\omega_{si}=3.1416\text{rad/s}$，以考察逆变站换流母线电压慢速大幅波动过程中，直流输电传播扰动的机制及其对整流站运行参量的影响。

对应逆变站 U_{ci} 变化，换流器电气角度以及直流电流的暂态响应轨迹如图 3-28 所示，其主要特征解析如下。

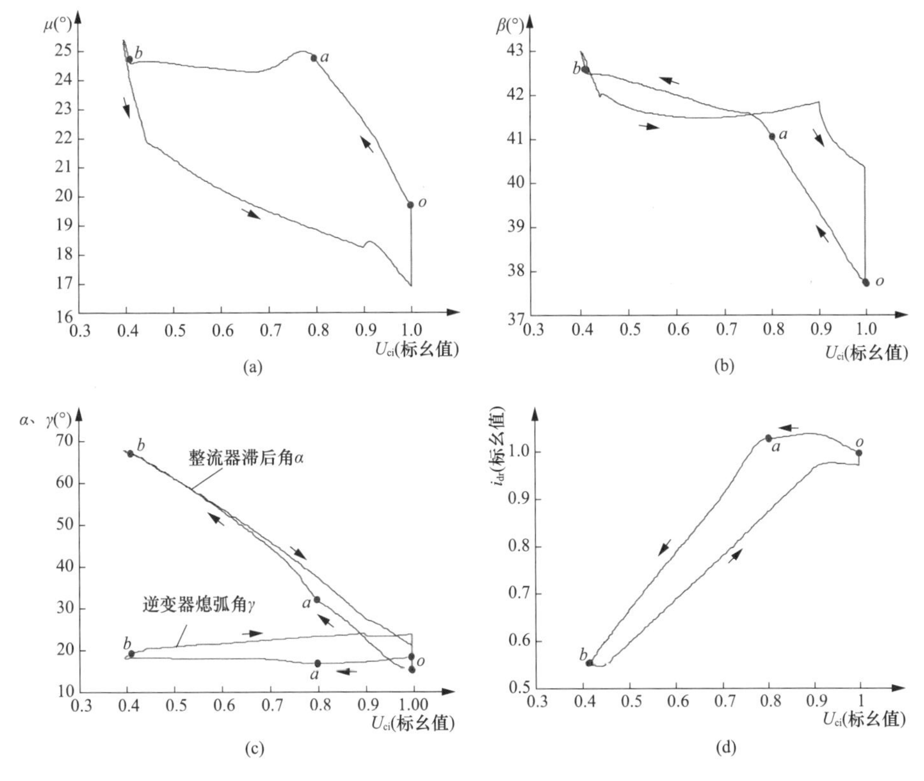

图 3-28 U_{ci}慢速起伏变化过程中直流电气量受扰轨迹

(a) $U_{ci}-\mu$；(b) $U_{ci}-\beta$；(c) $U_{ci}-\alpha$ 和 $U_{ci}-\gamma$；(d) $U_{ci}-i_{dr}$

(1) U_{ci}初始跌落的 oa 段。逆变器换相角 μ 增大，由于电压变化速率相对较小，逆变器定熄弧角 γ 控制可跟随 U_{ci} 跌落，调节增大 β 角，实现提前触发以抑制 γ 减小，逆变器未发生换相失败。该过程中，如式（2-2）所示，U_{ci}减小和 β 增

大使 u_{di}下降，对应 i_{dr}提升。整流器为维持 i_{dr}，将增大 α 角，延迟触发以降低 u_{dr}。

（2）U_{ci}深度跌落的 ab 段。VDCOL 功能启动，i_{dr}跟随限流曲线线性减小，逆变器 μ 角基本维持不变，β 角则小幅增大以减小 γ 偏差；随 U_{ci}跌落、β 角增大而减小的 u_{di}，促使整流器加快调节增大 α 角，降低 u_{dr}，以跟踪减小的直流电流参考值。

（3）U_{ci}恢复提升的 bo 段。直流电压随 U_{ci}提升逐渐增大，i_{dr}跟随限流曲线线性增大；随 U_{ci}提升、β 角减小而增大的 u_{di}，促使整流器快速调节减小 α 角，提升 u_{dr}，以跟踪增大的直流电流参考值。

对应 U_{ci}变化，整流站功率及电压的暂态响应轨迹如图 3-29 所示，结合图 3-28 可以看出其特点如下。

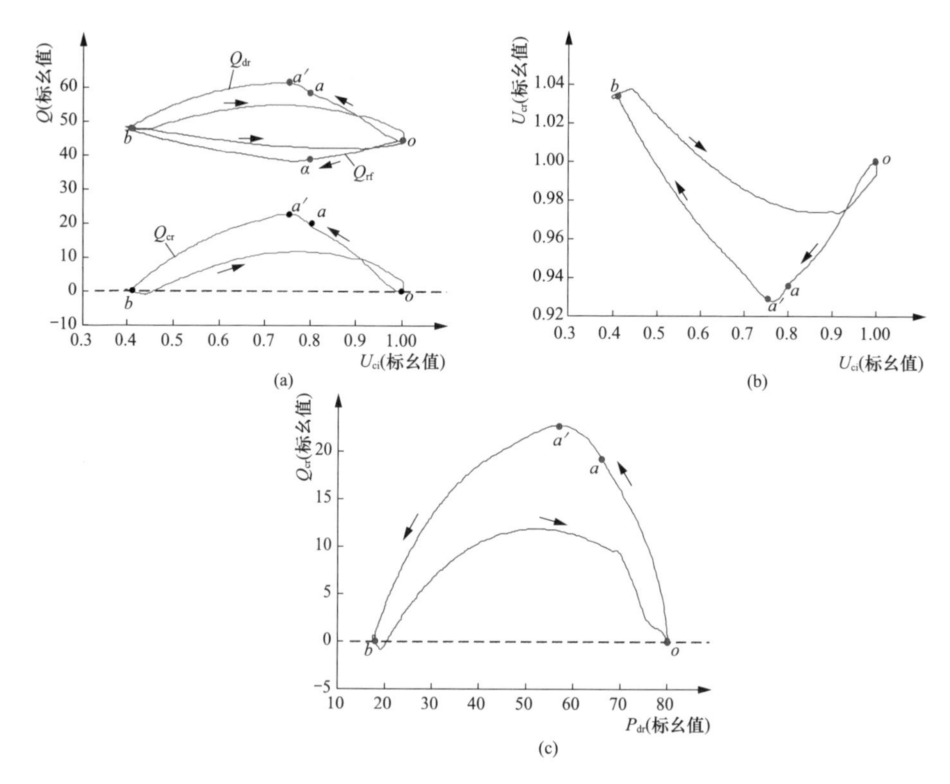

图 3-29　U_{ci}慢速起伏变化过程整流站电气量受扰轨迹

（a）$U_{ci}-Q$；（b）$U_{ci}-U_{cr}$；（c）$P_{dr}-Q_{cr}$

（1）U_{ci}初始跌落的 oa 段。受 α 角快速增大以及 i_{dr}小幅增加影响，整流器无功消耗 Q_{dr}迅速增大，并由此引起整流站 U_{cr}下降，滤波器容性无功输出 Q_{fr}随之减小；对应整流站 Q_{cr}为正，即从交流电网吸收无功功率；受 Q_{dr}增大、Q_{fr}减小共同作用，Q_{cr}快速增加。

（2）U_{ci}深度跌落的 ab 段。i_{dr}受 VDCOL 作用逐渐减小；在 a'点，α 角增大与 i_{dr}减小，两者对 Q_{dr}增减的主导作用出现交替，对应 Q_{dr}、Q_{cr}出现极大值，电压 U_{cr}则跌落至极小值。此后，随着 i_{dr}进一步减小，Q_{cr}减小、U_{cr}回升。

（3）U_{ci}恢复提升的 bo 段。随 U_{ci}逐渐提升，i_{dr}增大作用强于 α 角减小作用，因此 Q_{cr}再次增加。由图 3-28（c）和图 3-28（d）可以看出，跌落和提升过程中对应相同大小的 U_{ci}，α 角基本相同，i_{dr}则差异明显。较小的 i_{dr}可使恢复过程中 Q_{cr}有所减小。

（4）U_{ci}跌落与恢复提升过程中，整流站均从交流电网吸收无功，呈现出动态无功负荷特性，最大 Q_{cr}的标幺值约为 22.9，为额定直流有功功率的 28.7%。此外，如图 3-29（c）所示，整流站 PQ 响应轨迹具有强非线性特征。

3.3.2.2 扰动传播的影响因素分析

（1）逆变站电压跌落幅度。受故障扰动冲击程度、与振荡中心电气距离远近等因素影响，振荡过程中直流逆变站换流母线电压会出现不同幅度的波动。为此，考察 E_{si}三种不同跌落幅度，即 ΔE_{si}的标幺值分别为 0.6、0.4、0.2，对应整流站无功和电压的暂态响应轨迹如图 3-30 所示。

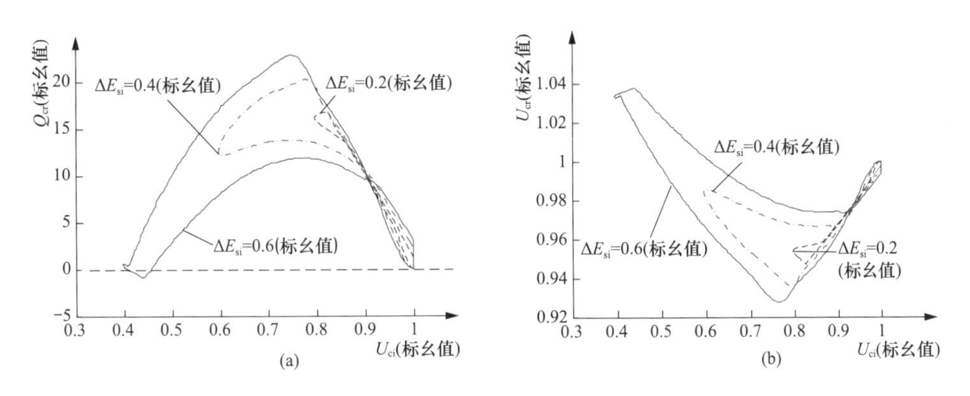

图 3-30　U_{ci}慢速起伏变化过程中电压变化幅度对扰动传播的影响

（a）$U_{ci}-Q_{cr}$；（b）$U_{ci}-U_{cr}$

由图 3-30 可以看出，随着 U_{ci}跌落幅度减小，整流站从交流电网中吸收的无功 Q_{cr}最大值相应下降，U_{cr}波动幅度减小，逆变站扰动对整流站影响减弱。

（2）VDCOL 启动电压 u_{dh}。VDCOL 启动电压 u_{dh}的标幺值三种不同取值，即 0.7、0.8、0.9，对应 U_{ci}扰动，整流站无功和电压的暂态响应轨迹如图 3-31 所示。

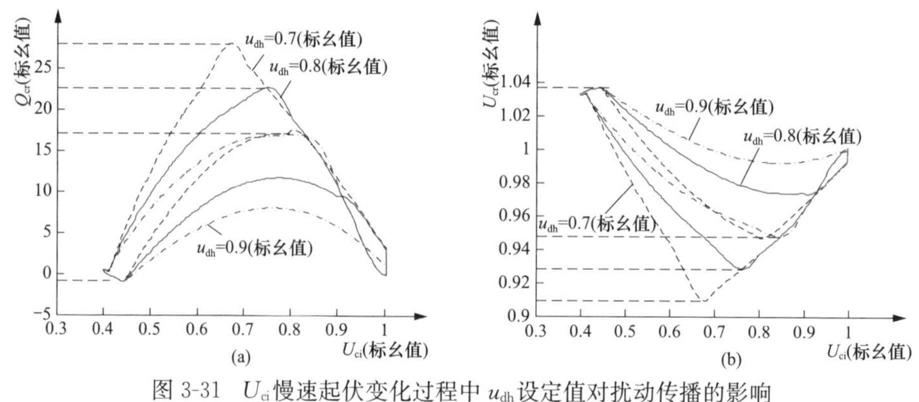

图 3-31 U_{ci}慢速起伏变化过程中 u_{dh}设定值对扰动传播的影响

(a) $U_{ci}-Q_{cr}$；(b) $U_{ci}-U_{cr}$

由图 3-31 可以看出，提升 u_{dh}值，可减小U_{ci}跌落过程中整流站从交流电网中吸收的无功，抑制交流电压跌落。

(3) 整流站交流电网强度。整流站交流电网等值阻抗 X_{sr}的标幺值分别取为 4.58×10^{-3}、3.3×10^{-3}、2.05×10^{-3}相应直流短路比 SCR 分别为 2.0、3.0 和 5.0，对应U_{ci}扰动，整流站无功和电压的暂态响应轨迹如图 3-32 所示。

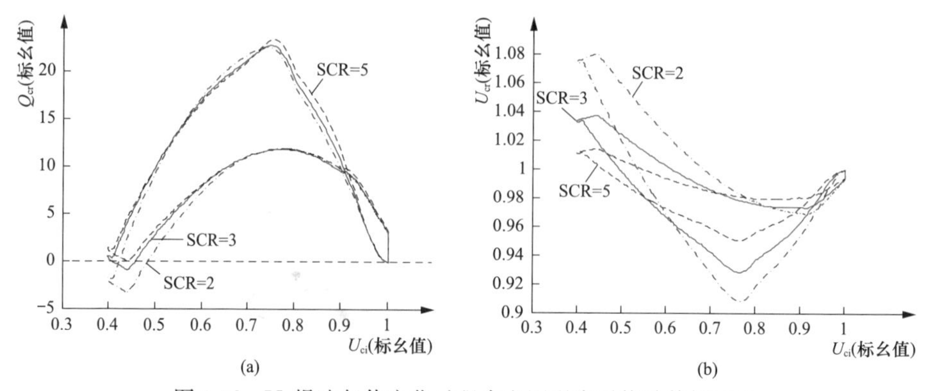

图 3-32 U_{ci}慢速起伏变化过程中电网强度对扰动传播影响

(a) $U_{ci}-Q_{cr}$；(b) $U_{ci}-U_{cr}$

由图 3-32 可以看出，不同强度下，Q_{cr}受扰轨迹基本一致。随交流电网强度增大，无功电压灵敏度下降，对应整流站电压升降幅度减小，即逆变站扰动对整流站影响减弱。

3.3.3 逆变站交流电压快速跌落与恢复提升

3.3.3.1 扰动传播及整流站运行参量变化特性

当故障点与换流站电气距离较近时，交流短路故障发生及清除会引起换流母线电压快速跌落与提升。设置图 3-26 中等值内电势 E_{si} 按式（2-27）做半周期波动，其中，$\Delta E_{si}=0.6$（标幺值），$\omega_{si}=50.6802\text{rad/s}$，以考察逆变站换流母线电压快速跌落与恢复过程中，直流输电传播扰动的机制及其对整流站运行参量的影响。

对应逆变站 U_{ci} 变化，换流器电气角度以及直流电流的暂态响应轨迹如图 3-33 所示，其主要特征解析如下。

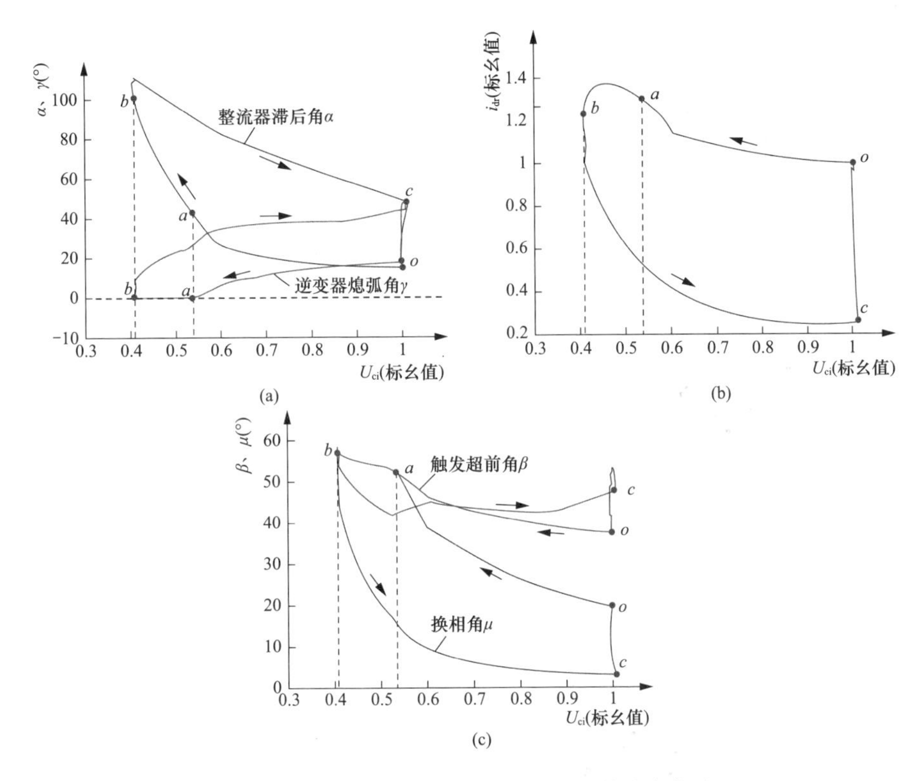

图 3-33　U_{ci} 快速变化下直流电气量受扰响应轨迹

(a) $U_{ci}-\alpha$ 和 $U_{ci}-\gamma$；(b) $U_{ci}-i_{dr}$；(c) $U_{ci}-\beta$ 和 $U_{ci}-\mu$

（1）U_{ci} 快速跌落的 oa 段。u_{di} 随 U_{ci} 跌落快速下降，由于控制器调节滞后，整流器 α 增大相对缓慢，因此直流线路两端电压差增大，i_{dr} 快速增长。随着 i_{dr} 增大，逆变器换相角 μ 迅速增加；由于定熄弧角 γ 调节器响应延迟，逆变器 β 增大相对缓慢，因此 γ 角减小。

（2）U_{ci} 深度跌落的 ab 段。μ 持续增大，导致逆变器发生换相失败；期间，i_{dr} 仍持续增大。控制器在较大不平衡量作用下，大幅调节增大 α 角以抑制 i_{dr}。

（3）U_{ci} 快速恢复的 bc 段。u_{di} 随 U_{ci} 恢复快速提升，整流器控制调节延迟使 α 角回调相对缓慢，直流线路压差减小，i_{dr} 快速下降；对应 μ 迅速减小，γ 则恢复增大。

（4）电气量滞后恢复的 co 段。U_{ci} 恢复至故障扰动前水平之后，i_{dr}、γ 角与其参考值之间仍有偏差，在控制器持续调节下，逐渐恢复至扰动前水平。

对应逆变站 U_{ci} 变化，整流站功率及电压的暂态响应轨迹如图 3-34 所示，结合图 3-33 可以看出其特点如下。

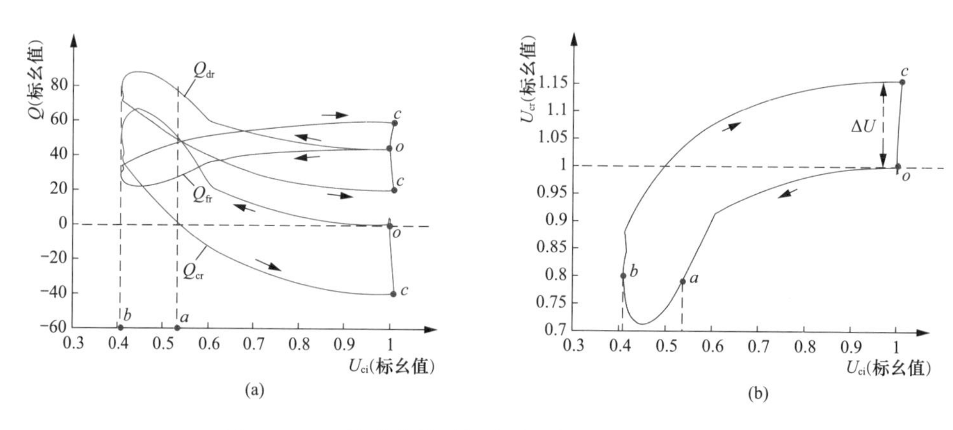

图 3-34　U_{ci} 快速变化下整流站电气量受扰响应轨迹

（a）$U_{ci}-Q$；（b）$U_{ci}-U_{cr}$

（1）U_{ci} 初始跌落的 oa 段。i_{dr} 和 α 角均增大，两个因素共同作用下 Q_{dr} 增加，U_{cr} 随之降低，并导致 Q_{fr} 减少；整流站从交流电网吸收无功，Q_{cr} 快速增大。

（2）U_{ci} 恢复提升的 bc 段。虽然 α 角仍运行于较大数值，但由于 U_{ci} 快速提升使 i_{dr} 迅速大幅下降，因此 Q_{dr} 减小，对应 U_{cr} 随之恢复升高，Q_{fr} 增大；Q_{fr} 补偿 Q_{dr} 后大量盈余，其注入交流电网使 U_{cr} 显著提升，进而出现过电压威胁。

（3）电气量滞后恢复的 co 段。由于直流控制器调节延迟，U_{ci} 扰动结束后，随 α 和 β 回调，i_{dr} 逐渐恢复，Q_{dr} 增加、Q_{fr} 减小，盈余无功减少并恢复至扰动前水平。

3.3.3.2　扰动传播的影响因素分析

（1）逆变站电压跌落幅度。对应 E_{si} 不同的三种跌落幅度，即 ΔE_{si} 的标幺值分别为 0.6、0.4、0.2，整流站无功和电压的暂态响应轨迹如图 3-35 所示。

由图 3-35 可以看出，U_{ci} 跌落幅度较小时，在其恢复过程中，i_{dr} 下降幅度减小，整流站不会出现无功盈余，无明显过电压威胁。

（2）VDCOL 启动电压 u_{dh}。VDCOL 启动电压 u_{dh} 标幺值三种不同的取值，即 0.7、0.8、0.9，对应 U_{ci} 扰动，整流站无功和电压的暂态响应轨迹如图 3-36 所示。

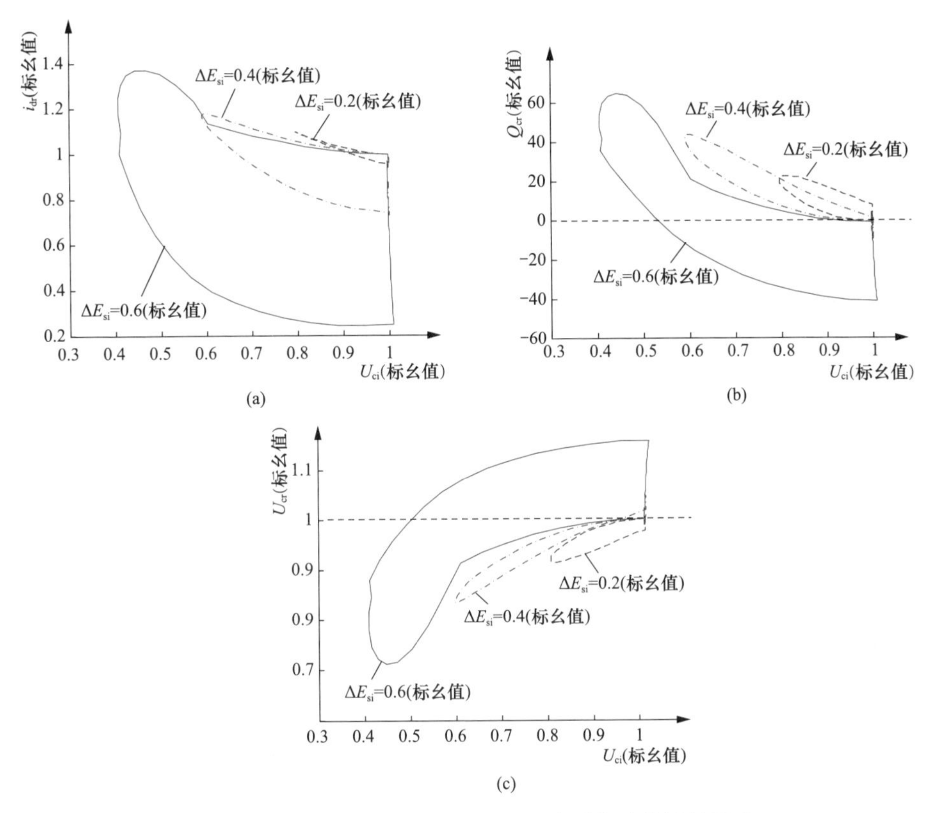

图 3-35　U_{ci}快速变化下电压变化幅度对扰动传播的影响

（a）$U_{ci}-i_{dr}$；（b）$U_{ci}-Q_{cr}$；（c）$U_{ci}-U_{cr}$

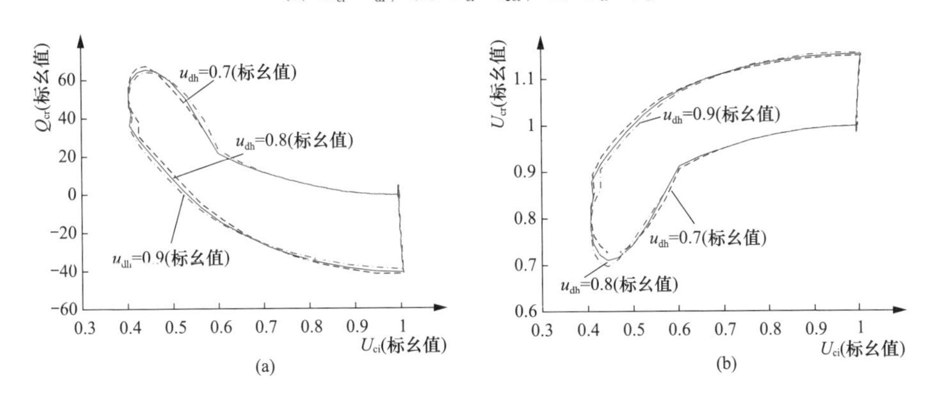

图 3-36　U_{ci}快速变化下 u_{dh}设定值对扰动传播的影响

（a）$U_{ci}-Q_{cr}$；（b）$U_{ci}-U_{cr}$

由图 3-36 可以看出，U_{ci}快速跌落与恢复过程中，u_{dh}不同取值不会对整流站受扰特性产生明显影响。

(3) 整流站交流电网强度。整流站直流短路比 SCR 分别为 2.0、3.0 和 5.0 三种情况，对应 U_{ci} 扰动，整流站无功和电压的暂态响应轨迹如图 3-37 所示。

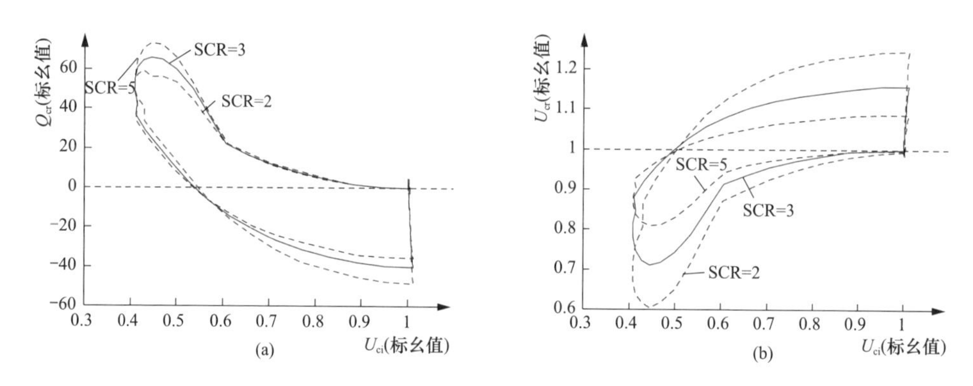

图 3-37　U_{ci} 快速变化下交流电网强度对扰动传播影响

(a) $U_{ci}-Q_{cr}$；(b) $U_{ci}-U_{cr}$

由图 3-37 可以看出，对应三种短路比，U_{ci} 恢复过程中 U_{cr} 过电压水平的标幺值分别达到 1.25、1.16、1.09。因此，整流站交流电网越弱，对应的过电压威胁越为突出。

3.3.4　扰动传播评述及缓解措施

3.3.4.1　扰动传播特征评述

高压直流异步互联的整流站交流电网和逆变站交流电网，具有直接电气联系。在逆变站换流母线电压大幅变化过程中，直流电流、换流器触发角均会偏离参考值，直流控制器将响应偏差快速调节。为此，整流站与交流电网之间交换的有功和无功，均会动态变化，进而形成逆变站扰动对整流站的影响。

(1) 换流母线电压 U_{ci} 跌落偏离正常运行工况的过程中，逆变器定熄弧角 γ 和整流器定电流 i_d 的控制方式不会改变。直流电流参考值由 VDCOL 特性和电压跌落幅度两者共同决定。

(2) U_{ci} 慢速起伏波动过程中，直流控制器可跟随被控电气量偏差，动态调节减小 i_{dr}，但受 α 角大幅调节增大影响，整流器在减小有功送电的同时，其无功需求会大量增加，对应整流站呈现出动态无功负荷特性，从交流电网吸收无功，交流电压相应跌落。

(3) U_{ci} 快速跌落与恢复过程中，直流控制的调节延迟效应显现。U_{ci} 跌落，i_{dr} 与 α 角均增大，在两者共同作用下，整流站无功需求大幅增加并引起电压跌落；U_{ci} 恢复提升时，由于 i_{dr} 快速大幅降低，整流站呈现动态无功源特性，大量盈余无功注入交流电网，存在过电压冲击威胁。

(4) 受交直流电气联系特性以及 VDCOL 环节等因素影响，响应 U_{ci}受扰过程的整流站功率轨迹，具有显著的非线性特征。

3.3.4.2 缓解扰动传播对整流站影响的措施

从逆变站扰动对整流站影响的相关因素分析中，可以看出，交流电网强度越大，则相同扰动的传播影响越小。因此，加强整流站交流电网网架结构或增加电源，提升短路电流水平，可抑制扰动传播对整流站的影响。

此外，由式 (3-5) 可以看出，短路容量 S_{ac}和直流额定功率 P_{dN}相同时，减少整流站无功补偿 Q_f，可增大直流有效短路比 (Effective Short Circuit Ratio，ESCR)，对应增加交流电网强度。在直流整流站近区电网中，通常接有配套电源，其具备参与电网稳态调压和供给整流站无功需求的能力。因此，可优化电网无功补偿、电源无功出力以及直流滤波器投入容量三者的稳态无功配置，利用其动态无功特性差异，抑制扰动传播对整流站的影响。

$$\mathrm{ESCR} = \frac{S_{ac} - Q_f}{P_{dN}} \tag{3-5}$$

3.3.5 风火打捆特高压直流外送电网及故障冲击威胁

3.3.5.1 外送电网概况

新疆哈密地区风能资源十分丰富，是中国规划建设的千万千瓦级风电基地之一，同时，该地区也是煤炭资源富集地区，具备建设大型坑口电站的优势条件。为促进新疆风能资源和煤炭资源开发利用，保障电力可靠送出，2014 年 1 月，哈密—郑州±800kV/8000MW 特高压直流输电工程（简称天中直流）投入运行。

天中直流送受端电网结构如图 3-38 所示。先期投产的 6 台 660MW 配套火电机组与从主网汇集的风电按一比一组合，以满足直流额定功率送电需求。受西北 750kV 主干输电网结构较为薄弱，以及直流配套电源建设滞后等因素影响，该运行方式下，整流站直流短路比 SCR 仅为 2.05，对应为弱交流电网。

在受端，郑州逆变站通过郑州—郑北、郑州—汴西和郑州—官渡 500kV 线路接入河南主网。

3.3.5.2 河南电网故障对哈密电网的影响

0.5s 郑州逆变站—汴西一回 500kV 线路发生三相永久短路故障；0.59s 和 0.6s 近故障侧与远故障侧断路器分别开断清除故障线路。对应该扰动冲击，特高压直流及哈密电网主要电气量的暂态响应如图 3-39 所示。

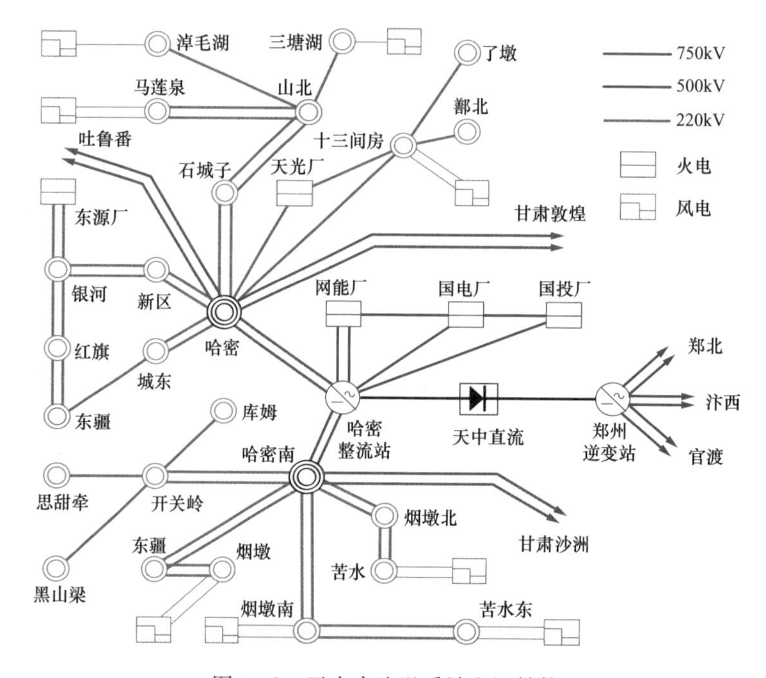

图 3-38　天中直流送受端电网结构

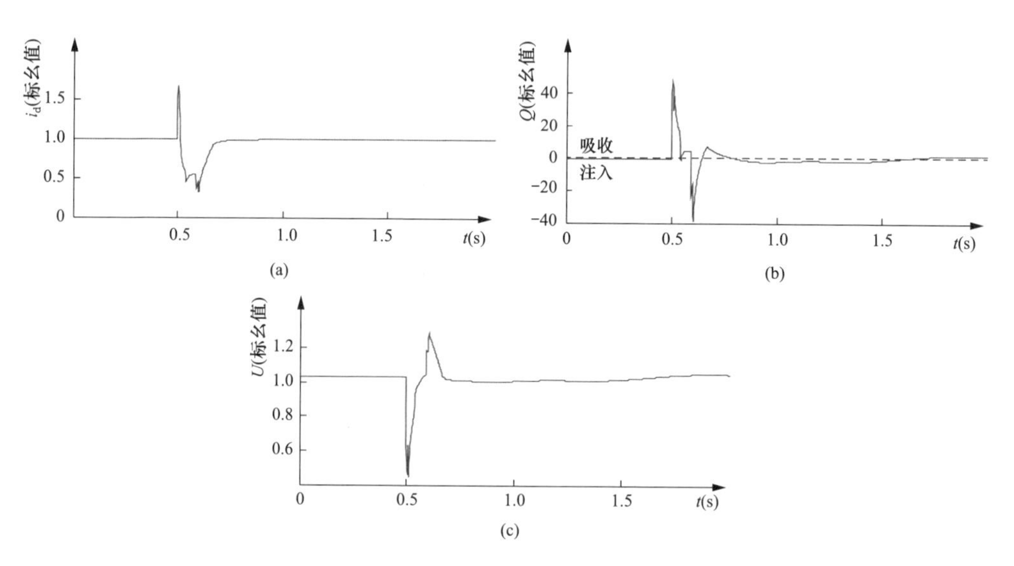

图 3-39　特高压直流及哈密电网主要电气量的暂态响应

(a) 直流电流；(b) 哈密整流站与交流电网交换的无功功率；(c) 哈密换流站电压

由图 3-39 可以看出，河南电网短路故障及清除过程中，直流电流先后经历快速增大、下降减小以及恢复提升等过程；哈密整流站分别从交流电网吸收和向交流电网注入大量无功功率，其中最大注入无功约为 38（标幺值）；由于送端电网较弱，盈余无功使交流电压冲击至 1.28（标幺值）。

哈密地区风力发电的主力机型为双馈风机，为保障电力电子变流器等设备安全，机组配有 1.3 倍过电压瞬时跳闸保护。因此，天中直流受端电网故障，会对哈密地区风机可靠并网构成威胁。

3.3.5.3 缓解风机脱网威胁的措施及效果

（1）增加送端电网强度。由 3.3.3.2 小节可知，增加交流电网强度是抑制逆变站扰动对整流站影响的有效措施。为此，可加快天中特高压直流配套火电投运，增大换流母线短路电流水平。

进一步投产 4 台 660MW 配套火电机组，哈密换流站 SCR 可提升至 2.67。增加电网强度缓解过电压冲击威胁的效果，如图 3-40 所示。可以看出，过电压水平的标幺值由 1.28 降至 1.19，效果明显。

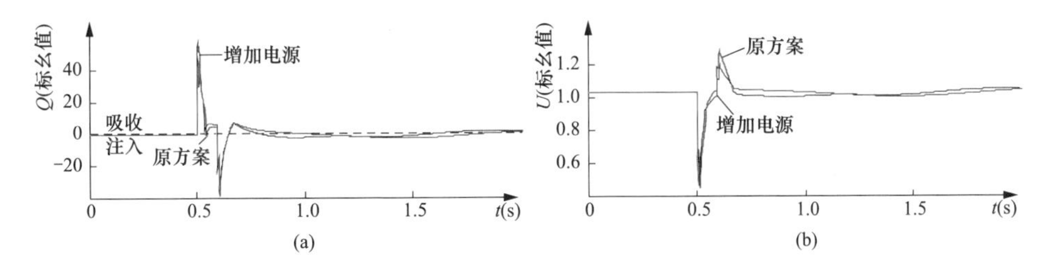

图 3-40　增加送端电网强度缓解过电压威胁

（a）哈密整流站与交流电网交换的无功功率；（b）哈密换流站电压

（2）优化稳态无功配置方案。特高压直流配套电源与整流站电气距离近，可直接供给部分整流站无功需求，进而减少滤波器投入容量。在相同的换流站母线电压水平下，考虑两种不同的稳态无功配置方案：①原方案，即配套电源功率因数 1.0，滤波器投入容量 41.5（标幺值）；②优化方案，配套电源功率因数下调至 0.97，相应滤波器投入容量减至 31.5（标幺值），即约 25％的补偿无功由配套电源提供。优化方案可抑制滤波器无功电压正反馈机制对过电压的不利影响，同时还可以提升整流站直流有效短路比。

两种方案下，对应受端电网故障冲击的哈密整流站过电压特性对比如图 3-41 所示。可以看出，优化方案下，过电压水平标幺值由 1.28 降至 1.22，起到了一定程度的缓解作用。

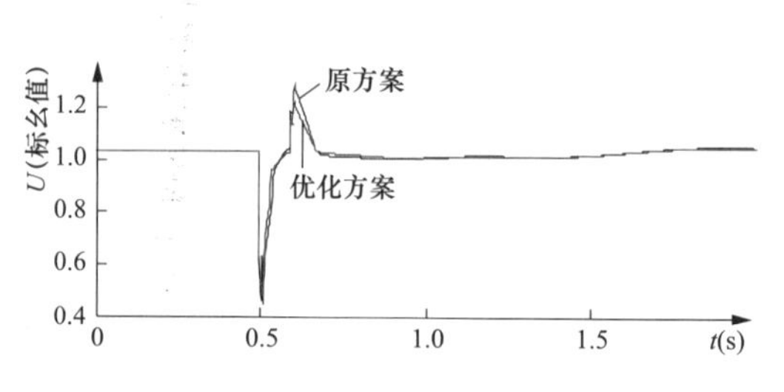

图 3-41 优化稳态无功配置缓解过电压威胁

3.4 近振荡中心直流逆变站对振荡阻尼的影响及优化控制

3.4.1 电压低频扰动下逆变站无功特性

3.4.1.1 基础扰动下的功率特性

针对如图 3-15 所示特高压直流受端混联电网，考察±1100kV/10000MW 特高压直流功率特性。其中，VDCOL 三段式特性曲线的拐点分别设置为 u_{dh}＝0.7（标幺值）、i_{dh}＝1.0（标幺值）和 u_{dl}＝0.4（标幺值）、i_{dl}＝0.55（标幺值）。

设置交流电网等值内电势 E_{si} 按式（2-27）做半周期波动，其中，E_{si0}＝1.0（标幺值），ΔE_{si}＝0.65（标幺值），ω_{si}＝0.6283rad/s 对应振荡频率为 0.1Hz。在该扰动下，直流逆变站主要电气量变化轨迹如图 3-42 所示。

由图 3-42 可以看出，响应电压变化，γ 角小幅调整，逆变器不会出现换相失败。电压降低且尚未达到 VDCOL 启动电压 u_{dh} 之前，直流电流跟踪其参考值 i_{dref}＝i_{dh} 基本不变，对应轨迹 oa 段。在此过程中，随电压降低，直流有功 P_{di} 减小，逆变器无功消耗 Q_{di} 也相应降低。随电压跌落，滤波器无功输出 Q_{fi} 呈二次方倍下降，无功供给 Q_{fi} 与无功需求 Q_{di} 之间的差额快速增大，逆变站从交流电网吸收的无功功率 Q_{ci} 迅速增加，呈现出动态无功负荷特性。

电压跌落接近至 u_{dh} 时，Q_{ci} 达到极大值。此后，直流电流将取决于电压跌落水平及 VDCOL 特性曲线，对应轨迹 ab 段。由于电流参考值受限减小，加之电压跌落，直流有功减小速率将增大，对应逆变器无功消耗加快降低，Q_{fi} 与 Q_{di} 之间的差额有所减小，逆变站从交流电网吸收的无功功率 Q_{ci} 逐渐下降。

综合受扰过程可以看出，逆变站无功需求 Q_{ci} 的动态轨迹特征为：

（1）换流母线电压 U_{ci} 跌落过程中，逆变器无功消耗与滤波器无功供给之间的特性差异，使逆变站从交流电网吸收无功，呈现出无功负荷特性。此外，Q_{ci} 与 U_{ci} 之间具有强非线性关系。

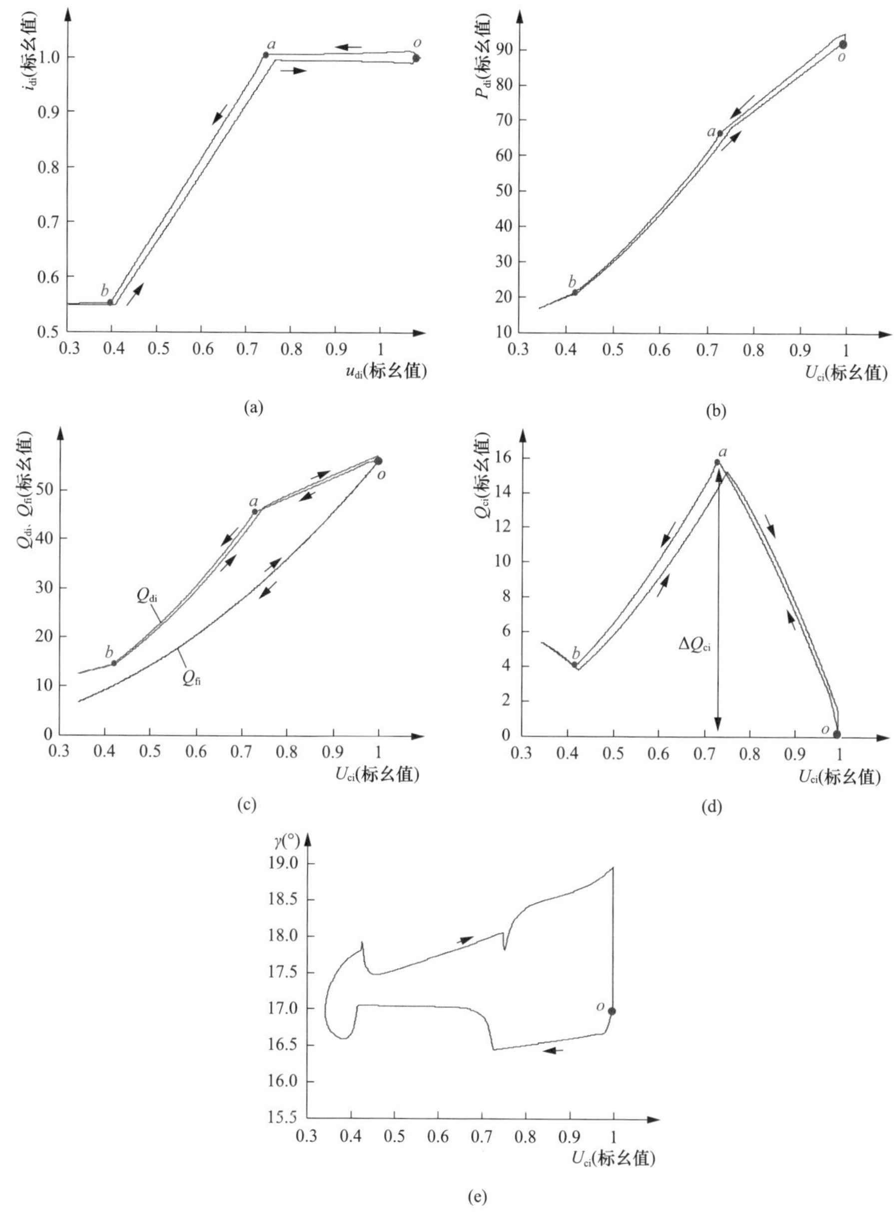

图 3-42 直流逆变站主要电气量变化轨迹

(a) $u_{di}-i_{di}$；(b) $U_{ci}-P_{di}$；(c) $U_{ci}-Q_{di}$和$U_{ci}-Q_{fi}$；(d) $U_{ci}-Q_{ci}$；(e) $U_{ci}-\gamma$

(2) 在 VDCOL 功能启动前，Q_{ci}与U_{ci}之间具有较强的正反馈机制，即电压大幅跌落过程中，逆变站无功需求增加，进一步促使电压跌落。

(3) 电压跌落接近至 VDCOL 启动电压u_{dh}时，Q_{ci}达到极大值；之后，随电压进一步跌落，Q_{ci}逐渐下降。

3.4.1.2 电压波动速率对功率轨迹的影响

区域电网之间低频振荡的频率范围通常为 0.1～0.7Hz。直流控制系统是一个动态系统，因此不同速率的输入激励，会产生不同的输出响应。对应 3.4.1.1 小节所述扰动，取电压振荡频率分别为 0.1Hz、0.4Hz 和 0.7Hz，直流电气量暂态响应的对比曲线如图 3-43 所示。由图可以看出，对应不同速率的电压变化，逆变站无功需求 Q_{ci}的动态轨迹特征基本相同。

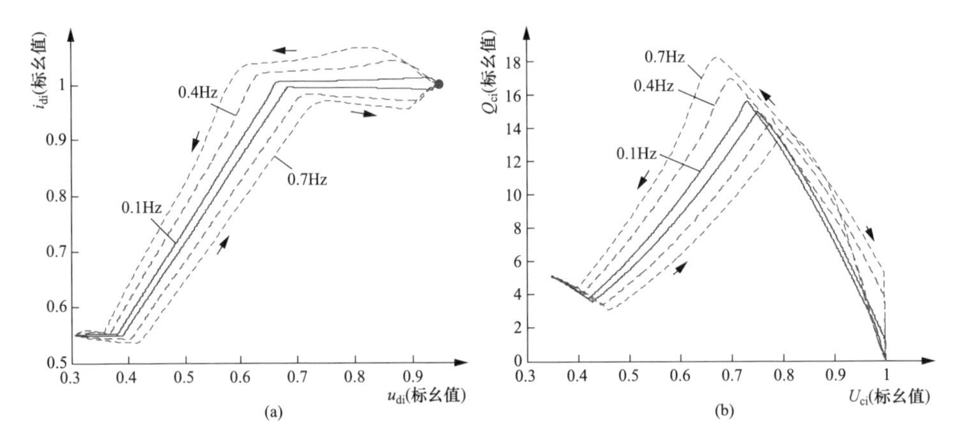

图 3-43 电压变化速率对逆变站功率轨迹的影响

(a) $u_{di}-i_{di}$；(b) $U_{ci}-Q_{ci}$

当逆变站直流电压随换流母线电压下降而减小时，直流线路两端压差趋于增大，直流电流增加。为此，整流器控制跟踪直流电流参考值 $i_{dref}=i_{dh}$，调节增大触发滞后角 α，以降低整流站直流电压。由于整流器 α 调节，需经过测量和 PI 调节器等环节，其响应存在延迟，因此，受端电压跌落速率越大，则动态过程中 α 调节延迟引起的直流线路两端电压差将越大，对应直流电流以及逆变站从交流电网中吸收的无功功率也越大。

3.4.1.3 电压波动幅度对功率轨迹的影响

交流电网振荡中心的电压波动幅度，取决于稳态运行方式和受扰严重程度等因素。对应 3.4.1.1 小节所述扰动，ΔE_{si}的标幺值分别取为 0.65 和 0.25，逆变站无功轨迹的对比曲线如图 3-44 所示。

由图可以看出，电压跌落幅度减小，其 $U_{ci}-Q_{ci}$轨迹为电压跌落幅度较大轨迹的一部分，但均具有无功电压正反馈作用机制较强的 $o \to a \to o$ 段。

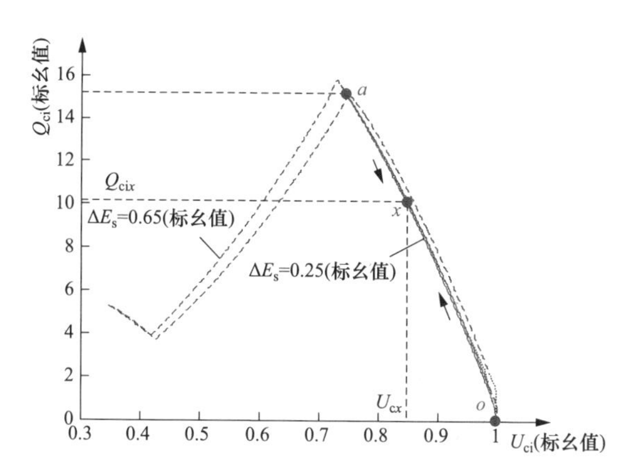

图 3-44　电压波动幅度对逆变站无功轨迹的影响

3.4.2　直流逆变站接入对混联电网振荡阻尼特性的影响

3.4.2.1　逆变站接入的交直流混联电网

直流逆变站接入受端交流电网振荡中心的混联电网结构如图 3-45 所示。图 3-45 中，交流线路送端母线电压和相位分别为 E 和 δ，受端母线电压为 U，X_1 和 X_2 为线路电抗，逆变站换流母线电压以及逆变站从交流电网吸收的无功功率分别为 U_{ci} 和 Q_{ci}。

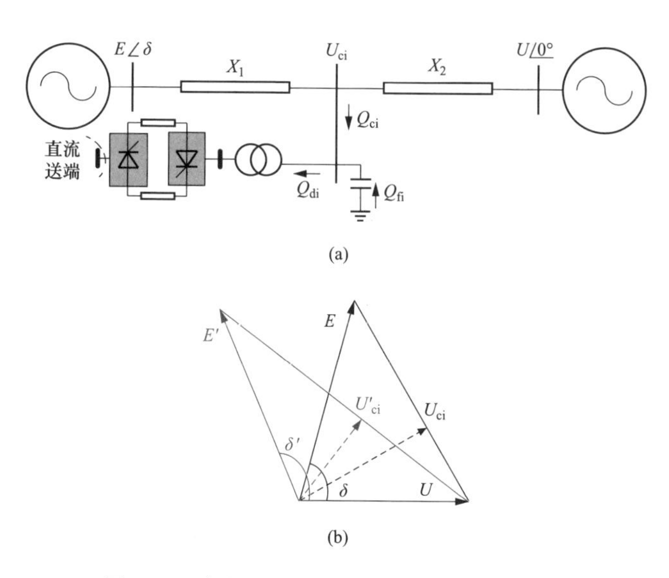

图 3-45　直流逆变站落点于交流振荡中心母线

（a）交直流混联电网结构；（b）送受端相对功角与振荡中心电压的关系

逆变站 Q_{ci} 对交流电网动态行为的影响，可用如图 3-46（a）所示等效并联电纳 B_{dc} 模拟。对应该电网，送端机组电磁功率 P_e 如式（3-6）所示，式中 X_{EU} 为送受端母线之间的等值电抗，利用Y－△变换，其值可由式（3-7）计算。B_{dc} 的接入将改变发电机 $P-\delta$ 特性曲线，如图 3-46（b）所示。$B_{dc}>0$ 时，X_{EU} 减小，$P-\delta$ 曲线提升；$B_{dc}<0$ 时，X_{EU} 增大，$P-\delta$ 曲线下降。

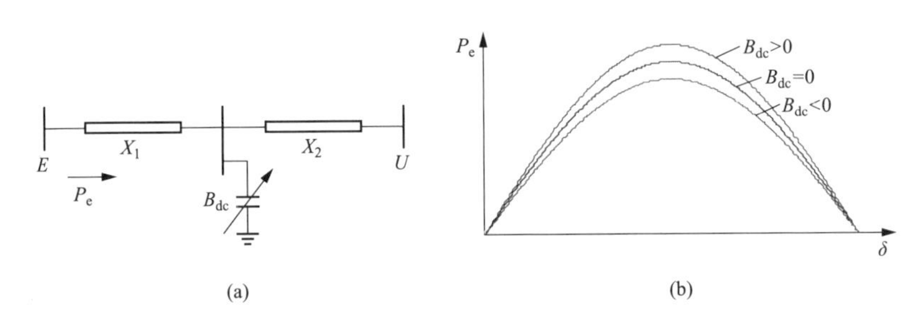

图 3-46　等效电纳及其对功率特性的影响

（a）逆变站等效电纳；（b）$P-\delta$ 特性曲线

$$P_e = \frac{EU}{X_{EU}}\sin\delta \tag{3-6}$$

$$X_{EU} = X_1 + X_2 - B_{dc}X_1X_2 \tag{3-7}$$

3.4.2.2　基于正阻尼条件的阻尼特性分析

基于等面积原理，图 3-46 所示并联电纳为交流电网提供振荡正阻尼的条件：

（1）δ 增大，$\Delta f>0$ 时，提升 $P-\delta$ 曲线，即 $B_{dc}>0$。

（2）δ 减小，$\Delta f<0$ 时，降低 $P-\delta$ 曲线，即 $B_{dc}<0$。

图 3-45 所示交直流混联电网中，与振荡中心电压出现如图 3-44 所示 $o\rightarrow a\rightarrow o$ 变化过程相对应的振荡状态分别为：$o\rightarrow a$ 过程中，送端机组相对受端机组前摆，$\Delta f>0$，相对功角 δ 增大，振荡中心电压随之跌落；在 a 点，前摆幅值达到极大，此时 $\Delta f=0$；$a\rightarrow o$ 过程中，送端机组相对受端机组回摆，$\Delta f<0$，相对功角 δ 减小，振荡中心电压随之提升；在 o 点，回摆幅度达到极小，此时 $\Delta f=0$，结束一个振荡周期。

以图 3-44 中 ΔE_{si} 为 0.25（标幺值）所对应的 $U_{ci}-Q_{ci}$ 特性曲线为例，分别以前摆起点 o 和回摆起点 a 对应的 Q_{ci}，作为计算无功增量的基值 Q_{base}，对应振荡过程中 x 点处的无功功率 Q_{cix} 和电压 U_{cx}，由式（3-8）可计算直流逆变站等值并联电纳 B_{dc}，如图 3-47 所示。由图可以看出，在前摆过程中，随电压跌落，逆变站从交流电网吸收的无功增加，呈电感特性，等值电纳 $B_{dc}<0$；在回摆过程中，随电压提升，逆变站从交流电网吸收的无功减少，相对于回摆起点，可等效为向

交流电网注入无功，呈电容特性，等值电纳 $B_{dc}>0$。

$$B_{dc}=-\frac{Q_{cix}-Q_{base}}{U_{cx}^2} \tag{3-8}$$

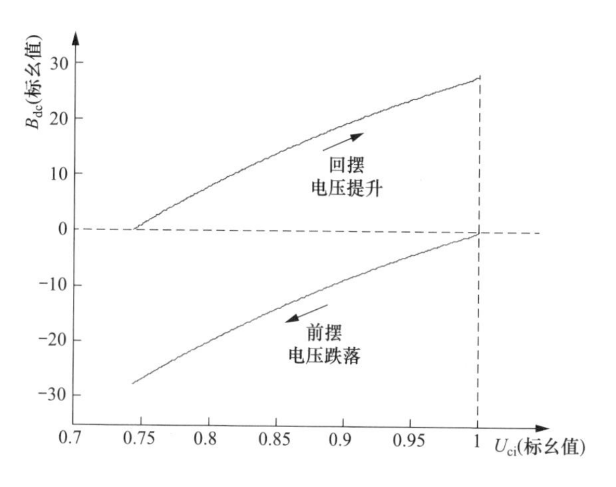

图 3-47　振荡过程中的逆变站等值电纳

振荡过程及对应的直流逆变站等值电纳表明，其具有如下特征：

（1）δ 增大，$\Delta f>0$ 时，$B_{dc}<0$。

（2）δ 减小，$\Delta f<0$ 时，$B_{dc}>0$。

由此可知，逆变站等值电纳 B_{dc} 不满足并联电纳提供振荡正阻尼的条件，逆变站将为混联电网振荡提供负阻尼。

3.4.2.3　基于等面积原理的阻尼特性分析

以下结合等面积原理，进一步阐明近振荡中心直流逆变站对混联电网振荡阻尼特性的影响。

图 3-45（a）所示混联电网，假设受端为无穷大电源，送端机组采用无阻尼二阶典型模型，若 $B_{dc}=0$，则受扰后，机组围绕稳态运行点 δ_0 做等幅振荡，振幅 $\delta_a=\delta_b$，机组电磁功率 P_e 与机械功率 P_m 围成的加速面积 S_i 与减速面积 S_d 相等，如图 3-48（a）所示。在前摆 $\delta_a \to \delta_b$ 过程中，逆变站等效电纳 $B_{dc}<0$，发电机 $P-\delta$ 曲线由 P_e 降至 P_{ef}。电磁功率与机械功率的交点 δ_0 移至 δ_{01}，加速面积将增大，同时由于两者夹角减小，相等减速面积对应的功角将由 δ_b 增大至 δ_b'，因此前摆幅度增大。

在回摆 $\delta_b' \to \delta_a$ 过程中，逆变站等效电纳 $B_{dc}>0$，发电机 $P-\delta$ 曲线由 P_{ef} 升至 P_{eb}。电磁功率与机械功率的交点 δ_{01} 移至 δ_{02}，减速面积将增大，由于两者夹角进一步减小，相等加速面积对应的功角将由 δ_a 增大至 δ_a'，因此回摆幅度增大。综合等面积原理对前摆和回摆振荡幅度的分析，可以看出，逆变站等效电纳 B_{dc} 的作用，使等幅振荡转为增幅振荡，混联电网阻尼特性弱化。

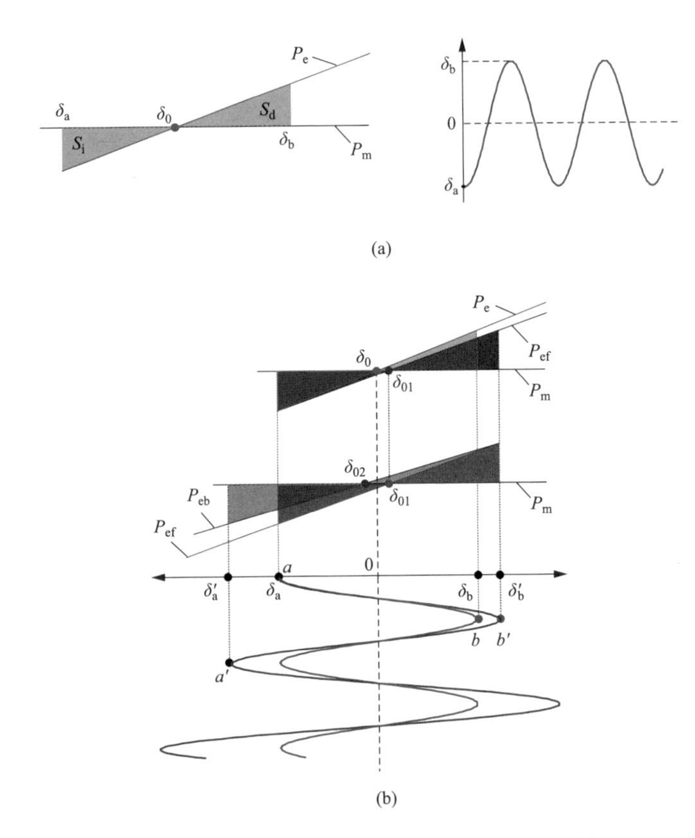

图 3-48　基于等面积原理的逆变站阻尼特性分析

（a）B_{dc}＝0 时无阻尼等幅振荡；（b）逆变站等值 B_{dc}增大振荡幅度

3.4.3　逆变站无功特性的影响因素

3.4.3.1　VDCOL 启动电压 u_{dh}

由图 3-49 所示 VDCOL 特性曲线可以看出，增大 u_{dh}取值，即 m 点对应调整至 m'，可增大相同电压跌落水平下的直流电流限制幅度。对应 3.4.1.1 小节所述扰动，u_{dh}的标幺值分别取值为 0.7、0.8 和 0.9 三种情况，逆变站电气量暂态响应轨迹的对比曲线如图 3-50 所示。可以看出，提高 u_{dh}可较快启动限流功能，降低相同电压对应的直流电流水平，进而大幅减少逆变站从交流电网吸收的无功功率。

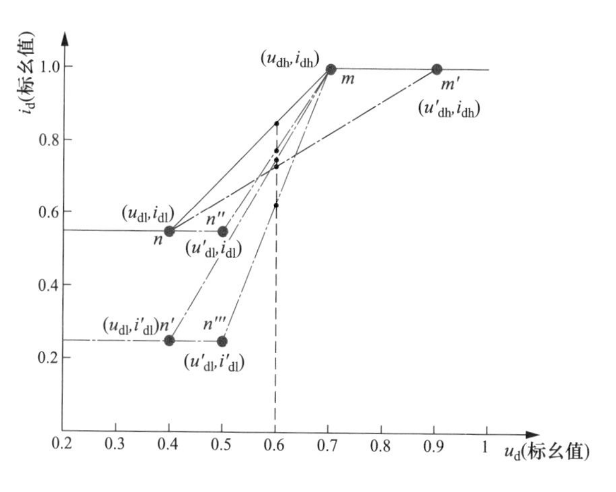

图 3-49　低压限流特性曲线

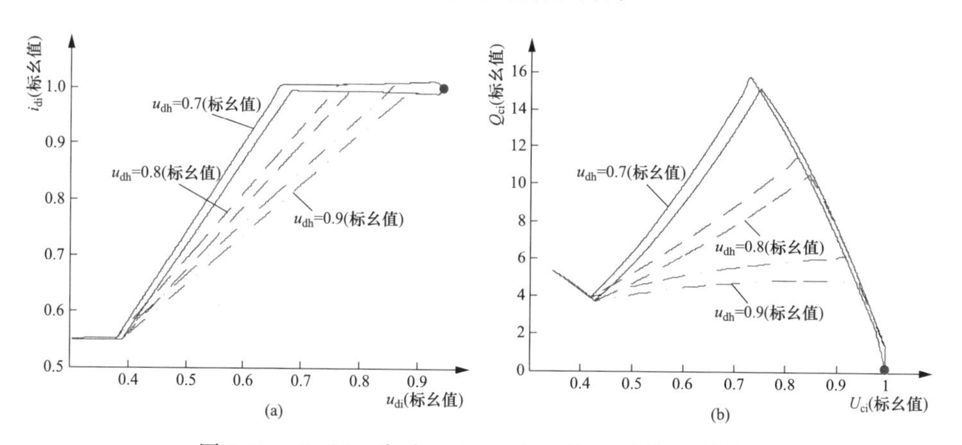

图 3-50　VDCOL 启动电压 u_{dh} 对逆变站无功轨迹的影响

(a) $u_{di}-i_{di}$；(b) $U_{ci}-Q_{ci}$

因此，提高 VDCOL 启动电压 u_{dh}，是改善逆变站无功特性、缓解近振荡中心直流对混联电网振荡阻尼影响的重要手段。

3.4.3.2　VDCOL 特性曲线低值拐点（u_{dl}，i_{dl}）

由图 3-49 所示 VDCOL 特性曲线可以看出，减小 i_{dl} 或增大 u_{dl} 取值，即 n 点对应调整至 n' 或 n''，均可增大相同电压跌落水平下的直流电流限制幅度。

对应 3.4.1.1 小节所述扰动，u_{dl} 的标幺值取值由 0.4 提升至 0.5，i_{dl} 的标幺值取值由 0.55 降低至 0.25，即对应图 3-49 中 n 点调整至 n'''，逆变站电气量暂态响应轨迹的对比曲线如图 3-51 所示。可以看出，当 VDCOL 功能启动后，调整后的参数可显著减小逆变站从交流电网中吸收的无功功率，当电压深度跌落至 0.6（标幺值）以下，逆变站向交流电网输出无功功率。

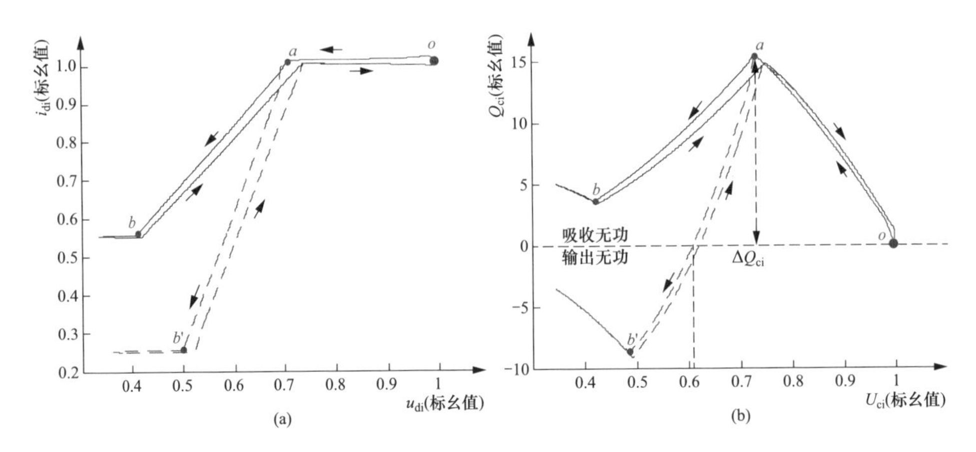

图 3-51　VDCOL 中（u_{dl}，i_{dl}）设置对逆变站无功轨迹的影响

（a）$u_{di}-i_{di}$；（b）$U_{ci}-Q_{ci}$

3.4.3.3　影响因素评述

由以上分析可以看出，VDCOL 特性曲线中，提升 u_{dh}、减小 i_{dl}或增大 u_{dl}取值，均可增加电压跌落过程中直流电流的限制幅度，进而减少逆变站从交流电网中吸收的无功功率，改善其无功电压特性，但减小 i_{dl}或增大 u_{dl}的作用，仅当限流功能启动后才可体现。

此外，在低频振荡过程中，由于逆变站换流母线电压等电气量受扰波动速率较小，因此控制系统中 T_{udrm}等时间常数取值，不会对交直流暂态响应产生明显影响。

3.4.4　混联电网振荡特性分析及优化

3.4.4.1　逆变站接入特高压交流线路的混联电网

依据电网发展某阶段性规划方案，新疆准东地区开发大型火电基地并建设一回额定电压±1100kV、额定容量 10000MW 的特高压直流送出工程。同时，为满足西南地区负荷增长需求，并适应水电基地丰枯期外送容量差异，提升川电外送特高压交流线路利用率，准东外送特高压直流的落点选为其经济输电范围内的重庆长寿特高压交流电站，直流线路长为 2740km。

准东—长寿特高压直流受端重庆地区电网结构如图 1-9 和图 3-52 所示。由图可以看出，川渝交流线路与四川外送复奉、锦苏和宾金三回特高压直流构成交直流并列运行格局，若直流发生闭锁故障，大量潮流转移至交流线路，易造成交流电网振荡。

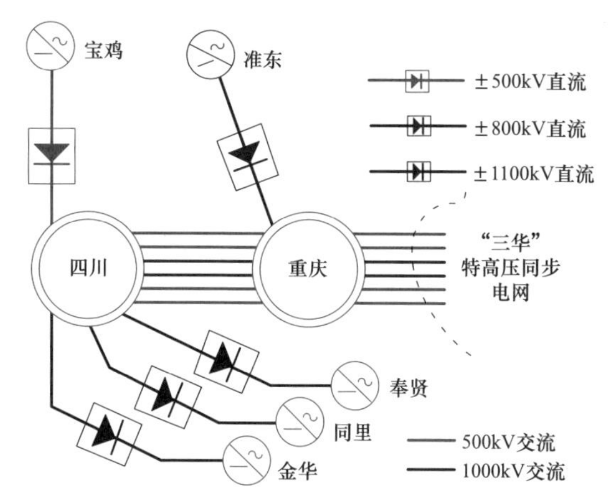

图 3-52　特高压直流接入的川渝地区电网结构

复奉、锦苏或宾金等特高压直流闭锁故障所激发的混联电网振荡中，四川机组相对于“三华”主网机组振荡，振荡中心位于重庆地区，即位于准东—长寿特高压直流逆变站近区。随振荡中心电压大幅波动，长寿逆变站功率显著变化，将影响混联电网振荡阻尼特性。

3.4.4.2　振荡阻尼特性及优化

四川电网与重庆电网通过乐山—重庆 1000kV 线路和洪沟—板桥、黄岩—万州 500kV 线路互联。四川交流外送 11000MW 条件下，锦苏±800kV/7200MW 特高压直流单极闭锁，四川盈余功率转移至交流线路外涌，电网振荡中心位于重庆—长寿—万州交流线路，与长寿站电气距离较近。

近振荡中心的长寿逆变站主要电气量受扰响应轨迹如图 3-53 所示，图中的轨迹对应以下三种 VDCOL 参数设置，三种方案中的参数均为标幺值。

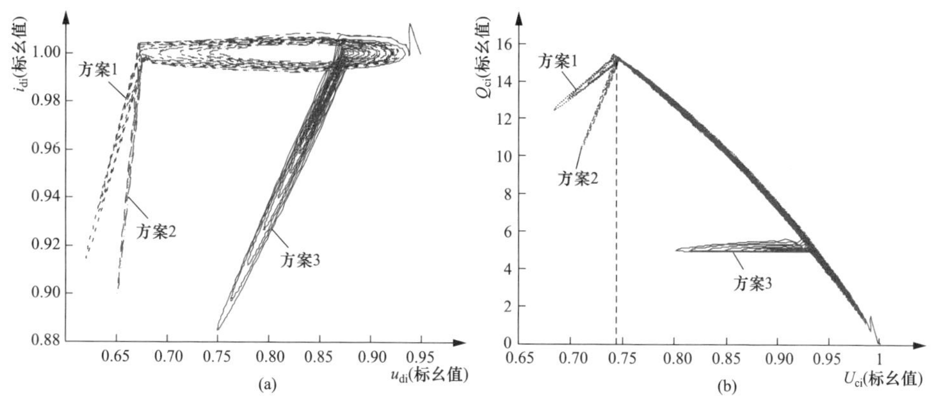

图 3-53　不同 VDCOL 参数设置下长寿逆变站电气量振荡轨迹

(a) $u_{di}-i_{di}$；(b) $U_{ci}-Q_{ci}$

方案 1：原参数设置，u_{dh}=0.7、i_{dh}=1.0、u_{dl}=0.4、i_{dl}=0.55；

方案 2：调整 u_{dl}和 i_{dl}分别至 0.5、0.25；

方案 3：提升 VDCOL 启动电压 u_{dh}至 0.9。

可以看出，对应 u_{dh}取值 0.7（标幺值）的方案 1，振荡过程中直流电流 i_{di}受限区间较小，其围绕稳态运行电流 1.0（标幺值）小幅波动，逆变器直流侧低电压大电流运行，加之滤波器无功输出显著下降，逆变站从交流电网中吸收的无功功率 Q_{ci}大幅增加，动态最大增幅约为 15.5（标幺值），即 1550Mvar，大量的无功需求将增加长寿站电压跌落幅度，其最低电压约为 0.68（标幺值）；方案 2 调整 u_{dl}、i_{dl}以改善逆变站无功特性，仅当 U_{ci}跌落至 0.74（标幺值）后才可起作用，因此作用范围较小，抑制电压跌落的效果有限；方案 3 中 u_{dh}提升至 0.9（标幺值），VDCOL 功能较快启动，i_{di}随电压跌落快速减小，对应 Q_{ci}动态最大增幅可限制至5.5（标幺值），即 550Mvar，逆变站无功需求下降显著减小了振荡过程中交流电压跌落幅度，长寿逆变站最低电压约为 0.81（标幺值）。

对应上述受扰过程，交直流电气量暂态时域响应的对比曲线如图 3-54 所示。由图可以看出，u_{dh}取值 0.7（标幺值）时，四川机组相对主网机组振荡的频率约为 0.16Hz。

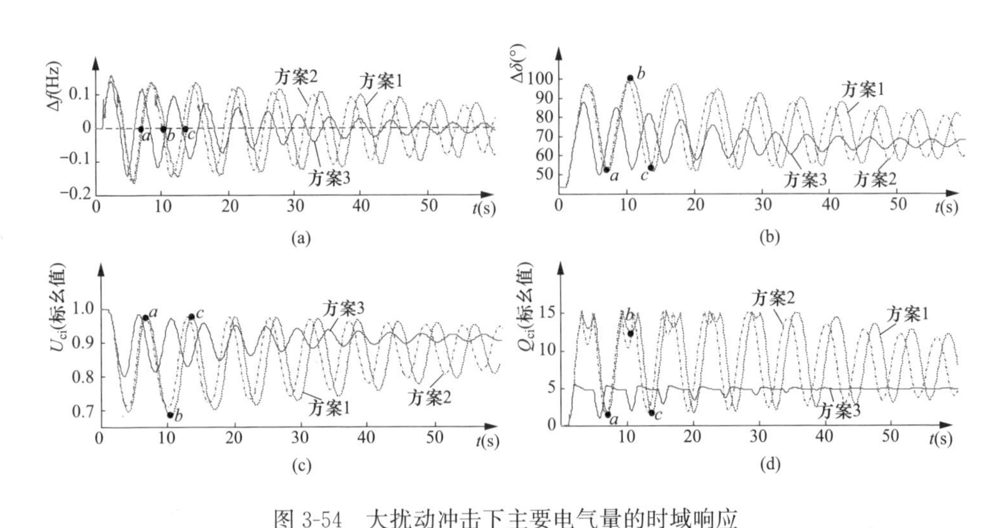

图 3-54 大扰动冲击下主要电气量的时域响应

（a）重庆与万州特高压母线频率偏差；（b）四川二滩机组与主网三峡机组功角差；（c）长寿逆变站母线电压；（d）长寿逆变站吸收无功功率

振荡过程的 ab 段，重庆与万州特高压交流母线的频率差 $\Delta f>0$，即送端机组加速，功角前摆。该过程中，随着功角摆幅增大，长寿站电压与逆变站无功需求两者在正反馈机制的作用下，前者大幅跌落，后者则显著增加。由于交流线路电压跌落，其送电功率下降，对应送端加速功率增加，驱动机组使其前摆幅度增大。

振荡过程的 bc 段，重庆与万州特高压交流母线的频率差 $\Delta f<0$，即送端机组减速，功角回摆。该过程中，长寿站电压与逆变站无功需求两者之间，仍具有正反馈作用机制。随功角减小而提升的振荡中心电压，使逆变站无功需求快速减少，进而促使电压提升。由于交流线路电压提升，其送电功率增大，对应送端减速功率增加，制动机组使其回摆幅度增大。

综合以上分析，近振荡中心的长寿逆变站，其无功需求随振荡中心电压降低和升高而动态增加和减少的特性，使送端四川机组相对主网机组振荡过程中的前摆和回摆幅度均趋于增大，对混联电网振荡阻尼特性起到弱化作用。

将 u_{dh} 的标幺值取值增大至 0.9，则可通过快速启动 VDCOL 功能，抑制振荡中心长寿站电压与逆变站无功需求两者之间的正反馈作用，从而提升电网振荡阻尼。

此外，从长寿逆变站吸收无功 Q_{ci} 对应的等效电纳与重庆、万州特高压母线的频率差 Δf 所构成 $\Delta f-B_{dc}$ 平面上看，其振荡轨迹如图 3-55 所示。以第一个振荡周期为例，相对前摆起点 o，$\Delta f>0$ 的前摆 $o\rightarrow a$ 过程，$B_{dc}<0$；相对回摆起点 a，$\Delta f<0$ 的回摆 $a\rightarrow b$ 过程，$B_{dc}>0$。由此可见，Δf 与 B_{dc} 变化特性与并联电纳提供振荡正阻尼条件相反。同时，由于 B_{dc} 变化幅度约为 30（标幺值），因此其提升或降低交流线路输电能力的作用显著，对应其弱化振荡阻尼特性作用较强。增大 u_{dh} 取值，则可显著减小 B_{dc}，对应可有效缓解其负阻尼效应。

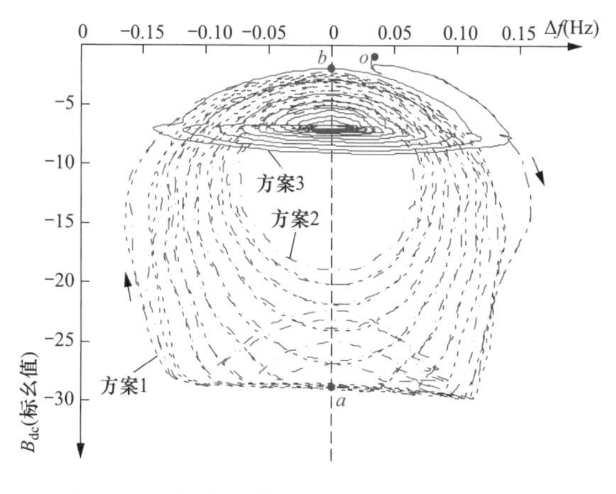

图 3-55　振荡过程对应的 $\Delta f-B_{dc}$ 变化轨迹

参考文献

[1] 郑超，汤涌，马世英，等. 直流整流站动态无功特性解析及优化措施 [J]. 中国电机工程学报，2014，34 (28)：4886-4896.

[2] 郑超. 直流逆变站电压稳定测度指标及紧急控制 [J]. 中国电机工程学报，2015，35 (2)：344-352.

[3] 徐政，唐庚，黄弘扬，等. 消解多直流馈入问题的两种新技术 [J]. 南方电网技术，2013，7 (1)：6-14.

[4] 周长春，徐政. 直流输电准稳态模型有效性的仿真验证 [J]. 中国电机工程学报，2003，23 (12)：33-36.

[5] 王奔. 电力系统电压稳定 [M]. 北京：电子工业出版社，2008.

[6] 郑超. 直流逆变端扰动对整流端影响机制及应对措施 [J]. 中国电机工程学报，2016，36 (7)：1817-1827.

[7] 王贺楠，郑超，任杰，等. 直流逆变站动态无功轨迹及优化措施 [J]. 电网技术，2015，39 (5)：1254-1260.

[8] 郑超，汤涌，马世英，等. 网源稳态调压对暂态无功支撑能力的影响研究 [J]. 中国电机工程学报，2014，34 (1)：115-122.

[9] Zhou E Z. Application of static var compensators to increase power system damping [J]. IEEE Transactions on Power Systems，1993，8 (2)：655-661.

[10] 郑超，马世英，盛灿辉，等. 近振荡中心直流逆变站对系统阻尼的影响及优化措施 [J]. 中国电机工程学报，2015，35 (19)：4895-4905.

4　基于直流 DA 模型的交直流耦合特性分析及稳定控制

4.1　整流站近区短路故障引发过电压机制及抑制措施

4.1.1　电压快速扰动下的受扰特性分析

4.1.1.1　仿真测试系统

针对图 3-1 所示系统，特高压直流额定电压、电流分别为±800kV 和 5kA，额定功率为 8000MW；整流站交流电网等值电抗 X_{sr}取值为 1.0×10^{-4}，受端逆变站直流短路比 SCR 设置为 4.0。

直流控制系统采用如 2.2.4 小节所述，基于 ABB 公司直流控制系统的仿真模型—DA 模型。如图 2-15 所示电流控制中增益 $G_a=30$；如图 2-16 所示整流器 RAML 启动电压和触发角限制值分别设置为：$U_{crL1}=0.78$（标幺值）、$U_{crL2}=0.75$（标幺值）和 $\alpha_{min1}=25°$、$\alpha_{min2}=45°$；VDCOL 启动电压 $u_{dh}=0.7$（标幺值）。整流器采用定功率控制、逆变器采用定熄弧角控制。

短路故障及其清除过程中，电网电压快速跌落并提升恢复。为考察这一扰动下，直流主要电气量响应特征及整流站与交流电网功率交换特征，对图 3-1 所示测试系统中的 E_{sr}，实施式（2-27）所示扰动，其中 ω_{sr}设置为 31.4rad/s，即 0.1s 内 E_{sr}由稳态初值跌落后再恢复至初值运行。ΔE_{sr}变化步长取值 0.01（标幺值），在 ΔE_{sr}由 0.0（标幺值）逐渐增加至 0.9（标幺值）的过程中，受控制环节触发动作、非线性环节作用等不同因素影响，直流响应特性存在显著差异。以下依据 ΔE_{sr}扰动幅度，分区间分析响应特性。

4.1.1.2　受扰特性分析

（1）当 $\Delta E_{sr}\leqslant0.24$（标幺值）时，整流器 RAML 未动作。对应 ΔE_{sr}的两种取值，即 0.1（标幺值）和 0.24（标幺值），受扰响应曲线如图 4-1 所示。可以看出，受扰响应具有如下特征：

1）U_{cr}跌落和回升过程中，整流器存在两种控制方式切换，即定功率控制和定最小触发角 α_{min}控制之间相互切换。随 U_{cr}跌落 α 减小，当 α 达到 α_{min}时，控制方式由定功率控制切换为定最小触发角控制，如图 4-1（b）中的 aa' 和 bb' 段；随着 U_{cr} 的回升，α 增大，当 $\alpha > \alpha_{min}$ 时，将切换回原定功率控制方式。由于控制和响应延时，i_{dr} 和 P_{dr} 下降减小和恢复增大的过程滞后 U_{cr} 相应过程。

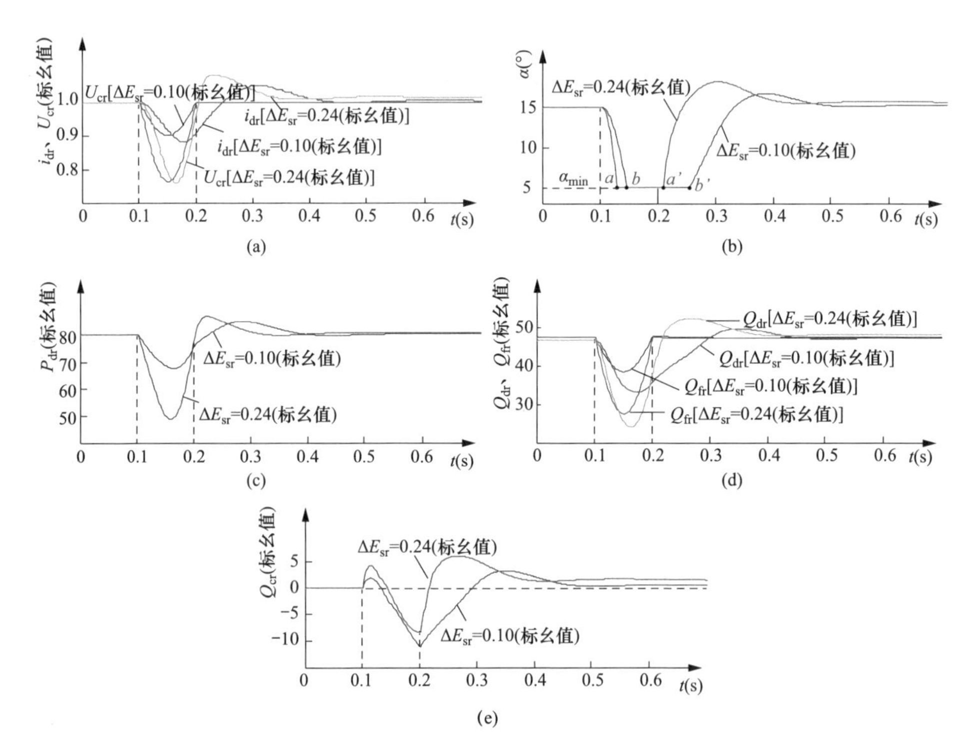

图 4-1　$\Delta E_{sr}=0.1$、0.24（标幺值）时受扰响应

（a）i_{dr} 和 U_{cr}；（b）α；（c）P_{dr}；（d）Q_{dr} 和 Q_{fr}；（e）Q_{cr}

2）在 U_{cr} 回升过程中，Q_{fr} 同步增大，Q_{dr} 则受 P_{dr} 延时恢复影响，增速小于 Q_{fr}。因此，整流站出现盈余容性无功，即 $Q_{cr}<0$，该功率注入交流电网可引发送端过电压威胁。

（2）当 0.25（标幺值）$\leqslant \Delta E_{sr} \leqslant$ 0.88（标幺值）时，RAML 动作，直流逆变器未发生换相失败。对应 ΔE_{sr} 标幺值的四种取值，即 0.25、0.55、0.75 和 0.88，受扰响应曲线如图 4-2 所示。可以看出，随着电压跌落幅度进一步增加，整流器最小触发角限制器 RAML 动作，α 角由 α_{min} 快速增大至 α_{min1} 和 α_{min2}。

整流器无功消耗 Q_{dr} 与触发滞后角 α、送电有功 P_{dr} 强相关。一方面，随着 α 增大，直流电压下降，送电有功降低，对应可减小 Q_{dr}；另一方面，随着 α 增大，电压过零后换流阀电流导通的延时增加，整流器功率因数减小，对应将增大

Q_{dr}。以上两个因素增减 Q_{dr} 的相对强弱，将决定整流站从交流电网吸收无功 Q_{cr} 的大小。对应不同取值的 ΔE_{sr}，电压扰动过程中 Q_{cr} 最大值变化轨迹如图 4-3 所示。

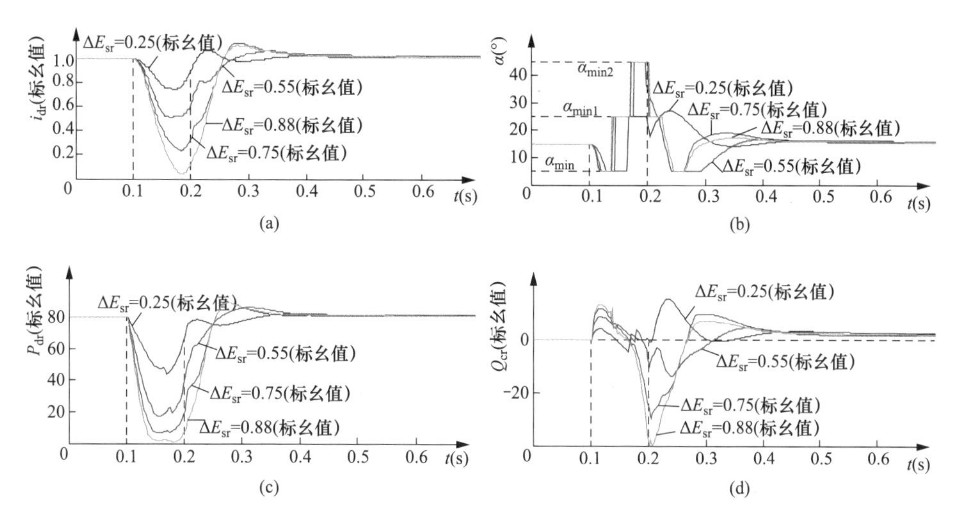

图 4-2　ΔE_{sr} 标幺值为 0.25、0.55、0.75、0.88 时受扰响应

(a) i_{dr}；(b) α；(c) P_{dr}；(d) Q_{cr}

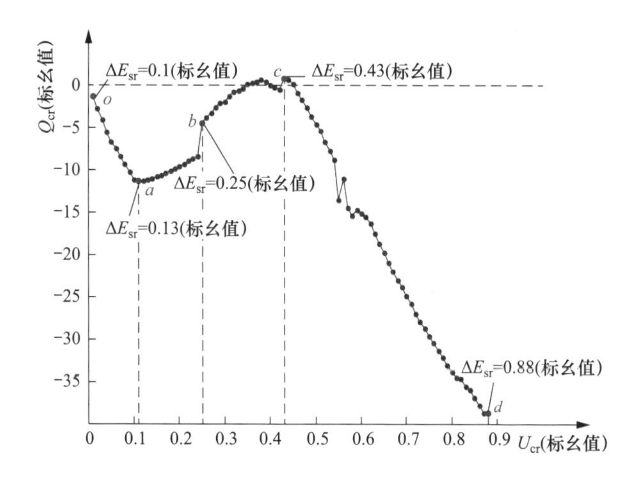

图 4-3　不同 ΔE_{sr} 对应的整流站 Q_{cr} 最大值变化轨迹

由图 4-3 可以看出，在 ΔE_{sr} 变化的 oa 段，随直流有功下降，整流器无功消耗减少量大于滤波器无功输出减少量，整流站注入交流电网无功 Q_{cr} 逐渐增大；ab 段，两者变化幅度相对大小出现交替，Q_{cr} 减小；bc 段，RAML 控制动作，在

其增大整流器触发滞后角 α 的作用下，整流器无功消耗增大，Q_{cr}进一步减小；cd 段，受电压深度跌落后直流功率大幅减小影响，Q_{cr} 随电压跌落幅度的增加而单调快速增长。因此，在电压深度跌落的扰动冲击下，大幅增加的 Q_{cr} 会导致故障恢复过程中整流站交流电网面临过电压冲击威胁。

（3）当 $\Delta E_{sr} \geqslant 0.89$（标幺值）时，送端扰动将引发直流受端逆变器发生换相失败。对应 ΔE_{sr} 标幺值的三种取值，即 0.88、0.89 和 0.95，受扰响应曲线如图 4-4 所示。可以看出，随着电压跌落幅度进一步增加，恢复过程中，在定功率控制作用下，直流电流增大，逆变器出现连续换相失败，受此影响，直流电流、有功和无功均大幅波动，整流站也无法稳定运行。

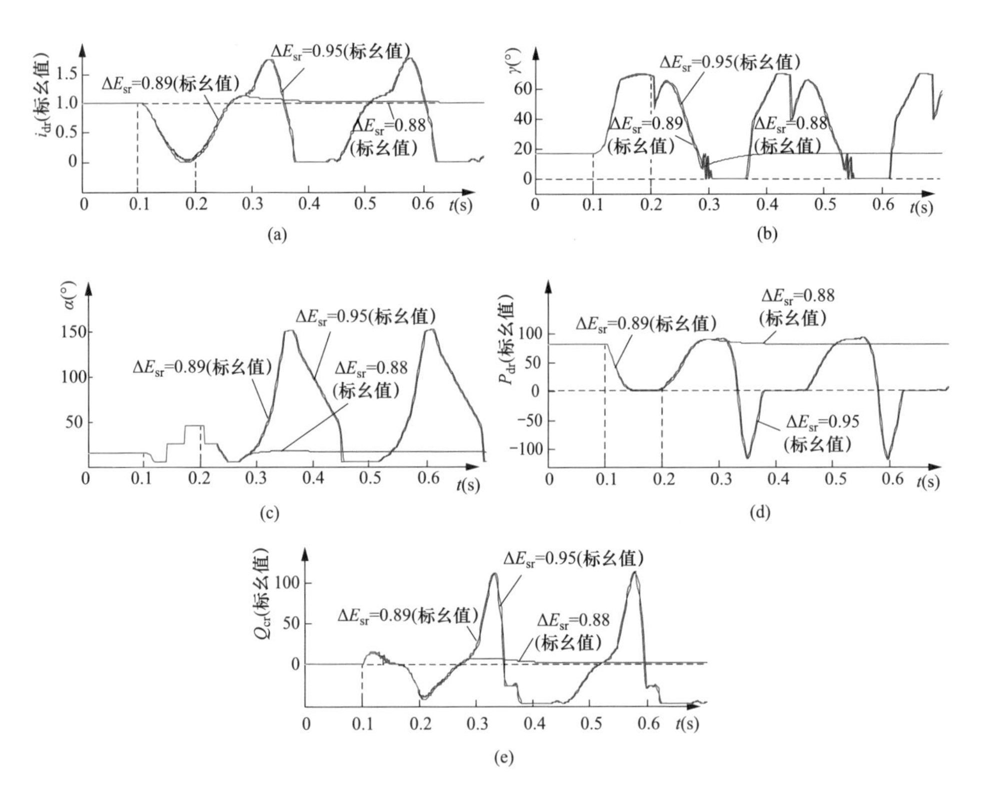

图 4-4　ΔE_{sr}标幺值为 0.88、0.89、0.95 时受扰响应

（a）i_{dr}；（b）γ；（c）α；（d）P_{dr}；（e）Q_{cr}

4.1.1.3　受扰特性综合评述

基于实际工程直流控制系统，对应不同扰动幅度的交流电压跌落与回升过程，整流站电压—功率响应轨迹簇 $U_{cr}-P_{dr}$、$U_{cr}-Q_{cr}$，以及有功—无功响应轨

迹簇 $P_{dr}-Q_{cr}$，如图 4-5 所示。

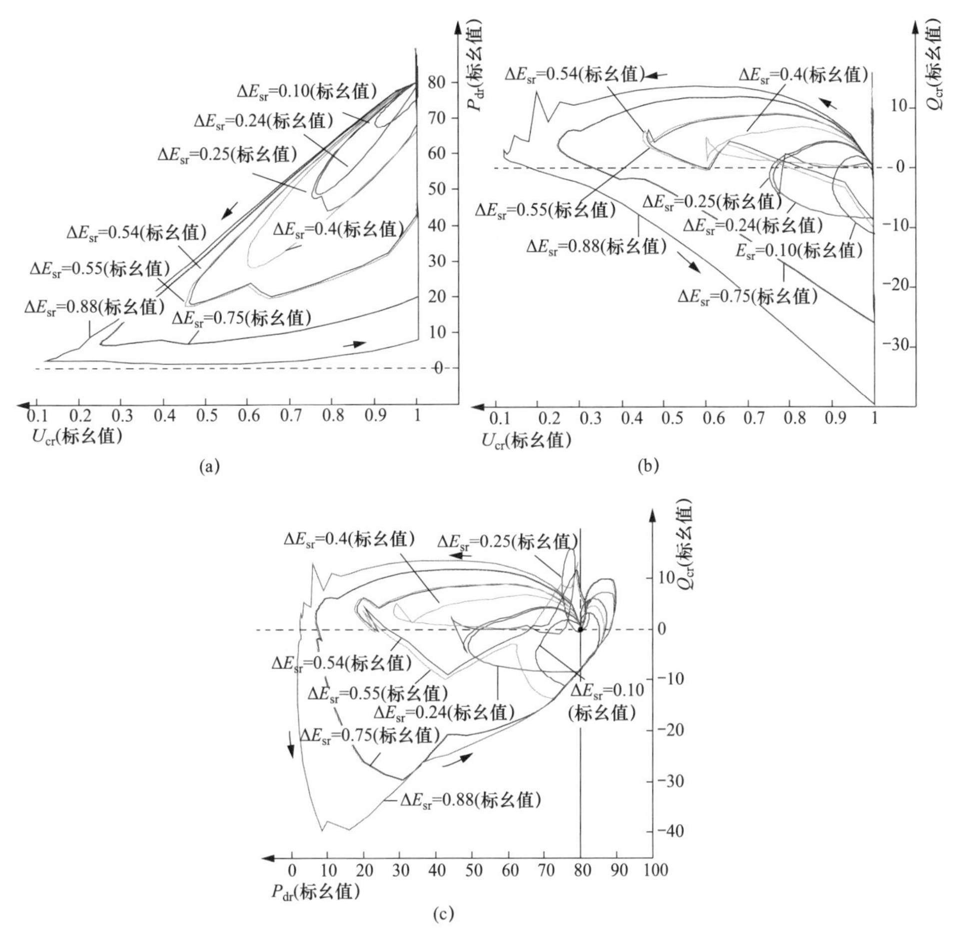

图 4-5　整流站受扰响应轨迹簇

（a）$U_{cr}-P_{dr}$；（b）$U_{cr}-Q_{cr}$；（c）$P_{dr}-Q_{cr}$

综合不同电压跌落幅度下直流暂态响应特征，以及图 4-5 所示整流站各电气量受扰响应轨迹簇，可以看出，整流站交流电压快速跌落与回升扰动对送端电网安全稳定运行产生的威胁，主要体现在以下两个方面。

（1）滤波器无功输出与整流器无功消耗，两者响应电压波动的动态增减幅度存在差异，在电压深度跌落时，整流站会出现较大的盈余容性无功，使送端电网面临过电压威胁。若整流站近区接有风电、光伏等新能源电源，则存在因电力电子变频器耐过压能力较弱而导致电源大规模脱网的风险。

（2）整流站电压恢复过程中，直流电流在定功率控制作用下快速增大，逆变器存在连续换相失败风险，整流站有功和无功大幅波动，直流无法稳定运行面临闭锁风险。

为应对整流站电压扰动对送端电网安全稳定运行的威胁，需从直流本体和交流电网两个方面提出应对措施。

4.1.2 受扰特性的相关影响因素分析

4.1.2.1 RAML 触发滞后角动作幅值

如图 2-16 所示 RAML 控制，其触发动作后，阶跃式增大整流器触发滞后角 α，受此影响，直流电压、电流以及有功功率均会变化，整流器无功消耗也随之改变。α 增大幅度不同，影响整流器无功消耗的程度不同。$\alpha_{\min2}$ 取值为 25°和 45°所对应的两种情况，主要电气量暂态响应对比如图 4-6 所示。

可以看出，减小 $\alpha_{\min2}$ 取值，可降低 RAML 动作后直流有功下降幅度，进而增加整流器无功消耗，对应整流站注入交流电网的盈余无功可相应减小。

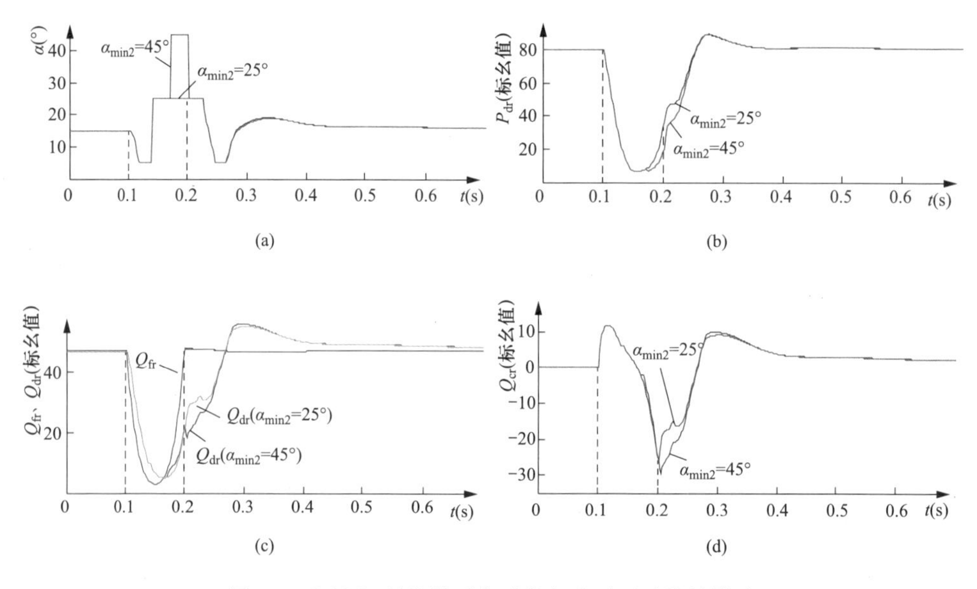

图 4-6 RAML 触发滞后角动作幅度对无功特性影响

（a）α；（b）P_{dr}；（c）Q_{fr}和 Q_{dr}；（d）Q_{cr}

4.1.2.2 电流控制增益

如图 2-15 所示电流控制，其增益 G_a 的不同取值，会改变交流电压扰动过程中直流电流变化特性，进而影响直流功率及整流器无功消耗。G_a 为 10、30 和 90 所对应的三种情况下，主要电气量暂态响应对比如图 4-7 所示，可以看出，增大 G_a 可加快受扰后电流的提升恢复速度，增大直流有功和整流器无功消耗，对应整流站注入交流电网的盈余无功可相应减小。

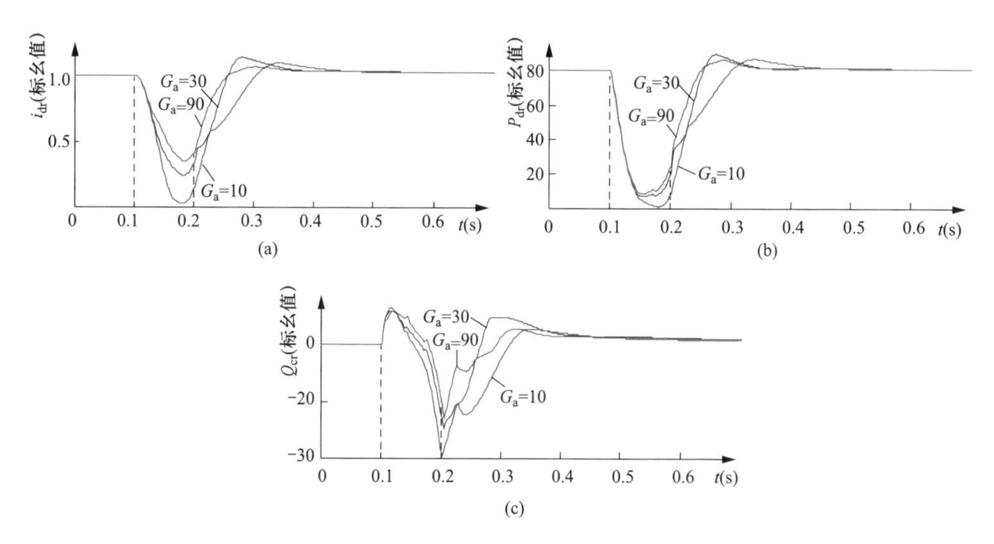

图 4-7　电流控制总增益对无功特性影响

（a）i_{dr}；（b）P_{dr}；（c）Q_{cr}

4.1.2.3　VDCOL 启动电压 u_{dh}

启动电压 u_{dh} 以及电流 i_{dh} 取值不同，会改变 VDCOL 限流特性曲线，在电压受扰过程中，不同的直流电流限制程度将影响直流有功大小。以下考察 u_{dh} 取值的影响。

u_{dh} 标幺值为 0.68、0.7 和 0.8 所对应的三种情况，主要电气量暂态响应对比如图 4-8 所示，可以看出，减小 u_{dh} 可小幅增加受扰后电流提升恢复速度，有助于增大直流有功，减小整流站盈余无功。

4.1.2.4　受端交流电网强度

增加受端交流电网强度可抑制直流功率扰动对逆变站电压的影响，提升逆变器稳定运行能力。整流站施加 $\Delta E_{sr}=0.95$（标幺值）的扰动，无措施以及提升逆变站直流短路比 SCR 至 5.0 所对应的两种情况，主要电气量暂态响应对比曲线如图 4-9 所示。可以看出，增加受端交流电网强度后，相同扰动下逆变器不再出现换相失败，直流可稳定运行。

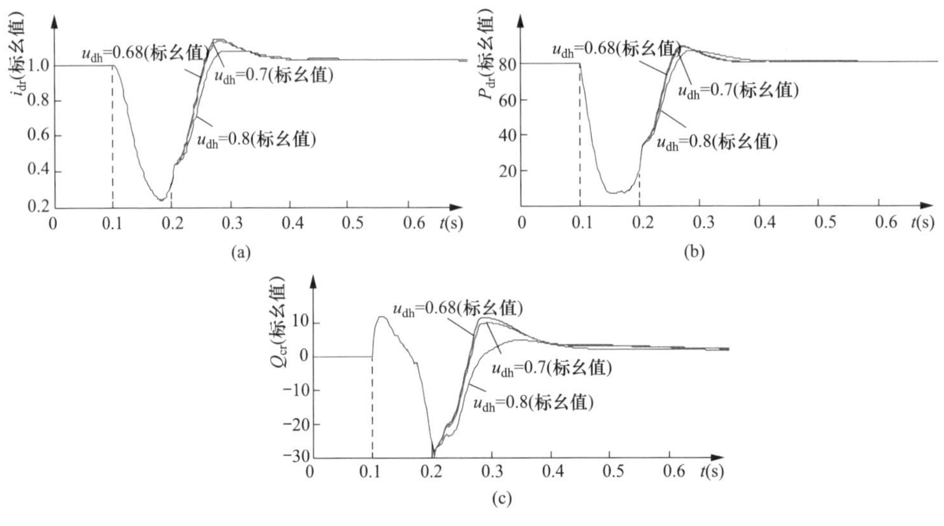

图 4-8　VDCOL 参数对无功特性影响

（a）i_{dr}；（b）P_{dr}；（c）Q_{cr}

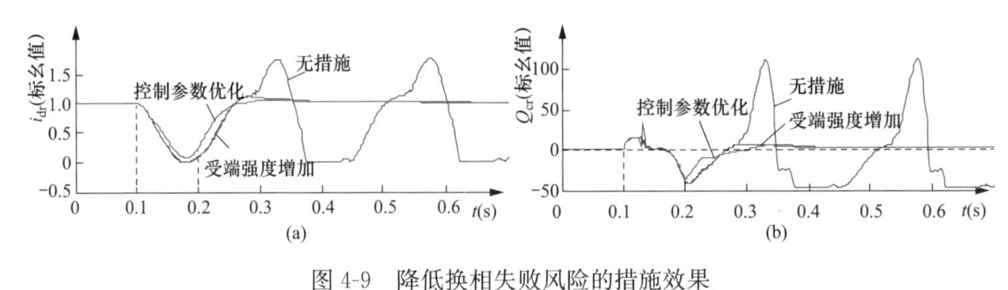

图 4-9　降低换相失败风险的措施效果

（a）i_{dr}；（b）Q_{cr}

此外，优化电流控制参数将增益 G_a 取值由 30 增大至 90，相应的暂态响应对比如图 4-9 所示，可以看出，增大 G_a 可增强直流电流控制能力，也可降低整流站扰动引发逆变器换相失败的风险。

4.1.2.5　受扰特性的相关影响因素评述

综合以上分析，采取以下措施，可缓解直流送端电压快速大幅波动对电网的冲击影响。

（1）降低整流器 RAML 动作后 α 角增大幅度、增加电流控制增益 G_a、减小 VDCOL 启动电压 u_{dh}，均可不同程度增加扰动后直流电流和直流功率的提升速度，对应整流站盈余无功可随整流器无功损耗增加而减小，从而抑制送端过电压。

（2）增加电流控制增益 G_a 增强电流控制能力，增大逆变站直流短路比 SCR 提升抗扰动能力，均能降低送端电压扰动引发受端逆变器换相失败的风险。

需要指出的是，送端电网受扰后，减少直流整流站盈余无功的各种措施的本质，均是通过加快直流有功恢复来增加整流器无功消耗。对于直流接入受端弱交流电网的场景，提升直流恢复速度通常会增大逆变器发生换相失败风险以及电压失稳风险。因此，制订缓解送端过电压的直流控制参数优化方案，应兼顾受端电网强度及受扰特性。此外，由于受扰过程中整流站盈余容性无功是由其滤波器提供的，因此由交流电网部分提供整流站无功需求，相应减少滤波器投入容量，将有利于降低盈余无功水平。

4.1.3 祁韶直流送端电网受扰特性及优化措施

4.1.3.1 祁韶直流送端电网及稳定威胁

西北电网覆盖地域内，风能、太阳能等清洁能源资源十分丰富，其中，酒泉地区为千万千瓦级大容量风电基地。为提升风电消纳能力，西北电网建设了甘肃酒泉至湖南湘潭±800kV/8000MW特高压直流（以下简称祁韶直流），并配套建设常乐火电厂，如图4-10所示。一方面，由于承担风电消纳，因此祁韶直流配套电源容量相对较少，整流站近区交流电网电压支撑能力偏弱；另一方面，整流站接入的桥湾750kV电站，位于敦煌—桥湾—酒泉—河西—武胜长链型线路之中，电网结构薄弱，电网强度偏低。因此，祁韶直流整流站交流扰动及其引发的交直流相互作用，将威胁大规模风电并网安全，甚至威胁送端西北电网稳定运行。

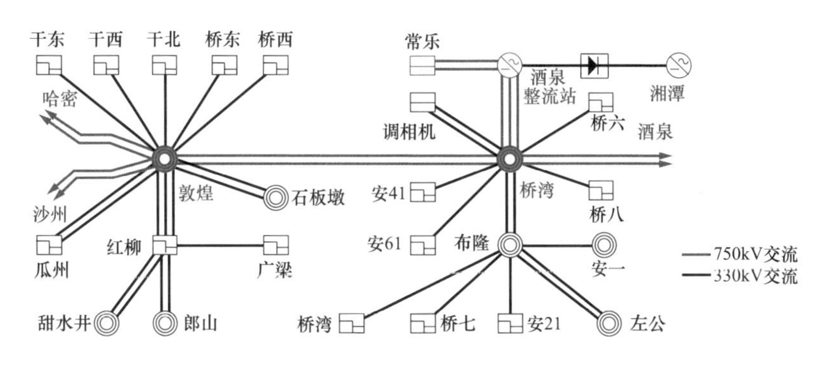

图4-10 祁韶特高压直流送端电网

4.1.3.2 短路故障冲击特性及优化措施的效果验证

祁韶特高压直流额定送电功率8000MW，常乐火电厂与酒泉地区风电按1∶1打捆汇集电力，各为4000MW。直流整流器采用定功率控制，RAML控制角α_{min1}、α_{min2}取值为25°和45°，电流控制增益G_a取值为10。敦煌—桥湾750kV线路桥湾侧 0.5s 发生三相永久短路，0.6s 开断故障线路，该故障扰动冲击下，整流站及近区桥湾 750kV 风电汇集站均会出现过电压冲击，易造成风机大规模脱网。为此，将直流控制器参数 α_{min2} 和 G_a 分别优化调整为 35°和 90。计算中，交流电压基准值取为 800kV。

有无直流控制参数优化，故障冲击下交直流混联电网暂态响应对比如图 4-11 所示。可以看出，优化参数可加快故障清除后直流电流 i_{dr} 和直流功率 P_{dr} 恢复速度，增大整流器无功消耗量，对应可减少整流站盈余无功，从而达到降低过电压冲击幅度的目的。如图 4-11（e）所示，参数优化后酒泉整流站 750kV 母线电压冲击幅度降低 0.06（标幺值）。此外，由图 4-11（b）和图 4-11（f）可以看出，减小 RAML 中 α_{min2} 整定值未对直流本体过电流、过电压水平产生不利影响。

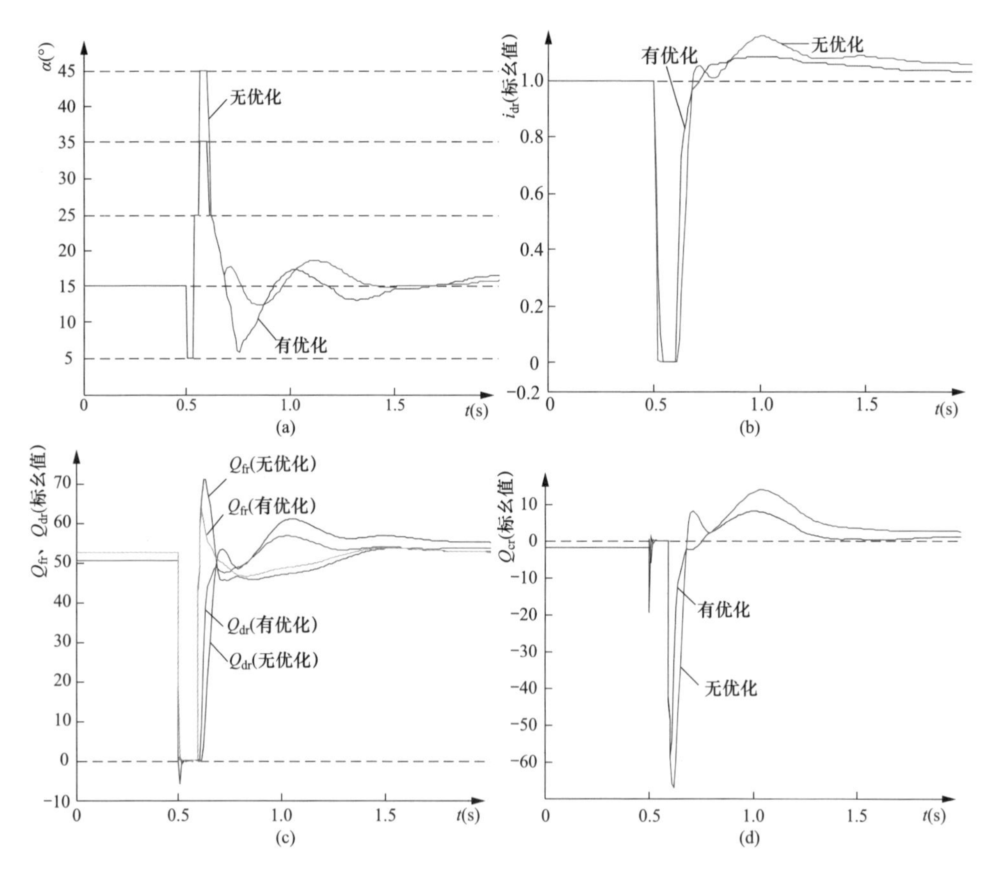

图 4-11　直流参数优化缓解祁韶直流送端过电压威胁（一）

（a）α；（b）i_{dr}；（c）Q_{fr} 和 Q_{dr}；（d）Q_{cr}

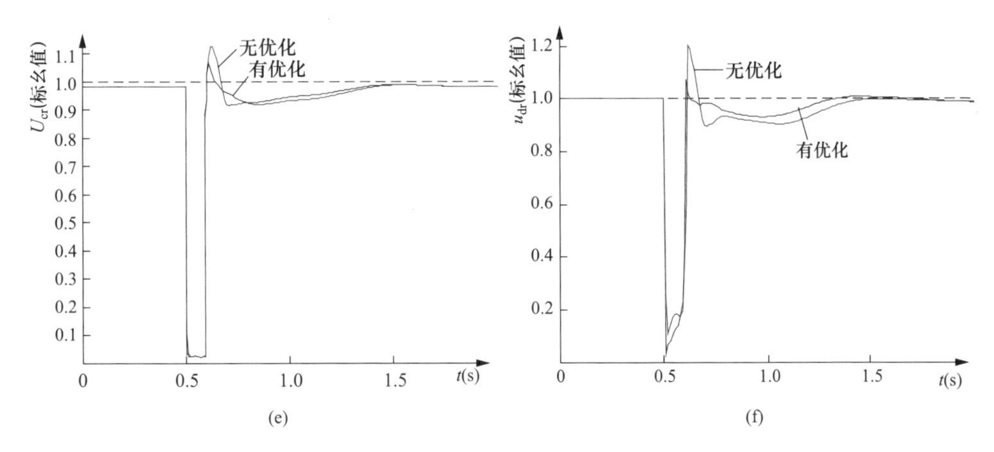

图 4-11　直流参数优化缓解祁韶直流送端过电压威胁（二）

(e) U_{cr}；(f) u_{dr}

4.2　换相失败预测控制对受端电压稳定性影响及缓解措施

4.2.1　计及换相失败预测控制的逆变站无功特性

为分析计及换相失败预测控制后的直流逆变站动态无功响应特性，在机电暂态仿真软件 PSD-BPA 中，建立如图 3-15 所示额定电压±800kV、额定电流 5kA、额定容量 8000MW 的特高压直流受端混联电网仿真模型。直流控制系统采用如 2.2.4 小节所述，基于 ABB 公司直流控制系统的仿真模型—DA 模型。正常运行时，整流器采用定功率控制，逆变器采用定熄弧角控制。此外，如图 2-17 所示换相失败预测控制模型中，启动电压 U_{cif} 和控制增益 G_{Ui} 分别取值为 0.87（标幺值）和 0.15；交流电网戴维南等值电抗 X_{si} 取值为 1.0×10^{-4}（标幺值）。

对应式（2-27）所示扰动，E_{si0}、ΔE_{si} 和 ω_{si} 分别设置为 1.0（标幺值）、0.45（标幺值）和 3.142rad/s，计及换相失败预测控制的逆变站响应轨迹如图 4-12 所示，对其分阶段解析如下。

（1）换相失败预测控制启动之前的 oa 段。如图 4-12（a）所示，随着换流母线电压 U_{ci} 下降，直流电压 u_{di} 降低。在整流器定功率控制作用下，直流电流 i_{di} 提升；逆变器触发角 α 基本维持在限值 α_{max} 不变。随着 u_{di} 降低和 i_{di} 提升，换相角 μ 增加，对应熄弧角 γ 持续减小，换相失败风险增大，如图 4-12（b）和图 4-12（c）所示。在该过程中，u_{di} 降低对直流功率 P_{di} 的减小作用，强于 i_{di} 提升对 P_{di} 的增大作用，因此 P_{di} 逐渐减少，对应逆变器无功消耗 Q_{di} 相应减小。由于滤波器输

出无功 Q_{fi} 随 U_{ci} 下降呈平方倍减少，幅度大于 Q_{di} 的减小量，因此，无功供给与消耗之间的差额逐渐增大，对应逆变站从交流电网中吸收更多的无功功率。

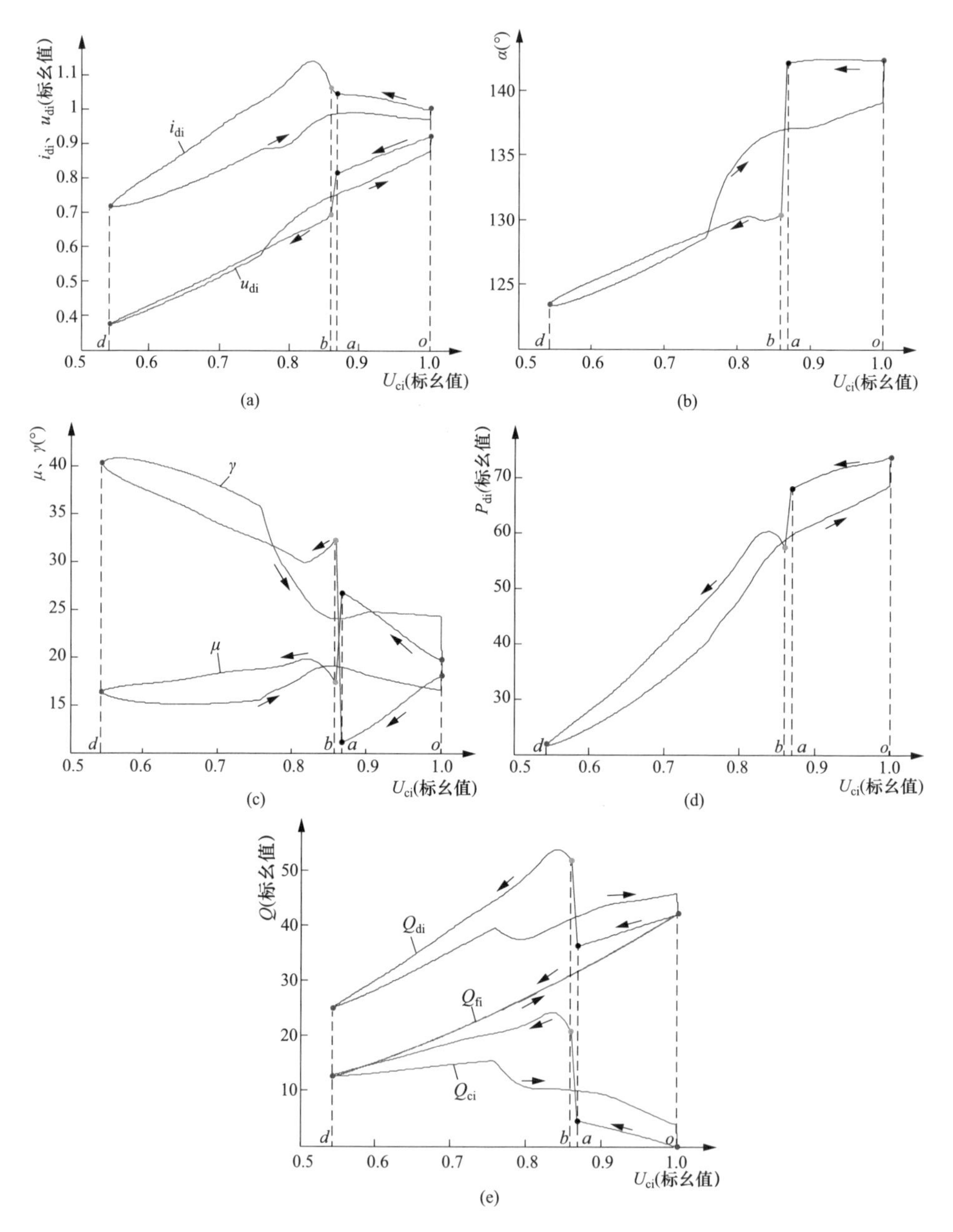

图 4-12　计及换相失败预测控制的逆变站响应轨迹

(a) $U_{ci}-i_{di}$ 和 $U_{ci}-u_{di}$；(b) $U_{ci}-\alpha$；(c) $U_{ci}-\mu$ 和 $U_{ci}-\gamma$；(d) $U_{ci}-P_{di}$；(e) $U_{ci}-Q$

（2）换相失败预测控制启动的 ab 跃变段。在时刻 a，U_{ci}降至 0.87（标幺值），跌落幅度达到 $1-U_{cif}$，换相失败预测控制启动，其输出附加触发角 $\Delta\alpha$ 使逆变站各电气量响应轨迹跃变至 b 点。触发角 α 迅速大幅度减小，对应 γ 则快速增大，换相失败风险可显著降低，如图 4-12（b）和图 4-12（c）所示。与此同时，u_{di}随 α 减小显著跌落，由于 i_{di}调节响应延迟，P_{di}在 ab 段明显减少。逆变器 α 减小，其无功消耗阶跃式增加，对应逆变站会瞬间呈现出动态无功负荷特性，从交流电网中吸收大量无功功率。

（3）电压持续跌落的 bc 段。u_{di}随 U_{ci}进一步跌落，小于 VDCOL 启动电压之后，i_{di}沿限流特性曲线下降，对应 P_{di}随 u_{di}和 i_{di}两者同时减小而快速降低，逆变站从交流电网中吸收的无功功率 Q_{ci}随之减少。

由上述逆变站各电气量响应轨迹可以看出，换相失败预测控制启动后，逆变器触发角 α 瞬时大幅度减小，对应逆变器无功消耗 Q_{di}阶跃增大，进而使逆变站呈现出大容量动态无功负荷特性。这一特性对受端电网电压恢复不利，甚至威胁电压稳定性，需予以关注。

4.2.2 换相失败预测控制相关参数的影响分析

4.2.2.1 预测控制启动电压 U_{cif}的影响

换相失败预测控制启动电压 U_{cif}取值，决定电压跌落过程中预测控制的作用时刻，即减小逆变器触发角 α 的时刻。因此，U_{cif}取值会显著影响逆变站无功轨迹特性。

U_{cif}取值为 0.87（标幺值）和 0.77（标幺值）两种情况，对应 4.2.1 小节所述扰动，逆变站 α、γ 以及无功 Q_{ci}受扰响应轨迹的对比曲线如图 4-13 所示。

可以看出，降低 U_{cif}取值，可使换相失败预测控制在更低的电压水平下启动，相应可减少电压跌落过程中逆变站从交流电网中吸收的无功 Q_{ci}。如图 4-13（c）所示，将 U_{cif}的标幺值由 0.87 降低至 0.77，则对应 U_{ci}为 0.8（标幺值）的 Q_{ci}可减少约 15（标幺值），即 1500Mvar。

4.2.2.2 控制增益 G_{Ui}的影响

控制增益 G_{Ui}大小不同，会改变换相失败预测控制启动后逆变器附加触发角 $\Delta\alpha$ 的跃变幅度，因此，G_{Ui}取值会影响逆变站无功轨迹特性。

G_{Ui}取值 0.15 和 0.05 两种情况，对应 4.2.1 小节所述扰动，逆变站 α、γ 以及无功 Q_{ci}受扰响应轨迹的对比曲线如图 4-14 所示。

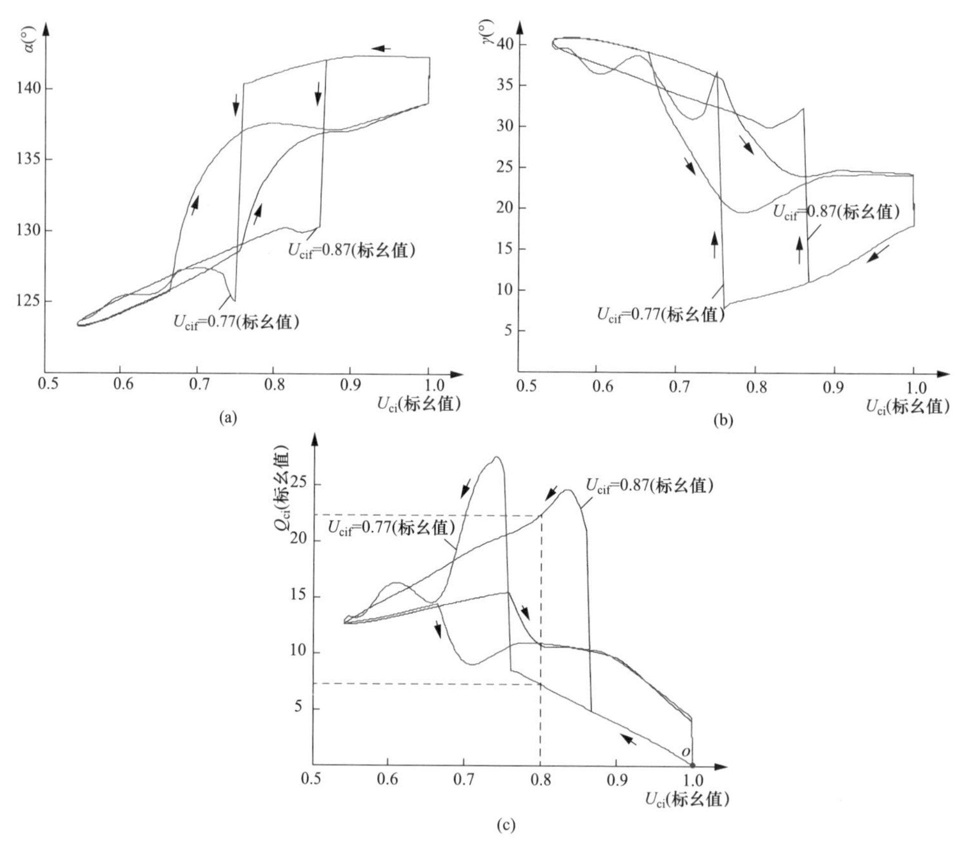

图 4-13　预测控制启动电压 U_{cif} 对暂态响应的影响

(a) $U_{ci}-\alpha$；(b) $U_{ci}-\gamma$；(c) $U_{ci}-Q_{ci}$

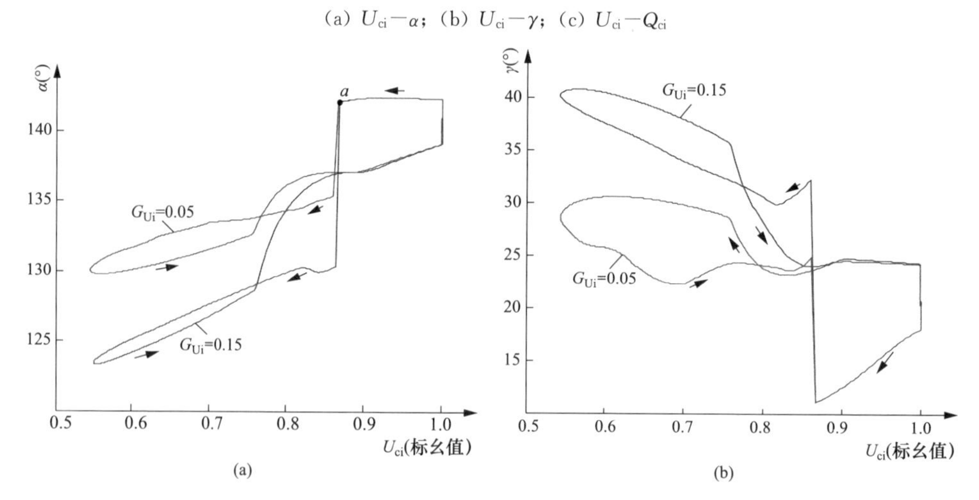

图 4-14　控制增益 G_{Ui} 对暂态响应的影响（一）

(a) $U_{ci}-\alpha$；(b) $U_{ci}-\gamma$

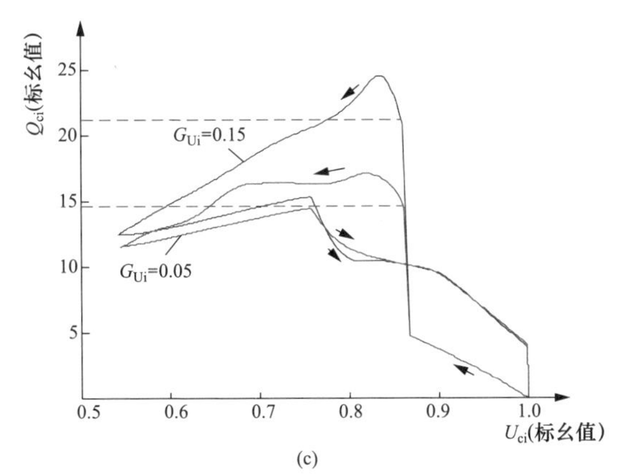

图 4-14　控制增益 G_{Ui}对暂态响应的影响（二）

（c）$U_{ci}-Q_{ci}$

可以看出，减小控制增益 G_{Ui}取值，在相同扰动冲击下，可降低换相失败预测控制启动后逆变器触发角 α 的跃变幅度，对应逆变站吸收的无功 Q_{ci}可显著减少。如图 4-14（c）所示，G_{Ui}取值由 0.15 减小至 0.05，对应 Q_{ci}的标幺值减少约 7，即 700Mvar。

4.2.2.3　改善逆变站无功特性的预测控制参数优化

综合 U_{cif}和 G_{Ui}对逆变站无功轨迹的影响分析可知，降低 U_{cif}或减小 G_{Ui}，均可在换流母线电压跌落过程中减少逆变站吸收的无功功率，改善逆变站无功特性。同时优化调整这两个参数，逆变站无功特性的改善效果可进一步叠加，如图 4-15 所示。

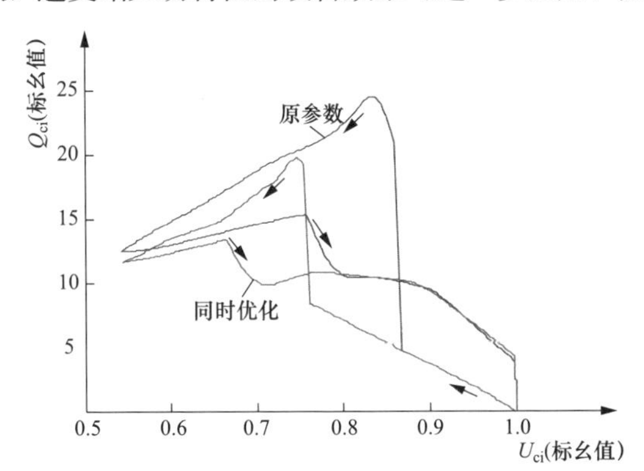

图 4-15　U_{cif}、G_{Ui}同时优化调整对无功特性的影响

需要指出的是，降低 U_{cif}取值，则随电压跌落 γ 减小的幅度增大，如图 4-13（b）所示；减小 G_{Ui}取值，则预测控制启动后 γ 增大的幅度减小，如图 4-14（b）所示。因此，上述 U_{cif}、G_{Ui}取值调整，均会增大换相失败发生风险。然而，对于面临电压不稳定威胁的直流馈入受端电网，降低直流换相失败风险与维持电压稳

定两者相比较，后者更为重要。因此这种情况下，优化换相失败预测控制参数，改善逆变站无功特性以提升电压稳定运行能力，是具有重要意义的。

4.2.3 特高压直流受端电网仿真验证

针对图 1-10 所示呼盟—豫西±800kV/8000MW 特高压直流河南豫西受端电网，负荷模型采用 50%感应电动机和 50%恒阻抗组合模型。整流器采用定功率控制，逆变器采用定熄弧角控制，换相失败预测控制参数 U_{cif} 和 G_{Ui} 分别取值为 0.87（标幺值）和 0.15。

1s 时，嘉和—汝州双回线中一回线嘉和侧三相永久短路；1.1s 时，故障线路与并联非故障线路同时开断。对应上述扰动，特高压直流馈入的受端豫西电网失去电压稳定，仿真结果如图 4-16 所示。可以看出，故障切除后，豫西逆变站电压 U_{ci} 仍小于电压 U_{cif}，换相失败预测控制持续输出的附加 $\Delta\alpha$，使触发角 α 小于正常运行值，逆变器无功消耗增加，逆变站从交流电网吸收大量无功功率，对应交流电压无法恢复，持续跌落并失去稳定。

为缓解换相失败预测控制对电压恢复特性的不利影响，将原 U_{cif} 和 G_{Ui} 取值分别优化调整至 0.7（标幺值）和 0.05。对应调整后的优化参数，相同故障扰动下，交流电压以及逆变站各电气量暂态响应如图 4-16 所示。可以看出，随着故障切除后豫西逆变站电压恢复提升，换相失败预测控制快速退出，对应触发角 α 增大，逆变站从交流电网中吸收的无功功率大幅度减小，受端电网电压能够维持稳定，直流也可恢复平稳送电。此外，由图 4-17 所示逆变器熄弧角对比曲线可以看出，对应原预测控制参数，故障清除后，逆变器熄弧角一直维持在较大数值

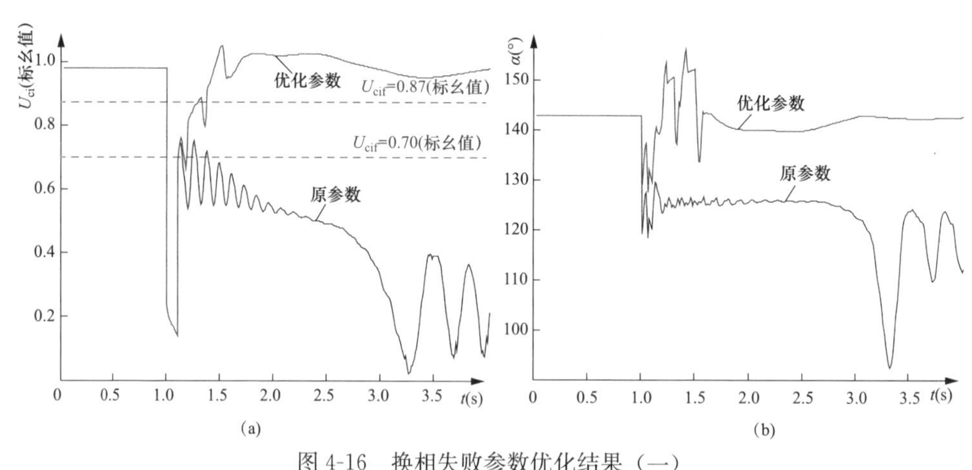

图 4-16 换相失败参数优化结果（一）

（a）豫西逆变站电压；（b）逆变器 α 角

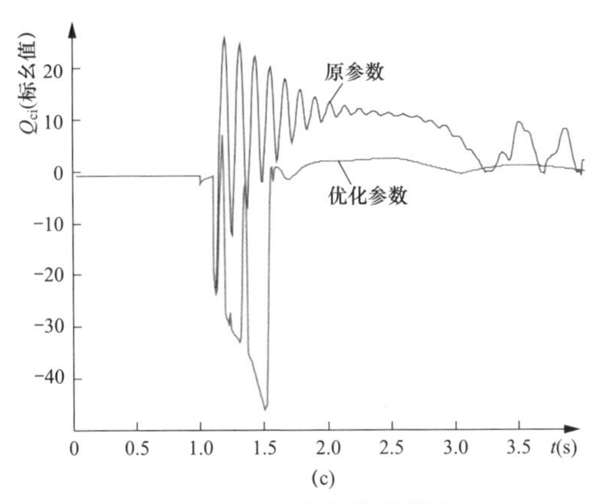

图 4-16　换相失败参数优化结果（二）

（c）逆变站吸收无功

运行，虽然没有发生换相失败，但由于逆变站无功需求大，受端电网失去电压稳定。采用优化预测参数，故障后逆变器熄弧角快速减小，虽然发生了换相失败，但受端电网能够恢复电压稳定。因此，对于存在电压稳定问题的直流馈入受端电网，换相失败预测控制参数 U_{cif} 和 G_{Ui} 的取值，应优先考虑降低电压失稳威胁。

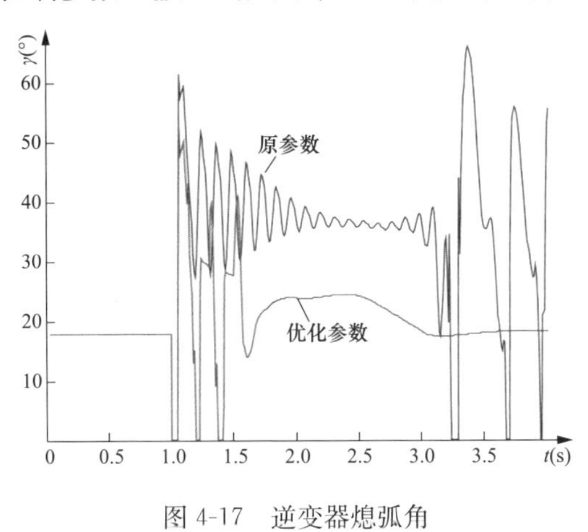

图 4-17　逆变器熄弧角

4.3　特高压直流分层馈入混联电网稳定特性及控制

4.3.1　特高压直流分层馈入系统及仿真模型

4.3.1.1　系统拓扑结构

特高压直流分层馈入系统正负极具有对称结构。以图 4-18 所示±800kV 特高压直流分层馈入系统正极为例，在受端直流侧，额定电压均为400kV的高端和低端十二脉动逆变器串联连接；在受端交流侧，高端和低端逆变器分别接入交流电压等级不同的换流母线，并配有独立的滤波和无功补偿装置（以下统称为滤波器）。从拓扑结构上看，特高压直流分层馈入系统即为串联型3端直流输电系统。从降低换流变压器绝缘要求考虑，高端逆变器接入低电压等级（如500kV）交流电网，低端逆变器接入高电压等级（如1000kV）交流电网。

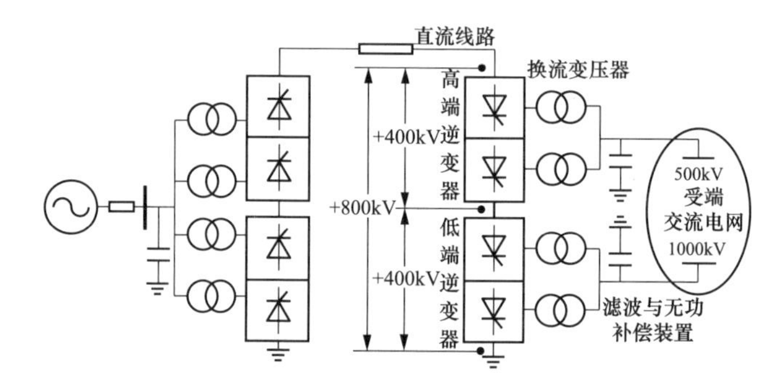

图4-18　特高压直流分层馈入系统单极拓扑结构

4.3.1.2　分层馈入系统机电暂态仿真模型

（1）交流侧和直流侧仿真模型。对应图4-18所示特高压直流分层馈入系统，其交流侧和直流侧模型如图4-19所示。图4-19中，各变量下角标“H”和“L”分别对应高、低端逆变器电气量。

分层馈入系统交流侧模型如式（4-1）～式（4-7）所示。

$$u_{\mathrm{d}x}=u_{\mathrm{d0}x}\cos\gamma_x-R_{\mathrm{c}x}i_{\mathrm{d}} \tag{4-1}$$

$$u_{\mathrm{d0}x}=\frac{3\sqrt{2}}{\pi T_x}n_x U_{\mathrm{c}x},\quad R_{\mathrm{c}x}=\frac{3X_{\mathrm{c}x}}{\pi} \tag{4-2}$$

$$P_{\mathrm{d}x}=u_{\mathrm{d}x}i_{\mathrm{d}} \tag{4-3}$$

$$Q_{\mathrm{d}x}=P_{\mathrm{d}x}\tan\varphi_x \tag{4-4}$$

$$\cos\varphi_x=\frac{u_{\mathrm{d}x}}{u_{\mathrm{d0}x}}=\cos\gamma_x-\frac{X_{\mathrm{c}x}i_{\mathrm{d}}}{\sqrt{2}U_{\mathrm{c}x}} \tag{4-5}$$

$$\gamma_x=\arccos\left(\frac{\sqrt{2}i_{\mathrm{d}}X_{\mathrm{c}x}T_x}{U_{\mathrm{c}x}}+\cos\beta_x\right) \tag{4-6}$$

$$\mu_x=\beta_x-\gamma_x \tag{4-7}$$

式中：u_{d0}为无相控理想空载直流电压；n为单个换流单元中串联的六脉动换流阀组数；T、X_{c}为换流变压器变比及漏抗；β、γ、μ和φ分别为逆变器触发超前角、熄弧角、换相角和功率因数角；下角标“x”分别对应“H”和“L”。

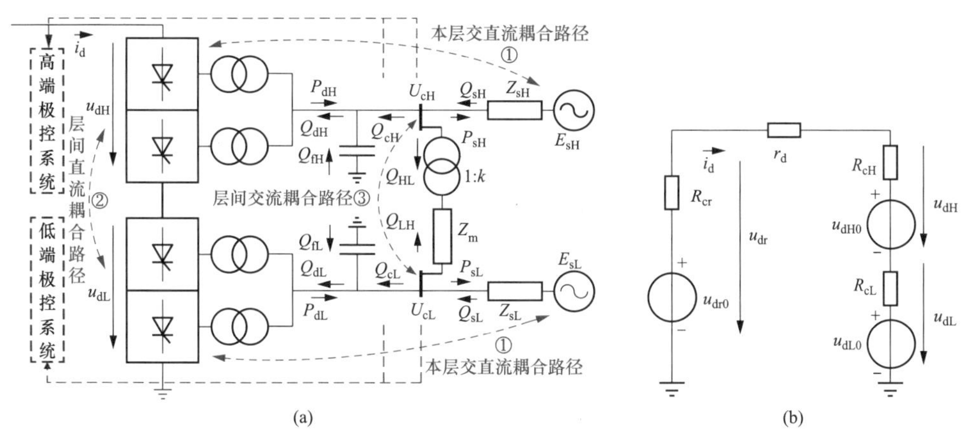

图 4-19　特高压直流分层馈入系统交流侧和直流侧仿真模型

（a）交流侧模型；（b）直流侧模型

u_d—直流电压；i_d—直流电流；Q_d—逆变器消耗无功；Q_f—滤波器供给无功；Q_c—逆变站从交流电网吸收的无功（即逆变站无功净需求）；Q_s—逆变站从本层交流电网中吸收的无功；P_d—逆变器输出有功；P_s—注入本层交流电网有功；U_c—换流母线电压；E_s—交流电网戴维南等值内电势；Z_s—交流电网戴维南等值阻抗；k—不同电压等级交流电网间（即层间）等效耦合变压器的变比；Z_m—不同电压等级交流电网间（即层间）等效耦合变压器的阻抗

分层馈入系统直流侧模型如图 4-19（b）所示。送端整流器直流电压 u_{dr} 与受端高、低端逆变器直流电压 u_{dH} 和 u_{dL} 共同作用于直流线路电阻 r_d，形成直流电流 i_d，如式（4-8）和式（4-9）所示，即

$$u_{dr}=\frac{3\sqrt{2}}{\pi T_r}U_{cr}\cos\alpha-R_{cr}i_d=\frac{3\sqrt{2}}{\pi T_r}U_{cr}\cos\alpha-\frac{3X_{cr}}{\pi}i_d \tag{4-8}$$

$$i_d=(u_{dr}-u_{dH}-u_{dL})/r_d \tag{4-9}$$

式中：r 代表整流站电气量；α 为整流器触发滞后角。

（2）直流控制系统模型。直流控制系统是影响交直流混联电网受扰响应行为的重要环节。对于图 4-18 所示特高压直流分层馈入系统，高、低端整流器接入同一交流电网，主电路拓扑结构与传统直流无差异，相应控制器与传统直流无区别；高、低端逆变器馈入两个具有不同参数和运行特性的交流电网，因此，高、低端逆变器需采用相对独立的控制系统，如图 4-20 所示。图 4-20 中，换相失败预测控制功能模型如图 2-17 所示。

机电暂态仿真中，分层馈入特高压直流控制系统模型，与 2.2.4 小节所述的基于 ABB 公司直流控制系统的仿真模型—DA 模型一致。其中，高、低端逆变器具有独立的定熄弧角控制、定电流控制，以及换相失败预测控制、VDCOL 模拟功能。此外，整流器具有定电流控制、定功率控制以及最小触发角限制模拟功能。需要指出的是，通过换流变压器分接头慢速调节实现的高、低端逆变器直流电压平衡控制，在机电暂态仿真中不予模拟。

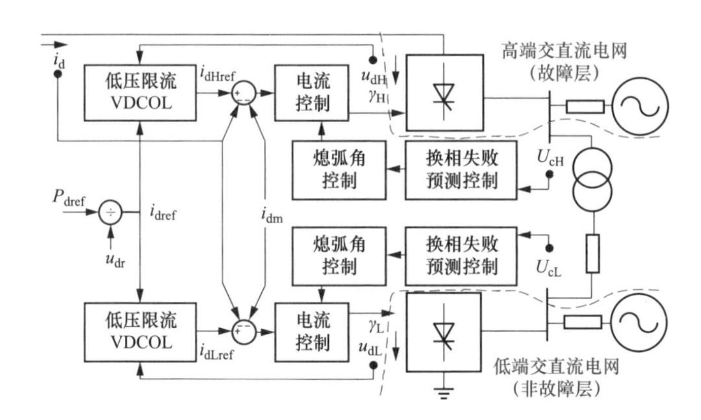

图 4-20　分层馈入特高压直流逆变器控制系统模型

4.3.2　受端层间动态耦合路径及特性分析

4.3.2.1　受端层间动态耦合路径分析

特高压直流分层馈入系统中，除本层交流与直流之间存在耦合路径外，还存在高、低端逆变器直流之间以及所馈入不同电压等级交流电网之间新的电气耦合路径，即如图 4-19（a）所示的层间直流和层间交流耦合路径。大扰动冲击下，控制方式转换、VDCOL 动作以及换相失败预测控制等非线性因素作用，加之高、低端逆变器控制响应差异，以及耦合路径之间交互影响，使特高压直流分层馈入混联电网动态行为更为复杂。

4.3.2.2　特高压直流分层馈入测试系统

在机电暂态仿真软件 PSD-BPA 中，构建如图 4-18 与图 4-19 所示特高压直流分层馈入测试系统。其中，直流额定电压、电流以及功率分别为±800kV、6.25kA 和 10000MW，高、低端逆变器分别接入 500kV 和 1000kV 交流电网。正常运行时，整流器采用定功率控制，高、低端逆变器采用定熄弧角控制且控制参数设置相同。换相失败预测控制的相关参数取值为：$U_{cif}=0.80$（标幺值）、$G_{Ui}=0.035$；VDCOL 启动电压 u_{dh} 的标幺值为 0.75。等值阻抗 Z_{sH}、Z_{sL} 和 Z_m 中的电阻分量均为零，电抗分量 X_{sH}、X_{sL} 和 X_m 分别为 1.0×10^{-4}、0.00691 和 0.06（标幺值）。

以下分别针对电压快速跌落与回升、慢速起伏变化两类特征扰动，考察直流功率特性。由于对应相同的换流母线电压变化，结构对称的高、低端逆变器在控制参数相同时，响应亦相同，因此以高端逆变器所馈入的交流电网为例，施加测试扰动。同时，为叙述明确和方便起见，将图 4-20 所示高、低端交直流混联电网分别简记为故障层和非故障层。

4.3.2.3 电压快速跌落与回升扰动下的特性分析

施加如式（2-27）所示扰动，其中 ΔE_{sH}、ω_{sH}分别设置为 0.3（标幺值）和 32.7rad/s，即 0.1s 内 E_{sH}跌落 0.3（标幺值）并再次恢复至稳态值。对应 E_{sH}扰动引起的 U_{cH}变化，特高压直流分层馈入系统暂态响应如图 4-21 所示。

可以看出，随着故障层换流母线电压 U_{cH}跌落，直流电流 i_d 增大，两者共同作用使故障层逆变器熄弧角 γ_H 快速减小，并在触发换相失败预测控制动作后阶跃增大，与此同时，非故障层逆变器熄弧角 γ_L 随 i_d 上升同步减小，由于其换流母线电压 U_{cL}跌落幅度尚未达到换相失败预测控制动作设定值，因此，持续减小的 γ_L 将会增大非故障层逆变器换相失败风险。

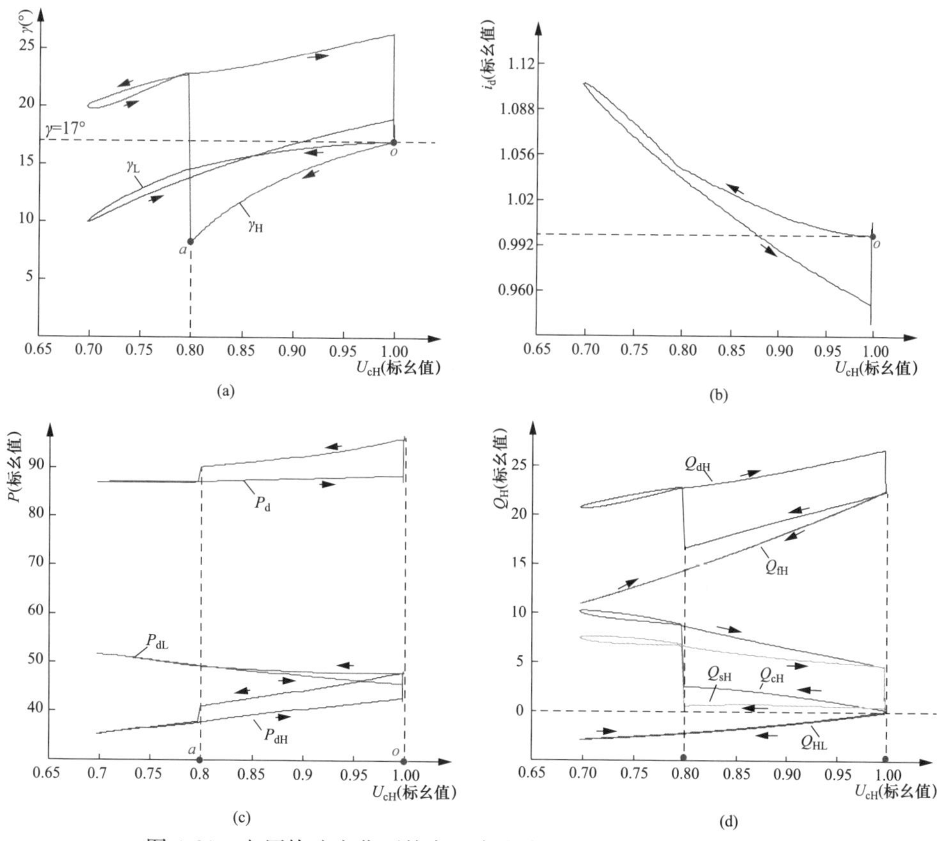

图 4-21 电压快速变化下特高压直流分层馈入系统暂态响应（一）

（a）$U_{cH}-\gamma$；（b）$U_{cH}-i_d$；（c）$U_{cH}-P$；（d）$U_{cH}-Q_H$

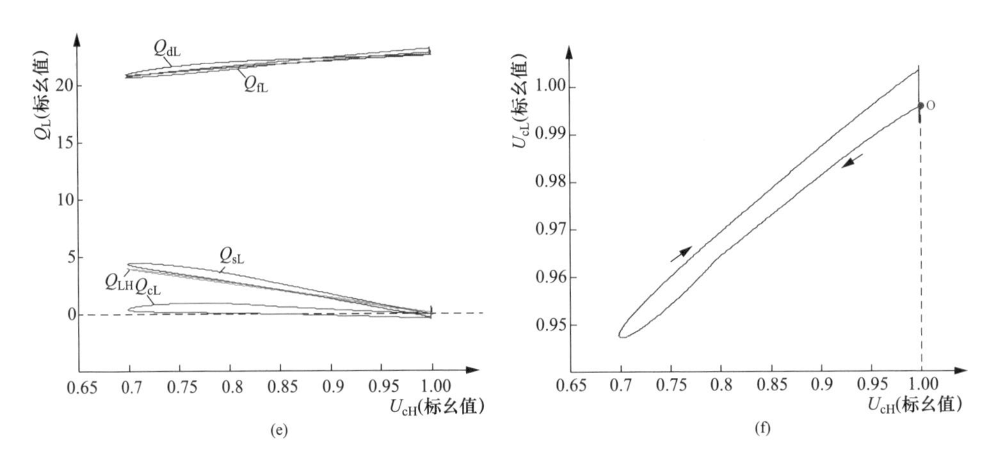

图 4-21 电压快速变化下特高压直流分层馈入系统暂态响应（二）

（e）$U_{cH}-Q_L$；（f）$U_{cH}-U_{cL}$

在有功方面，对于故障层 P_{dH}，U_{cH}跌落对直流功率的影响大于 i_d 增大的影响，因此 P_{dH}减小；对于非故障层 P_{dL}，U_{cL}变化的影响则小于 i_d 增大的影响，P_{dL}有所增加，总直流功率 P_d 趋于减少。在无功方面，对应故障层，随 U_{cH}跌落滤波器无功供给 Q_{fH}少于逆变器无功消耗 Q_{dH}，逆变站无功净需求 Q_{cH}增长，并在换相失败预测控制动作后阶跃增大，在该过程中，U_{cH}和 U_{cL}之间压差即层间压差使非故障层向故障层提供无功 Q_{HL}支撑，从而有助于减小故障层逆变站从交流电网吸收的无功 Q_{sH}；对非故障层，如图 4-21（e）和图 4-21（f）所示，U_{cH}跌落引起 U_{cL}变化幅度相对较小，Q_{fL}与 Q_{dL}之间的偏差以及层间支援无功 Q_{LH}，使非故障层逆变站从本层交流电网吸收的无功 Q_{sL}也有所增大。

4.3.2.4 电压慢速起伏变化下的特性分析

式（2-27）中，设置 ΔE_{sH}标幺值为 0.3，ω_{sH}为 0.5237rad/s，即 6.0s 内 E_{sH}跌落 0.3（标幺值）并再次恢复至稳态值。对应 E_{sH}扰动引起的U_{cH}变化，特高压直流分层馈入系统暂态响应如图 4-22 所示。

可以看出，U_{cH}慢速变化时，电压测量延迟效应减弱，对应图 2-17 中换相失败预测控制的输入电压偏差 ΔU_c 减小，预测控制不动作。U_{cH}变化的 oa 段，逆变器定熄弧角控制调节触发超前角可维持 γ 基本不变，在 oa 段之后，故障层逆变器切换至定电流控制方式，对应 γ_H 将随 U_{cH}跌落和 i_d 增长而减小。

在有功方面，对于故障层 P_{dH}，U_{cH}跌落对直流功率的影响仍大于 i_d 增大的影响，因此 P_{dH}减小；对于非故障层 P_{dL}，U_{cL}下降与 i_d 增大的影响则相互抵消，P_{dL}基本维持不变，直流总功率 P_d 有所减少。在无功方面，对应故障层，随 U_{cH}

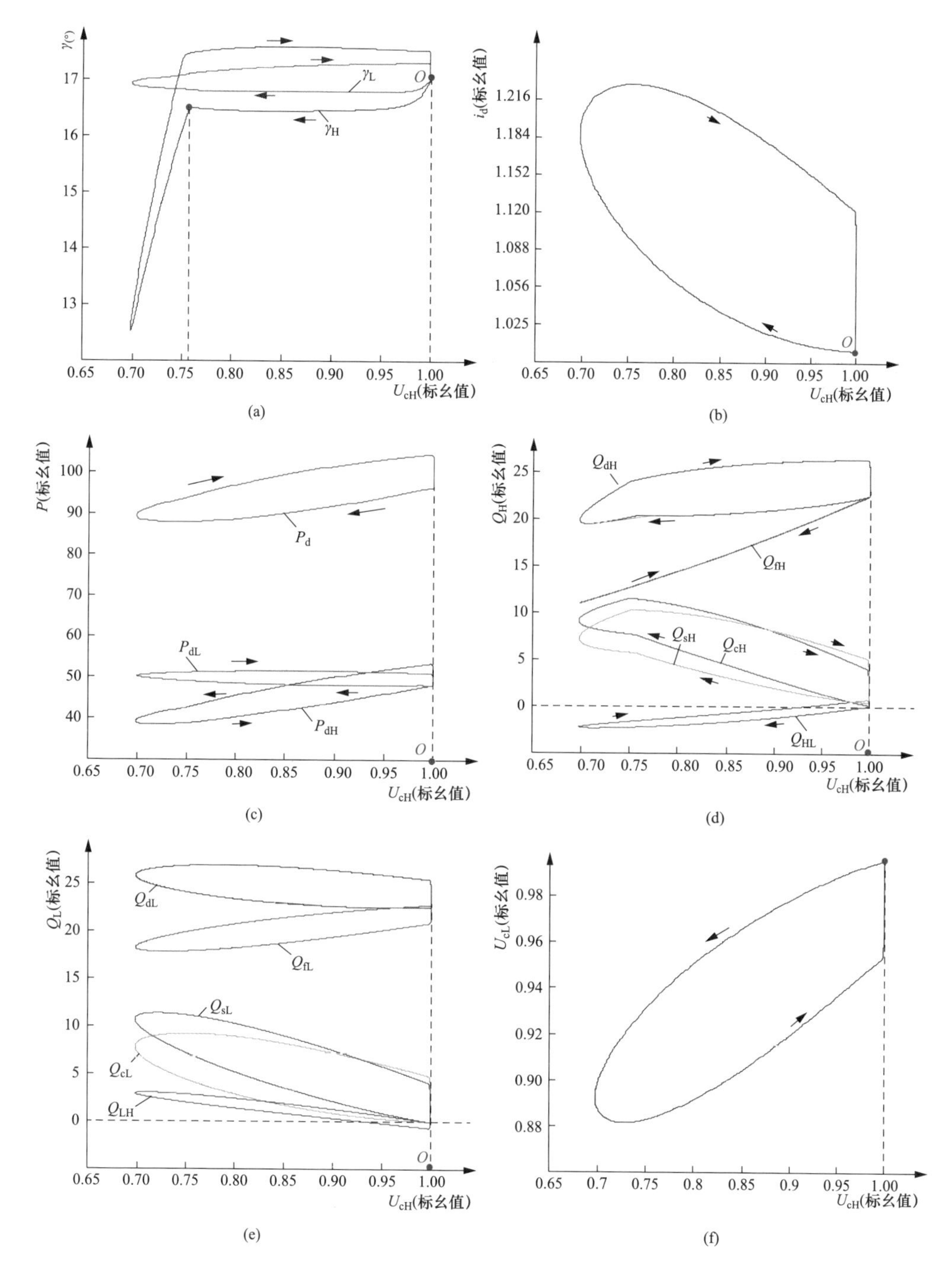

图 4-22 电压慢速变化下特高压直流分层馈入系统暂态响应

(a) $U_{cH}-\gamma$；(b) $U_{cH}-i_d$；(c) $U_{cH}-P$；(d) $U_{cH}-Q_H$；(e) $U_{cH}-Q_L$；(f) $U_{cH}-U_{cL}$

跌落 Q_{dH} 持续增长，层间支援无功 Q_{HL} 可减少 Q_{sH}；对非故障层，如图 4-22（e）和图 4-22（f）所示，基本不变的 γ_L 和增长的 i_d 使逆变器无功消耗 Q_{dL} 增加，其与减小的滤波器无功供给 Q_{fL} 和增加的层间支援无功 Q_{LH} 叠加作用，使非故障层从本层交流电网吸收的无功 Q_{sL} 明显增大，受此影响，非故障层电压跌落幅度增加。

4.3.3 耦合特性的影响因素分析及综合评述

4.3.3.1 层间交流耦合电抗的影响

层间交流耦合电抗 X_m 的标幺值分别为 0.04、0.06、0.08、0.1、0.3 等不同情况，对应 4.3.2.3 节所述电压 U_{cH} 快速变化，非故障层电气量响应差异对比如图 4-23 所示。由图 4-23 可以看出，随 X_m 减小，U_{cL} 跌落幅度增大，熄弧角 γ_L 最小值减小，非故障层换相失败风险加剧。

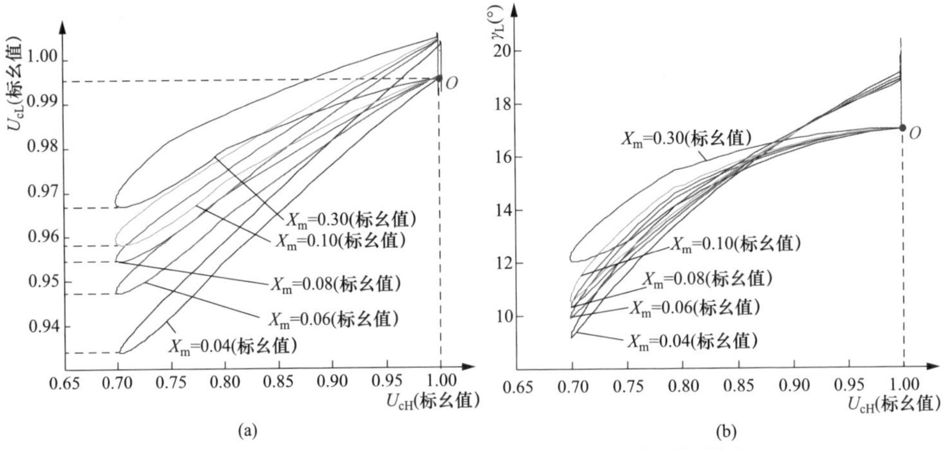

图 4-23 电压快速变化下耦合电抗对非故障层的影响

(a) $U_{cH}-U_{cL}$；(b) $U_{cH}-\gamma_L$

如上所述，X_m 的不同取值对应 4.3.2.4 节所述电压 U_{cH} 慢速变化，非故障层电气量响应差异对比，如图 4-24 所示。可以看出，随 X_m 减小，U_{cL} 跌落幅度增大，非故障层逆变站从本层交流电网中吸收的无功 Q_{sL} 增长。此外，由图 4-24（c）所示的 U_{cL} 最低值与 X_m 关系曲线可知，增大 X_m 即增加层间电气距离，可缓解故障层对非故障层的影响，但存在饱和趋势。

4.3.3.2 非故障层直流短路比的影响

X_m 的标幺值取为 0.06，无层间耦合影响的非故障层直流短路比 SCR 分别为 3.0、3.5、4.0 和 4.5 等不同情况，对应 4.3.2.3 节所述电压 U_{cH} 快速变化，非故障层电气量响应差异对比如图 4-25 所示。可以看出，随着 SCR 增大，U_{cL} 跌落幅度减小，熄弧角 γ_L 最小值增大，非故障层换相失败风险有所缓解。

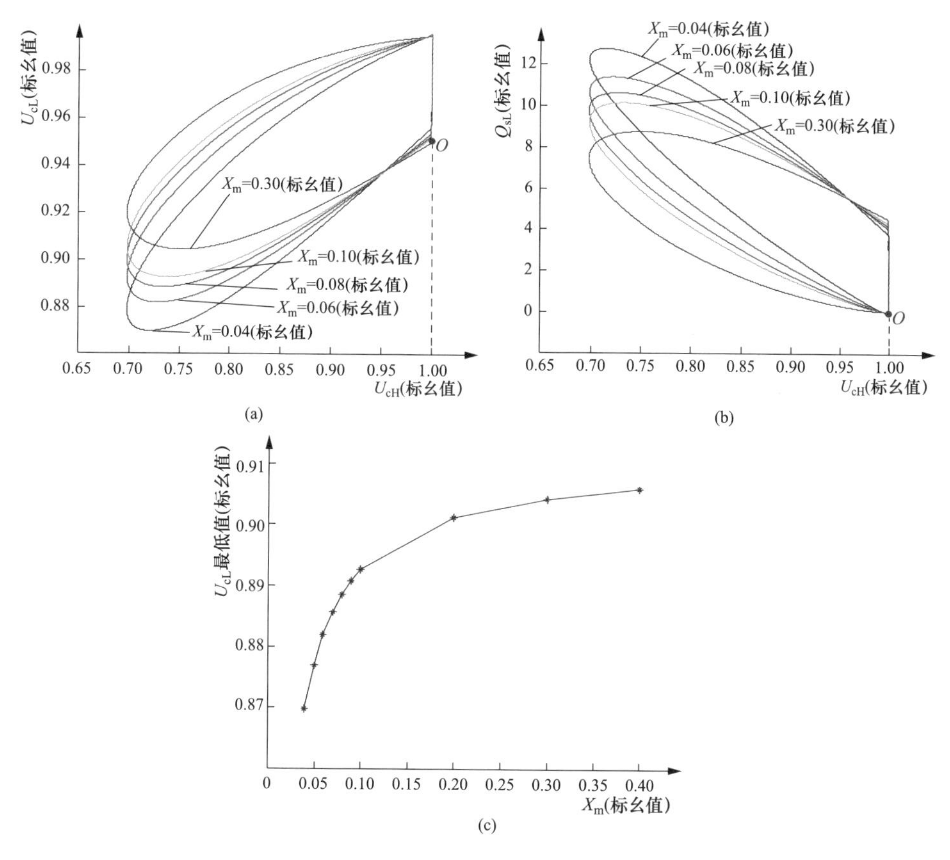

图 4-24　电压慢速变化下耦合电抗对非故障层的影响

(a) $U_{cH}-U_{cL}$；(b) $U_{cH}-Q_{sL}$；(c) 非故障层电压 U_{cL} 最低值变化趋势

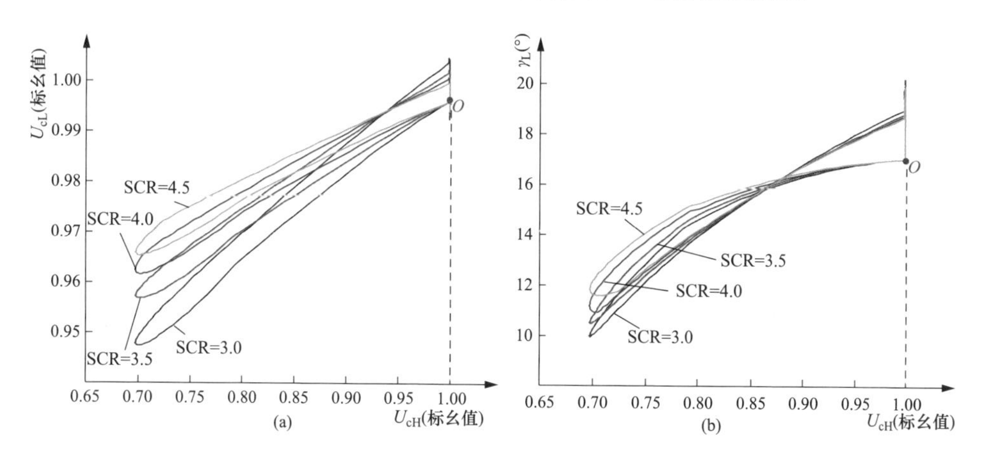

图 4-25　电压快速变化下非故障层直流短路比对响应的影响

(a) $U_{cH}-U_{cL}$；(b) $U_{cH}-\gamma_L$

如上所述，SCR 不同取值，对应 4.3.2.4 节所述电压 U_{cH} 慢速变化，非故障层电气量响应差异对比如图 4-26 所示。可以看出，随着 SCR 增大，换流母线电压跌落幅度 U_{cL} 减小，非故障层逆变站从本层交流电网中吸收的无功 Q_{sL} 有小幅减少。

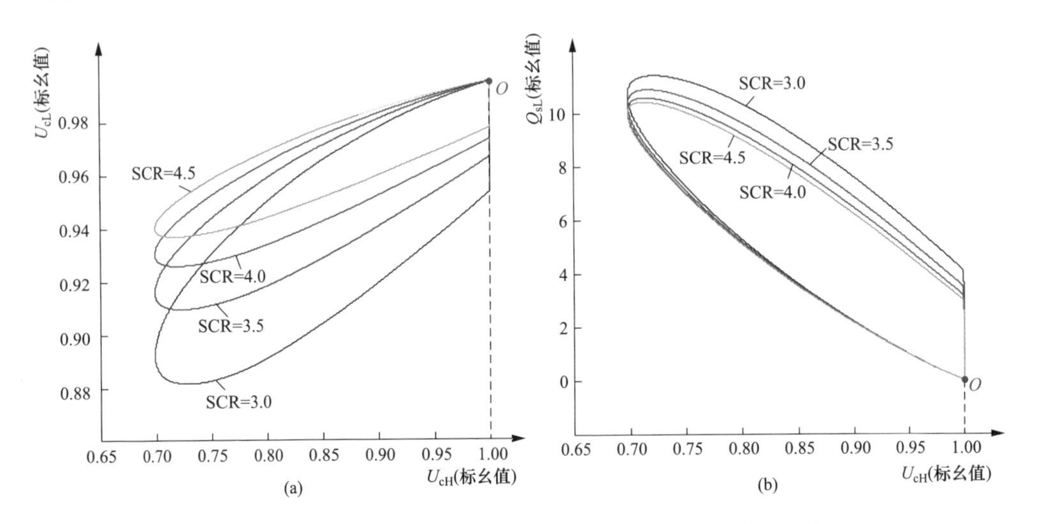

图 4-26　电压慢速变化下非故障层直流短路比对响应的影响

(a) $U_{cH}-U_{cL}$；(b) $U_{cH}-Q_{sL}$

4.3.3.3　耦合特性及其主要威胁评述

基于以上大扰动响应及其影响因素分析，特高压直流分层馈入系统多耦合路径作用下的动态特性及其对混联电网稳定运行的主要威胁，评述如下。

(1) 故障层换流母线电压快速跌落变化过程中，非故障层逆变器熄弧角因直流电流增大而减小，且由于交流电压维持较高水平无法触发换相失败预测控制动作，因此非故障层存在换相失败风险。

非故障层换相失败后，一方面，故障层逆变器因直流电流快速增长抵消其换相失败预测控制作用，也会出现换相失败，随之引起的直流有功阻断将对送受端交流电网形成大容量有功冲击；另一方面，换相失败后的有功恢复期间，非故障层较高的交流电压作用于滤波器，使逆变站出现大量盈余无功，进而使本层交流电网面临过电压威胁。

(2) 故障层换流母线电压慢速下降变化过程中，直流电流随电压降低而增长。非故障层逆变器定熄弧角控制维持基本恒定的 γ 与增大的直流电流共同作用，加之层间交流无功支援，使非故障层从本层交流电网吸收的无功以及非故障层电压跌落幅度均会明显增大。

故障层受扰引起非故障层电压显著跌落，扩大了扰动影响范围，加剧交流电网电压失稳威胁。

（3）层间交流耦合阻抗越小，即层间电气联系越紧密，故障层电压快速跌落过程中，非故障层换相失败风险越大；电压慢速下降过程中，非故障层电压跌落幅度越明显。增加非故障层接入交流电网强度，可缓解本层换相失败风险和抑制电压跌落。

综合以上分析，为提升特高压直流分层馈入混联电网稳定性，在规划设计阶段，宜选择具有较大短路容量的母线作为逆变站落点，并选择适当的层间交流电气距离；在运行调度阶段，则应优化直流本体控制和实施稳定紧急控制。

4.3.4 提升特高压直流分层馈入混联电网稳定性的控制

4.3.4.1 降低换相失败风险的预测联动控制

针对故障层扰动引发非故障层换相失败的风险，由于后者交流电压仍维持较高水平，其换相失败预测控制功能无法启动应对。为此，可结合故障层换相失败启动信息以及直流电流变化信息，联动启动非故障层换相失败预测控制。由式（4-6）可得式（4-10），其中 γ_{cr} 为留有一定裕度的设定临界熄弧角，i_{dcr} 为对应的临界直流电流，若 $i_d > i_{dcr}$，则 γ 将小于 γ_{cr}，此时应启动预测联动控制，增大非故障层熄弧角，降低换相失败风险。

$$i_{dcr} = \frac{(\cos\gamma_{crx} - \cos\beta_x)U_{cx}}{\sqrt{2}X_{cx}T_x} \tag{4-10}$$

分层馈入特高压直流换相失败预测联动控制，如图 4-27 所示。

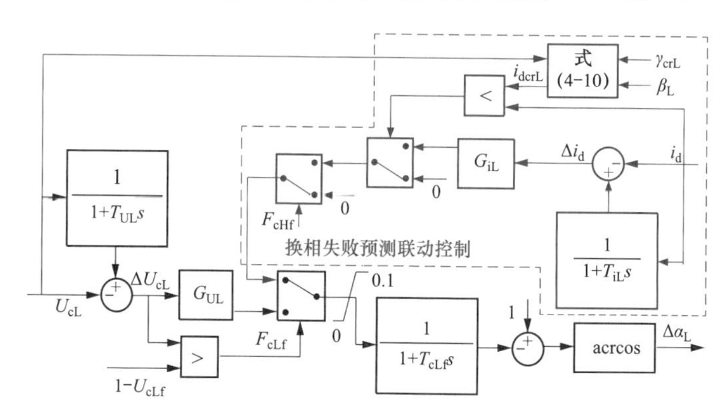

图 4-27 换相失败预测联动控制器结构

F_{cLf}—低端逆变器换相失败预测控制是否启动的标志位；F_{cHf}—高端逆变器换相失败预测控制是否启动的标志位；T_{iL}—电流测量时间常数；Δi_d—直流电流偏差；G_{iL}—控制增益

4.3.4.2 提升分层馈入混联电网电压稳定性的控制策略

如 4.3.3.3 小节所述，故障层换流母线电压下降过程中，在层间直流与层间交流耦合效应的共同作用下，非故障层电压也将降低，进而扩大低电压影响区域。为此，可采用直流功率紧急回降控制，降低故障层和非故障层逆变站无功需求，缓解电压失稳威胁。

提升特高压直流分层馈入混联电网电压稳定性的控制策略如图 4-28 所示。当检测 U_{cx} 小于设定低值门槛 U_{cthl} 且持续时间 ΔT_{ke} 大于设定时间 ΔT_{keth}，即满足式（4-11）和式（4-12）所示判据，可启动直流功率紧急回降控制，减少各层逆变站吸收的无功。

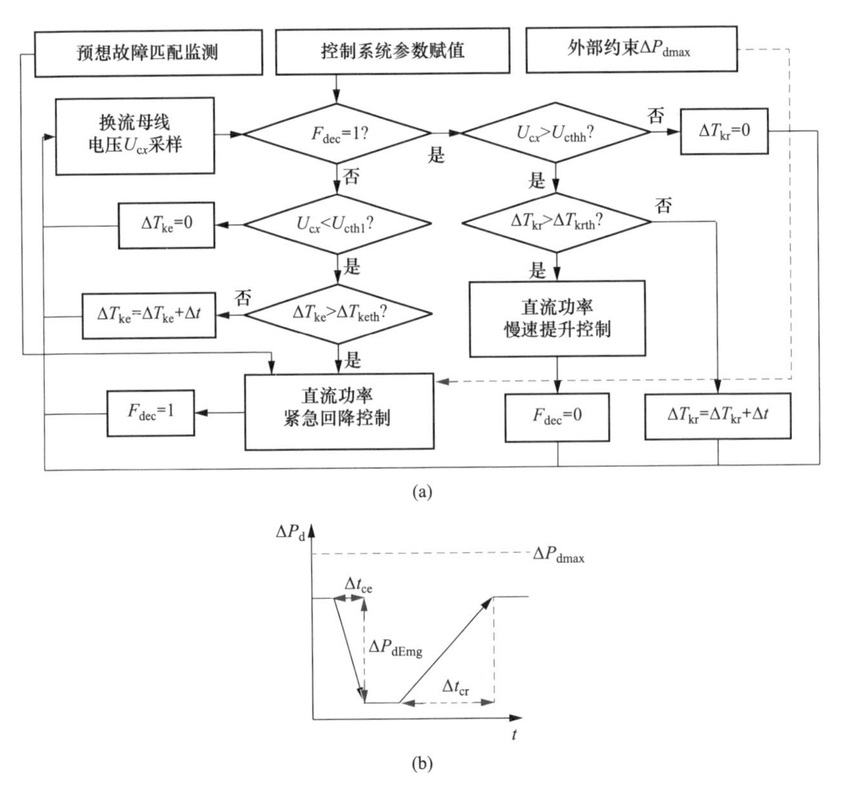

图 4-28 提升特高压直流分层馈入混联电网电压稳定性的控制

（a）提升电压稳定性的控制策略；（b）直流功率紧急回降与慢速提升控制

F_{dec}—是否已实施控制的标志位；ΔP_{dmax}—外部约束的直流功率最大可控量；ΔP_{dEmg}—直流功率紧急控制实施量；Δt_{ce}—紧急回降控制的执行时间；Δt_{cr}—慢速提升控制的执行时间

$$U_{cx} < U_{cthl} \tag{4-11}$$

$$\Delta T_{ke} > \Delta T_{keth} \tag{4-12}$$

同时，为消除直流功率回降对混联电网恢复后的不利影响，当 U_{cr} 大于设定高值门槛 U_{cthh} 且持续时间 ΔT_{kr} 大于设定时间 ΔT_{krth} 时，即满足式（4-13）和式（4-14）所示判据，可实施直流功率慢速提升控制。此外，直流功率紧急回降控制也可由预想故障匹配监测快速直接启动。

$$U_{cr} > U_{cthh} \tag{4-13}$$

$$\Delta T_{kr} > \Delta T_{krth} \tag{4-14}$$

ΔP_{dmax}、ΔP_{d} 以及 Δt_{ce}、Δt_{cr} 等参数，应结合具体电网特性进行整定，其中，Δt_{ce} 宜取较小数值，以实现直流功率快速回降，支撑交流电压恢复，Δt_{cr} 则宜取较大数值，使混联电网慢速恢复至故障后稳态，避免快速恢复引起电压再次跌落。

4.3.5 控制策略的仿真验证

4.3.5.1 换相失败预测联动控制的仿真验证

对应 ΔE_{sH} 的标幺值由 0.3 增至 0.4 的快速电压起伏扰动，直流将出现换相失败。考察配置如图 4-27 所示换相失败预测联动控制的效果，其中相关参数设置如下：$U_{cLf}=0.8$（标幺值）、$G_{UL}=0.035$、$T_{UL}=T_{iL}=0.1s$、$T_{cLf}=0.02s$、$G_{iL}=0.05$、$\gamma_{cr}=9°$。

有无预测联动控制，特高压直流分层馈入混联电网暂态响应对比如图 4-29 所示。由图可以看出，无联动控制时，故障层交流电压跌落引起的 i_d 升高，使非故障层 γ 减小会发生换相失败，之后 i_d 快速增长，故障层 γ 虽经本层预测控制增大，但受 i_d 影响仍出现换相失败，直流有功出现近 200ms 的阻断，对送受端交流电网分别造成大幅度的有功盈余和缺额冲击。此外，直流功率阻断及恢复期间，非故障层逆变站无功消耗减少，滤波器大幅盈余无功使交流电压冲击至 1.22（标幺值），如图 4-29（d）所示。

配置预测联动控制，当故障层换相失败已启动且直流电流偏差大于设定值后，非故障层换相失败预测控制启动增大逆变器熄弧角，从而可有效避免换相失败，对应直流功率和交流电压经小幅变化后，快速恢复稳定运行。

4.3.5.2 分层直流馈入混联电网电压稳定控制的仿真验证

（1）特高压直流分层馈入混联电网。在银东±660kV/4000MW 超高压直流的基础上，为满足山东电网持续增长的负荷用电需求，扎青和昭沂两回±800kV/10000MW 特高压分层馈入直流相继投运。受端山东交直流混联电网及区域互联结构如图 4-30 所示。

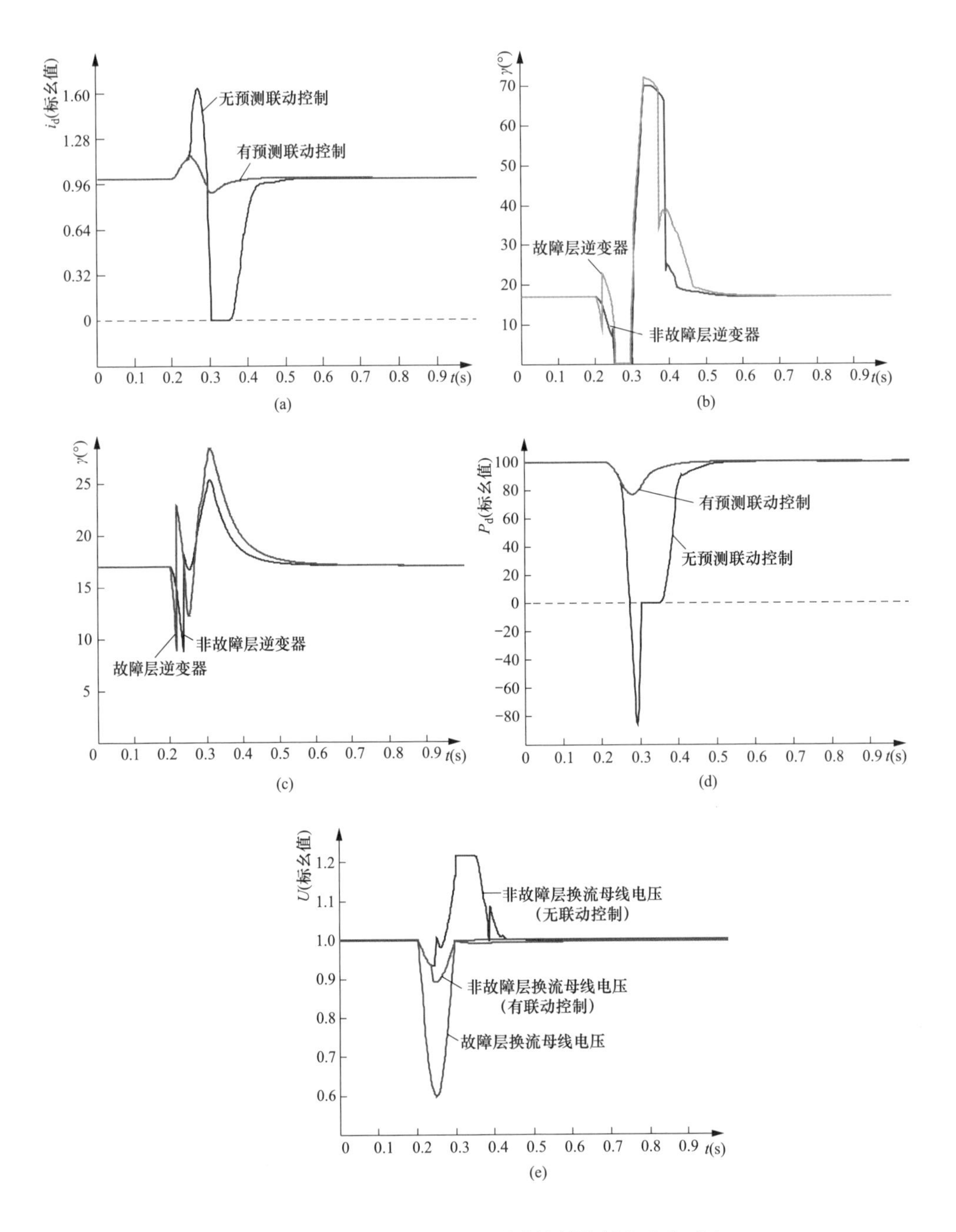

图 4-29 有无换相失败预测联动控制的暂态响应对比

（a）直流电流；（b）无联动控制的熄弧角；（c）有联动控制的熄弧角；

（d）直流总功率；（e）换流母线电压

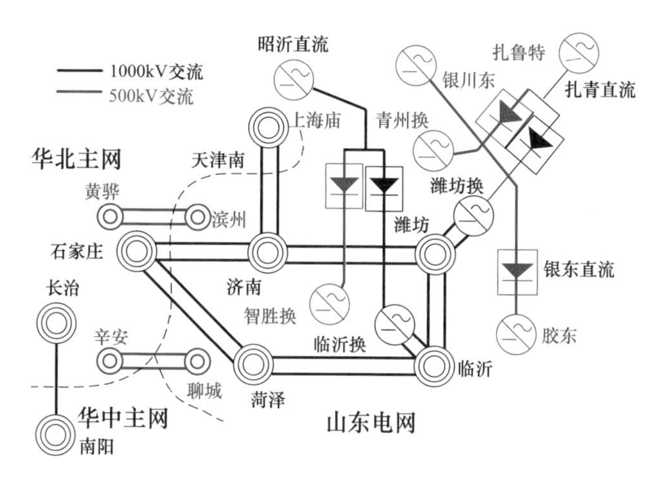

图 4-30　特高压直流分层馈入的山东电网及区域电网联络线

图 4-30 中，山东电网通过石家庄—济南、石家庄—菏泽和天津南—济南 1000kV 线路以及黄骅—滨州、辛安—聊城 500kV 线路与华北主网互联，华北与华中通过长治—南阳 1000kV 联络线互联。为考察大功率受电方式下山东电网稳定性，银东、扎青和昭沂直流均按额定功率运行，交流断面受入功率 4430MW。此外，长治—南阳“南电北送”2500MW，综合其 6200MW 静稳极限及不平衡功率在华北、华中电网之间的分摊，华北直流紧急回降功率的最大可控量 ΔP_{dmax} 按 3000MW 考虑。

（2）提升分层直流馈入混联电网电压稳定性的效果验证。直流额定功率送电方式下，山东电网传统电源开机减少，电压支撑能力减弱，尤其是缺乏电源支撑的位于末端的 1000kV 潍坊站和临沂站。1s 时天津南—济南一回特高压线路三相永久短路故障，1.09s 和 1.1s 分别跳开故障线路近故障侧和远故障侧断路器，无故障并联另一回线路同时开断。该故障扰动期间，受交流电压大幅跌落冲击，低端 1000kV 潍坊逆变站、高端 500kV 青州逆变站均发生换相失败。故障清除后，近故障的潍坊逆变站电压持续跌落，并同步拉低远故障的青州逆变站电压，直至受端山东电网出现电压失稳，期间两逆变站均从交流电网吸收大量无功功率，如图 4-31 所示。

实施如图 4-28 所示直流功率紧急回降控制，其中相关参数取值如下：$U_{cthl}=0.8$（标幺值）、$\Delta T_{keth}=0.2$s、$U_{cthh}=0.9$（标幺值）、$\Delta T_{krth}=1.0$s、$\Delta P_{dEmg}=20$（标幺值）、$\Delta t_{ce}=0.1$s、$\Delta t_{cr}=1.0$s。有无控制的混联电网响应对比如图 4-31 所示。可以看出，实施紧急回降控制，潍坊逆变站和青州逆变站从受端山东电网中吸收的无功减少，电压恢复稳定。3.3s 逆变站电压满足直流功率恢复提升判据，直流有功慢速增长 1s 后恢复至故障前水平。

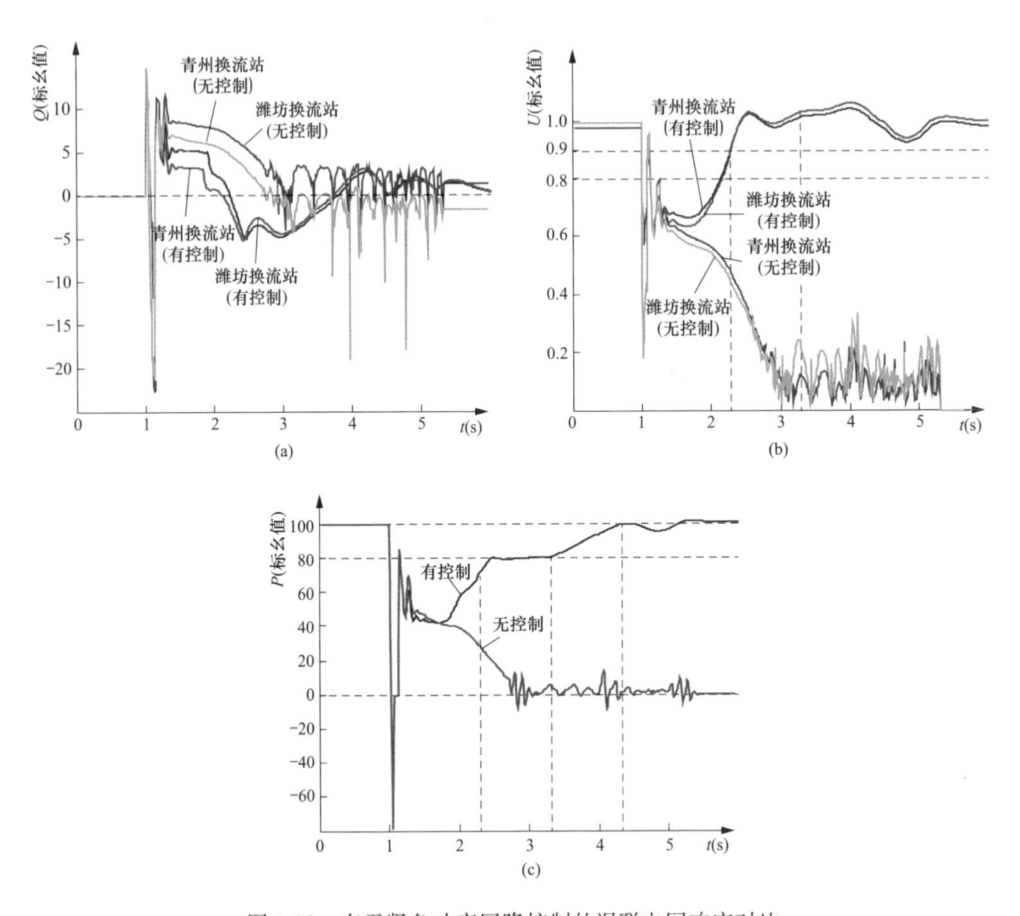

图 4-31　有无紧急功率回降控制的混联电网响应对比

（a）与交流电网无功交换净增量；（b）高低端换流母线电压；（c）直流有功功率

参考文献

［1］ 郑超，霍超，摆世彬，等. 基于实际工程控制系统的直流受扰特性分析—电压快速波动下整流端特性及优化［J］. 高电压技术，2018，4（1）：304-313.

［2］ 郭小江，马世英，申洪，等. 大规模风电直流外送方案与系统稳定控制策略［J］. 电力系统自动化，2012，36（15）：107-115.

［3］ 郑超，周静敏，李惠玲，等. 换相失败预测控制对电压稳定性影响及优化措施［J］. 电力系统自动化，2016，40（12）：179-183.

［4］ 卢东斌，王永平，王振曦，等. 分层接入方式的特高压直流输电逆变侧最大触发延迟角控制［J］. 中国电机工程学报，2016，36（7）：1808-1816.

［5］ 李少华，王秀丽，张望，等. 特高压直流分层接入交流电网方式下直流控制系统设计

[J]. 中国电机工程学报，2015，35（10）：2409-2416.
[6] 蒲莹，厉璇，马玉龙，等. 网侧分层接入500kV/1000kV交流电网的特高压直流系统控制保护方案[J]. 电网技术，2016，40（10）：3081-3087.
[7] 郑超，李惠玲，张鑫，等. 特高压直流分层馈入系统大扰动层间耦合特性及稳定控制[J]. 中国电机工程学报，2019，39（9）：2670-2680.

5　基于局部受扰轨迹特征的混联大电网稳定态势评估及紧急控制

5.1　基于受扰轨迹信息的稳定性分析相关方法

电网互联是世界各国电网和地区电网发展的共同趋势，是电力工业发展的必由之路。电网互联可发挥资源优化配置、检修和紧急事故备用相互支援、提升电网运行可靠性和供电质量等联网效益。但随着联网规模扩大，电网安全稳定特性会发生深刻变化，通常大扰动后振荡中心将位于长距离交流弱联络线之上，形成同步稳定运行新的薄弱环节。

遭受大扰动故障冲击后，关键电气量的暂态响应轨迹中蕴含有电网稳定性信息，为挖掘和利用这些信息，国内外学者从不同角度开展了相关研究。基于单机能量函数的发电机稳定性指标和稳定测度函数，通过临界机稳定指标大小表征受扰后电网稳定性；基于修正暂态能量函数，可提高计算稳定极限参数和临界故障切除时间的精度；利用结构保持模型下的暂态能量函数，结合轨迹凸凹性可识别多机电网暂态不稳定性。受复杂大电网能量函数精确构建难度大，以及惯性中心坐标系下能量函数计算所需轨迹信息量过多等因素制约，目前，这些方法尚难以在实际电网中在线应用。支路势能分析法，在以局部网络信息为基础的暂态稳定性定量评估方法方面，做了有益探索，但受大电网能量耗散以及多模态振荡叠加等因素作用，支路暂态势能中的直流分量将影响稳定评估的准确性。

基于局部可观测轨迹信息，识别大扰动冲击后交直流混联大电网稳定态势，并针对稳定威胁实施紧急控制，提升电网稳定运行能力并有效规避解列装置动作，具有重要的理论意义和工程应用价值。

5.2　振荡中心联络线大扰动轨迹特征及紧急控制策略

5.2.1　区域电网特高压联络线受扰轨迹特征解析

5.2.1.1　华北—华中特高压互联电网格局及稳定薄弱环节

华北—华中特高压联络线投运后，区域电网互联格局如图 1-4 所示。长治—

南阳—荆门联络线全长 654km，其中，长治—南阳段长 363km，两侧各装有 20%固定串补。联络线增强了区域电网之间资源优化配置能力，提升了北部火电与南部水电互济效率。华中电网通过多回±500kV 和±800kV 直流与西北、华东电网异步互联，具备利用直流快速功率控制改善电网受扰后稳定性的实施条件。

华北—华中通过特高压长距离联络线互联条件下，两端电网发生直流闭锁、机组跳闸以及短路故障等扰动，均会引起联络线功率波动，区域电网之间振荡中心位于长治—南阳段。大功率南北互济时，特高压联络线成为互联电网稳定运行的薄弱环节。

区域电网互联后，区域内省级电网与特高压联络线之间的耦合效应凸显。位于华中电网西部末端的四川电网，其内部尖山等厂站出线三相短路故障，会引发特高压联络线功率大幅波动，是限制南北电力交换能力和威胁互联电网稳定运行的重要约束故障。

以下考察长治—南阳联络线大功率“南电北送”和“北电南送”5000MW 条件下，如图 5-1 所示四川尖山—桃乡线路中一回线尖山站侧三相永久短路，对应不同故障切除时间的特高压联络线主要电气量受扰轨迹特征。

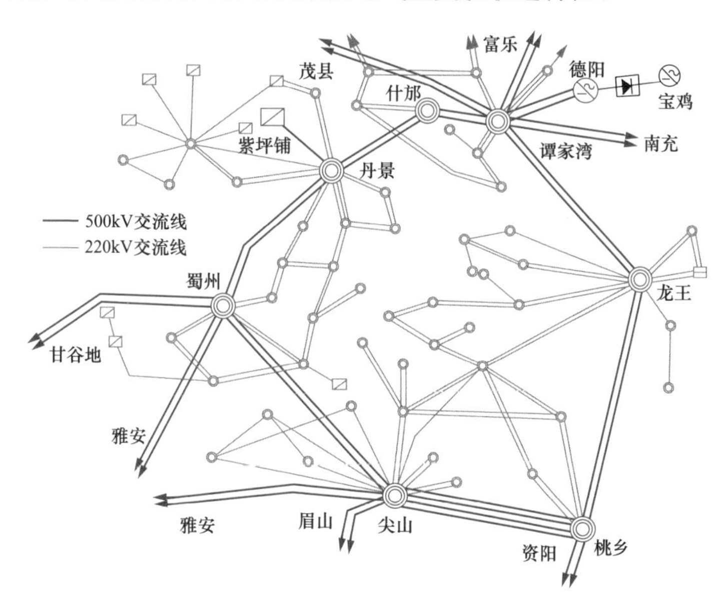

图 5-1 四川成都环网局部网架结构

5.2.1.2 “南电北送”方式下联络线受扰轨迹特征

“南电北送”方式下，对应不同故障切除时间的南阳站和长治站母线相位差和长治站电压，以及联络线有功功率和两端母线频率差对比曲线如图 5-2 所示。

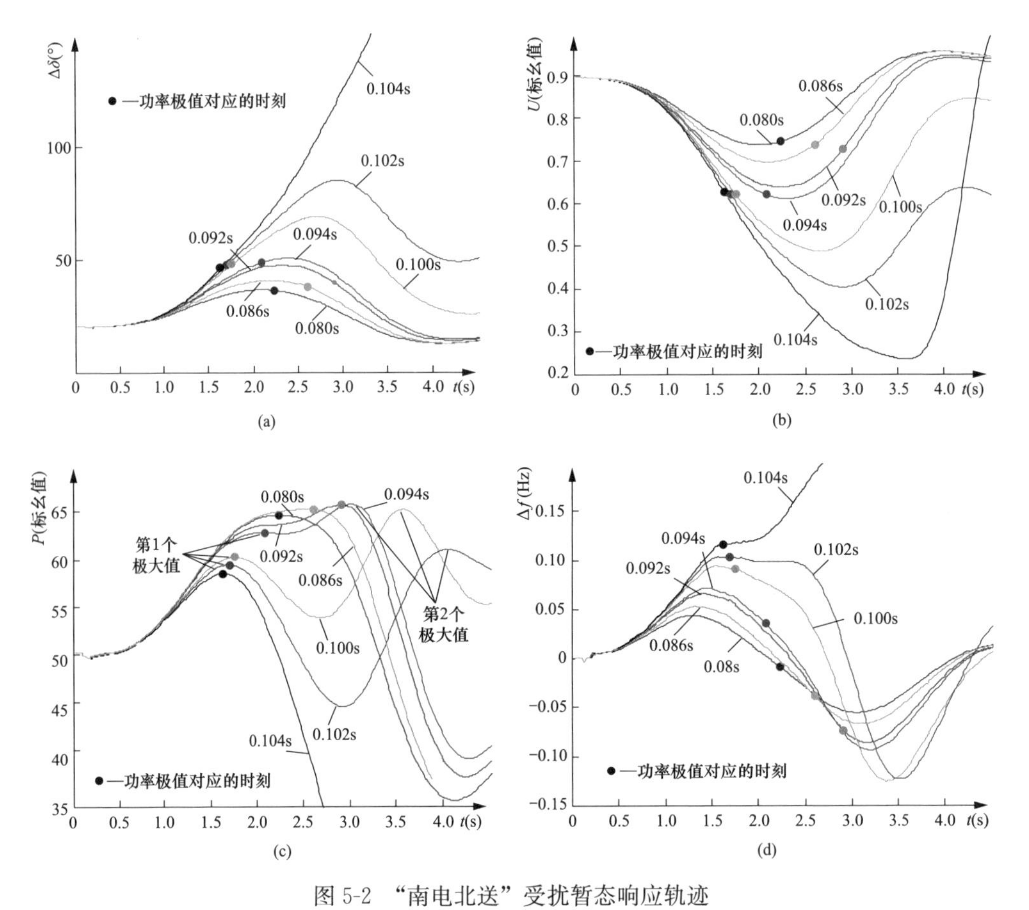

图 5-2 “南电北送”受扰暂态响应轨迹

(a) 南阳与长治母线相位差；(b) 长治站电压；(c) 南阳—长治有功；(d) 南阳与长治母线频率差

由图 5-2 可以看出，在短路故障积聚加速能量的冲击下，华中电网相对华北电网加速运动，首摆过程中南阳站超前相位持续增大，近振荡中心的长治站电压快速跌落。对于相对较轻的扰动，即故障后 0.092s 前切除故障线路，如图 5-2（c）所示，联络线有功功率波动轨迹仅出现一个“单峰”极大值；延长故障切除时间加剧扰动，则有功功率波动轨迹会出现两个极大值，呈现出“双峰一谷”现象；当故障清除时间延迟至 0.104s，则互联电网失去同步稳定，此时，有功功率波动轨迹再次仅出现一个“单峰”极大值。

此外，当互联电网稳定裕度较小时，随着扰动严重程度增加，联络线有功功率波动轨迹中第一个峰值时刻对应的长治站电压和两端母线相位差基本相同，而频率差则持续增大。

5.2.1.3 “北电南送”方式下联络线受扰轨迹特征

“北电南送”方式下，对应不同故障切除时间的长治站和南阳站母线相位差和长治站电压，以及联络线有功功率和两端母线频率差对比曲线如图 5-3 所示。

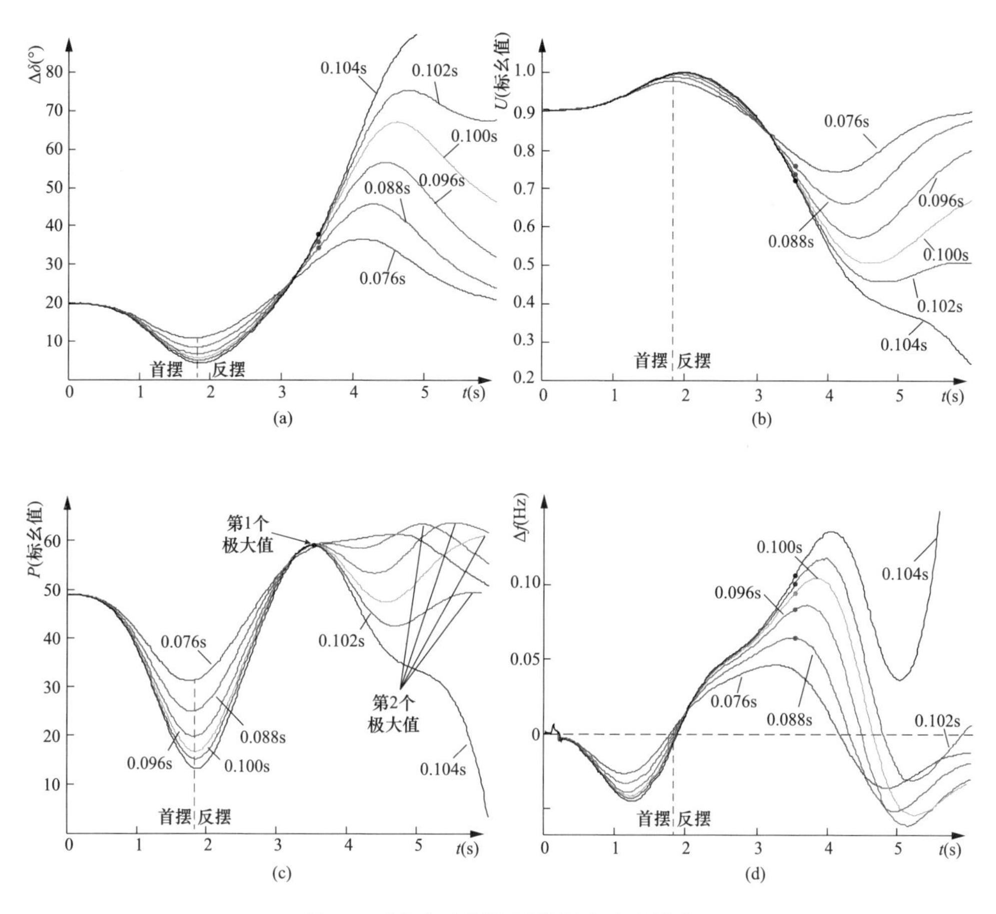

图 5-3 “北电南送”受扰暂态响应轨迹

（a）长治与南阳母线相位差；（b）长治站电压；（c）长治—南阳有功；（d）长治与南阳母线频率差

由图 5-3 可以看出，短路故障冲击后华中电网加速运动，首摆过程中南阳站相位滞后量减小，联络线有功降低，互联电网稳定裕度增大；在反摆过程中，受互联电网惯性时间常数大等因素影响，南阳站滞后相位持续增大，近振荡中心长治站电压大幅跌落，有功则快速增长。如图 5-3（c）所示，当受扰较轻时，有功回摆轨迹仅出现一个“单峰”极大值；加剧扰动，互联电网稳定裕度较小时，有功回摆轨迹出现具有两个极大值的“双峰一谷”现象；对于失稳轨迹，则再次呈现一个“单峰”极大值。

5.2.1.4 有功功率轨迹“双峰”波动特征解析

“南电北送”和“北电南送”不同运行方式下，受扰后特高压联络线有功功率轨迹具有相同的波动特征，即随着互联电网稳定裕度降低依次出现“单峰”“双峰一谷”“单峰”现象。以下解析轨迹“双峰”波动机理及其相应的稳定特征。

长治—南阳段联络线结构及主要电气量如图 5-4 所示。

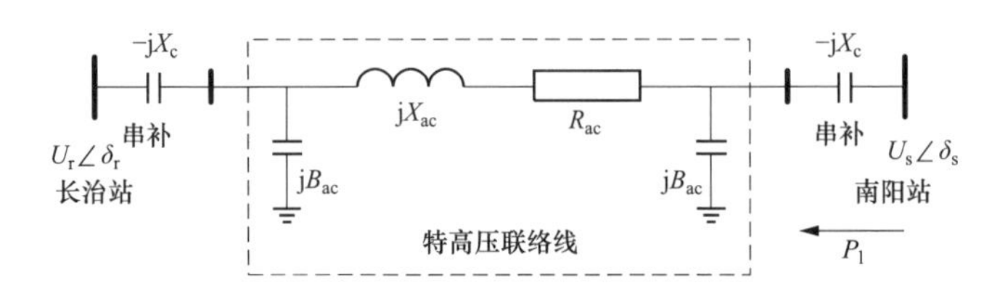

图 5-4　特高压联络线结构

R_{ac}—电阻；X_{ac}—电抗；B_{ac}—对地电纳；X_c—两端串补容抗；U_s—南阳站电压幅值；U_r—长治站电压幅值；δ_s—南阳站电压相位；δ_r—长治站电压相位；P_1—有功功率

忽略电阻 R_{ac}，则有功功率 P_1 可由式（5-1）计算，即

$$P_1=\frac{U_sU_r}{X_1}\sin(\delta_s-\delta_r)=\frac{U_sU_r}{X_1}\sin(\delta_1) \tag{5-1}$$

式中：X_1 和 δ_1 分别为电站之间互电抗和相位差。

式（5-1）中，令 $U_sU_r=U_{sr}$，两端对时间求导，则可得有功变化率 $\mathrm{d}P_1/\mathrm{d}t$，即

$$\frac{\mathrm{d}P_1}{\mathrm{d}t}=\frac{1}{X_1}\sin(\delta_1)\frac{\mathrm{d}U_{sr}}{\mathrm{d}t}+\frac{U_{sr}}{X_1}\cos(\delta_1)\frac{\mathrm{d}\delta_1}{\mathrm{d}t} \tag{5-2}$$

由式（5-2）可知，对应式（5-3）和式（5-4）所示的两种情况，有功变化率为零，即 $\mathrm{d}P_1/\mathrm{d}t=0$。此时，联络线功率波动轨迹出现极大值或极小值。

$$\tan\delta\frac{\mathrm{d}U_{sr}}{\mathrm{d}t}=-U_{sr}\frac{\mathrm{d}\delta_1}{\mathrm{d}t},\quad \frac{\mathrm{d}U_{sr}}{\mathrm{d}t}\neq 0,\frac{\mathrm{d}\delta_1}{\mathrm{d}t}\neq 0 \tag{5-3}$$

$$\begin{cases}\dfrac{\mathrm{d}U_{sr}}{\mathrm{d}t}=0\\[2ex]\dfrac{\mathrm{d}\delta_1}{\mathrm{d}t}=0\end{cases} \tag{5-4}$$

由图 5-2 和图 5-3 所示受扰轨迹以及式（5-3）和式（5-4）可以看出，对应特高压联络线严重受扰后的稳定轨迹，互联电网同步稳定裕度的变化趋势经历以下过程：

（1）两端母线相位差增大、振荡中心电压大幅跌落、联络线有功增大的过程中，互联电网稳定裕度减小，式（5-3）两端均为负。当电压降低对送电功率的

抑制作用开始大于功角摆幅拉大的提升作用时，即满足式（5-3），有功功率波动轨迹出现“峰值”拐点，此时，互联电网稳定裕度已显著减小。

（2）两端母线相位差摆幅达到极大值时，若不计线路电阻，振荡中心电压也同时达到极小值，即满足式（5-4），有功功率波动轨迹出现“谷值”拐点，此时，互联电网稳定裕度最小。

（3）达到稳定裕度最小的“谷值”拐点后，互联电网回摆，两端母线相位差随之减小，振荡中心电压逐渐提升，式（5-3）两端均为正。当电压升高对送电功率的提升作用开始小于功角摆幅减小的抑制作用时，即满足式（5-3），有功功率波动轨迹出现第二个“峰值”拐点，此时，互联电网稳定裕度已显著恢复。

5.2.2 区域互联电网紧急功率控制判据

5.2.2.1 紧急功率控制—启动判据

通过区域电网联络线受轨迹特征分析，可以看出，严重故障扰动下有功功率波动轨迹第一个“峰值”时刻，互联电网稳定裕度已大幅减小。为提高互联电网稳定性，该时刻可采取紧急功率控制，以改善区域电网之间的功率平衡状态，抑制稳定裕度下降趋势。

对应严重故障扰动下有功功率波动轨迹第一个峰值时刻，联络线有功功率 P_1、两端母线相位差 δ_1 和两端母线电压 U_{sr}变化率满足式（5-5），即 P_1 达到极大值时刻，δ_1 仍趋于拉大，U_{sr}则趋向进一步跌落。

$$\begin{cases}\dfrac{\mathrm{d}P_1}{\mathrm{d}t}=0\\[2ex]\dfrac{\mathrm{d}\delta_1}{\mathrm{d}t}>0\\[2ex]\dfrac{\mathrm{d}U_{sr}}{\mathrm{d}t}<0\end{cases}\tag{5-5}$$

为保障紧急功率控制的抗干扰能力和可靠性，可分别设置如式（5-6）所示的特征量动作死区 ε_P、ε_U、ε_δ，式中，P_{10}、U_{sr0}、δ_{10}为各特征量稳态运行值。

$$\begin{cases}|P_1-P_{10}|>\varepsilon_P\\|U_{sr}-U_{sr0}|>\varepsilon_U\\|\delta_1-\delta_{10}|>\varepsilon_\delta\end{cases}\tag{5-6}$$

当受扰后联络线电气特征量同时满足式（5-5）和式（5-6）时，启动紧急功率控制，并设置标志位 $S_{Emg}=1$。

5.2.2.2 紧急功率控制—撤销判据

紧急功率控制可快速平抑区域电网之间不平衡功率，提升互联电网后续扰动轨迹的稳定裕度。但另一方面，伴随紧急功率控制的网内潮流转移，将增大诱发连锁故障的威胁。因此，在稳定裕度显著提升后，应及时撤销紧急控制。

结合5.2.1.4小节中有功功率波动轨迹第二个“峰值”时刻对应的互联电网稳定裕度分析，可采用式（5-7）作为紧急功率控制的撤销判据。式（5-7）表明 P_1 达到极大值时，功角摆幅减小，电压逐步提升，互联电网稳定裕度恢复增大。

撤销紧急功率控制后，恢复标志位 $S_{\mathrm{Emg}}=0$。

$$\begin{cases} S_{\mathrm{Emg}} = 1 \\ \dfrac{\mathrm{d}P_1}{\mathrm{d}t} = 0 \\ \dfrac{\mathrm{d}\delta_1}{\mathrm{d}t} < 0 \\ \dfrac{\mathrm{d}U_{\mathrm{sr}}}{\mathrm{d}t} > 0 \end{cases} \tag{5-7}$$

5.2.3 多直流紧急功率控制策略

5.2.3.1 多直流紧急功率控制

不同于切机、切负荷等紧急功率控制措施，在含有多直流的区域互联电网中，可利用直流功率快速控制特性实施紧急功率控制，同时也可快速撤销控制。

多直流紧急功率提升或回降控制，取决于直流落点交流电网与联络线对侧电网相对运动状态，若频率偏差 $\Delta f>0$，则应增大直流外送功率以提供制动能量；反之则应回降功率，提供驱动能量，如式（5-8）所示，即

$$P_{\mathrm{d}i\mathrm{ref}}(t) = P_{\mathrm{d}i0} + \mathrm{sign}(\Delta f)\Delta P_{\mathrm{d}i}(t) \tag{5-8}$$

式中：$P_{\mathrm{d}i\mathrm{ref}}(t)$、$P_{\mathrm{d}i0}$ 分别为第 i 回直流功率参考值及稳态运行值；$\Delta P_{\mathrm{d}i}(t)$ 为附加紧急控制量，数值大于零。

5.2.3.2 多直流控制实施策略——功率紧急提升控制

直流功率紧急提升容量取决于直流运行工况及过负荷能力，通常总容量相对有限。因此，考虑改变大惯量电网受扰轨迹所需控制功率容量大以及简化控制策略等因素，多直流紧急功率提升控制可采用如式（5-9）所示策略，即启动判据生效后，利用空闲容量、短时和连续过负荷容量增加直流送电功率，撤销判据生效后则恢复至原送电功率。

$$\Delta P_{\mathrm{d}i}(t) = \begin{cases} \Delta P_{\mathrm{d}i\mathrm{k}} + (k_{i\mathrm{st}} - 1)P_{\mathrm{d}i\mathrm{N}}, & t_{\mathrm{c}} \leqslant t \leqslant t_{\mathrm{c}} + \Delta t_{\mathrm{st}} \\ \Delta P_{\mathrm{d}i\mathrm{k}} + (k_{i\mathrm{lt}} - 1)P_{\mathrm{d}i\mathrm{N}}, & t_{\mathrm{c}} + \Delta t_{\mathrm{st}} < t \leqslant t_{\mathrm{s}} \\ 0, & t > t_{\mathrm{s}} \end{cases} \tag{5-9}$$

式中：t_c、t_s 分别为紧急控制启动和撤销时刻；Δt_{st} 为短时过负荷耐受时间；P_{diN}、ΔP_{dik} 以及 k_{ist}、k_{ilt} 分别为直流 i 的额定容量和非额定运行工况下的空闲容量，以及短时和持续过负荷能力系数。

值得指出的是，直流短时过负荷持续时间（如 3s）通常大于有功功率波动轨迹"双峰"间隔时间，即 $\Delta t_{st} > t_s - t_c$，如图 5-2（c）和图 5-3（c）所示。因此，可充分利用短时过负荷能力。

5.2.3.3 多直流控制实施策略——功率紧急回降控制

额定容量运行的直流线路，理论上送电功率可快速降至最小直流送电功率，即具有约 $90\% P_{dN}$ 的可调控容量，与紧急功率提升相比可调控容量更大。

利用直流紧急功率回降提升互联电网稳定性，其控制量大小取决于电网受扰程度。由于有功功率波动轨迹第一个"峰值"时刻 t_p 对应的两端母线频率差 Δf 的大小，可表征受扰严重程度和后续轨迹稳定性，如图 5-2（d）和图 5-3（d）所示。因此，以避免联络线解列装置动作等为目标，建立 $\Delta f(t_p)$ 与紧急功率控制量 ΔP_{Emg} 之间的映射关系函数 $F[\Delta f(t_p)]$，如式（5-10）所示，即

$$\Delta P_{Emg} = \eta F[\Delta f(t_p)] \tag{5-10}$$

式中：η 为控制量裕度系数，数值大于 1.0。

通常直流额定容量越大，其近端交流电网潮流转移和承载能力越强。因此，总控制量 ΔP_{Emg} 可用直流额定容量作加权系数在多回直流之间进行分配，如式（5-11）所示，即

$$\Delta P_{di} = \frac{P_{iN}}{\sum_{n=1}^{N_{dc}} P_{nN}} \Delta P_{Emg} \tag{5-11}$$

式中：N_{dc} 为直流数量。

为避免单回直流功率大幅回降引起的潮流转移冲击以及换流站母线过电压威胁，可限制回降功率最大值 ΔP_{dimax}，如式（5-12）所示。若某一直流紧急功率值达到上限，则在 ΔP_{Emg} 中减去该功率后，再利用式（5-11）对剩余直流分配紧急控制功率。

$$\Delta P_{di} \leqslant \Delta P_{dimax} \tag{5-12}$$

5.2.4 区域互联电网紧急控制效果验证

5.2.4.1 "南电北送"大扰动冲击的适应性

华北与华中电网通过长治—南阳特高压联络线互联，其中华中电网有多回外送直流，距离联络线较近的三峡地区有龙政、宜华、江城、林枫和葛南等直流，

额定容量合计为13200MW。直流功率提升能力均按3s短时1.3倍和连续1.1倍额定容量考虑。

特高压联络线配置有失步解列和低压解列装置，其中，长治站和南阳站低压解列整定值分别为0.49(标幺值）和0.64(标幺值)，延时0.15s。

增加长治—南阳联络线“南电北送”功率至5300MW，并在四川电网内部尖山—桃乡一回500kV线路尖山变电站侧施加三相永久短路故障，首末端分别延时0.09s和0.1s开断断路器。该故障扰动下，若无控制措施，长治站低压解列装置动作，区域电网解列。若利用江城直流1000MW空闲容量和多回直流3960MW短时过负荷容量，当受扰轨迹满足紧急功率控制启动判据时，快速提升直流送电功率，则可改变后续受扰轨迹。有无直流紧急功率控制，特高压联络线暂态响应轨迹的对比曲线如图5-5所示。

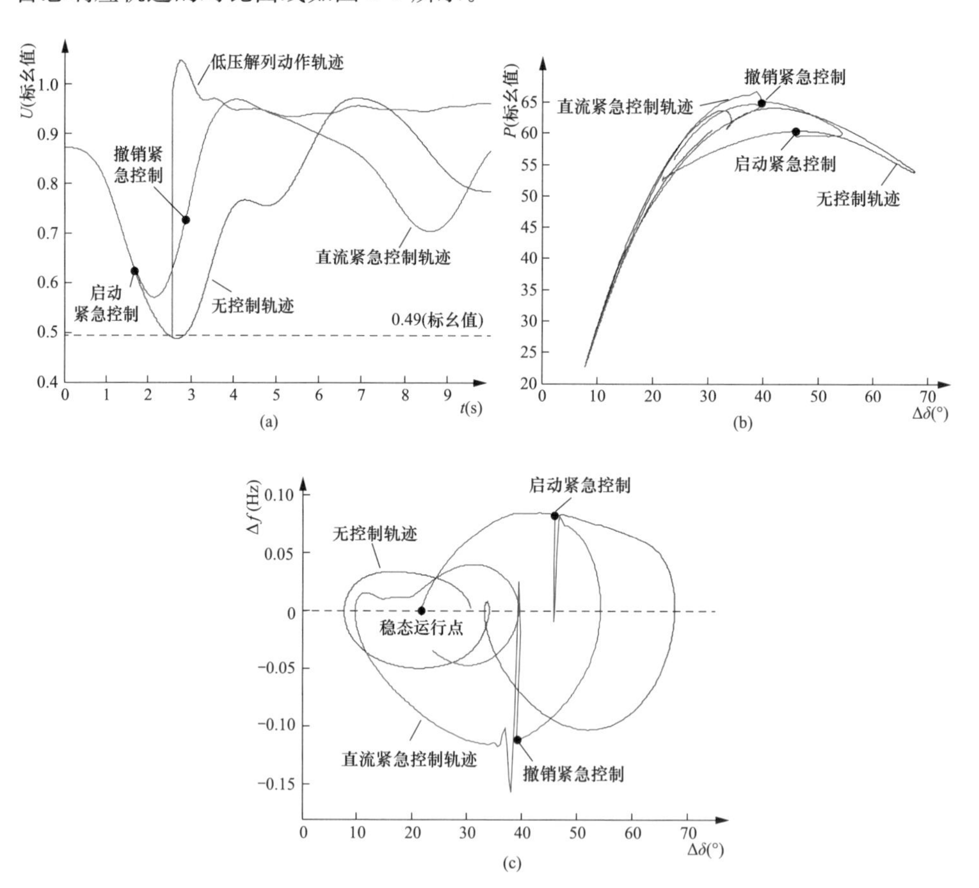

图5-5　有无直流紧急控制“南电北送”下受扰轨迹

(a) 长治站电压；(b) $\Delta\delta-P$ 扰动轨迹；(c) 联络线两端母线 $\Delta\delta-\Delta f$ 扰动轨迹

紧急功率控制在联络线有功第一次极大值且功角增大、电压跌落对应的1.68s启动，在功角回摆、电压提升对应的联络线有功第二次极大值2.86s撤销，持续时间1.18s。紧急功率控制有效缓解了区域电网之间功率不平衡程度，后续轨迹中频率差快速减小，进而限制了功角最大摆幅，长治站电压提升避免了低压解列装置动作，区域互联电网仍可维持同步稳定运行。

5.2.4.2 “北电南送”大扰动冲击的适应性

如图5-3所示，尖山站出线故障威胁“北电南送”方式下特高压联络线功率反摆过程中的稳定性。计算表明，严重扰动下南阳站低压解列装置最先动作。因此，以避免互联电网解列，将受扰后南阳站最低电压提升至0.66（标幺值）为目标，建立Δf（t_p）与紧急功率控制量ΔP_{Emg}之间映射关系。

取0.094s切除故障条件下t_p时刻所对应的Δf为基准，即$\Delta f_B=0.0773$（标幺值）。延长故障切除时间，则t_p时刻对应的$\Delta f/\Delta f_B$与ΔP_{Emg}之间关系如图5-6实线所示。采用三次样条插值进行拟合，并取$\eta=1.1$，则不同频率差所需的功率控制量如图5-6虚线所示。

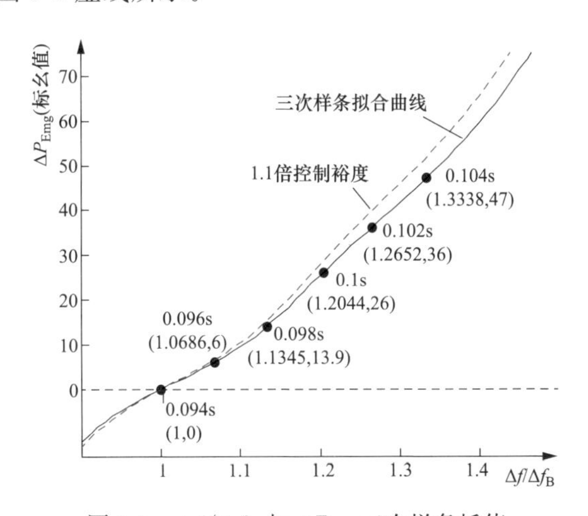

图5-6　$\Delta f/\Delta f_B$与ΔP_{Emg}三次样条插值

增加“北电南送”功率至5170MW，并在尖山—桃乡线路尖山站侧施加三相永久短路，首末端分别延时0.09s和0.1s开断断路器。该故障扰动下，南阳站低压解列装置动作，区域电网解列。联络线有功功率波动轨迹第一次极大值时刻3.54s所对应的标幺化频率差为1.0676（标幺值）。依据图5-6，可得总控制量为650MW。由式（5-11）计算可得，龙政、宜华、林枫和江城直流各分担148MW，葛南直流分担58MW。实施紧急功率回降后，联络线有功功率达到第二次极大值时刻5.34s撤销控制，紧急控制持续1.8s。

有无多直流紧急功率控制，互联电网暂态响应轨迹对比曲线如图 5-7 所示。可以看出，电网稳定性得以提升，且功率回降引起的换流站容性过剩无功不会显著影响换流站母线电压。

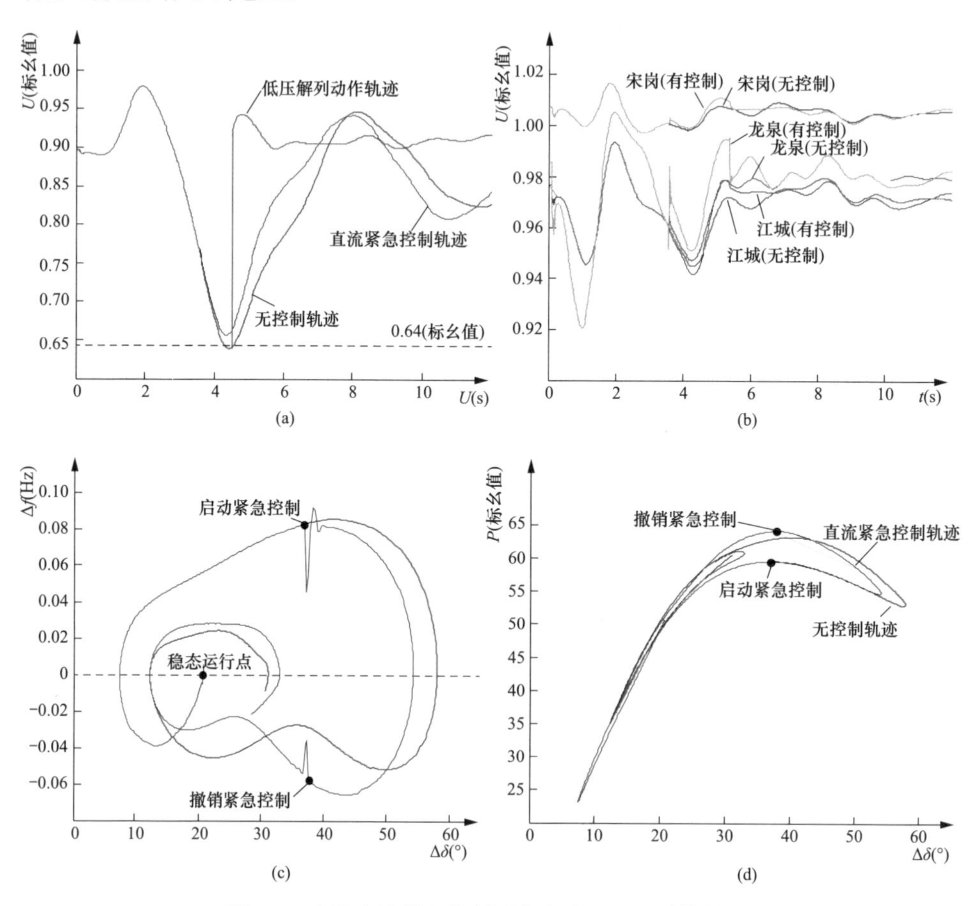

图 5-7 有无直流紧急控制“北电南送”下受扰轨迹

(a) 南阳站电压；(b) 换流站母线电压；(c) 联络线两端母线 $\Delta\delta-\Delta f$ 扰动轨迹；(d) $\Delta\delta-P$ 扰动轨迹

5.2.4.3 直流闭锁故障适应性

大功率“南电北送”方式下，华中网内直流闭锁故障后，部分盈余功率转移叠加至特高压联络线，将威胁互联电网同步稳定运行。

北送 5000MW 条件下，特高压联络线无法承受华中一回 3000MW 直流双极闭锁故障后的潮流转移冲击，互联电网失去同步稳定。在联络线有功功率波动轨迹第一个极大值时刻，利用正常运行直流空闲容量和短时过负荷容量，提升送电功率 4090MW，并持续 2.82s，则互联电网可维持同步稳定。多直流紧急功率控制对直流闭锁故障轨迹的影响如图 5-8 所示。

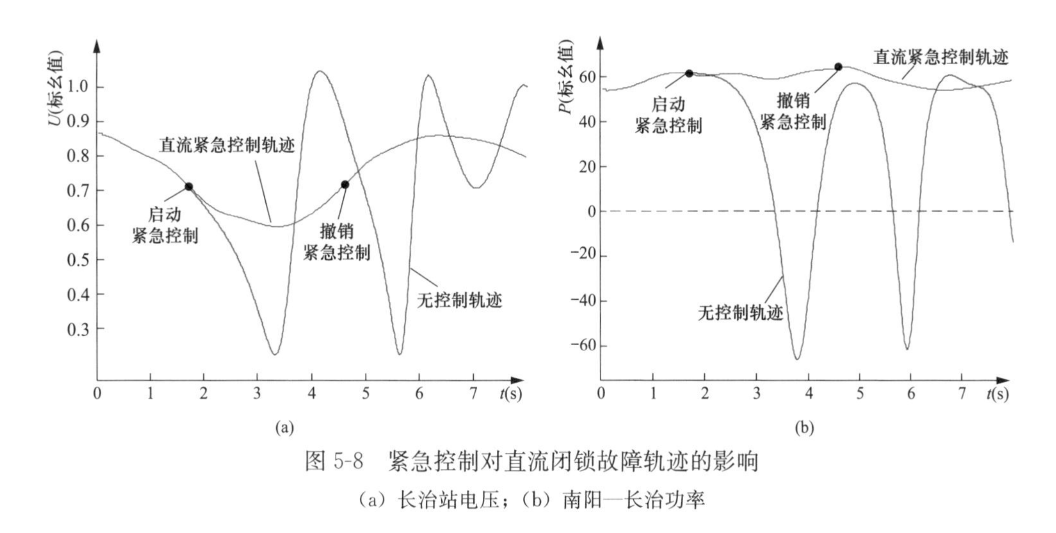

图 5-8　紧急控制对直流闭锁故障轨迹的影响

（a）长治站电压；（b）南阳—长治功率

5.3　交流临界断面中关键线路动态识别及稳定控制

5.3.1　临界断面中交流线路受扰轨迹分析

5.3.1.1　交直流混联外送电网

贵州省境内煤炭资源丰富，是“西电东送”的重要能源基地，某水平年交直流混联电网结构如图 5-9 所示，由安顺—肇庆、兴仁—宝安两回±500kV/3000MW 超

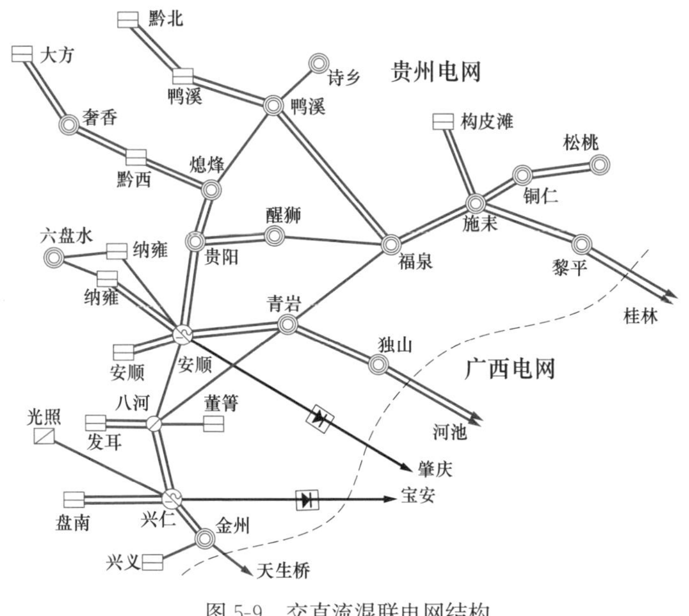

图 5-9　交直流混联电网结构

高压直流与黎平—桂林、独山—河池以及金州—天生桥三个 500kV 交流线路构成混联外送格局。

黎平—桂林、独山—河池以及金州—天生桥 500kV 线路构成贵州交流外送输电断面。分析计算表明，严重故障扰动冲击后，贵州电网存在与主网失去同步稳定的风险，混联电网振荡中心落点于该断面中各线路之上，即该断面为电网稳定的临界断面。

5.3.1.2 交流线路受扰轨迹差异

安顺—肇庆、兴仁—宝安两回直流额定功率送电，交流线路合计向广西电网送电 3000MW、4000MW 和 4400MW 不同的三种情况，对应兴仁—宝安直流双极闭锁，同时金州—天生桥线路无故障开断的大扰动冲击，黎平—桂林和独山—河池线路有功功率波动轨迹的对比曲线如图 5-10 所示。

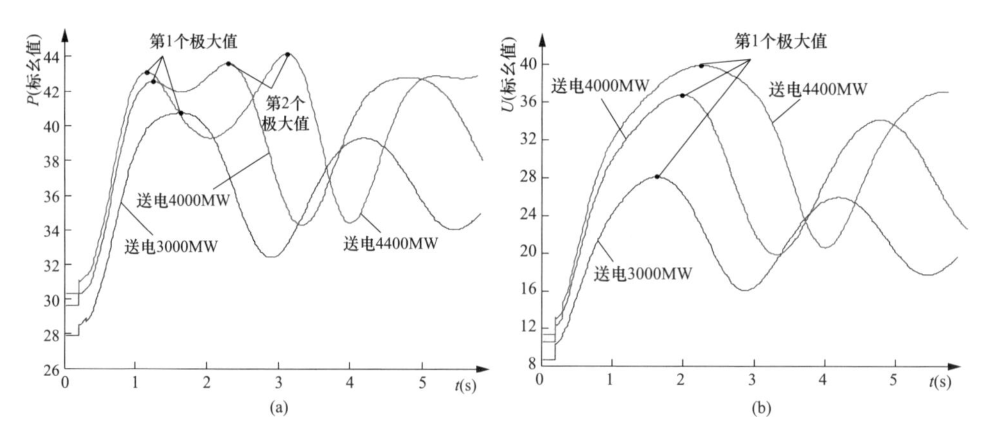

图 5-10 混联电网稳定性恶化条件下交流线路有功轨迹变化特征

（a）黎平—桂林线路有功；（b）独山—河池线路有功

由图 5-10 可以看出，当交流外送功率较小，电网稳定水平较高时，故障冲击后，黎平—桂林线路有功功率波动轨迹在第一个摇摆周期中，仅出现一个极大值；随着外送功率增加电网稳定水平降低，其有功功率波动轨迹在第一个摇摆周期中，出现两个极大值，即呈现“双峰一谷”特征。与此同时，临界断面中的独山—河池线路有功功率波动轨迹在第一个摇摆周期中，均只出现一个极大值，即持续呈现“单峰”特征。

5.3.2 临界断面中关键线路定义及动态识别判据

黎平—桂林线路有功“双峰一谷”轨迹与独山—河池线路有功“单峰”轨迹

的不同特征，源于线路两端母线电压跌落幅度和相位摆幅的差异，其中蕴含有不同的稳定水平信息。

以下结合临界断面中各交流线路主要电气量受扰轨迹特征对比，以及式（5-3）和式（5-4）所示交流线路有功轨迹极值条件，分析各线路稳定水平差异及其特征量。

贵州电网交流外送 4400MW，兴仁—宝安直流双极闭锁，同时金州—天生桥线路无故障开断，扰动后电网处于临界稳定状态。对应该扰动，黎平—桂林线路与独山—河池线路有功功率、两端母线相位差 $\Delta\delta$ 以及电压幅值的对比曲线，如图 5-11 所示。

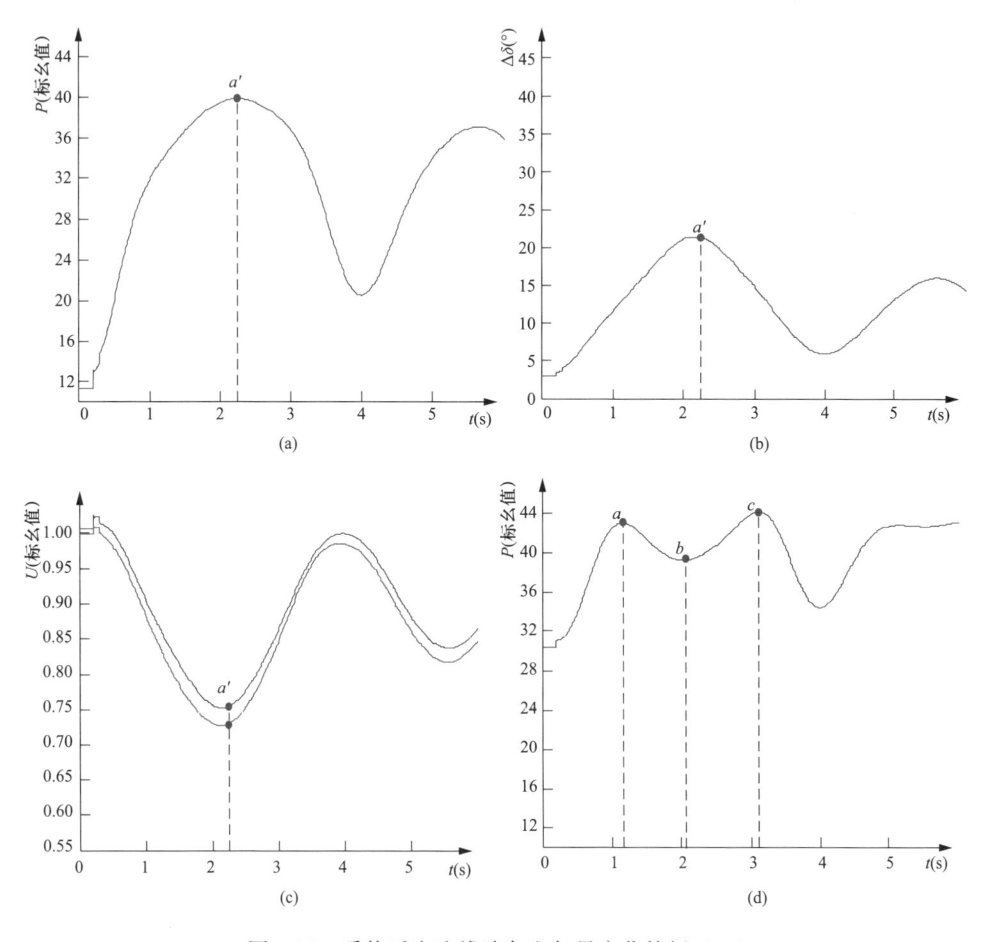

图 5-11　受扰后交流线路各电气量变化特征（一）

（a）独山—河池线路有功；（b）独山—河池线路相位差；（c）独山站与河池站电压；（d）黎平—桂林线路有功

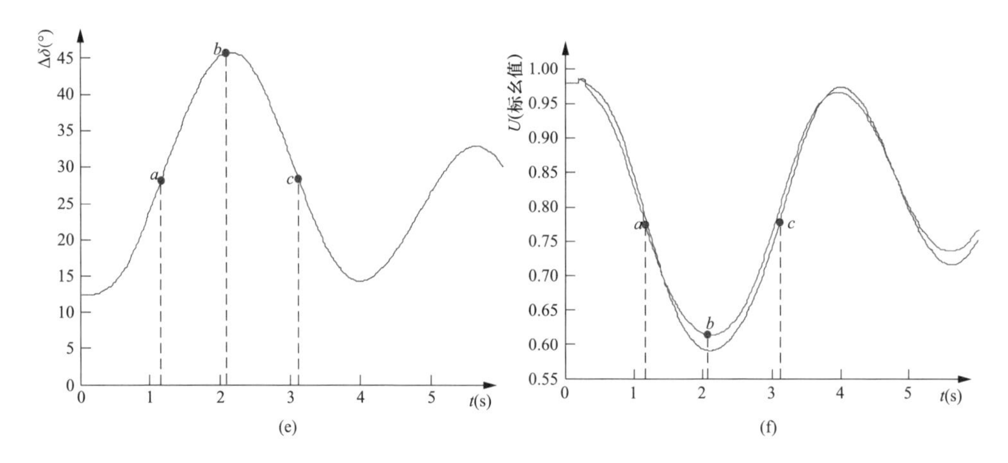

图 5-11 受扰后交流线路各电气量变化特征（二）

（e）黎平—桂林线路相位差；（f）黎平站与桂林站电压

由图 5-11 可以看出，独山—河池线路两端母线相位差摆幅、电压跌幅相对较小，稳定裕度较大，其有功轨迹第一个峰值时刻对应功角摆幅达到极大值、电压跌落达到极小值时刻，即满足式（5-4）；黎平—桂林线路两端母线相位差摆幅、电压跌幅则较大，稳定裕度较小，其有功轨迹第一个峰值时刻，出现于功角摆幅持续增大、电压持续跌落，稳定性持续恶化的动态过程中，对应电压跌落抑制功率传输作用开始大于功角摆开提升送电功率作用的拐点时刻，即满足式（5-3）的时刻。此外，从第一个峰值出现的时间上看，稳定水平较小的黎平—桂林线路超前于独山—河池线路。

综合交流线路电气量受扰轨迹差异及其与稳定性之间的对应关系，定义关键线路如下：关键线路是具有振荡中心落点的交流临界断面中，稳定裕度最小的交流线路，其有功轨迹第一个峰值最先出现于线路两端母线电压幅值持续跌落、电压相位差持续增大的动态过程中。与关键线路对应，临界断面中的其他线路为非关键线路。

基于定义，并考虑鲁棒性，关键线路动态识别判据如式（5-13）～式（5-15）所示，即

$$i=\operatorname{argmin}\{t_{\mathrm{p}i}\},i\in\{1,2,\cdots,n\} \tag{5-13}$$

$$\frac{\mathrm{d}P_{\mathrm{l}i}}{\mathrm{d}t}=0,\quad \frac{\mathrm{d}\delta_{\mathrm{l}i}}{\mathrm{d}t}>0,\quad \frac{\mathrm{d}U_{\mathrm{sr}i}}{\mathrm{d}t}<0 \tag{5-14}$$

$$|P_{\mathrm{l}i}-P_{\mathrm{l}i0}|>\varepsilon_{\mathrm{P}},\quad |U_{\mathrm{sr}i}-U_{\mathrm{sr}i0}|>\varepsilon_{\mathrm{U}},\quad |\delta_{\mathrm{l}i}-\delta_{\mathrm{l}i0}|>\varepsilon_{\delta} \tag{5-15}$$

式中：t_{p} 对应交流线路有功出现第一个峰值的时刻；n 为临界断面中交流线路数量；i 对应关键线路编号，下标“0”代表受扰前稳态运行量；ε_{P}、ε_{U}、ε_{δ} 分别为

有功功率、电压和相位差死区，用以判断是否为大扰动冲击。

由式（5-13）～式（5-15）可以看出，识别判据由交流线路的功率、相位、电压及其变化率等易于测量的局部电气量构成，因此便于在线应用。

5.3.3 临界断面“撕裂”机制及稳定控制策略

5.3.3.1 交流线路相继失稳过程

贵州交流外送功率增加至4500MW，则相同的多重故障冲击下，贵州电网与主网失去同步稳定，由黎平—桂林线路和独山—河池线路构成振荡中心落点的交流临界断面，其“撕裂”过程中，两条线路受扰轨迹的对比曲线如图5-12所示。

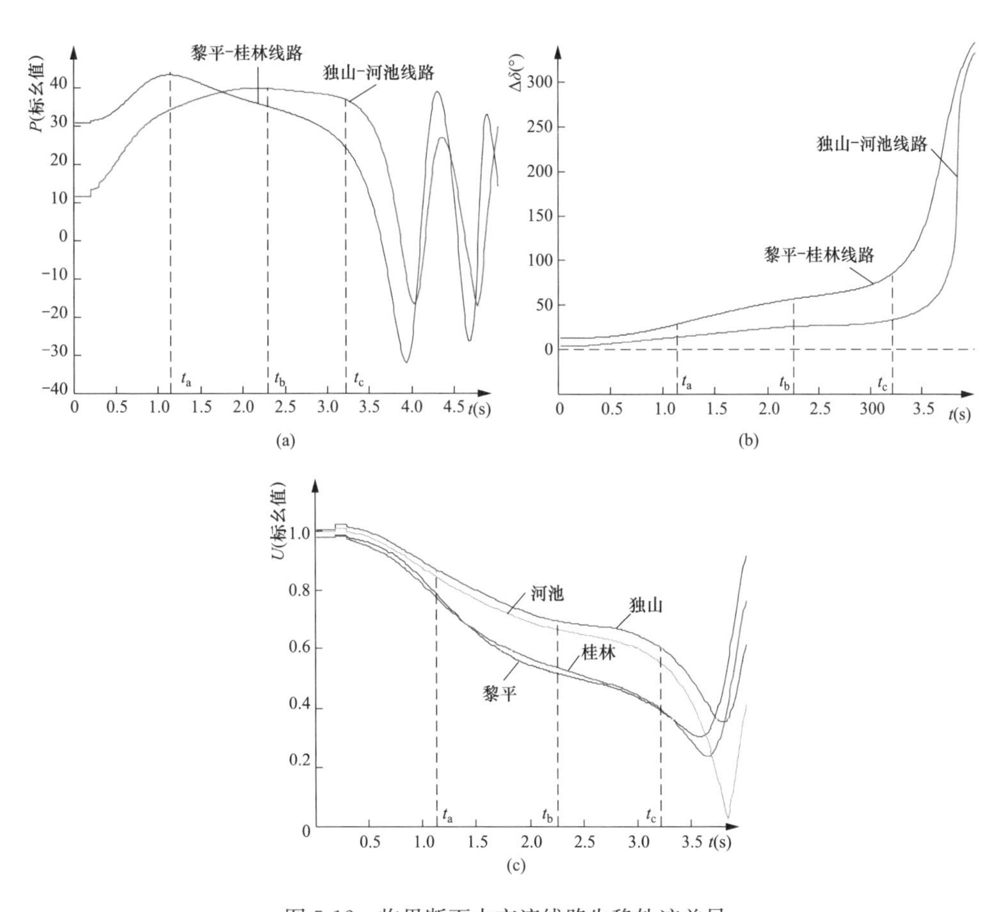

图5-12 临界断面中交流线路失稳轨迹差异

（a）线路有功功率；（b）线路两端母线相位差；（c）线路两端母线电压幅值

由图5-12可以看出，贵州电网与主网失去功角稳定，即临界断面“撕裂”进程中，相继经历如下过程：

（1）受故障扰动冲击，贵州送端电网集聚的不平衡功率驱动机组加速，其功角超前主网机组，对应临界断面中各交流线路两端母线相位差拉大，外送功率增长，电压则随之降低。

（2）送受端相位差持续拉大的动态过程中，在t_a时刻有功轨迹最先出现峰值的黎平—桂林线路，是临界断面中的关键线路。t_a时刻之后，该线路输电能力随电压跌落下降，送电功率减小。

（3）关键线路减少的送电功率，一部分驱动送端机组加速，另一部分则转移至独山—河池非关键线路，使其有功进一步增长。随两端母线电压跌落，非关键线路功率也将在经历峰值后开始减小。

（4）临界断面中各交流线路外送功率减小，驱动送受端机组功角差进一步拉大，在t_c时刻附近，交流线路有功传输特性中的$\sin\delta$因子由单调递增转为单调递减。此后，相位差拉大、电压跌落与外送功率减小之间，呈现出强正反馈机制，使临界断面快速“撕裂”，电网失去暂态稳定。

可以看出，关键线路是临界断面中稳定性最为脆弱的环节，是互联电网“撕裂”的起点，其有功轨迹在第一个峰值之后的下降，进一步加剧送受端电网功率不平衡，推动非关键线路稳定性相继恶化。因此，为改善稳定控制效果，应针对关键线路，实施具有更高灵敏性的控制措施。

5.3.3.2 控制措施与交流线路功率之间的灵敏度指标

为定量表征控制措施与交流线路有功功率之间的灵敏性，定义临界断面中交流线路i与控制措施之间的灵敏度指标S_{ic}，即

$$S_{ic}=\frac{\Delta P_{li}}{\Delta P_c} \tag{5-16}$$

式中：ΔP_c为控制措施的有功变化量，如切机量、直流功率调控量等；ΔP_{li}为交流线路i的有功变化量。S_{ic}数值越大，则相同控制量引起的交流线路功率变化量越大；反之，则越小。

5.3.3.3 控制策略离线生成和在线决策

基于关键线路识别以及控制灵敏度指标的暂态稳定控制，可应用于两种场景，即控制策略离线生成和控制策略在线决策，如图5-13所示。

控制策略离线生成流程中，利用在线动态安全评估与预警系统，对电网实时运行状态进行预想事故扫描评估，针对威胁电网安全稳定运行的故障，基于受扰轨迹，定位混联电网临界断面。在此基础上，依据仿真数据，应用式（5-13）～

式（5-15）识别关键线路，并用式（5-16）计算待选控制措施与关键线路之间的灵敏度指标；基于该指标排序优选控制措施，并刷新稳控策略表。

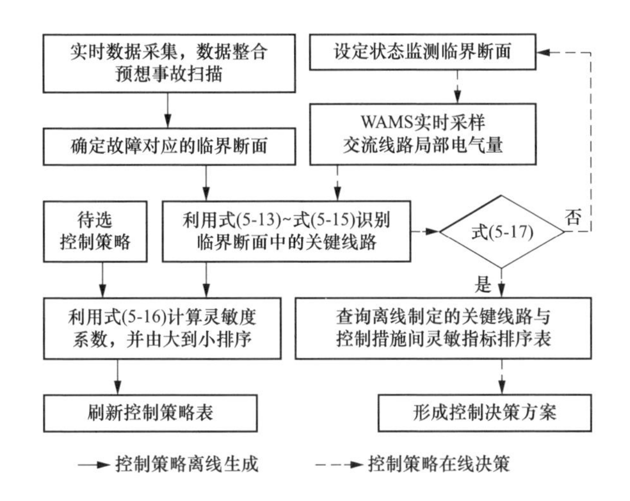

图 5-13　基于关键线路识别及控制灵敏度的稳定控制流程

控制策略在线决策流程中，依据电网结构特征和计算分析经验，确定混联电网临界断面；利用广域量测系统（Wide Area Measurement System，WAMS），实时测量交流线路受扰电气参量，应用式（5-13）～式（5-15）识别关键线路，当其两端母线电压频率差 Δf_{li} 大于预设门槛值 Δf_{th} 时，即满足式（5-17）时，则表明电网稳定裕度已较小，且仍处于快速“撕裂”状态，此时应实施稳定控制，以降低失稳风险。为此，查询离线计算制定的控制措施与关键线路灵敏度对应表，提取具有高灵敏指标的控制措施，形成控制决策方案并下发稳控系统实施。

$$\Delta f_{li} > \Delta f_{th} \tag{5-17}$$

式（5-17）中 Δf_{th} 可取值为 0，一旦识别出临界断面中存在关键线路，即实施稳定控制；也可结合离线分析计算，依据不同运行方式下的电网失稳特性及关键线路对应的 Δf，综合考虑后设定。

以下结合贵州外送电网，分析基于临界断面中关键线路识别和灵敏度指标的稳定控制实施效果。

5.3.4　稳定控制效果分析

5.3.4.1　交流线路与控制机组敏感性分析

对应如图 5-9 所示贵州外送电网，针对直接接入 500kV 主干输电网的大型电厂中的发电机组，利用暂态仿真软件 PSD-BPA 和式（5-16），计算机组功率控制量与黎平—桂林和独山—河池两个交流线路功率变化量之间的灵敏度指标，结果如表 5-1 所示。

表 5-1　　控制机组与交流线路之间的灵敏度指标

发电厂	黎平—桂林线路 S_{ic}	独山—河池线路 S_{ic}
构皮滩电厂	0.0931	0.0113
鸭溪电厂	0.0351	0.0296
安顺电厂	0.0238	0.0747
黔西电厂	0.0223	0.0145
发耳电厂	0.0075	0.0393
盘南电厂	0.0063	0.0286

由表 5-1 计算结果可以看出，若黎平—桂林为关键线路，则稳控切机应优先选择构皮滩电厂机组。

5.3.4.2　改善稳定性的效果

贵州电网与主网存在暂态稳定威胁，为此，外送断面中黎平—桂林、独山—河池以及金州—天生桥交流线路可作为 WAMS 监测对象，实时测量受扰电气量。相关电气量门槛值设置如下：$\varepsilon_P=500$MW、$\varepsilon_U=0.15$（标幺值）、$\varepsilon_\delta=15°$、$\Delta f_{th}=0.07$Hz。

贵州电网交流外送功率 4650MW 条件下，兴仁—宝兴直流双极闭锁，同时金州—天生桥交流线路无故障开断，若出现安控切机装置拒动等非预想情况，则贵州电网与主网失去暂态稳定。1.1s 时，黎平—桂林线路各电气量受扰轨迹满足关键线路识别判据，且其两端母线频率差为 0.082Hz，大于 Δf_{th}，依据图 5-13 所示稳定控制流程，应实施紧急切机控制。考虑两种切机方案，其一是依据交流线路与控制机组敏感性指标排序，切除构皮滩电厂 1 台 600MW 机组；其二是依照与故障位置就近原则，切除发耳电厂 1 台 600MW 机组。切机措施在识别判据生效后 0.2s 实施，以模拟通信等延时。两种不同切机方案下，电网暂态响应轨迹对比曲线如图 5-14 所示。

由计算结果可以看出，依据就近原则切除发耳电厂机组，电网虽能恢复稳定，但后续功角摆幅大，稳定裕度较小。等量切除与关键线路之间具有高灵敏度指标的构皮滩电厂机组，则可显著减小后续功角摆幅，更大幅度地缓解失稳威胁。

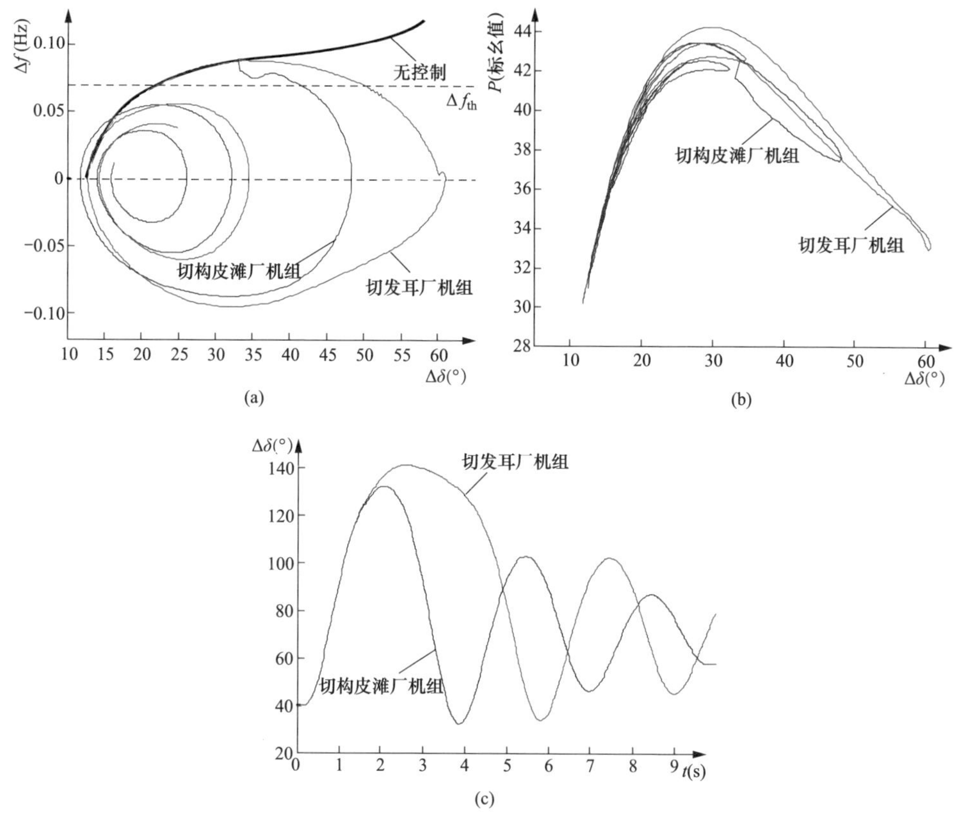

图 5-14　控制措施对系统稳定性的影响

（a）黎平—桂林线路 $\Delta\delta-\Delta f$ 轨迹；（b）黎平—桂林线路 $\Delta\delta-P$ 轨迹；

（c）黔北电厂与主网发电机功角差

5.4　基于关键线路轨迹凹凸性的稳定判别及紧急控制

5.4.1　源网相轨迹几何特性的关联特征分析

5.4.1.1　2 机系统中源网相轨迹几何特征一致性

在机电暂态仿真软件 PSD-BPA 中，建立如图 5-15 所示 2 机测试系统，其中各交流线路电抗分别为 $X_{12}=X_{23}=X_{34}=X_{45}=X_{ab}=X_{bc}=X_{cd}=X_{de}=4\times10^{-3}$（标幺值）、$X_{5e}=8\times10^{-3}$（标幺值）、$X_{1a}=0.02$（标幺值）、$X_g=X_s=0.01$（标幺值）、发电机 Gen1 和 Gen2 暂态同步电抗 $X'_{d1}=X'_{d2}=0.01$（标幺值）、发电机 Gen1 稳态输出有功功率为 100（标幺值）。

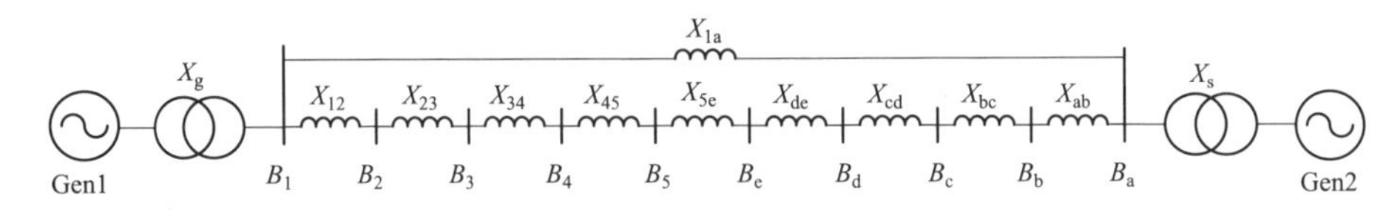

图 5-15　2 机测试系统

X_{1a}线路的母线 B_1 侧发生持续 0.088s 和 0.09s 的三相短路并开断线路的故障冲击，电网分别暂态稳定和暂态失稳，振荡中心均落点于电气中点 B_5—B_e 线路。两种情况下，对应发电机 $\Delta\delta_g-\Delta f_g$ 相轨迹和振荡中心两侧各母线之间交流线路 $\Delta\delta_l-\Delta f_l$ 相轨迹如图 5-16 所示，其中 $\Delta\delta_l$ 和 Δf_l 分别为两端母线相位差和频率差。

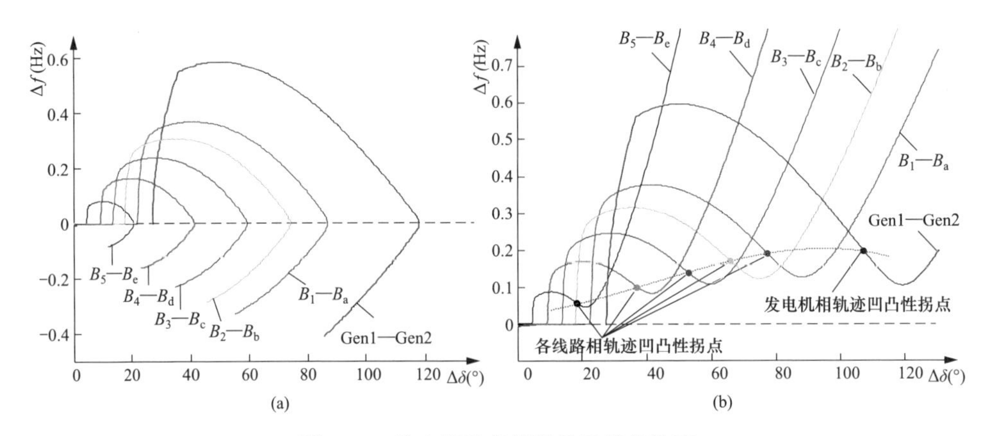

图 5-16　发电机及各线路的受扰相轨迹

（a）大扰动稳定相轨迹；（b）大扰动失稳相轨迹

由图 5-16 可以看出，稳定与失稳两种情况下，发电机相轨迹与具有振荡中心落点的交流线路相轨迹几何特征相同。当电网稳定时，相轨迹均呈现出凹特性；当电网失稳时，相轨迹均会出现由凹转凸的拐点。

5.4.1.2　多机电网中源网相轨迹关联特征

多机电网中，若故障冲击后电网暂态稳定，则所有交流线路两端母线相位差均有界波动；若故障使电网失去暂态稳定，则网络中某个或某些输电断面将成为临界断面，其中所有交流线路的两端母线相位差均持续增大，断面失稳“撕裂”，与此同时，断面两侧电网中的交流线路，其两端母线相位差则分别只做有界波动。因此，电网的稳定问题可保稳降维为网络中某一交流线路的稳定问题。若电网稳定，则网络中所有交流线路两端母线相位差必有界波动；若电网失稳，则网络中必有一交流线路两端母线相位差持续增大，线路“撕裂”失稳。

临界断面两侧机组分别同调，以此为界，可将超前群和滞后群中的机组聚合为两等值机系统。如 5.4.4.1 小节所述，该系统中发电机相轨迹 $\Delta\delta_g-\Delta f_g$ 与交流线路相轨迹 $\Delta\delta_1-\Delta f_1$ 具有一致的几何特征，由此可知，临界断面中交流线路受扰相轨迹，具有与聚合机组相同的相轨迹特征，可用以表征多机电网稳定性。

5.4.2 关键线路相轨迹凹凸性定义及稳定性判别

如 5.4.1.2 小节所述，大扰动冲击下，临界断面失稳“撕裂”体现为其中各交流线路的失稳“撕裂”，在该过程中，受线路阻抗大小、潮流承载水平等因素影响，各交流线路失稳进程是存在差异的。其中，关键线路可由式（5-13）～式（5-15）动态识别。

国内相关数学教材中对曲线凹凸性的定义为：设 $F(x)$ 在区间 I 上二阶可导，若 $\forall x\in I$，均有 $F''(x)<0(>0)$，则称 $F(x)$ 在 I 上是严格凹（凸）的。二维相平面内，基于相轨迹凹凸性的暂态稳定识别理论表明，稳定的相轨迹相对于故障后稳定平衡点总是凹的，而对于不稳定的相轨迹，在故障切除后的瞬间或经一小段时间，其相对于故障后稳定平衡点即会出现凸的几何特征。鉴于源网相轨迹几何特征的一致性，与前者相轨迹凹凸性判稳对应，可利用关键线路相轨迹的凹凸性判别互联电网稳定性。

假设大扰动冲击下，关键线路 i 两侧母线相位差 $\Delta\delta_{li}$ 和频率差 Δf_{li} 在相平面中的轨迹曲线如式（5-18）所示。式中，$\Delta\delta_{li}$ 和 Δf_{li} 对应为线路前侧母线的 δ_{lif} 和 f_{lif} 与后侧母线的 δ_{lib} 和 f_{lib} 之间的差值。

$$\Delta f_{li}(t)-F_{\delta}[\Delta\delta_{li}(t)]=0 \tag{5-18}$$

依据凹凸性数学定义及与稳定性对应关系，关键线路相轨迹凹凸性以及稳定性判别如下。

（1）线路相轨迹位于上半平面，即 $\Delta f_{li}(t)>0$，若 $F''_{\delta}[\Delta\delta_{li}(t)]<0$，则相轨迹为凹轨迹；当相轨迹位于下半平面，即 $\Delta f_{li}(t)<0$，若 $F''_{\delta}[\Delta\delta_{li}(t)]>0$，则相轨迹为凹轨迹。综上所述，$\Delta f_{li}(t)F''_{\delta}[\Delta\delta_{li}(t)]<0$，则相轨迹为凹轨迹，对应电网维持暂态稳定。

（2）线路相轨迹位于上半平面，即 $\Delta f_{li}(t)>0$，若 $F''_{\delta}[\Delta\delta_{li}(t)]>0$，则相轨迹为凸轨迹；当相轨迹位于下半平面，即 $\Delta f_{li}(t)<0$，若 $F''_{\delta}[\Delta\delta_{li}(t)]<0$，则相轨迹为凸轨迹。综上所述，$\Delta f_{li}(t)F''_{\delta}[\Delta\delta_{li}(t)]>0$ 则相轨迹为凸轨迹，对应电网失去暂态稳定。

（3）$F''_{\delta}[\Delta\delta_{li}(t)]=0$，则 t 时刻对应的线路相轨迹运行点为相轨迹凹凸性转换的拐点。

5.4.3 基于关键线路相轨迹凹凸性的紧急控制

5.4.3.1 恢复暂态稳定的紧急控制原理

电网能否维持暂态稳定，取决于扰动后其所能提供的最大减速能量 A_d 能否平衡扰动期间集聚的加速能量 A_a。若 $A_d>A_a$，则电网能够维持稳定；若 $A_d<A_a$，且无控制措施，则电网失稳。对应图 5-15 所示 2 机测试系统，母线 B_1 三相瞬时性故障冲击下，若 $A_d<A_a$，则电网将越过图 5-17 所示的不稳定平衡点 UEP。若采取降低输入机械功率 P_m 至 P_{me}，或提升机组电磁输出功率 P_e 至 P_{ee} 的暂态稳定紧急控制措施，使新增的减速能量 A_{de}和加速能量 A_{ae}满足式（5-19），则可避免电网越过新的不稳定平衡点 UEP′，进而恢复稳定。

$$A_d+A_{de}>A_a+A_{ae} \tag{5-19}$$

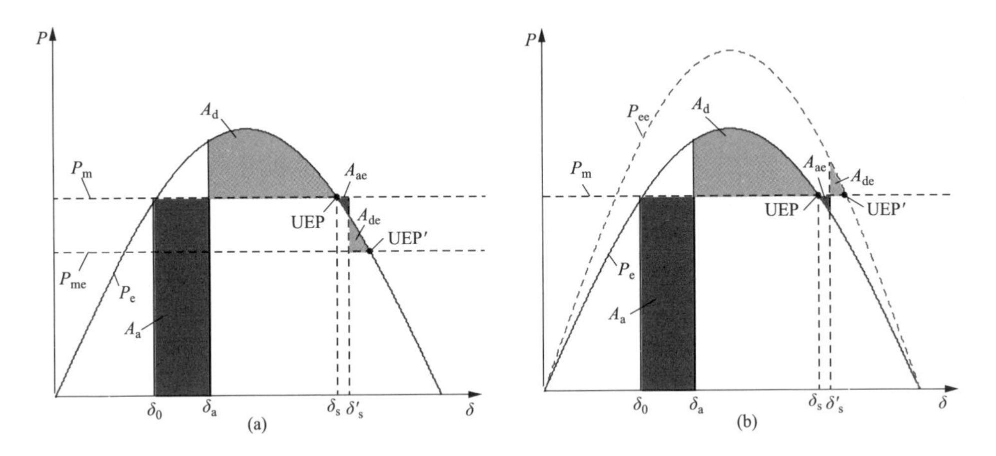

图 5-17 恢复第一摆暂态稳定的紧急控制

（a）紧急降低输入功率；（b）紧急提升输出功率

5.4.3.2 基于关键线路相轨迹凹凸性的紧急控制流程

WAMS 可实时采样电网运行数据，监测电网运行状态。大扰动冲击后，由扰动数据可定位电网振荡中心落点的临界断面。在此基础上，利用式（5-13）～式（5-15）可识别出其中的关键线路。

设采样时间为 Δt，为计算当前 t 时刻关键线路相轨迹的凹凸性，可提取前 N_c 个（$\Delta\delta_{li}$，Δf_{li}）采样数据，利用式（5-20）所示多项式拟合相轨迹曲线。

$$\Delta f_{li}(t)=F_\delta[\Delta\delta_{li}(t)]=C_{li}\Delta\delta_{li}^2(t)+B_{li}\Delta\delta_{li}(t)+A_{li} \tag{5-20}$$

对式（5-20）两端求二阶导数，可得式（5-21）。对应基于关键线路相轨迹凹凸性判别稳定性的条件，可以看出，若当前 t 时刻 $\Delta f_{li}C_{li}>0$，则相轨迹呈凸特性，可判别电网失去暂态稳定性，否则电网稳定。

$$\frac{d^2\Delta f_{li}(t)}{d\Delta\delta_{li}^2(t)} = F''_{\delta}[\Delta\delta_{li}(t)] = 2C_{li} \tag{5-21}$$

基于 WAMS 采样数据和关键线路受扰相轨迹凹凸性的暂态稳定判别与紧急控制流程，如图 5-18 所示。在工程应用中，为避免噪声等干扰对相轨迹凹凸性判别的影响，采样环节应提升滤波、降噪等性能。

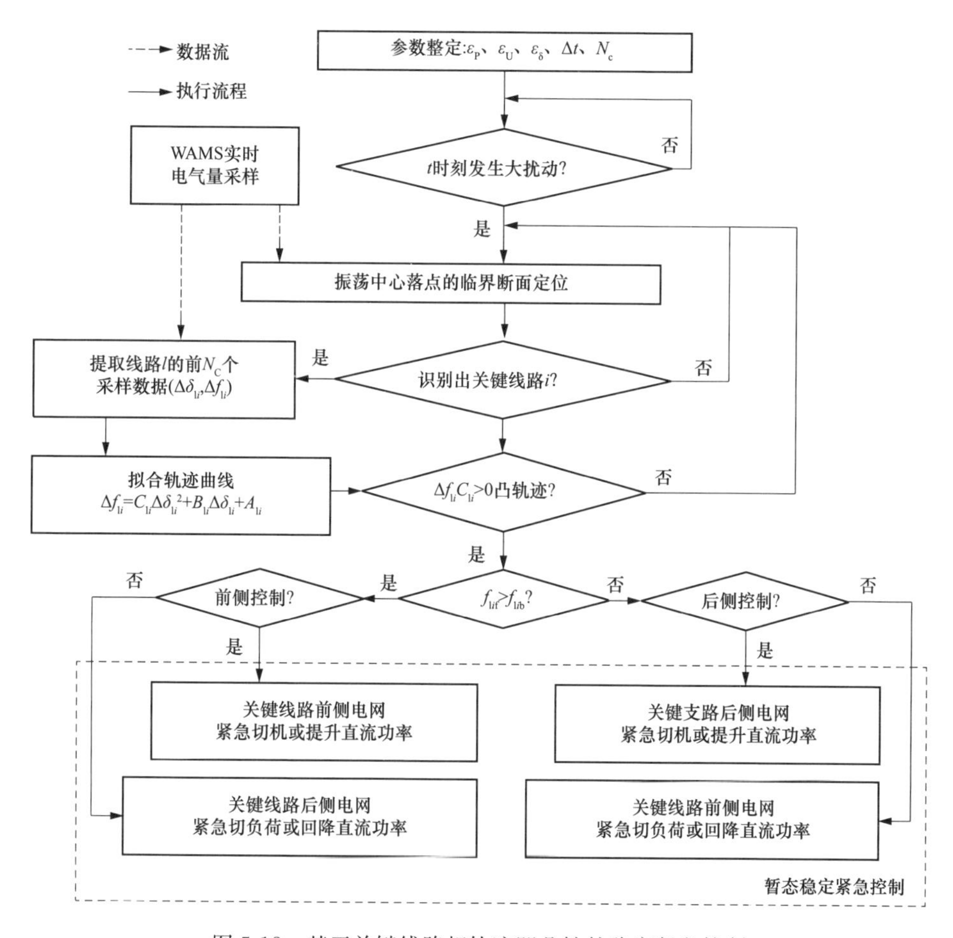

图 5-18　基于关键线路相轨迹凹凸性的稳定紧急控制

5.4.4　交直流混联电网紧急控制有效性仿真验证

5.4.4.1　关键线路动态识别及其相轨迹凹凸性

如图 5-9 所示电网，安顺—肇庆、兴仁—宝安两回直流额定功率送电，贵州交流线路合计外送4470MW和4500MW两种情况下，对应兴仁—宝安直流双极闭锁，同时金州—天生桥线路无故障开断的大扰动冲击，贵州电网与主网分别暂态稳定和暂态失稳，振荡中心均落点于黎平—桂林和独山—河池线路，受扰轨迹如图5-19所示。由图5-19可知，黎平—桂林线路在a时刻最先达到有功极大值，且两端母线相位差和电压分别处于持续增大和连续跌落过程中，即满足式（5-13）～式（5-15），因此该线路为临界断面中的关键线路。a时刻，关键线路的轨迹特征可定性表明电网受扰严重，失稳威胁较大，但仍无法准确表征后续轨迹的稳定性，因此若在该时刻即采取紧急控制措施，则可能过于保守。

此外，由图5-19（b）可以看出，在快速失步解列装置的控制下，黎平—桂林关键线路2.78s开断。之后，受潮流大量转移冲击，剩余的独山—河池线路在2.95s开断。由于相继开断的时间间隔仅为0.17s，且断面输电能力进一步降低，

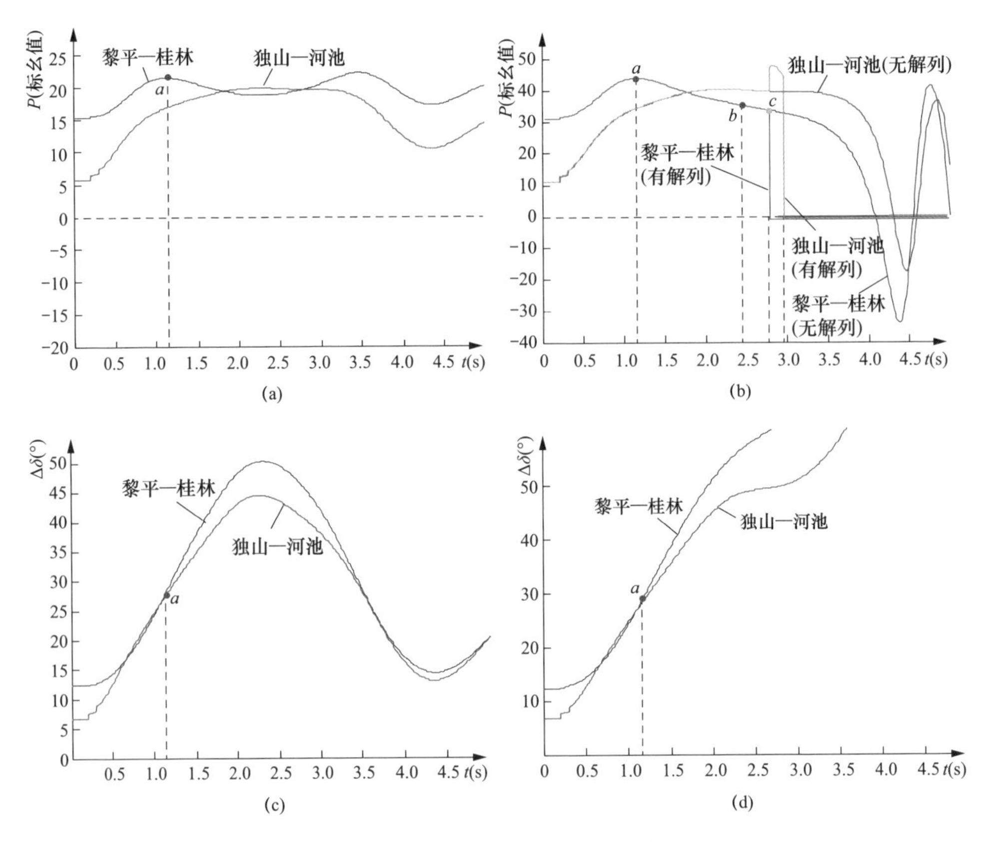

图5-19 临界断面各交流线路受扰响应轨迹（一）

（a）稳定时线路有功轨迹；（b）失稳时线路有功轨迹；

（c）稳定时线路两端母线相位差；（d）失稳时线路两端母线相位差

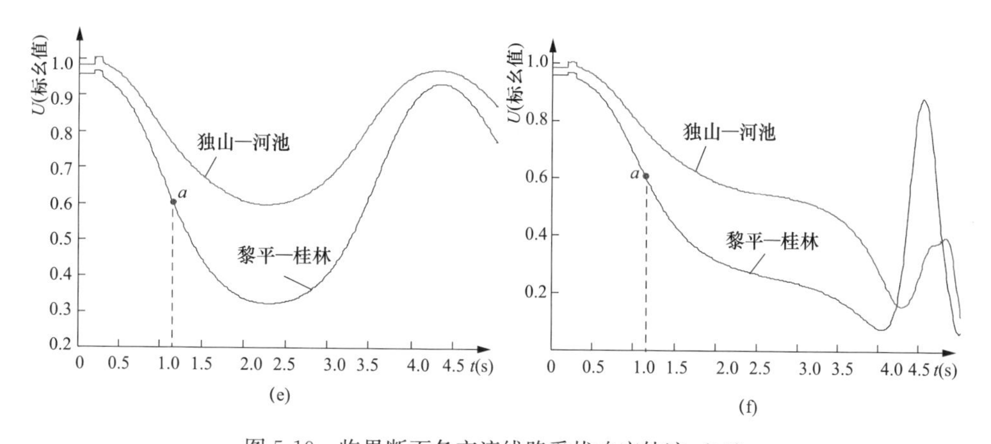

图 5-19 临界断面各交流线路受扰响应轨迹（二）

（e）稳定时线路两端母线电压乘积；（f）失稳时线路两端母线电压乘积

因此关键线路开断后将难以再实施控制恢复电网稳定。可以看出，快速识别出关键线路，并在解列装置动作前判别其轨迹稳定特征，对于实施恢复电网稳定的紧急控制尤为重要。

对应图 5-19 所示扰动，黎平—桂林关键线路相轨迹分别如图 5-20（a）和图 5-20（b）所示。提取仿真计算数据以模拟 WAMS 实时采样，采样周期 Δt 和多项式拟合数据点个数 N_c 分别设置为 10ms 和 40。对应 1.14s 的 a 时刻可识别出关键线路，之后即对其相轨迹进行凹凸性计算，如图 5-20（c）和图 5-20（d）所示。可以看出，对于稳定相轨迹，C_{li} 持续小于 0，相轨迹为凹表征电网稳定；对于失稳相轨迹，C_{li} 在 b 时刻对应的 2.46s 由负变正，相轨迹由凹转凸表征电网将失稳。

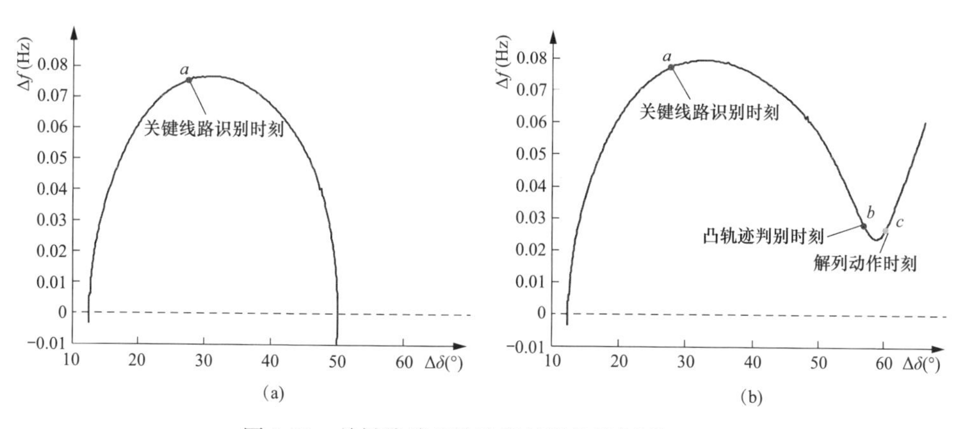

图 5-20 关键线路相轨迹及其凹凸性判别（一）

（a）稳定时关键线路相轨迹；（b）失稳时关键线路相轨迹

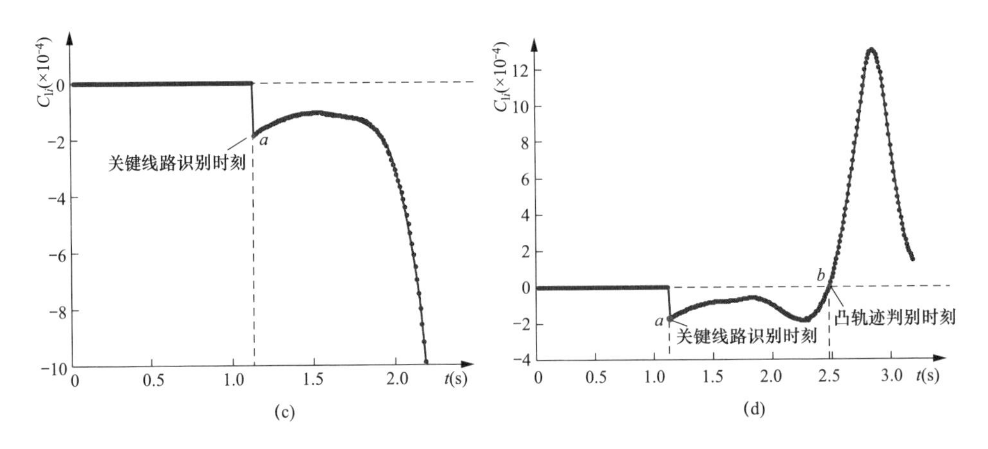

图 5-20　关键线路相轨迹及其凹凸性判别（二）

（c）稳定时相轨迹凹凸性；（d）失稳时相轨迹凹凸性

综合以上分析可以看出，基于关键线路相轨迹凹凸性可准确判别后续轨迹的失稳特征，且其判别时刻超前失步解列装置动作时刻 0.32s，该时间裕度对于工程上实施暂态稳定紧急控制较为充裕。

5.4.4.2　基于关键线路相轨迹凹凸性的紧急控制

对应图 5-20 中所示失稳轨迹，2.46s 对应的 b 时刻判别电网失稳后，考虑安控通信及动作的 0.2s 延时，2.66s 实施紧急控制，切除构皮滩 1 台 600MW 机组，对应关键线路相轨迹、外送交流线路有功以及贵州电网机组与主网机组功角差的对比曲线如图 5-21 所示。可以看出，实施切机措施后，减小送端机组加速功率，可以恢复电网稳定，有效避免了解列装置动作。

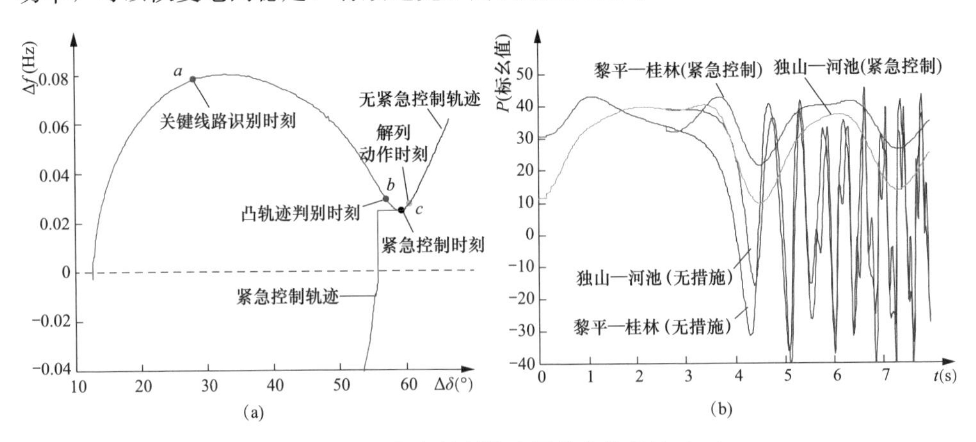

图 5-21　有无紧急控制的电网稳定性差异（一）

（a）关键线路相轨迹；（b）线路有功

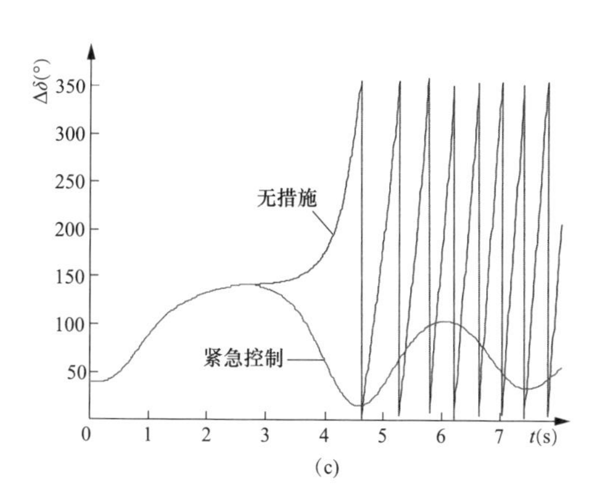

图 5-21 有无紧急控制的电网稳定性差异（二）

（c）贵州机组与主网机组功角差

5.4.4.3 紧急控制与快速失步解列之间的协调

受电网动态特性、扰动冲击程度等因素影响，关键线路相轨迹几何特征会发生变化，对应其凹凸性判别时刻会随之迁移；快速失步解列装置中，振荡中心电压门槛U_{set}的不同整定值，可改变解列动作时刻。前者判别时刻超前后者动作时刻的时间，即时间裕度，决定暂态稳定紧急控制是否具有工程可实施性。前者取决于既定电网结构和运行方式下的电网受扰特性，难以人为调节改变；后者则可通过减小U_{set}，实现延迟解列。由于电网失稳时振荡中心电压过零，因此一定范围内减小U_{set}，不会影响解列装置可靠动作。综合以上分析，可协调优化快速失步解列装置中U_{set}整定值，以获得满足工程要求的紧急控制时间裕度。

对应图 5-9 所示电网，相同扰动冲击下，对应不同的交流外送功率水平和U_{set}整定值，关键线路相轨迹凹凸性判别时刻、快速失步解列装置动作时刻，以及相轨迹运行点分别如表 5-2 和图 5-22 所示。

表 5-2　U_{set}不同设置值对紧急控制时间裕度的影响

外送功率（标幺值）	判别时刻（s）	快速失步解列 U_{set}=0.65（标幺值）		快速失步解列 U_{set}=0.45（标幺值）	
		动作时刻（s）	时间裕度（s）	动作时刻（s）	时间裕度（s）
45.0	2.46	2.78	0.32	2.78	0.32
45.3	2.26	2.56	0.30	2.59	0.33
45.6	1.87	2.18	0.31	2.26	0.39
45.9	1.74	1.51	−0.23	2.17	0.43
46.2	1.68	1.50	−0.18	2.10	0.42
46.5	1.62	1.49	−0.13	2.05	0.44
46.8	1.57	1.48	−0.09	2.00	0.43

由表 5-2 和图 5-22 可以看出，当 U_{set} 设置为 0.65（标幺值）时，交流外送功率超过 45.6（标幺值）后，时间裕度小于 0，即凸轨迹判别之前解列装置已动作开断线路。为此，将 U_{set} 整定值优化调整至 0.45（标幺值），对应不同外送功率水平的时间裕度，均增加至 0.3s 以上，可实施恢复稳定的紧急功率。以交流外送 46.8（标幺值）为例，1.57s 判别关键线路相轨迹呈凹凸性拐点后，1.77s 实施切除构皮滩 3 台机组的紧急控制措施，电网可恢复稳定，对应关键线路相轨迹如图 5-23 所示。

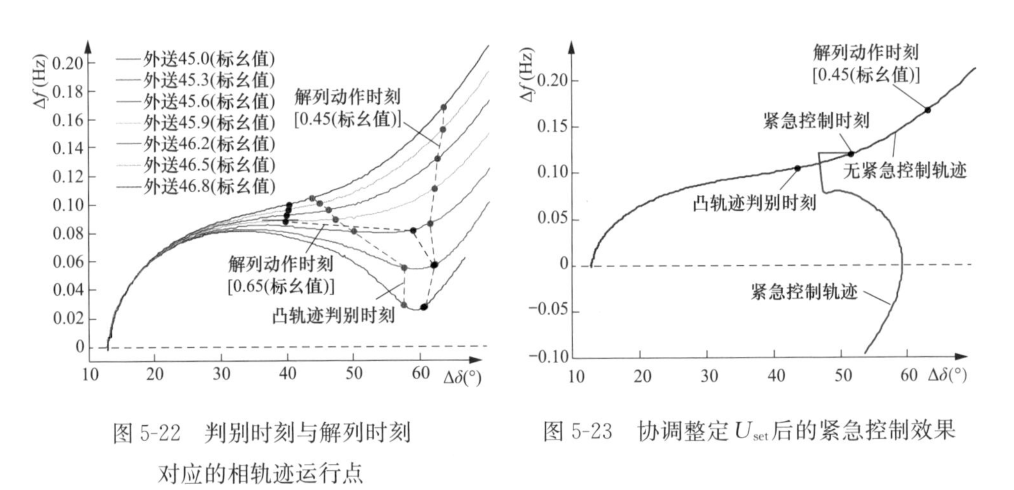

图 5-22 判别时刻与解列时刻对应的相轨迹运行点

图 5-23 协调整定 U_{set} 后的紧急控制效果

5.4.5 区域互联电网紧急控制有效性仿真验证

5.4.5.1 “北电南送”稳定判别及紧急控制

华北—华中区域互联电网如图 1-4 所示。华北向华中“北电南送”5000MW，四川电网中尖山—桃乡一回线路发生持续 0.104s 的三相瞬时性短路故障，长治—南阳联络线相轨迹相继穿越 $\Delta\delta-\Delta f$ 平面的第四象限和第一象限，在反摆过程中，线路前端的华北电网相对于末端华中电网加速失去暂态稳定。

3.52s 时，长治—南阳联络线有功出现极大值且满足关键线路识别判据，启动相轨迹凹凸性判别；4.93s 时，Δf_{li} 和 C_{li} 均为正，$\Delta f_{li}C_{li}>0$ 可判别相轨迹由凹转为凸，较快速失步解列装置（振荡中心电压门槛值 U_{set} 的标幺值设置为 0.3）5.37s 动作超前 0.44s，时间裕度满足暂态稳定紧急控制的时间要求。反摆过程中，华北长治站母线频率大于华中南阳站母线频率，因此 5.13s 可速降三峡送出直流功率 4000MW，有无控制措施下，长治—南阳联络线相轨迹及其有功功率如图 5-24 所示。

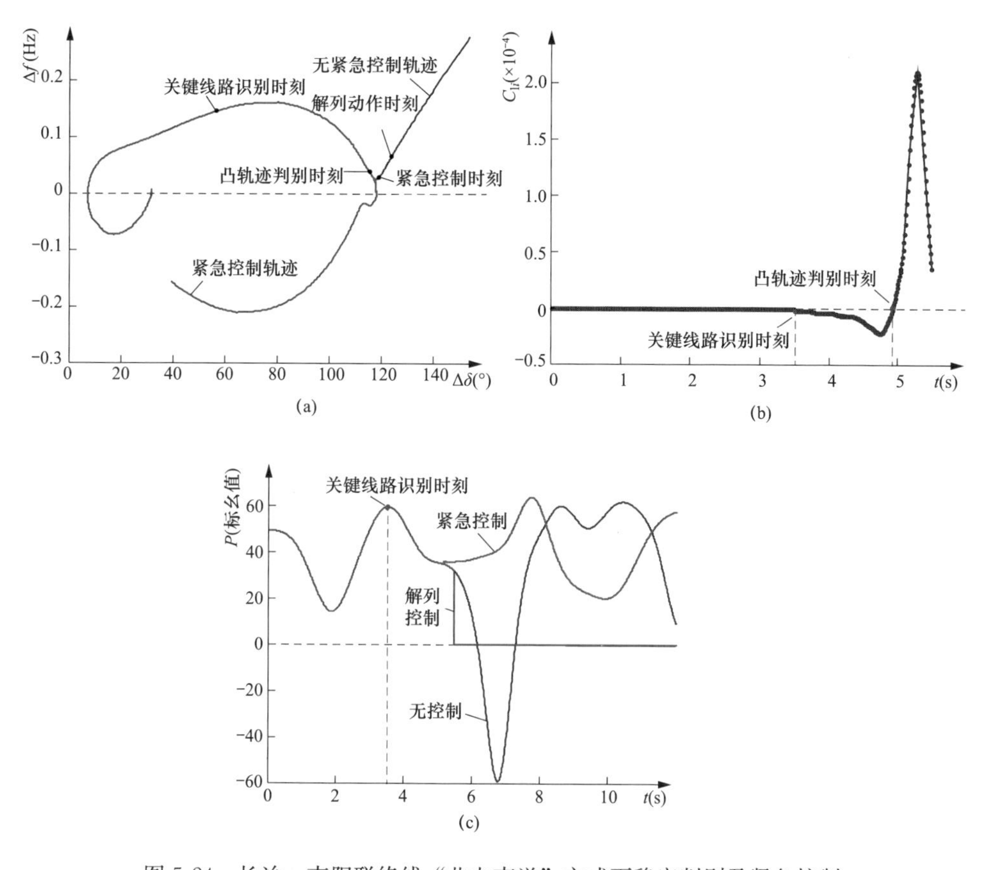

图 5-24　长治—南阳联络线“北电南送”方式下稳定判别及紧急控制

（a）有无紧急控制下联络线相轨迹；（b）联络线相轨迹凹凸性判别；（c）联络线有功功率

5.4.5.2　“南电北送”稳定判别及紧急控制

华中向华北“南电北送”5000MW，四川电网中尖山—桃乡一回线路发生持续 0.106s 的三相瞬时性短路故障，长治—南阳联络线相轨迹位于第三象限，华中电网相对于华北电网加速失去暂态稳定。

1.60s 时，长治—南阳联络线反向有功出现极大值且满足关键线路识别判据，启动相轨迹凹凸性判别；1.96s 时，Δf_{li} 和 C_{li} 均为负，$\Delta f_{li}C_{li}>0$ 可判别相轨迹由凹转为凸，较快速失步解列装置 2.41s 动作超前 0.45s。由于 $f_{lib}>f_{lif}$，因此可采取华中电网直流功率提升和切机的暂态稳定紧急控制措施，控制量 4560MW 时，恢复稳定的长治—南阳联络线相轨迹及其有功功率如图 5-25 所示。

综合以上分析，可得出如下相关结论：

（1）振荡过程中线路两端母线电压和相位差动态变化，其对有功功率增减作用相反。大扰动临界稳定条件下，振荡中心落点联络线有功功率波动轨迹存在“双峰”极大值。第一个有功极大值对应功角大幅增加和电压显著降低，电网进入临界稳定状态的时刻；第二个有功极大值对应功角回摆减小和电压显著提升，电网稳定裕度明显恢复的时刻。对应功率极大值时刻的线路有功及其两端母线电压及相位差变化率等特征量，可作为安全稳定紧急功率控制的启动和撤销判据。

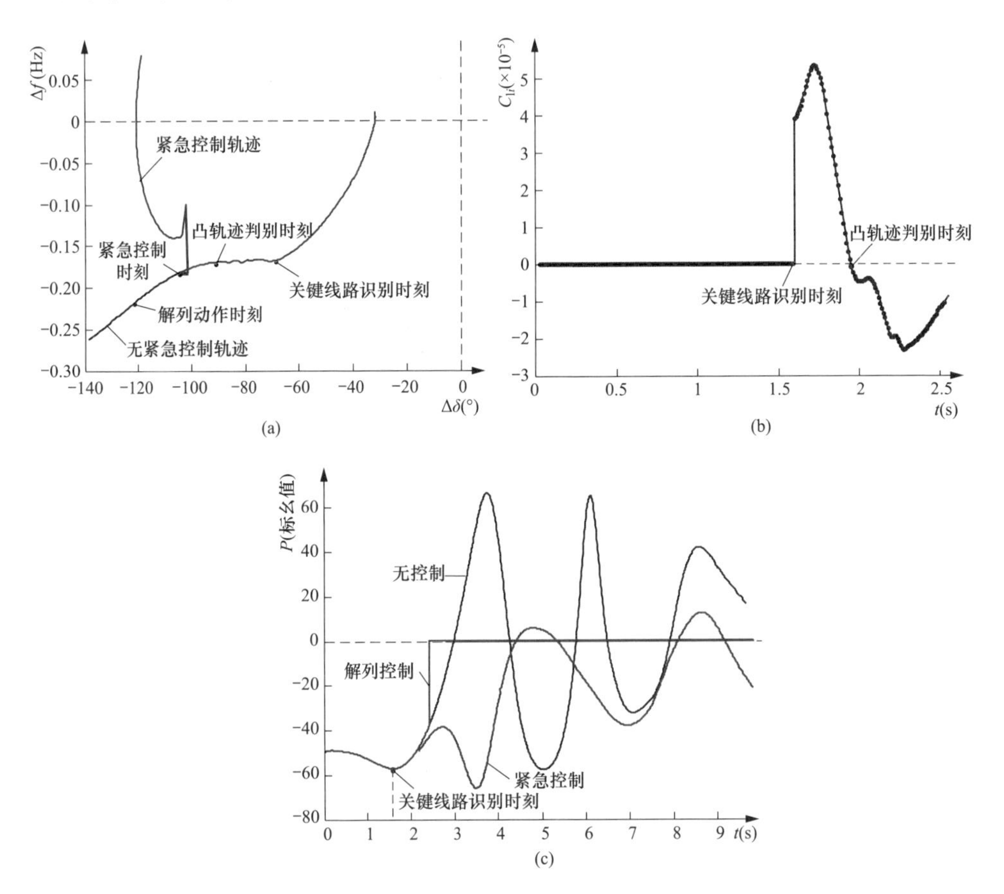

图 5-25　长治—南阳联络线“南电北送”方式下稳定判别及紧急控制

（a）有无紧急控制下联络线相轨迹；（b）联络线相轨迹凹凸性判别；（c）联络线有功功率

（2）临界断面“撕裂”起始于关键线路，其有功轨迹越过第一个峰值后，随功角摆开减小的送电功率，驱动送端机组加速和增加潮流转移冲击，加速电网失稳进程。识别临界断面中的关键线路，并选择实施高灵敏性控制措施，是提升暂态稳定控制效果的有效手段，可应用于控制策略离线生成和控制策略在线决策两种场景。

(3) 基于交流线路受扰轨迹实时响应信息，判别关键线路相轨迹凹凸性，可判定互联电网暂态稳定性；与快速失步解列装置中振荡中心电压门槛整定值 U_{set} 协调配合，则可增加紧急控制时间裕度，使其满足工程实施要求。由于不影响电网安全稳定最后一道防线——第三道防线的可靠动作，因此，基于关键线路相轨迹凹凸性的紧急控制，可在第二道防线控制失效时，作为避免电网失稳的追加控制措施。

参考文献

[1] 穆钢，王仲鸿，韩英铎，等．暂态稳定性的定量分析-轨迹分析法 [J]．中国电机工程学报，1993，13（3）：23-30.

[2] 穆钢，王仲鸿，韩英铎，等．关于稳定测度函数 Si（t）的性质及稳定指标 Si 之有效性的证明 [J]．中国电机工程学报，1994，14（2）：60-66.

[3] 房大中，张尧，宋文南，等．修正的暂态能量函数及其在电力系统稳定分析中的应用 [J]．中国电机工程学报，1998，18（3）：200-203.

[4] 张保会，谢欢，于广亮，等．基于广域轨迹信息的多机系统暂态不稳定性快速预测方法 [J]．电网技术，2006，30（19）：53-58.

[5] 曾沅，余贻鑫．电力系统动态安全域的实用解法 [J]．中国电机工程学报，2003，23（5）：24-28.

[6] 蔡国伟，穆钢，柳焯，等．定义于输出轨迹的网络暂态能量函数 [J]．电力系统自动化，1995，23（9）：28-31.

[7] 蔡国伟，穆钢，K W Chan，等．基于网络信息的暂态稳定性定量分析-支路势能法 [J]．中国电机工程学报，1993，2009，13（3）：23-30.

[8] 郑超，汤涌，马世英，等．振荡中心联络线大扰动轨迹特征及紧急控制策略 [J]．中国电机工程学报，2014，34（7）：1079-1087.

[9] 郑超，苗田．交流薄弱断面中关键支路动态识别及稳定控制 [J]．中国电机工程学报，2015，35（21）：5429-5436.

[10] 苗田，郑超，刘观起．薄弱断面中关键支路识别有效性验证 [J]．华北电力大学学报，2016，43（5）：43-48.

[11] 苗田，郑超，马世英，等．适应主导薄弱断面迁移的暂态稳定控制 [J]．电力系统保护与控制，2016，44（19）：41-48.

[12] 侯俊贤，韩民晓，汤涌，等．机电暂态仿真中振荡中心的识别方法和应用 [J]．中国电机工程学报，2013，25（33）：61-67.

[13] 穆钢，蔡国伟，胡哲，等．机网结合的暂态稳定评价方法：关键割集组法 [J]．清华大学学报：自然科学版，1997，37（7）：97-101.

[14] 余贻鑫，樊纪超，冯飞．暂态功角稳定不稳定平衡点类型和临界割集数量的对应关系

[J]. 中国电机工程学报，2006，26（8）：1-6.

[15] 谢欢，张保会，于广亮，等. 基于相轨迹凹凸性的电力系统暂态稳定性识别 [J]. 中国电机工程学报，2006，26（5）：38-42.

[16] Wang L C，Girgis A A. A new method for power system transient instability detection [J]. IEEE Transactions on Power Delivery，1997，12（3）：1082-1089.

[17] 王俊永，周敏，周春霞. 快速失步解列装置在特高压电网的应用 [J]. 电网技术，2008，增刊 2：1-3.

[18] 郑超，苗田，马世英. 基于关键支路受扰轨迹凹凸性的暂态稳定判别及紧急控制 [J]. 中国电机工程学报，2016，36（10）：2600-2610.

6 交直流混联电网功角稳定性分析与控制

6.1 区域互联电网与省级电网功角振荡耦合机制及稳定控制

6.1.1 区域交流弱互联电网稳定运行威胁

区域互联电网动态行为及安全稳定特性，受网架拓扑结构和发电机转动惯量两个因素影响外，还受发电机励磁系统和调速器、HVDC以及灵活交流输电等装置的调节影响。结构坚强、布局合理的电网结构，是电网稳定运行的物质基础。

长治—南阳—荆门特高压交流示范工程投运后，华北电网与华中电网通过单回1000kV交流联络线互联，串补加强工程实施后，联络线输电能力进一步提升。与此同时，区域电网弱互联后，互联电网动态行为特性、安全稳定运行的瓶颈约束均出现了新的变化，位于华中电网西部末端且与特高压交流联络线电气距离最远的四川电网网内故障（如5.2.1.1小节所述），会导致联络线功率大幅涌动、电压显著跌落，成为南北电力大功率互济条件下威胁区域互联电网稳定运行的主要因素之一。

6.1.2 区域互联电网结构特征

6.1.2.1 互联电网结构及转动惯量分布

电网互联是一个动态演化过程，具有其自身的内在发展规律。在电网形成初期，小容量地区负荷直接由邻近电源供电；随着负荷增长和供电可靠性要求提高，各地区电网开始互联形成省级电网，若干省级电网互联形成区域电网，电网结构也不断加强；在事故紧急支援、资源优化配置等联网效益的驱动下，各区域电网通过电气联系相对较弱的交流线路互联，进而形成区域互联电网。

长治—南阳—荆门特高压交流联络线建成后，且四川网内复奉、锦苏特高压直流已投运，宾金特高压直流尚未投运时，华中区域电网互联结构如图6-1（a）所示。湖北电网位于华中电网的中心位置，通过500kV交流线路与其他省级电网辐射状互联。由于各省网内部500kV网架结构相对紧密，内部机组受扰后趋于作为一个整体同调振荡，因此华中电网的动态特性呈现出多刚体运动特征。以刚体半径表征各省级电网发电机转动惯量大小，则华中电网多刚体惯量分布特征如图 6-1（b）所示。

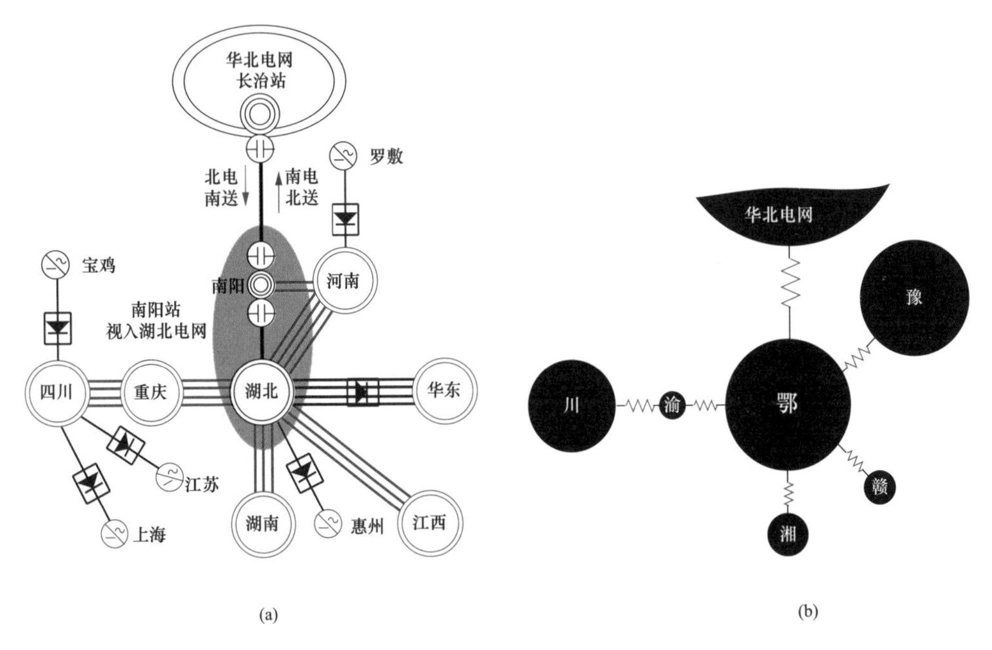

图 6-1　华中区域电网结构特征

（a）互联电网拓扑互联结构；（b）转动惯量分布

6.1.2.2　互联电网主导振荡模态及同调性

特高压交流联络线大功率“南电北送”和“北电南送”5000MW 条件下，小干扰频域扫描表明，华中电网存在四川—华中和华中—华北两个主导振荡模态，如表 6-1、图 6-2 和图 6-3 所示。

表 6-1　　不同送电方式下互联电网主导振荡模式

运行方式	主导振荡	特征根	频率（Hz）	阻尼比
“南电北送”5000MW	四川—华中	−0.1724+i2.0781	0.3307	0.0827
	华中—华北	−0.1114+i0.9940	0.1582	0.1114
“北电南送”5000MW	四川—华中	−0.2311+i2.1412	0.3408	0.1073
	华中—华北	−0.1229+i1.0532	0.1676	0.1159

由图 6-2 和图 6-3 可知，四川电网作为非同调群与华中其他省级电网相对振荡，同时华中电网作为一个整体与华北电网相对振荡，两种振荡均具有强阻尼特性。

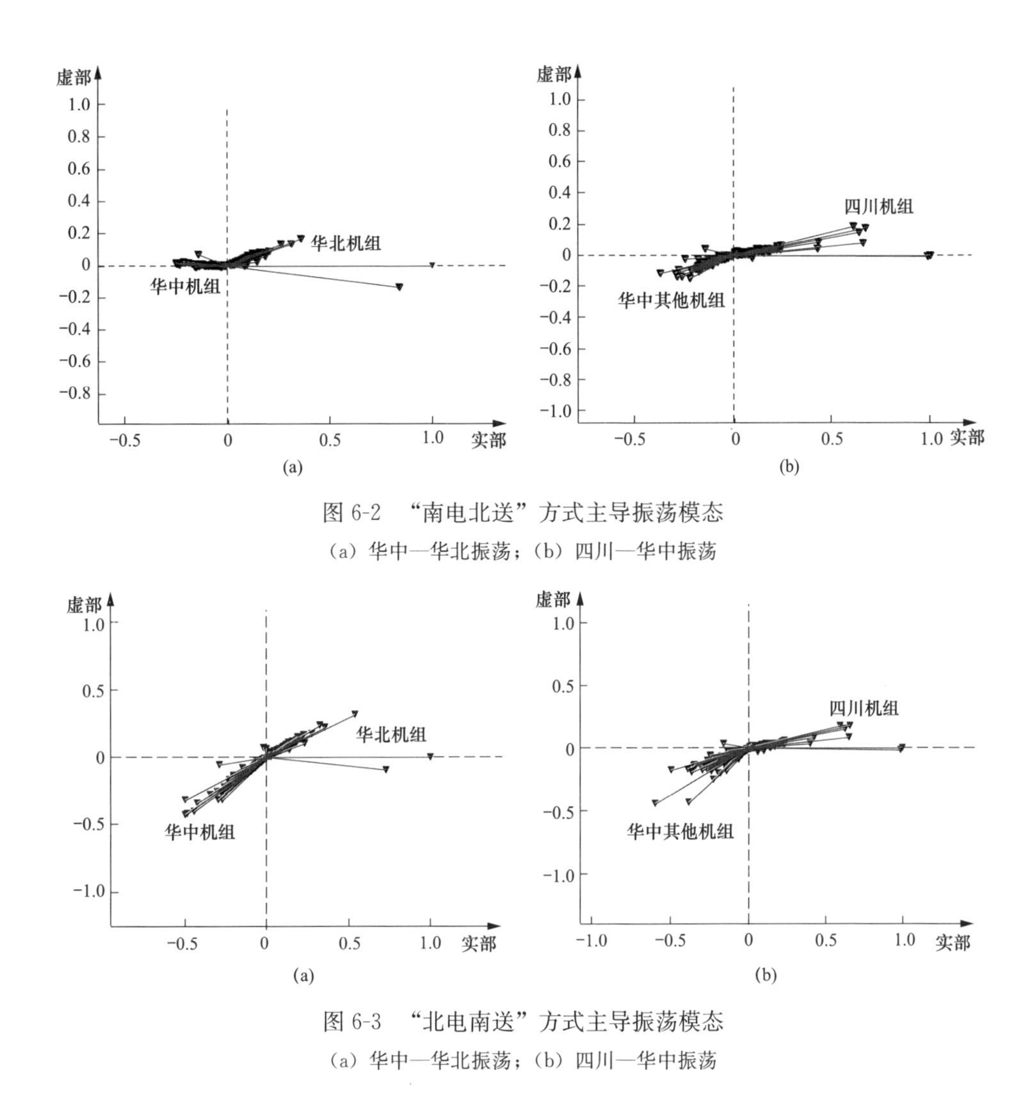

图 6-2 “南电北送”方式主导振荡模态

（a）华中—华北振荡；（b）四川—华中振荡

图 6-3 “北电南送”方式主导振荡模态

（a）华中—华北振荡；（b）四川—华中振荡

6.1.3 区域互联电网振荡的广义驱动能量

特高压交流联络线两端落点分别位于华北电网长治站和华中电网南阳站，联络线功率波动幅度取决于两端母线电压幅值和相位差。华中电网内部短路故障冲击后，南阳站落点电网积聚的加速能量大小，决定动态过程中联络线两端母线相位差增长幅度。为便于分析，可将如图 6-1 所示的南阳站视入湖北电网，受扰后豫、赣、湘、渝以及南阳—长治等交流断面或线路辐射状注入湖北省级电网的净驱动能量大小，可表征故障对特高压联络线冲击的威胁程度；揭示影响驱动能量大小的因素，则有助于揭示区域互联电网与省级电网振荡耦合机制。

为区别于单台机组驱动能量，定义广义驱动能量 E_d 和 E_{dn} 分别为

$$E_d(t) = \sum_{l=1}^{L}\int_0^t [P_l(t) - P_{l0}]dt \tag{6-1}$$

$$E_{dn}(t) = \sum_{i=1}^{N} E_{di}(t) \tag{6-2}$$

式中：E_d、E_{dn}分别为单一互联外网所注入的广义驱动能量以及各互联外网注入的综合净广义驱动能量；P_{l0}和 P_l 分别为线路受扰前与受扰后的有功功率；L 为交流断面中线路数；N 为互联外网数。E_d、E_{dn}数值为正表征驱动加速能量，反之，则表征制动减速能量。

6.1.4 区域互联电网与省级电网振荡耦合机制

6.1.4.1 大扰动受扰轨迹差异分析

以华中—华北区域互联电网丰期大负荷方式为例，分析互联电网与华中省级电网大扰动振荡耦合机制。长治—南阳特高压联络线“南电北送”5000MW 方式下，川送渝 4000MW、渝送鄂 2600MW、鄂送湘 2800MW、鄂送赣 3200MW、豫受电 6600MW；特高压联络线“北电南送”5000MW 方式中，在“南电北送”基础上通过关停鄂、豫机组和开启华北机组实现功率翻转。

分别在华中各省级电网内部选择短路容量基本相当的站点，施加持续时间为 0.1s 的三相瞬时性短路故障冲击，故障积聚的加速能量均会导致首摆过程中特高压联络线北送功率增量为正。以特高压长治站母线电压作为稳定特征量，“南电北送”与“北电南送”两种情况下，不同省网故障后电网暂态响应轨迹的对比曲线，分别如图 6-4 和图 6-5 所示。

“南电北送”方式下，首摆过程中特高压联络线涌动功率与稳态送电功率同向叠加，造成增幅涌动，因此首摆对互联电网稳定威胁最大。华中各省网故障后，注入湖北电网的广义驱动能量差异，决定故障对互联电网稳定运行的威胁程度。如图 6-4 所示，四川网内故障，广义驱动能量显著大于其他省级电网故障，对应特高压长治站电压跌落幅度最为显著，互联电网稳定裕度最小。

“北电南送”方式下，首摆过程中特高压联络线涌动功率与稳态送电功率反向叠加，造成减幅涌动，因此首摆稳定裕度增大。互联电网稳定运行主要威胁在于反摆制动过程，其间湖北电网广义制动能量越大，则南阳站相位滞后长治站越多，更多的南送涌动功率将叠加至稳态送电功率之上。如图 6-5 所示，在区域电网振荡回摆过程中，对应四川网内故障的广义制动能量显著大于其他电网故障，长治站电压跌落幅度最大。

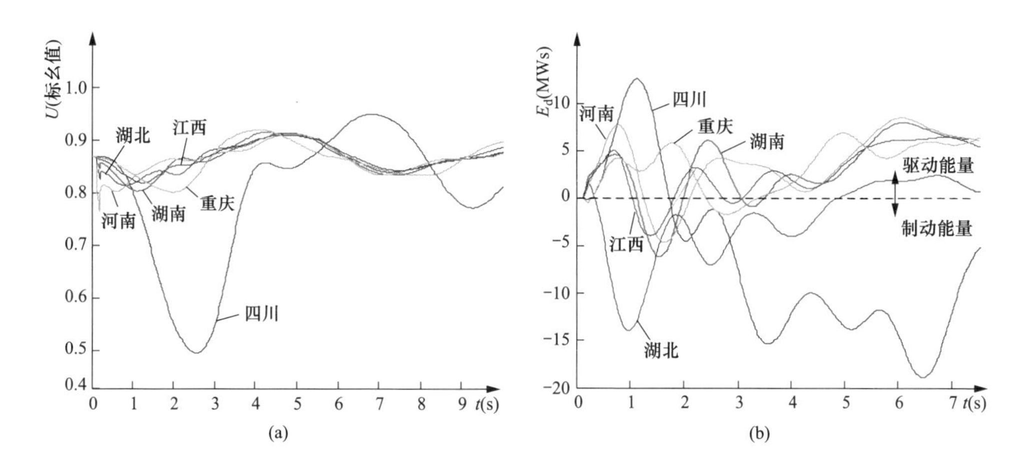

图 6-4 “南电北送”不同省级电网故障的暂态响应对比

（a）不同故障点特高压长治站电压；（b）不同故障点湖北电网注入的广义驱动能量

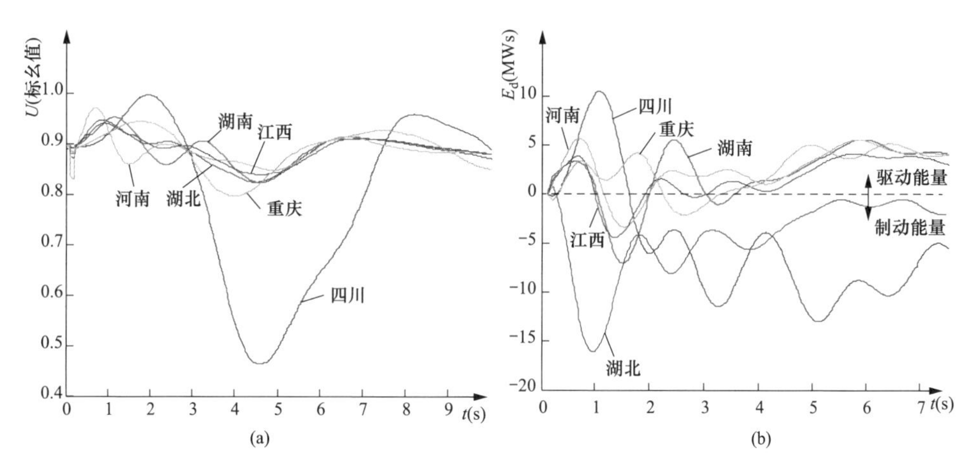

图 6-5 “北电南送”不同省级电网故障的暂态响应对比

（a）不同故障点特高压长治站电压；（b）不同故障点湖北电网注入的广义驱动能量

由图 6-4 和图 6-5 还可以看出，广义驱动能量变化特性基本相同，特高压联络线送电方向不会明显影响能量传递特性。

综合以上分析可知，不同故障点扰动后的区域电网振荡轨迹区别，主要取决于广义驱动或制动能量差异。不同省级电网短路故障积聚的加速能量，其在电网中的传播与电网互联拓扑结构、转动惯量分布等固有特性密切相关。

6.1.4.2 主导振荡模态耦合叠加特性

（1）互联电网主导振荡特性。小干扰机电振荡分析是基于稳态运行工况下的电网线性化状态矩阵，识别振荡机群、振荡频率以及阻尼比等特征。这些特征主要取决于电网互联结构、转动惯量分布等固有结构特征，同时还受发电机励磁、HVDC、FACTS 等调节装置影响。

对于线性系统，大扰动后的暂态响应是各振荡模态的响应组合，不同扰动下的响应差异主要体现于各分量的激励程度有所不同。对于非线性系统，正则形理论及相关研究表明，大扰动中起主要作用的仍然是电网固有结构决定的主导振荡模态，即主导振荡模态将显著影响大扰动后电网动态行为特性和稳定性。

综合以上分析，研究区域互联电网的主导机电振荡特性，有助于揭示大扰动冲击下电网的动态行为特征。对应表 6-1 所示主导振荡模态，其振荡的周期特性如表 6-2 所示，可以看出，两个主导振荡模态的振荡周期之比约为 1∶2。这一特性是由电网互联电气特性以及各省级电网转动惯量分布特征所决定的。

表 6-2　　主导振荡的周期特性

运行方式	主导振荡模态	振荡周期（s）	周期比
"南电北送" 5000MW	四川—华中	3.024	1∶2.09
	华中—华北	6.320	
"北电南送" 5000MW	四川—华中	2.930	1∶2.04
	华中—华北	5.970	

以下考察振荡周期 1∶2 特性以及振荡机群同调性，对区域互联电网与省级电网振荡的耦合影响。

（2）"南电北送" 理想振荡模态耦合分析。"南电北送" 方式下，华中电网内部短路故障期间集聚的加速能量，驱动母线频率增长，送端南阳站超前相位增大，联络线功率首摆增幅涌动，威胁互联电网稳定运行。

对应表 6-1 所示主导振荡模态的特征量，四川外送功率和特高压联络线两端母线频率偏差两个理想振荡 $P_{\mathrm{p_sn}}(t)$和 $f_{\mathrm{t\_sn}}(t)$ 可表示为

$$\begin{cases} P_{\mathrm{p\_sn}}(t) = \pm\,\mathrm{e}^{-0.1724t}\sin(2\pi \times 0.3307t) \\ f_{\mathrm{t\_sn}}(t) = \mathrm{e}^{-0.1114t}\sin(2\pi \times 0.1582t) \end{cases} \tag{6-3}$$

式（6-3）对应的曲线如图 6-6 所示。对于四川网内故障，从振荡同调性上看，其与华中主网非同调，功角趋于摆开，加速能量易于传递至湖北电网；湖北电网与华中其他省级电网为同调群，而与华北电网为非同调群，因此特高压联络线两端母线相位更易于摆开进而引起功率大幅波动。从如图 6-6（a）所示的振荡叠加性上看，四川外送功率增幅涌动的 1/2 周期与特高压联络线两端母线频率差增大的 1/4 周期基本同调，增幅外涌功率充分用于驱动特高压联络线两端母线相位差增大，从而造成功率大幅涌动，威胁互联电网稳定运行。

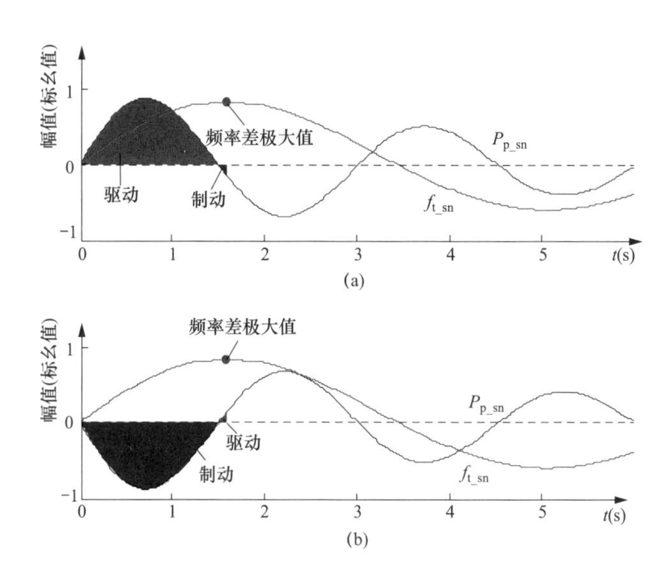

图 6-6 “南电北送”方式下理想振荡模态叠加效应

（a）四川网内故障理想模态振荡；（b）其他网内故障理想模态振荡

对于鄂、湘、豫或赣等省级电网故障，从振荡同调性上看，四川电网与华北电网均作为华中主网的非同调群，四川与主网相对功角趋于摆开，则有助于分担加速能量缓解华中与华北电网相对振荡。从如图 6-6（b）所示的振荡叠加性上看，故障扰动后，四川外送功率减幅涌动的 1/2 周期与特高压联络线两端母线频率差增大的 1/4 周期基本反调，即四川电网分担了主网加速能量，对特高压联络线两端母线频率偏差增大起到明显的抑制作用，从而可有效缓解故障对区域互联电网的冲击。

从以上分析可知，作为非同调群的四川电网在功率振荡的首个 1/2 周期中，对区域互联电网起始 1/4 周期加速振荡过程中的有效驱动和制动，是导致冲击威胁差异的主要原因。

（3）“北电南送”理想振荡模态耦合分析。对应表 6-1 所示主导振荡模态的特征量，四川外送功率和特高压联络线功率两个理想振荡 $P_{p\_ns}(t)$ 和 $P_{t\_ns}(t)$ 可表示为

$$\begin{cases} P_{p\_ns}(t) = \pm e^{-0.2311t}\sin(2\pi \times 0.3408t) \\ P_{t\_ns}(t) = e^{-0.1229t}\sin(2\pi \times 0.1676t) \end{cases} \tag{6-4}$$

式（6-4）对应的曲线如图 6-7 所示。对于四川网内故障，如图 6-7（a）所示，在第①个半周期振荡中，南阳站相位在驱动能量作用下增大，特高压联络线两端相位差减小，南送功率降低，削弱了四川外送功率增幅涌动的驱动作用；在

第②个半周期振荡中，四川外送功率减幅涌动，与特高压联络线减少的注入功率叠加，共同起制动作用；在持续的制动功率作用下，南阳站相位滞后程度增大，进入第③个半周期振荡后，四川电网与特高压联络线功率均作为驱动功率，抑制南阳站相位滞后，由于两种振荡均为强阻尼，因此其驱动功率较第②个半周期中的制动功率显著减少，若所提供的驱动功率不能有效抑制南阳站相位滞后量的持续增大，则特高压联络线功率在第 3/4 振荡周期时达到反摆峰值，威胁互联电网稳定运行，甚至失去同步稳定。

对于鄂、湘、豫或赣等省级电网故障，如图 6-7（b）所示，在第①个半周期振荡中，四川外送功率与特高压联络线南送功率均减小，即华中主网故障集聚的驱动能量能够由四川电网与华北电网共同分担；在第②个半周期振荡中，四川电网外送功率回摆增大，其驱动功率可抵消特高压联络线持续制动功率的作用；在第③个半周期振荡中，四川制动功率抵消特高压联络线的驱动功率。因此，在第②和第③个半周期振荡中，四川电网与特高压联络线驱动与制动功率相互抵消，大幅缓解了故障对区域互联电网的冲击。

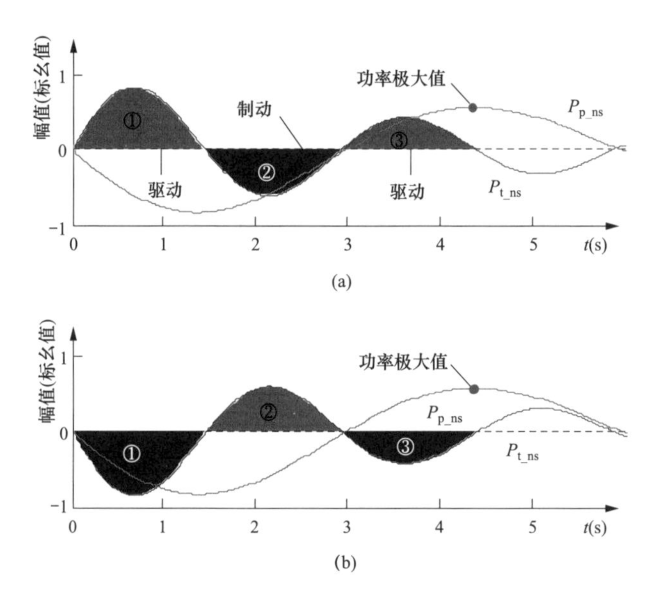

图 6-7 “北电南送”方式下理想振荡模态叠加效应

（a）四川网内故障理想模式振荡；（b）其他网内故障理想模式振荡

6.1.4.3 大区互联电网轨迹耦合叠加特性

“南电北送”及“北电南送”方式下，四川网内尖山站持续 0.1s 三相瞬时性短路故障扰动，电网暂态响应如图 6-8 和图 6-9 所示。

"南电北送"方式下，如图 6-8 所示，时段 oa 对应四川—华中振荡的 1/2 周期，期间四川注入主网的功率增量，驱动北送功率增幅涌动和其他省级电网加速运动；a 时刻对应区域互联电网振荡的 1/4 周期，在持续驱动功率的作用下南阳站与长治站频率偏差接近极大值；a 时刻之后，四川回摆功率与特高压联络线增幅功率共同对湖北电网起制动作用，南阳站与长治站频率偏差减小；在区域互联电网振荡的 1/2 周期，即 b 时刻，南阳站超前长治站相位达到极大值，对应互联电网稳定裕度达到极小。受扰轨迹表明，四川—华中 1/2 振荡周期中对区域互联电网 1/4 振荡周期的充分驱动，是导致后续特高压联络线功率大幅振荡的根本原因。

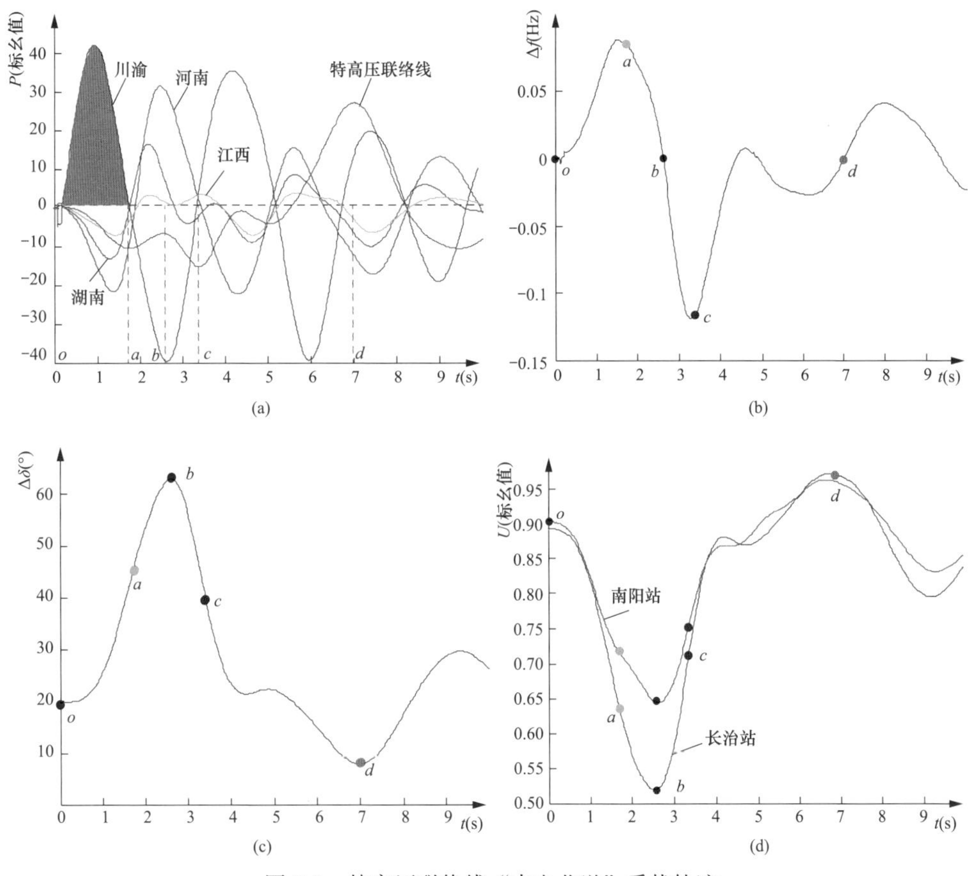

图 6-8　特高压联络线"南电北送"受扰轨迹

(a) 湖北电网净注入功率；(b) 南阳站与长治站频率差；

(c) 南阳站与长治站相位差；(d) 南阳站与长治站电压

"北电南送"方式下，如图 6-9 所示，在时段 $o'a'$ 所对应的四川—华中 1/2 振荡周期中，四川向主网注入大量驱动能量，南阳站滞后的母线相位增大，联络线南送功率大幅减小；在时段 $a'b'$ 所对应的四川—华中 2/2 振荡周期中，南送减少功率与四川回摆功率相叠加，对华中电网起“过制动”作用，b' 时刻四川—华中完成一个周期振荡时，两端母线频率差接近极大值，且显著大于 $o'a'$ 段的极值；回摆“过制动”导致区域互联电网振荡的第 3/4 周期中，南阳站滞后长治站的相位差持续增大，并在 c′时刻达到极大值，对应互联电网稳定裕度最小。

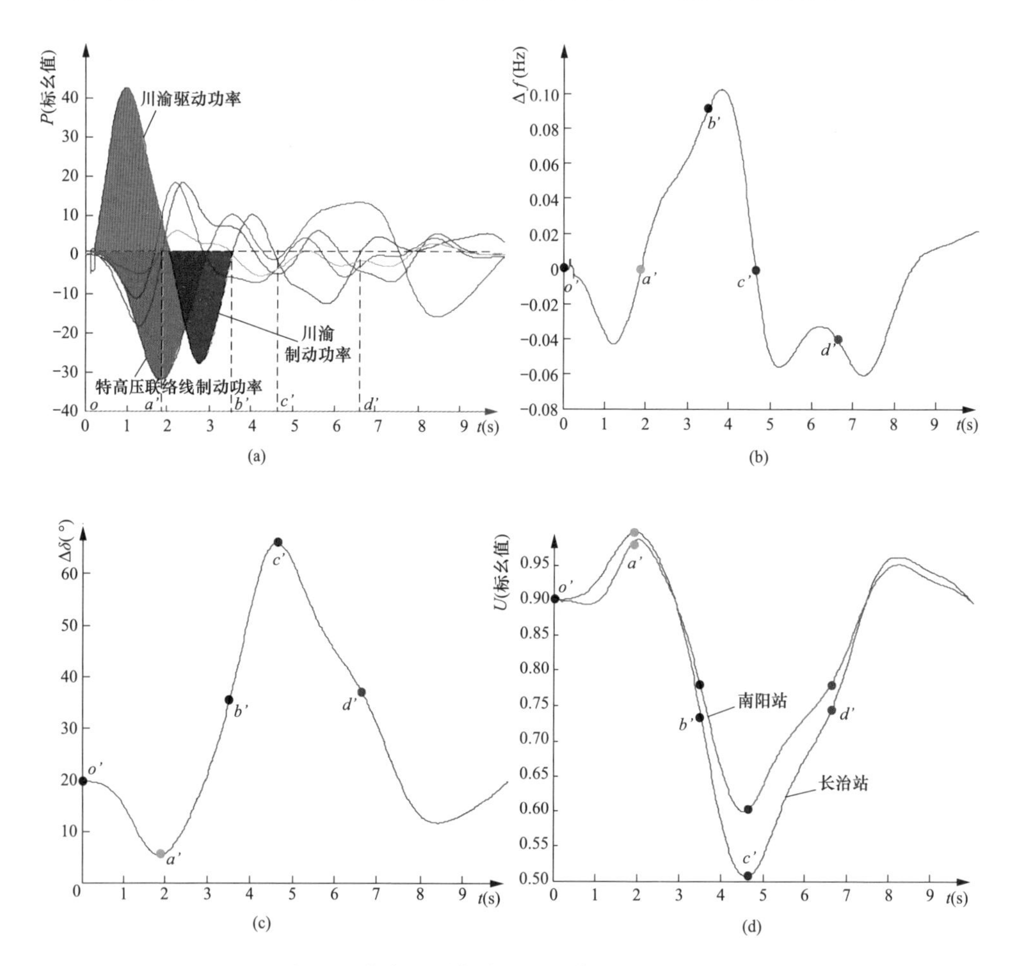

图 6-9 特高压联络线“北电南送”受扰轨迹

(a) 湖北电网净注入功率；(b) 南阳站与长治站频率差；

(c) 南阳站与长治站相位差；(d) 南阳站与长治站电压

仿真表明，受多模态时域响应叠加及非线性等因素影响，区域互联电网受扰行为轨迹更为复杂。四川—华中以及华中—华北两个主导振荡的机群同调特性和周期 1∶2 特性，使得四川网内故障后，首摆 1/2 周期中驱动能量有效利用以及反摆 2/2 周期中制动能量叠加。该特性是造成“南电北送”和“北电南送”方式下特高压联络线功率大幅涌动的根本原因，验证了基于理想模态分析振荡耦合特性的结论。

6.1.4.4 振荡耦合机制评述

华中、华北区域电网单回特高压联络线互联条件下，位于华中电网西部末端的四川电网，其网内故障对特高压联络线冲击威胁显著大于华中其他省级电网故障的这一现象，主要是由互联电网固有结构特性所决定的，即区域电网中发电机转动惯量分布和电网互联拓扑结构所决定的振荡机群同调特性和振荡频率的倍频特性。

这一区域电网互联结构特性是难以通过局部电网优化调整而改变的，应从互联电网整体结构上考虑。采用抑制措施，可一定程度上缓解故障对互联电网的冲击威胁。

6.1.5 缓解振荡耦合威胁的控制措施

6.1.5.1 适当降低枢纽电站短路电流水平

以下以“南电北送”方式为例，评估各种措施对缓解四川电网内部故障对特高压联络线冲击威胁的有效性。为便于分析对比，扰动均设置为尖山站出线发生持续 0.1s 的三相瞬时性短路故障。

故障电站短路电流水平越大，则扰动过程中集聚的加速能量越多，对电网冲击威胁越大。对应不同短路电流水平的四川网内各电站故障，特高压长治站电压最低跌落水平如图 6-10 所示。

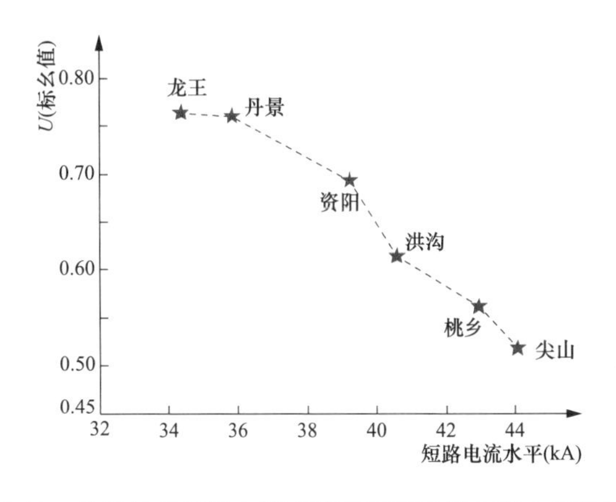

图 6-10 故障站点短路电流对特高压长治站最低电压的影响

因此，为缓解故障对互联电网的威胁，可调整局部电网结构，在不显著影响局部电网稳定水平的前提下，适当降低枢纽电站短路电流水平。仿真表明，尖山站交流线路出串运行，可一定程度上缓解故障对特高压联络线的冲击。

6.1.5.2 提高电压支撑减少负荷功率释放

成都环网是四川电网的负荷中心，若近区发生短路故障，则电压跌落期间有大量负荷功率释放，外送功率涌动幅度增大，进而增加互联电网振荡的广义驱动能量。因此，增强重负荷地区电网的电压支撑能力，有助于缓解故障对特高压联络线的冲击。

桃乡站安装两组 180Mvar 的 SVC、蜀州站和桃乡站各安装两组 180Mvar 的 SVC 以及无 SVC 三种情况下，受扰后湖北电网广义驱动能量以及特高压长治站电压对比曲线如图 6-11 所示。可以看出，四川负荷中心安装 SVC 可减小故障后区域互联电网振荡的广义驱动能量，显著提升互联电网稳定性。

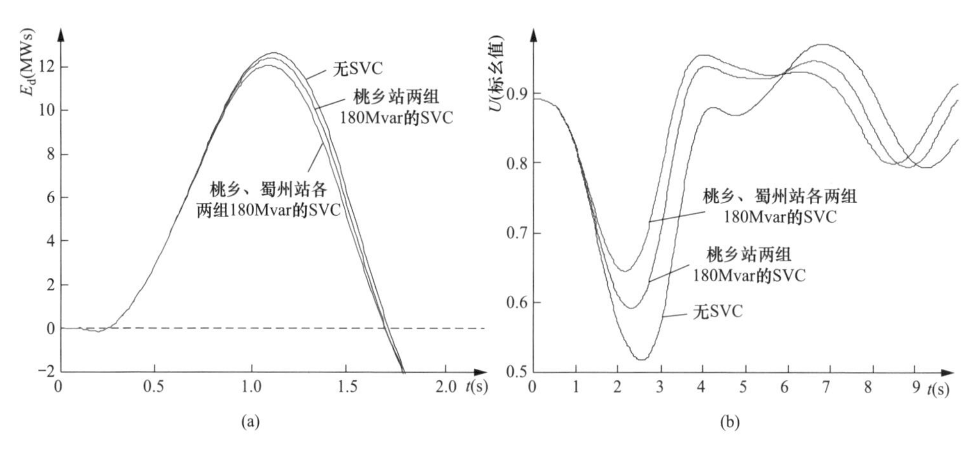

图 6-11 动态无功补偿对冲击的影响

(a) 广义驱动能量；(b) 长治站电压

6.1.5.3 直流功率控制释放加速能量

降低外送功率涌动幅度，快速释放受扰后的加速能量，是缓解故障对特高压联络线冲击的重要手段。故障后，四川锦苏±800kV/7200MW 特高压直流利用其非额定送电工况下的空闲容量，紧急提升功率，或以川渝交流断面功率为输入信号调制有功，快速增加直流送电功率，则可缓解故障冲击，效果如图 6-12 所示。由图 6-12 可知，特高压长治站最低电压可大幅提升，互联电网稳定水平显著提升。

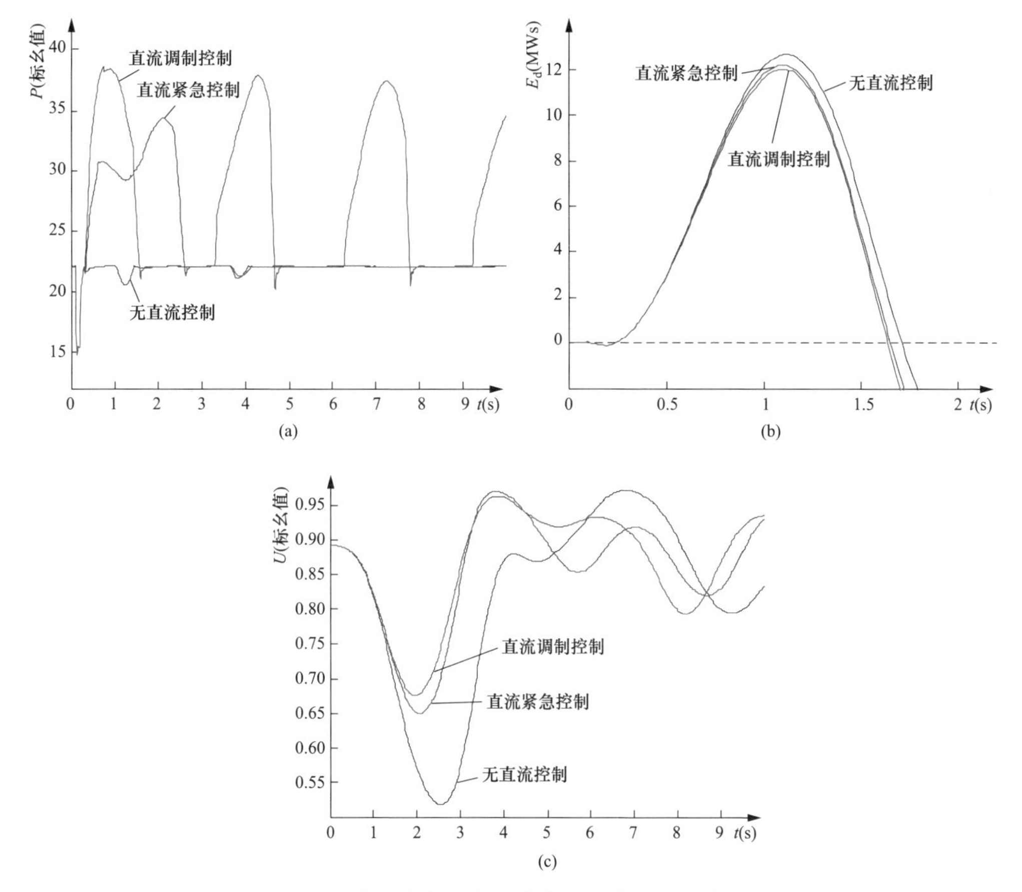

图 6-12　直流功率控制对特高压联络线的冲击影响

（a）直流单极功率；（b）广义驱动能量；（c）长治站电压

6.1.6　振荡耦合机制的仿真再验证

6.1.6.1　等值验证系统

为进一步验证区域互联电网与省级电网大扰动振荡耦合机制分析的正确性，依据图 6-1 所示电网结构特征，构建如图 6-13 所示等值系统，各发电机由单台机组模拟。

区域互联电网“南电北送”和“北电南送”方式下，两个主导振荡模态的振荡频率和阻尼比如表 6-3 所示，以华中—华北模态的振荡频率、振荡阻尼为基值 f_{base} 和 ζ_{base}，利用以下公式计算振荡频率、振荡阻尼的相对比值 f_* 和 ζ_*。

$$f_* = f/f_{base}$$

$$\zeta_* = \zeta/\zeta_{base}$$

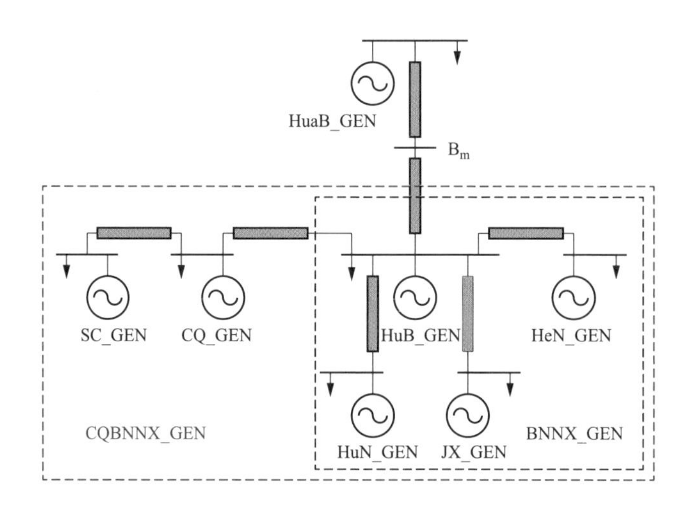

图 6-13 振荡耦合机制等值验证系统

HuaB_GEN—华北等值机；SC_GEN—四川等值机；CQ_GEN—重庆等值机；HuB_GEN—湖北等值机；HuN_GEN—湖南等值机；JX_GEN—江西等值机；HeN_GEN—河南等值机；CQBNNX_GEN、BNNX_GEN—相应虚线框中所包括的机组群

表 6-3 区域互联电网两种方式下主导振荡模态

振荡模式	"南电北送"方式				"北电南送"方式			
	振荡频率		振荡阻尼		振荡频率		振荡阻尼	
	f	f_*	ζ	ζ_*	f	f_*	ζ	ζ_*
华中—华北	0.1582	1	0.1114	1	0.1676	1	0.1159	1
四川—华中	0.3307	2.0904	0.0827	0.7424	0.3408	2.0334	0.1073	0.9258

调整图 6-13 所示等值系统运行参数及结构参数，使 CQBNNX_GEN 相对 HuaB_GEN 的振荡模态和 SC_GEN 相对 BNNX_GEN 的振荡模态为等值系统两个主导振荡模态，且以前者振荡频率、振荡阻尼为基值 f_{base} 和 ζ_{base}，SC_GEN 相对 BNNX_GEN 振荡的 f_* 和 ζ_* 参数与表 6-3 中四川—华中模态对应参数基本一致。等值系统振荡模态计算结果如表 6-4 所示，对应模态图如图 6-14 和图 6-15 所示。

6.1.6.2 大扰动特性对比验证

针对图 6-13 所示等值系统，"南电北送"和"北电南送"两种方式下，不同机组出口母线设置三相瞬时性短路故障冲击，母线 B_m 电压以及以 HuaB_GEN 为参考机的各机组功角差分别如图 6-16 和图 6-17 所示。可以看出，SC_GEN 出口母线故障，母线 B_m 电压波动幅度以及各机组的功角差，均显著大于其他机组出口母线故障。

表 6-4　　等值系统两种方式下主导振荡模态

振荡模式	“南电北送”方式				“北电南送”方式			
	振荡频率		振荡阻尼		振荡频率		振荡阻尼	
	f	f_*	f	f_*	f	f_*	f	f_*
CQBNNX_GEN-HuaB_GEN	0.6554	1	0.0382	1	0.8443	1	0.0642	1
SC_GEN_BNNX_GEN	1.3538	2.0656	0.0294	0.7632	1.6449	1.9479	0.05660	0.8816

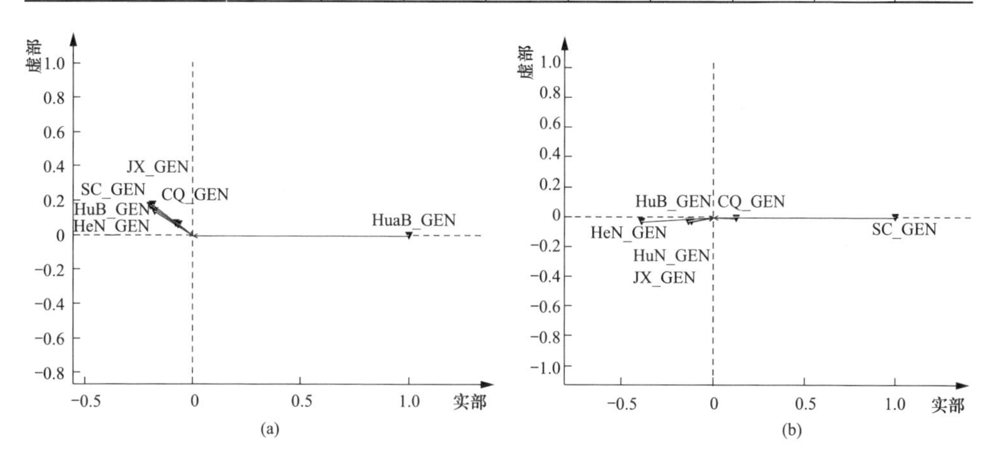

图 6-14　“南电北送”方式下等值系统主导振荡模态

(a) CQBNNX_GEN 相对 HuaB_GEN 的振荡模态；(b) SC_GEN 相对 BNNX_GEN 的振荡模态

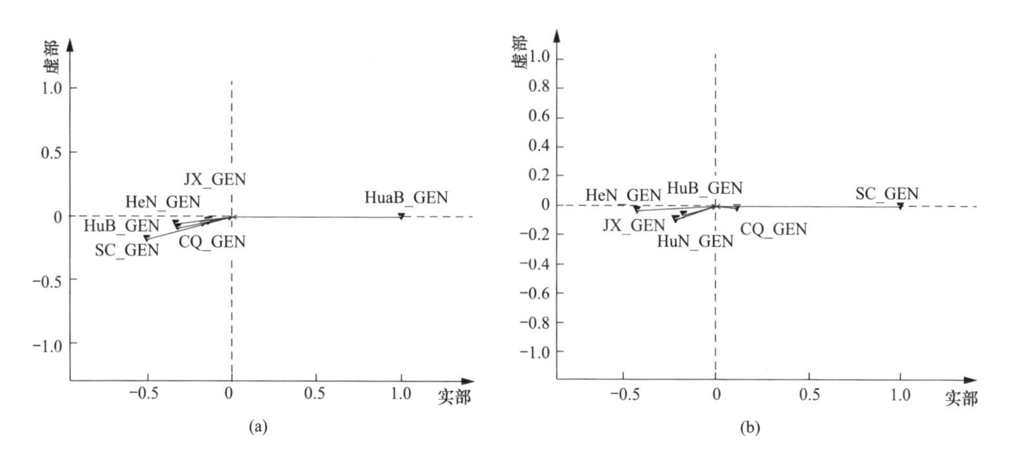

图 6-15　“北电南送”方式下等值系统主导振荡模态

(a) CQBNNX_GEN 相对 HuaB_GEN 的振荡模态；(b) SC_GEN 相对 BNNX_GEN 的振荡模态

计算结果表明，等值系统两个主导振荡模态的振荡频率、振荡阻尼相对比值 f_* 和 ζ_* 与区域互联电网基本一致时，等值系统即可复现大扰动特征——远端故障对互联电网的冲击程度较近端故障更为严重。

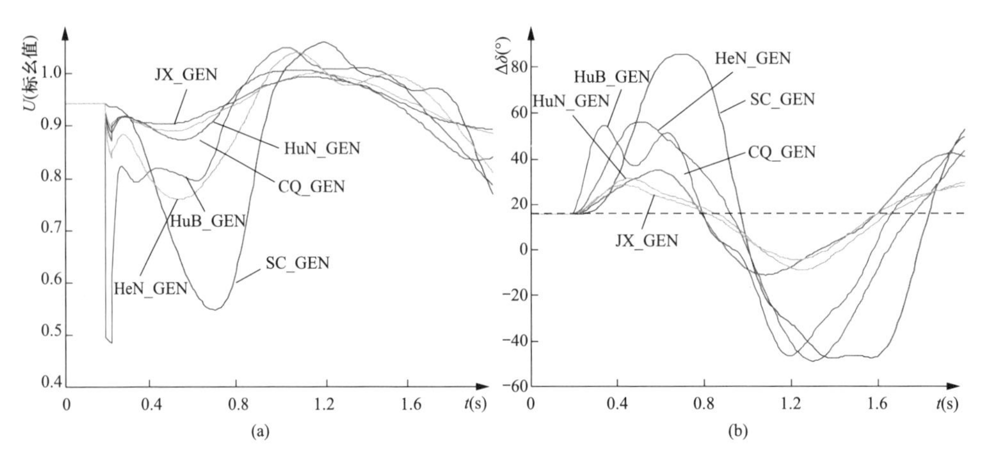

图 6-16　“南电北送”方式不同机组出口故障下等值系统暂态响应

（a）母线 B_m 电压；（b）以 HuaB_GEN 为参考机的各发电机功角差

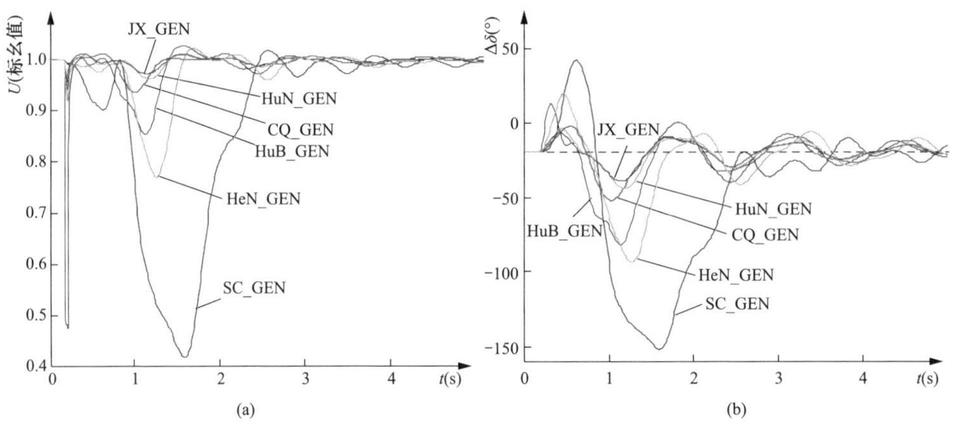

图 6-17　“北电南送”方式不同机组出口故障下等值系统暂态响应

（a）母线 B_m 电压；（b）以 HuaB_GEN 为参考机的各发电机功角差

6.2　交直流耦合弱化送端功角稳定性机理及应对控制

6.2.1　交直流混联送端电网稳定威胁

特高压直流送端通常就近接有大型水电、火电、核电或新能源基地，以便直接将电力经直流远距离、大容量外送。与此同时，为提高送端电网运行灵活性与安全稳定性，电源群还通过交流线路与主网互联，典型结构如图 6-18 所示。

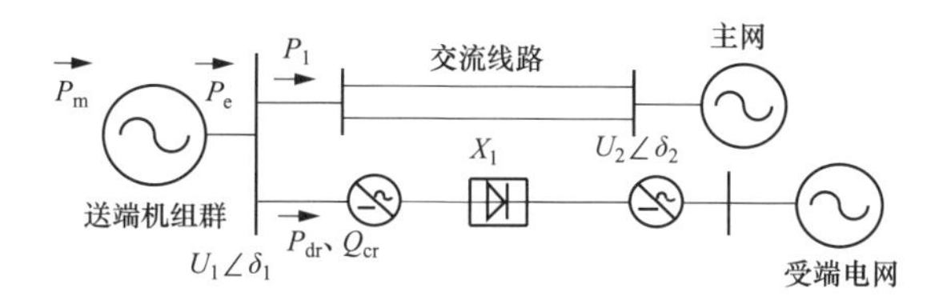

图 6-18　特高压直流送端典型网架结构

P_m—送端机组群机械功率；P_e—送端机组群电磁功率；P_1—交流线路有功功率；P_{dr}—直流整流站有功功率；Q_{cr}—直流整流站从交流电网吸收的无功功率；U_1、δ_1—整流站交流母线（即交流线路送端母线）的电压幅值与相位；U_2、δ_2—交流线路受端母线的电压幅值和相位；X_1—交流线路电抗

大扰动后，送端机组与主网之间功角动态特性可表示为式（6-5）。可以看出，直流功率的动态调节会改变原交流电网功率平衡特性，进而影响送端机组的功角稳定性。

$$T_J\frac{d^2\delta_{12}}{dt}+\frac{U_1U_2}{X_1}\sin\delta_{12}=P_m-P_{dr} \tag{6-5}$$

式中：T_J 为送端机组群惯性时间常数；δ_{12} 为交流线路两端母线相位差。

在大扰动故障切除过程以及后续振荡过程中，整流站交流母线电压 U_1 大幅波动，加之直流控制方式切换，整流站有功及其从交流电网吸收的无功会经历复杂的非线性动态过程，由此形成的交直流耦合及相互作用，使送端电网有功平衡与无功电压特性更为复杂。

6.2.2　特高压直流送端网源结构

向家坝电站与溪洛渡电站是金沙江流域梯级电站，分别为 2010 年投运的复奉±800kV/6400MW 特高压直流和 2014 年投运的宾金±800kV/8000MW 特高压直流的送端配套电源。向家坝水电站装机 8×800MW，左岸电站和右岸电站各 4 台机组；溪洛渡水电站装机 18×770MW，左岸电站和右岸电站各 9 台机组。根据工程建设进度，2014 年前，向家坝右岸电站机组全部投运，左岸电站投产 2 台机组，溪洛渡左岸和右岸电站各投产 6 台机组。

为缓解溪洛渡电站机组超前于宾金特高压直流投运导致的丰水期大量弃水，2013 年溪洛渡电站经溪洛渡—复龙（以下简称溪复）线路和复龙—泸州（以下简称复泸）线路与主网互联，向复奉特高压直流和四川交流电网送电，送端局部交直流混联网架结构如图 6-19 所示。溪洛渡—复龙—泸州呈长链型辐射状结构，其中溪复线路长约 101km，复泸线路长约 96km，当复泸线路中一回线故障开断后，复龙换流站将邻近溪洛渡和向家坝机组与主网相对振荡的振荡中心位置。

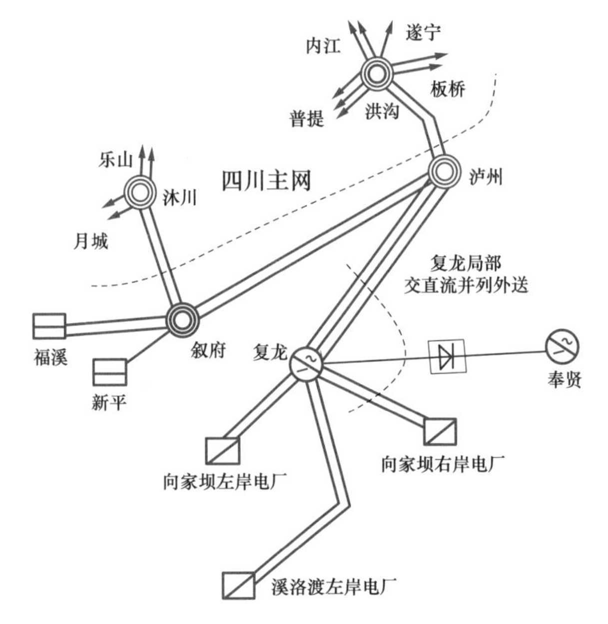

图 6-19　2013 年过渡期复奉特高压直流送端局部交直流混联结构

丰水期向家坝右岸和左岸电站分别运行 4 台和 2 台机组，溪洛渡电站运行 4 台机组，复奉特高压直流额定功率为 6400MW，复龙地区经复泸线路向主网送电约 570MW。

在交直流混联电网仿真分析中，复奉特高压直流仿真模型采用如 2.2.2 小节所述美国太平洋直流联络线工程简化模型，即直流 D 模型。

6.2.3　特高压直流送端电网稳定特性及机理分析

6.2.3.1　送端电网稳定特性分析

2013 年，溪复线路复龙侧三永 $N-1$ 故障，电网暂态响应如图 6-20（a）所示。故障扰动后，送端溪洛渡电站机组与主网机组在第 2 摆失去暂态稳定。复泸线路复龙侧三永 $N-1$ 故障，电网暂态响应如图 6-20（b）所示。故障扰动后，溪洛渡电站和向家坝电站机组与主网机组之间的功角振荡呈增幅趋势，并在 6s 后失去大扰动动态稳定。

除复龙地区与主网长链型辐射状弱互联的网架结构、局部电网功率大量汇集等因素外，受扰后动态过程中交直流相互耦合作用是导致局部电网稳定性弱化的重要因素。

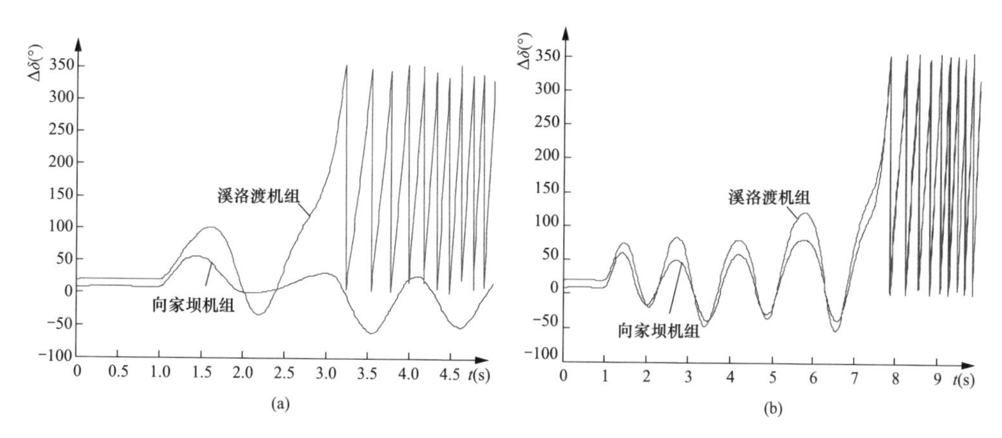

图 6-20　复龙换流站出口线路故障机组功角差

(a) 溪复线故障；(b) 复泸线故障

6.2.3.2　第 2 摆暂态失稳机理分析

溪复线路复龙侧三永 $N-1$ 故障后，整流站交流母线电压、直流功率、机组机械功率和电磁功率、交流线路功率以及机组频率偏差的暂态时域响应曲线如图 6-21 所示。交直流耦合作用弱化送端电网功角稳定性的机理，分析如下。

（1）短路故障期间，发电机输出电磁功率阻断，在不平衡驱动功率作用下溪洛渡机组加速，交流线路送端复龙站母线相位超前受端泸州站。

（2）故障切除后，由于送端相位超前，复泸线向电网输出大量功率，溪洛渡机组制动减速。

（3）与此同时，随着故障清除后复龙换流站电压恢复升高，复奉特高压直流功率快速提升恢复送电，直流从复龙地区“抽取”功率，进而导致送端溪洛渡机组过制动。如图 6-21（c）所示，回摆过程中机组的制动能量显著大于故障期间积聚的加速能量。受此影响，机组功角回摆幅度大幅增加。

（4）深度回摆后，送端机组功角大幅滞后于主网，复泸线路从主网倒灌大量加速功率。第 2 摆时，复奉直流基本恢复初始功率平稳送电，不再额外吸收功率，仅靠复泸线路无法将不平衡功率送出，因此，溪洛渡机组在第 2 摆中失去暂态稳定。

送端溪洛渡机组的 $\Delta\delta$-P 运行轨迹如图 6-22 所示。可以看出：故障清除后沿逆时针方向回摆过程中，随换流母线电压升高，直流送电功率恢复增加并从复龙地区电网“抽取”功率，因此虽然机组与主网功角差回摆减小，但电磁功率仍然持续增大；减速面积大幅增加，导致机组深度回摆并再次积聚大量加速能量；第 2 次摆动过程中主网无法吸收该加速能量，机组将越过不稳定平衡点，失去暂态稳定。

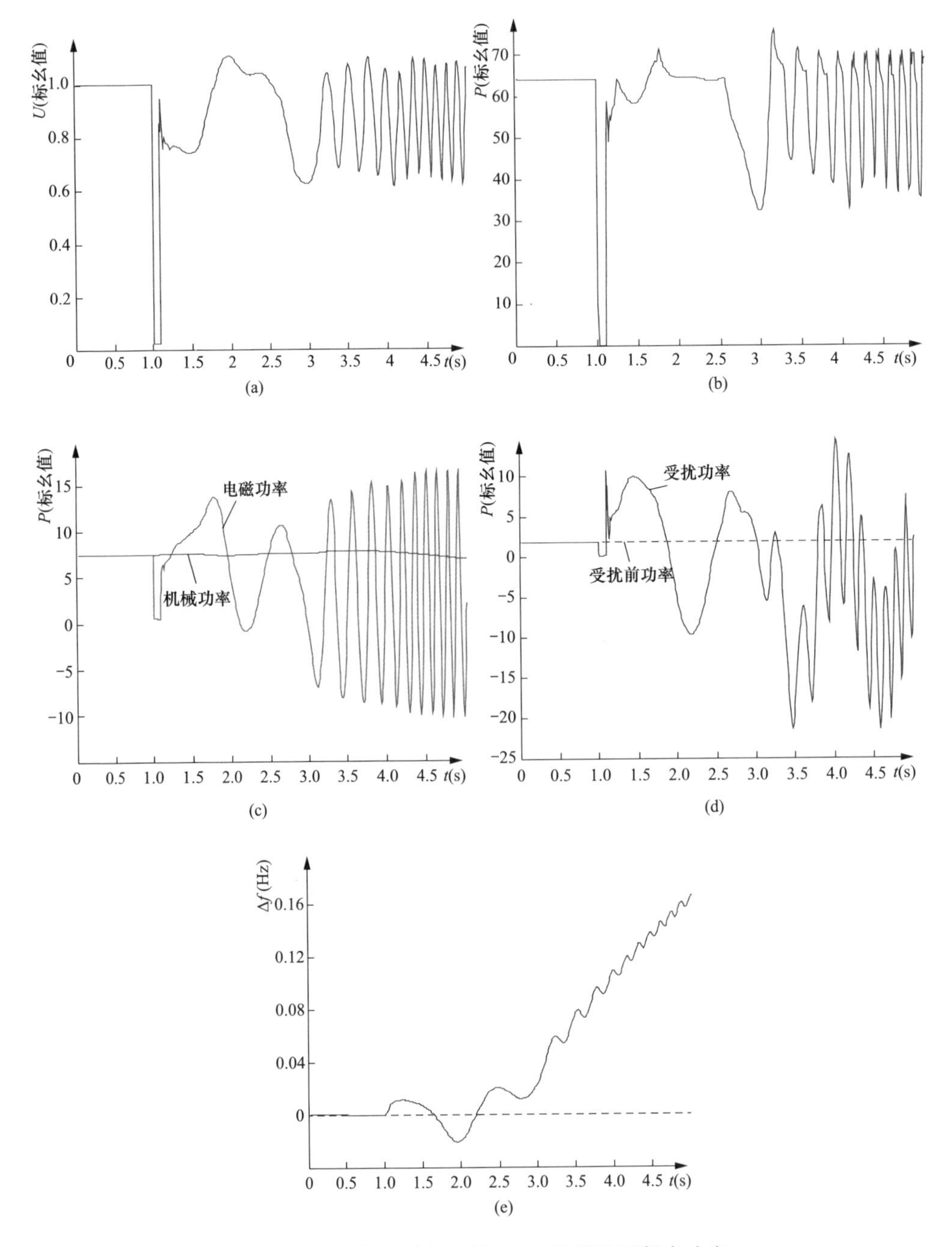

图 6-21　溪复线路复龙侧 N－1 故障电网暂态响应

(a) 整流站交流母线电压；(b) 直流功率；(c) 溪洛渡机组机械功率与电磁功率；(d) 复泸线路中一回线功率；(e) 溪洛渡机组频率偏差

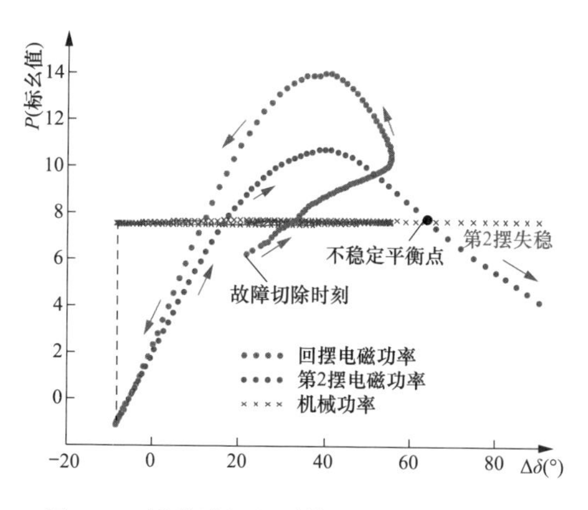

图 6-22　溪洛渡机组受扰后 $\Delta\delta-P$ 运行轨迹

6.2.3.3　大扰动动态失稳机理分析

复泸线路复龙侧三永 $N-1$ 故障后，整流站交流母线电压、整流器触发滞后角、直流功率以及复泸线功率的暂态时域响应曲线，如图 6-23 所示。复泸线路中一回线开断后，复龙整流站邻近溪洛渡—复龙—泸州长链型交流线路的电气中点，复龙站电压起伏波动幅度大。在送端局部电网中，复奉直流与复泸交流线路形成交直流并列运行格局，受扰振荡过程中交直流相互耦合，弱化送端机组与主网振荡阻尼特性的机理，分析如下。

（1）送端溪洛渡机组与主网机组功角振荡增大时，如图 6-23 中的 ab 段，复泸线路功率增大，振荡中心复龙站电压逐渐跌落，整流站直流电压也随之降低。

（2）为维持直流送电功率，复奉直流整流器触发滞后角 α 逐渐减小以抑制直流电压降低，当达到 α_{min} 时，直流由定功率控制切换为定最小触发角 α_{min} 控制，直流功率失去控制，并随电压降低而减小。

（3）减少的直流外送功率，转移叠加至复泸线路，“助增”交流线路功率增长，如图 6-23（d）所示。

（4）当溪洛渡机组回摆与主网机组功角减小时，复泸线路功率下降，振荡中心电压逐渐提升。

（5）复奉直流功率随整流站交流母线电压提升而逐渐恢复增大，直流从复龙局部电网抽取功率“促降”复泸线路功率跌落，如图 6-23（d）中的 bc 段。

（6）直流功率随电压振荡调节，“助增促降”并列交流线路功率波动，弱化送端机组与主网机组之间的振荡阻尼特性。

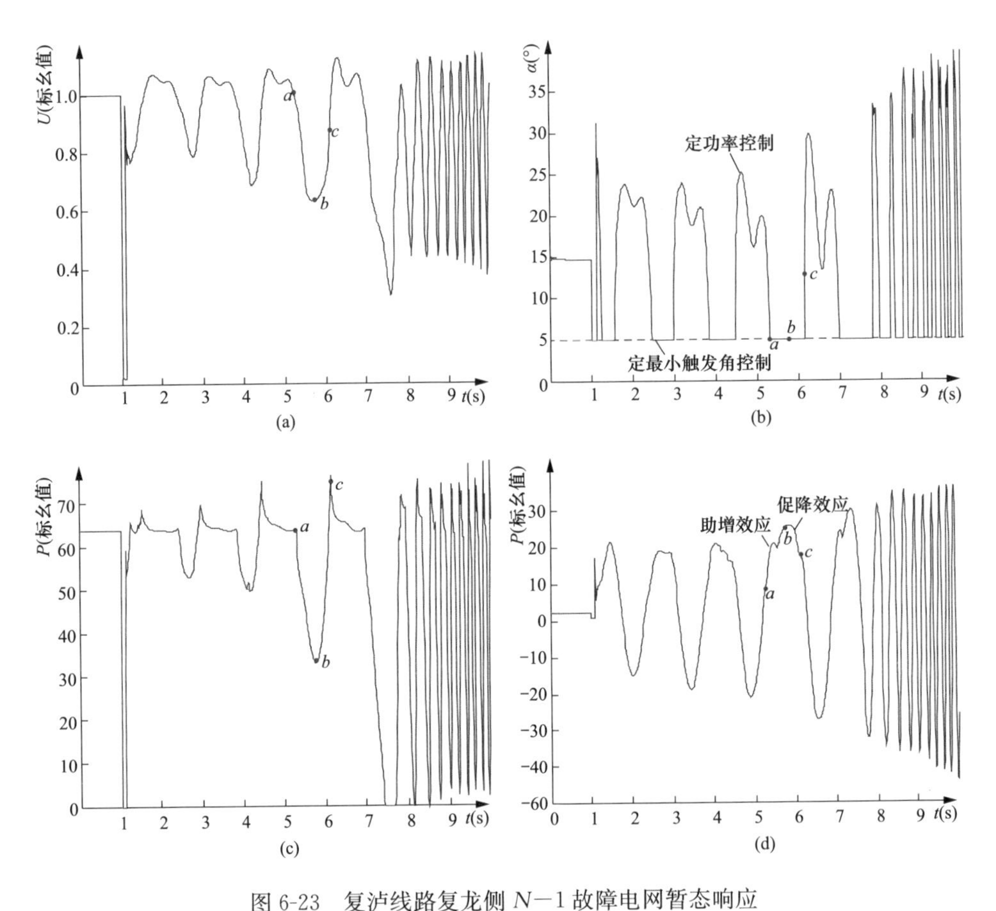

图 6-23　复泸线路复龙侧 $N-1$ 故障电网暂态响应

(a) 整流站交流母线电压；(b) 触发滞后角；(c) 直流送电功率；(d) 泸复线路中一回线功率

VDCOL 通过在直流电压降低过程中限制直流电流进而降低送电功率，改善直流所连接交流电网的恢复特性。为进一步验证前述大扰动后直流功率随电压变化调节弱化振荡阻尼特性的机理分析，调整 VDCOL 限电流启动电压门槛值，改变低电压期间直流功率特性。为此，将启动电压门槛值 U_{th} 的标幺值由 0.7 提升至 0.8，复泸线路复龙侧故障后电网暂态响应对比曲线如图 6-24 所示。

由图 6-24 可以看出，随着 VDCOL 启动电压提高，在电压振荡跌落和回升过程中，直流功率波动幅度增大，“助增促降”效应增强，对应电网振荡阻尼进一步弱化。

过渡期，溪洛渡电站经远距离长链型线路与主网弱互联的电网结构，是出现稳定问题的根本原因；大容量特高压直流局部大容量功率汇集导致交直流耦合作用增强，则一定程度上进一步弱化了大扰动稳定性。丰水期水电大发和直流额定大功率送电条件下，为提高复龙送端电网功角稳定性和改善动态恢复特性，可采用完善稳控策略以及交直流协调控制等应对措施。

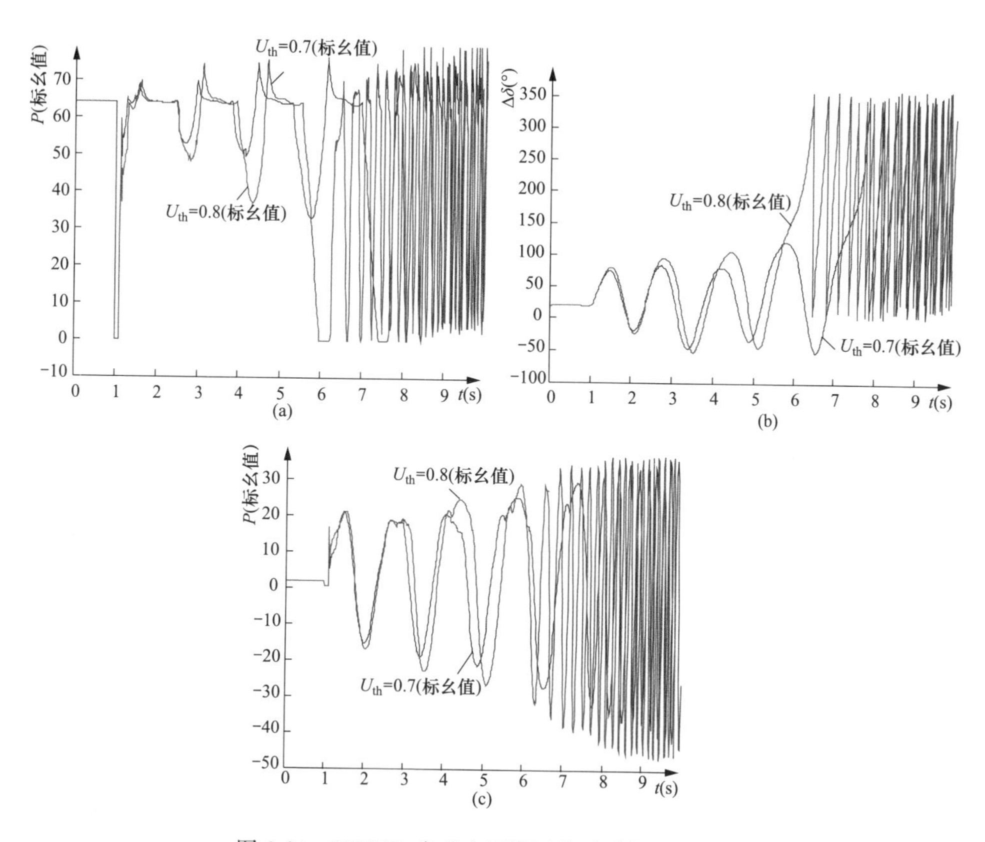

图 6-24　VDCOL 启动电压设置值对受扰特性影响

（a）直流功率；（b）溪洛渡机组与主网机组功角差；（c）泸复线路中一回线功率

6.2.4　提高特高压直流送端电网稳定水平的措施

6.2.4.1　切除送端机组降低交流线路送电功率

利用切机措施，故障扰动后切除送端溪洛渡电站机组，可提高电网的功角稳定水平。计算分析表明，在溪洛渡电站 4 台机组运行条件下，溪复线路和复泸线路复龙侧三永 $N-1$ 故障，分别切除溪洛渡电站 2 台和 1 台机组，可维持第 2 摆暂态稳定和实现送端机组大扰动动态稳定，如图 6-25 和图 6-26 所示。

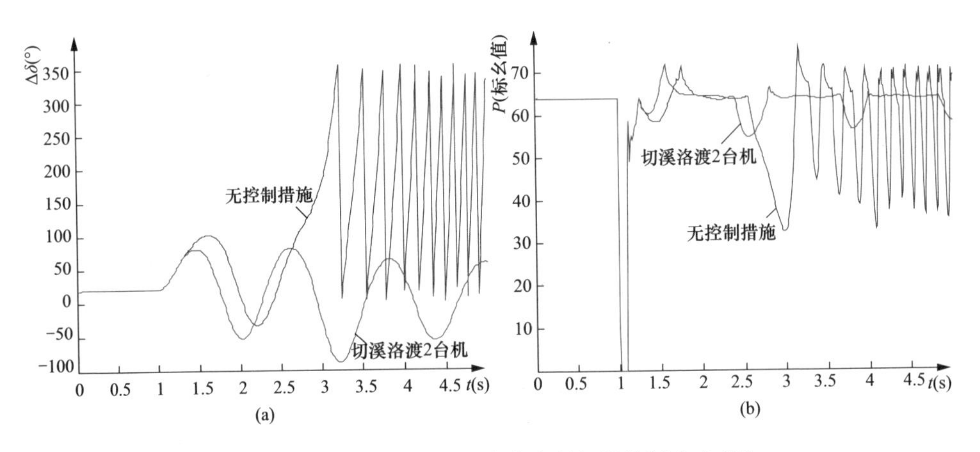

图 6-25 溪复线路复龙侧故障有无切机控制响应对比

(a) 溪洛渡机组与主网机组功角差；(b) 直流功率

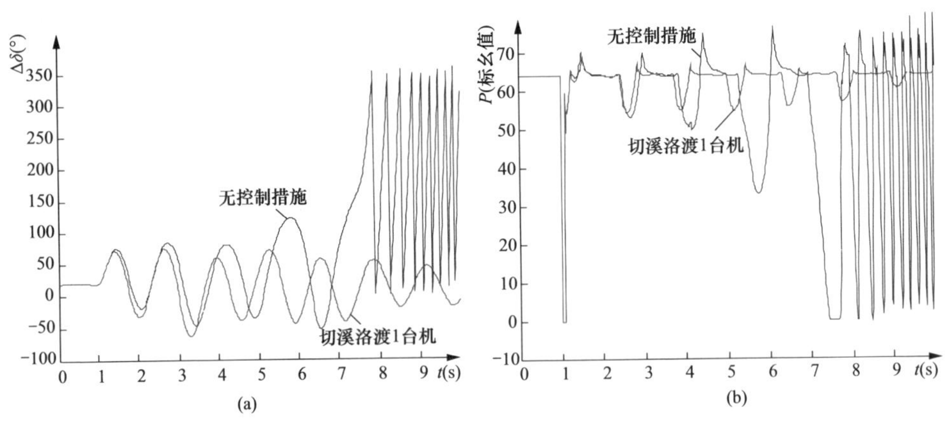

图 6-26 复泸线路复龙侧故障有无切机控制响应对比

(a) 溪洛渡机组与主网机组功角差；(b) 直流功率

6.2.4.2 协调控制抑制交直流耦合作用

在复龙局部交直流混联电网中，取复泸线路有功振荡信号作为复奉直流有功调制控制器输入信号，其中调制器结构如图 2-23（a）所示。溪复线路复龙侧故障后，电网暂态响应的对比曲线如图 6-27 所示。

由图 6-27（a）可以看出，调制控制器延迟直流功率恢复，大幅降低直流从复龙地区“抽取”功率的水平，有效缓解直流功率恢复对送端机组过制动影响，提高故障后送端机组暂态稳定性。溪复线路复龙侧三永 $N-1$ 故障后，溪洛渡机组的 $\Delta\delta$-P 运行轨迹对比曲线如图 6-28 所示。可以看出，在直流有功调控作用下，机组功角首次正向最大摆幅且回摆过程中的减速面积均明显减小，回摆深度降低可使回摆过程中机组积聚的加速能量减少，第 2 摆暂态稳定裕度相应显著增大。后续振荡过程中，机组围绕故障后的稳定平衡点进行衰减振荡。

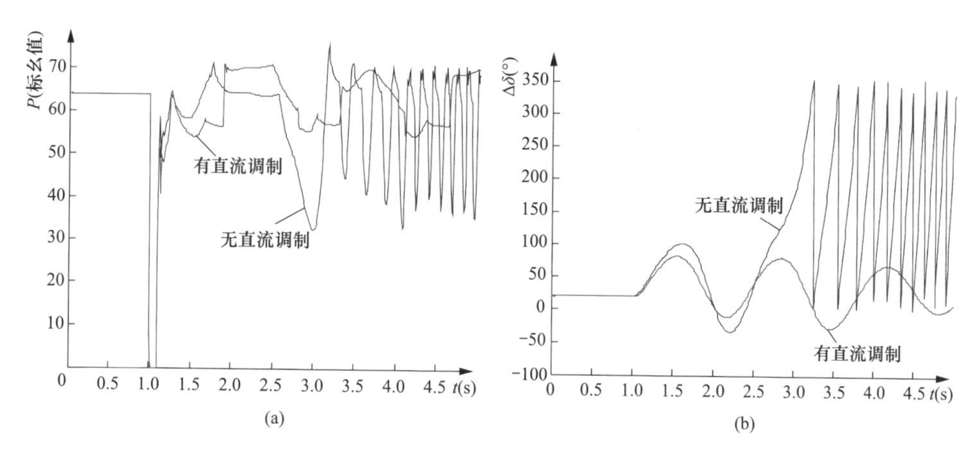

图 6-27　直流有功调制对溪复线路故障后稳定性的影响

（a）直流功率；（b）溪洛渡机组与主网机组功角差

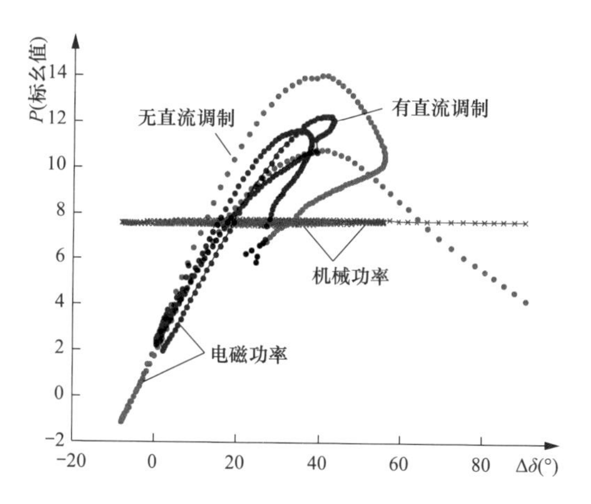

图 6-28　直流有功调制对溪洛渡机组受扰后 Δδ-P 运行轨迹的影响

6.3　送端电网惯性时间常数对暂态稳定性和送电能力影响

6.3.1　惯性时间常数对机组加减速能量的影响

6.3.1.1　等值外送型研究系统

针对如图 6-29 所示送端电网经交流线路与主网互联的系统，研究双回线三

永 $N-1$ 故障扰动下，送端机组群惯性时间常数大小对极限外送能力的影响。

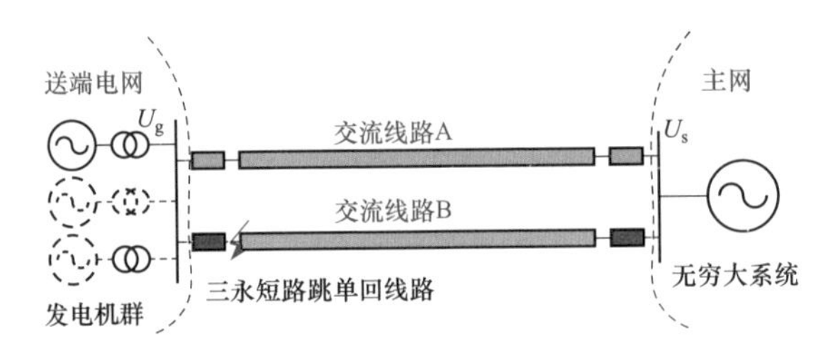

图 6-29　等值外送型研究系统

故障前、故障期间以及故障后发电机电磁功率特性分别如式（6-6）～式（6-8）所示，即

$$P_{e\mathrm{I}}=U_gU_s\sin\delta/X_{\mathrm{I}} \tag{6-6}$$

$$P_{e\mathrm{II}}=0 \tag{6-7}$$

$$P_{e\mathrm{III}}=U_gU_s\sin\delta/X_{\mathrm{III}} \tag{6-8}$$

式中：$P_{e\mathrm{I}}$、$P_{e\mathrm{II}}$、$P_{e\mathrm{III}}$ 分别为故障前、故障期间和故障后发电机电磁功率；U_g、U_s 和 δ 分别为交流线路送受端母线电压和相位差；X_{I} 和 X_{III} 分别为故障前和故障后交流线路电抗。

分析中，假设送端机组在励磁调节器的作用下，能够保持故障清除后 U_g 恒定；由于受端为理想的无穷大系统，扰动过程中亦可保持 U_s 恒定；发电机不考虑原动机及其调节器动作，即机械注入功率维持恒定。

6.3.1.2　惯性时间常数对故障期间加速能量积聚的影响

决定送端机组群遭受大扰动后暂态稳定的关键因素，是故障扰动中机组群积聚的加速能量是否能够被故障清除后电网所能提供的最大减速能量所吸收，若最大减速能量大于加速能量，则机组群能够保持暂态稳定；反之，机组群失去暂态稳定。

对于图 6-29 所示等值外送型研究系统，送端机组群等值发电机的转子运动方程如式（6-9）和式（6-10）所示，即

$$\frac{\mathrm{d}\delta}{\mathrm{d}t}=(\omega-1)\omega_{\mathrm{N}} \tag{6-9}$$

$$T_{\mathrm{J}}\frac{\mathrm{d}\omega}{\mathrm{d}t}=T_{\mathrm{m}}-T_{\mathrm{e}}=\frac{P_{\mathrm{m}}}{\omega}-\frac{P_{\mathrm{e}}}{\omega} \tag{6-10}$$

式中：ω_{N} 和 ω 分别为发电机额定转速和受扰转速；T_{J} 以及 T_{m}、T_{e} 和 P_{m}、P_{e} 分别为送端机群总的惯性时间常数、机械力矩、电磁力矩和机械功率、电磁功率。

忽略力矩与功率之间的转速因素影响，则式（6-10）可描述为式（6-11），即

$$T_J \frac{d\omega}{dt} = P_m - P_e \tag{6-11}$$

由式（6-9）和式（6-11）可推导出故障清除 t_c 时刻发电机转速 ω_c 和功角 δ_c，分别如式（6-12）和式（6-13）所示，即

$$\omega_c = \omega_N + \frac{P_m t_c}{T_J} \tag{6-12}$$

$$\delta_c = \delta_0 + \frac{P_m t_c}{T_J}\omega_N \tag{6-13}$$

式中：δ_0 为稳态运行对应的功角。

由此可见，发电机最大功角与机械输入功率、故障切除时间成正比，与惯性时间常数成反比。

故障期间不平衡功率驱动转子加速，转子积聚动能，对应的加速能量 A_a 如式（6-14）所示。可以看出，惯性时间常数越大，加速能量越小；机械注入功率越大或故障清除时间越长，则加速能量越大。

$$A_a = \int_{\delta_0}^{\delta_c} (P_m - P_{e\text{II}}) d\delta = P_m(\delta_c - \delta_0) = \frac{P_m^2 t_c}{T_J}\omega_N \tag{6-14}$$

6.3.1.3 惯性时间常数对故障清除后最大减速能量的影响

故障清除后，电磁功率大于机械功率，发电机转子减速。由于转子惯性，在发电机转速 ω 降至额定转速 ω_N 前，发电机功角仍持续增大。若在功角达到不稳定平衡点对应的功角 δ_u 之前，ω 能降至 ω_N 并开始回摆，则机组暂态稳定；否则，功角越过 δ_u 之后，机械功率再次大于电磁功率，发电机失去制动力矩，机组失去暂态稳定。

故障后，发电机最大减速能量 A_d 如式（6-15）所示。

$$A_d = \int_{\delta_c}^{\delta_u} (P_{e\text{III}} - P_m) d\delta = \int_{\delta_c}^{\delta_u} \left(\frac{U_g U_s}{X_{\text{III}}}\sin\delta - P_m\right) d\delta = A_{d1} + A_{d2} \tag{6-15}$$

其中，分量 A_{d1} 和 A_{d2} 分别为

$$A_{d1} = \frac{U_g U_s}{X_{\text{III}}}\cos\delta_c + P_m \delta_c$$

$$A_{d2} = -\frac{U_g U_s}{X_{\text{III}}}\cos\delta_u - P_m \delta_u$$

在考察惯性时间常数为变化量，其他量均维持不变的条件下，减速能量分量 A_{d2} 为一恒定值，减速能量分量 A_{d1} 则取决于故障切除时刻对应的 δ_c。在故障后的不稳定平衡点 δ_u 处，机械功率 P_m 满足式（6-8），将该式代入 A_{d1}，并对

δ_c求导可得

$$\dot{A}_{d1}=\frac{U_gU_s}{X_{Ⅲ}}(\sin\delta_0-\sin\delta_c)<0 \tag{6-16}$$

A_{d1}对角度 δ_c 的导数小于零，意味着减小 δ_c 则可增大减速面积。由 6.3.1.2 节分析可知，在电网条件相同时，增加送端机组群总惯性时间常数，可降低故障清除时刻功角摆幅，因此可增加故障清除后最大减速面积，有利于提高电网稳定水平。

6.3.1.4 增加惯性时间常数提升输电能力

由以上分析可以看出，增加送端电网的惯性时间常数，一方面可以降低故障期间机组群不平衡功率积聚的加速能量，另一方面则可以增加故障清除后电网所能提供的最大减速能量。因此，综合两方面因素，如图 6-30 所示，增加送端机组群惯性时间常数后，加速面积与减速面积相等的对应临界稳定状态的外送功率 P'_m较原功率 P_m 能够增加 ΔP_m，即输电能力可提升 ΔP_m。

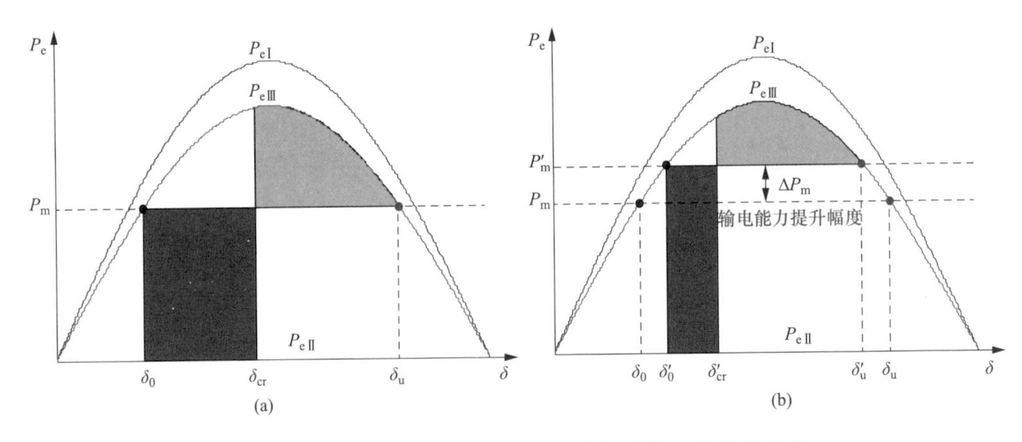

图 6-30　增加送端机群惯性时间常数提升输电能力的原理

(a) 原加减速面积；(b) 增加惯性时间常数后加减速面积

以图 6-29 所示系统为例，送端发电机采用 E'恒定模型，折算至系统基准容量的单台机组参数分别为：主变压器电抗 X_t＝0.1（标幺值），发电机暂态电抗 X'_d＝0.2（标幺值），发电机动能 120MWs，交流线路 A 和 B 的电抗标幺值为 0.3。不同开机台数条件下，交流线路中一回线三永 $N-1$ 故障约束的极限外送功率如图 6-31 所示，其中，外送功率由各机组平均分摊。由图 6-31 可见，增加开机台数提高送端电网机组群惯性时间常数，外送功率极限持续提升。但值得关注的是，随着开机台数的增加，极限功率提升幅度趋于饱和。

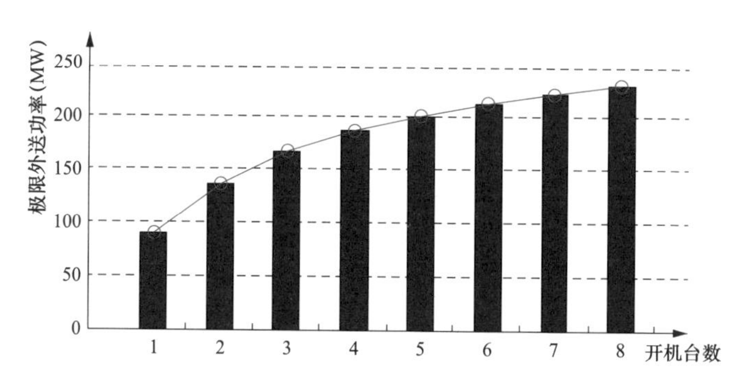

图 6-31　开机台数对暂态极限外送功率的提升效果

6.3.2　惯性时间常数对电网外送能力影响研究

在电网建设初期或过渡期，受交流线路等一次设备投资大、建设周期长以及技术经济性等因素影响，通常主干网架较为薄弱，电源外送容量与电网输电能力之间的矛盾突出，对于丰水期水电基地外送型电网更为突出。青藏直流馈入后，藏中电网供电能力和运行可靠性得到显著改善。但藏中主干网架较为薄弱，其中，林芝电网与主网单回长距离交流线路输电能力较低，是威胁电网安全稳定运行和制约丰水期林芝富裕水电外送的重要因素。

如图 6-32 所示，林芝电网与西藏主网通过长度为 298km 的单回 220kV 长线路互联（初期降压 110kV 运行）。林芝电网境内水电资源较为丰富，其中老虎嘴电站是西藏电网的主力电源，装机容量为 3 台 34MW 水电机组，此外还拥有雪卡、冰湖、八一等小型水电站。老虎嘴电站的投运，增强了林芝电网与藏中主网电力互补，对提高电网供电可靠性和供电能力、缓解电力供需矛盾、促进经济社会发展，具有重要意义。

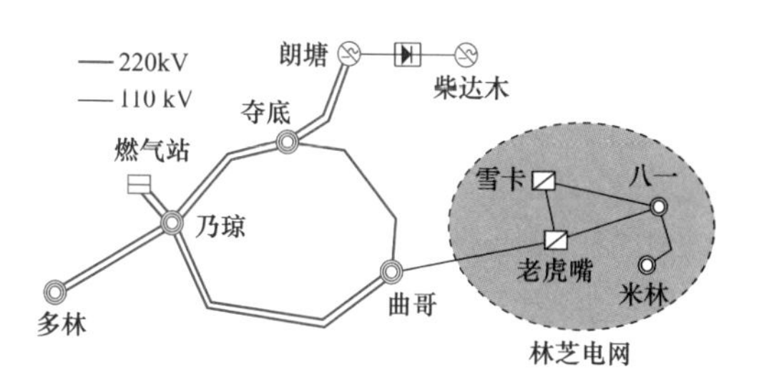

图 6-32　林芝电网与西藏主网互联结构图

计算分析表明，老虎嘴电站一台机组运行时，对应老虎嘴—曲哥线路单相瞬时性故障扰动，维持林芝电网与藏中主网暂态稳定的极限外送电功率约为58MW。在该外送功率下，进一步增开老虎嘴电站机组，受扰后联络线 $\Delta\delta-P$ 和 $\Delta\delta$-Δf 轨迹特性曲线如图 6-33 所示。

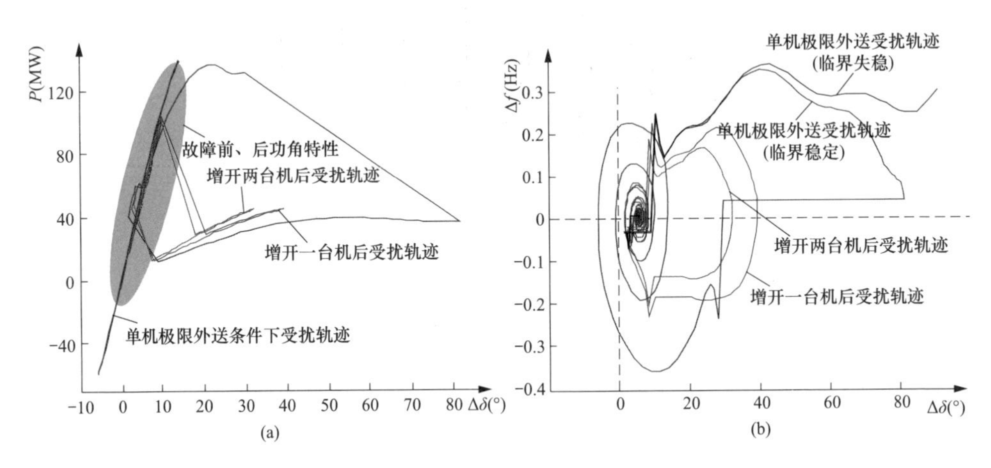

图 6-33　相同外送功率时老虎嘴开机对老虎嘴—曲哥线路受扰轨迹的影响

（a）线路两端母线相位差与功率 $\Delta\delta-P$ 轨迹；（b）线路两端母线相位差与频率差 $\Delta\delta-\Delta f$ 轨迹

由图 6-33 可以看出，相同外送功率时，增加林芝电网机组群惯性时间常数，可显著降低相同扰动下老虎嘴—曲哥线路两端母线相位差，提升电网暂态稳定裕度。计算表明，老虎嘴电站 2 台和 3 台机组运行时，暂态稳定极限功率分别可提升至 81MW 和 94MW。因此，在西藏主网架较为薄弱的过渡期，可通过合理安排送端电源开机方式，实现提升电网安全运行水平、提高电网运行效率和供电能力的目标。

参考文献

[1] 郑超，马世英，盛灿辉，等. 跨大区互联电网与省级电网大扰动振荡耦合机制［J］. 中国电机工程学报，2014，34（10）：1556-1565.

[2] 徐东杰，贺仁睦，胡国强，等. 正规形方法在互联电网低频振荡分析中的应用［J］. 中国电机工程学报，2004，24（3）：18-22.

[3] 邓集祥，华瑶，韩雪飞. 大干扰稳定中低频振荡模式的作用研究［J］. 中国电机工程学报，2003，23（11）：61-64.

[4] 邓集祥，涂进，陈武晖. 大干扰下主导低频振荡模式的鉴别［J］. 电网技术，2007，31（7）：36-41.

[5] 郑超，马世英，盛灿辉，等. 交直流耦合作用弱化稳定性机理及应对措施［J］. 电力系

统自动化，2013，37（21）：3-8.
［6］ 郭小江，郑超，尚慧玉，等. 西藏中部同步电网安全稳定性研究［J］. 电网技术，2010，34（3）：87-92.
［7］ 郑超，尚慧玉，次旦玉珍，等. 转动惯量对西藏林芝电网外送能力影响机制分析［J］. 电网技术，2012，36（12）：119-123.

7　交直流混联电网电压稳定性分析与控制

7.1　改善电压恢复特性的网源稳态调压优化控制

7.1.1　发电机动态无功出力特性及影响因素

7.1.1.1　发电机暂态电势与输出无功之间的关系

考虑发电机暂态电势变化的定子电压方程如式（7-1）所示，即

$$\begin{cases} u_{gq} = E'_q - r_a i_{gq} - x'_d i_{gd} \\ u_{gd} = E'_d - r_a i_{gd} + x'_q i_{gq} \end{cases} \tag{7-1}$$

式中：u_{gq}、E'_q、i_{gq}和u_{gd}、E'_d、i_{gd}分别为机端电压、暂态电势以及定子电流的q轴和d轴分量；r_a为定子电阻；x'_d和x'_q为d轴和q轴暂态电抗。

忽略发电机定子电阻，由式（7-1）可推导出暂态电势和机端电压描述的定子电流，如式（7-2）所示，即

$$\begin{cases} i_{gd} = (E'_q - u_{gq})/x'_d \\ i_{gq} = (-E'_d + u_{gd})/x'_q \end{cases} \tag{7-2}$$

发电机输出无功功率Q_g如式（7-3）所示。将式（7-2）代入式（7-3），可推导出如式（7-4）所示由u_{gq}、u_{gd}、E'_q、E'_d及发电机电气参数x'_d和x'_q描述的机组输出无功功率表达式，即

$$Q_g = u_{gq} i_{gd} - u_{gd} i_{gq} \tag{7-3}$$

$$Q_g = \frac{u_{gq}}{x'_d} E'_q + \frac{u_{gd}}{x'_q} E'_d - \frac{1}{x'_d} u_{gq}^2 - \frac{1}{x'_q} u_{gd}^2 \tag{7-4}$$

由式（7-4）可以看出，故障扰动后机端电压下降时，机组将增大无功输出，提升机组的暂态电势水平则能输出更多的无功。

7.1.1.2　励磁电压与发电机暂态电势之间的传递特性

机电暂态仿真中，考虑发电机q轴暂态电势E'_q变化的电气方程为

$$T'_{d0} \frac{dE'_q}{dt} = E_{fd} - E'_q - (x_d - x'_d) i_{gd} \tag{7-5}$$

式中：T'_{d0}为发电机d轴开路时间常数；x_d为发电机同步电抗；E_{fd}为励磁电压。

由式（7-1）可见，当受扰后机端电压下降时，增大的定子电流对励磁绕组去磁效应增强，励磁系统响应机端电压跌落提升励磁电压对励磁绕组增加激磁，当激磁与去磁达到新的平衡后，发电机暂态电势 E'_q将达到新的稳态运行值。

对式（7-5）进行拉普拉斯变换，则励磁电压 E_{fd}与发电机暂态电势 E'_q之间的传递函数如式（7-6）所示，即

$$(sT'_{d0}+1)E'_q=E_{fd}-(x_d-x'_d)i_{gd} \tag{7-6}$$

可以看出，E'_q与 E_{fd}之间具有一阶惯性滞后特性，受扰后励磁系统快速提升励磁电压，但由于 d 轴开路时间常数 T'_{d0}数值较大，E'_q需经历一定时延后才能显著增大。

以下基于发电机组典型参数，考察励磁电压阶跃提升条件下，发电机 E'_q的暂态响应特性。式（7-6）中，T'_{d0}取典型值 8.5s。励磁系统采用广泛应用的自并励静止励磁模型，如图 7-1 所示。

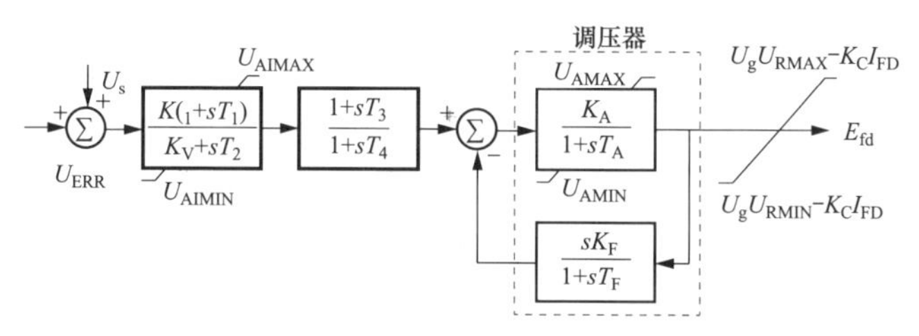

图 7-1　自并励静止励磁系统模型

U_{ERR}—电压偏差；U_s—电力系统稳定器 PSS 输出的附加电压信号；U_{AIMAX}和 U_{AIMIN}、U_{AMAX}、U_{AMIN}—分别为串联校正 PID 环节、调节器的内部电压限幅；K—调节器增益；K_A、K_F—放大回路与稳定回路的增益系数；T_A、T_F—放大回路与稳定回路的时间常数，K_V—比例积分或纯积分调节选择因子；T_1、T_2、T_3、T_4—时间常数；U_{RMAX}、U_{RMIN}—调压器限幅；I_{FD}—励磁电流；K_C—换相电抗的整流器负载因子；U_g—机端电压

考虑故障扰动下，机端电压跌落以及励磁电流增大等因素影响，式（7-6）中右端输入阶跃幅值按 5.0（标幺值）考虑。在此条件下，对应稳态运行值的标幺值分别为 0.95 和 1.0 两种工况下的 E'_q阶跃响应对比如图 7-2 所示。

由图 7-2 可以看出，对应稳态运行值为 0.95（标幺值）的运行工况，E'_q提升至 1.05（标幺值）所需时间约为 0.2s；提升 E'_q稳态运行值至 1.0（标幺值），则该时间可以缩短约 0.1s。因此，稳态运行时提升发电机暂态电势水平，增大无功输出，有助于在受扰后为交流电网提供更多的无功功率改善电压恢复特性。需要指出的是，若故障导致定子电流大幅增加，去磁效应使式（7-6）右端项增幅较小，则发电机暂态电势需经更长的延时才能提升至预期值，这会影响和限制发电机对电网电压的支撑作用。

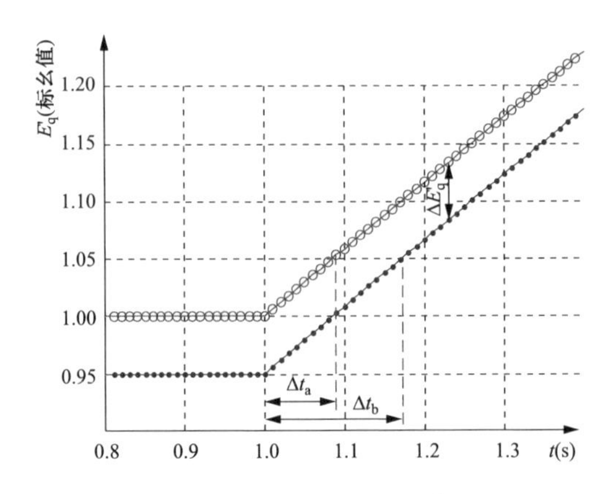

图 7-2　不同运行工况下暂态电势 E_q'阶跃响应对比

7.1.2　补偿电容器动态无功输出特性

补偿电容器输出无功功率与其安装点电压的平方成正比，即

$$Q_c = U^2 B_c \tag{7-7}$$

式中：Q_c 为电容器无功输出；U 为安装点电压；B_c 为电容基波电纳。

不同电纳值对应的补偿电容器无功电压特性曲线如图 7-3 所示。可以看出，补偿电容器没有输出无功的维持能力，无功与电压具有正反馈机制，即电压跌落则无功出力减小，反之则增加。此外，补偿电容的无功功率随电压跌落的下降速率，与电纳值成线性正相关，即电纳越大正反馈机制越强。

由此可见，电网稳态运行投入电容补偿容量越多，则受扰后电压跌落的暂态期间，电网无功功率缺额越大，这对电压稳定非常不利。

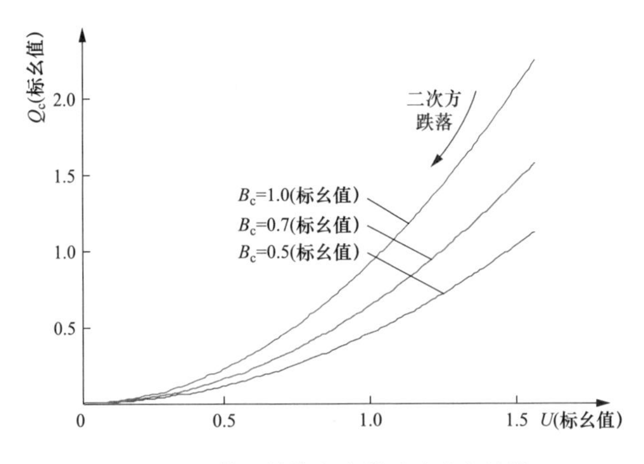

图 7-3　静止补偿电容器无功功率特性

7.1.3 动态无功支撑能力定义及解析

7.1.3.1 网源组合调压方案对动态无功特性的影响

为考察不同网源调压方案的差异，建立如图 7-4 所示测试系统，送端发电机组群与补偿电容器共同接于并网母线。Q_g、Q_c 分别为机组群和电容器注入并网母线的无功功率，Q_s 则为两者联合注入电网的净无功功率。受扰后，Q_s 越大则表明无功源电压支撑能力越强，反之则越弱。

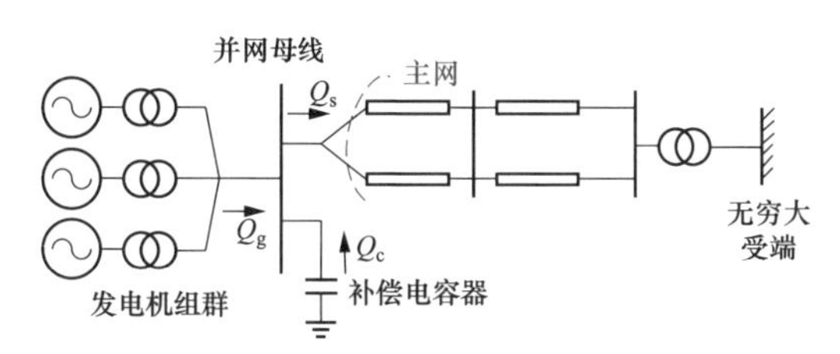

图 7-4 网源稳态调压对动态无功特性影响的测试系统

维持图 7-4 所示并网母线运行于相同的稳态电压水平，对比发电机输出无功、补偿电容器零输出（简称发电机调压方案）以及补偿电容器输出无功、发电机零输出（简称补偿电容器调压方案）两种调压方案对暂态特性的影响，其中前者发电机暂态电势稳态值大于后者。

并网母线发生持续时间 0.1s 的非金属性短路，两种不同调压方案下，发电机与补偿电容器注入并网母线无功功率的暂态变化轨迹如图 7-5 所示。由图 7-5 可以看出，故障期间发电机输出无功功率可瞬间大幅增加，且稳态无功出力水平越大，则相应暂态输出越多，故障切除后机组无功出力也可维持在较高水平。

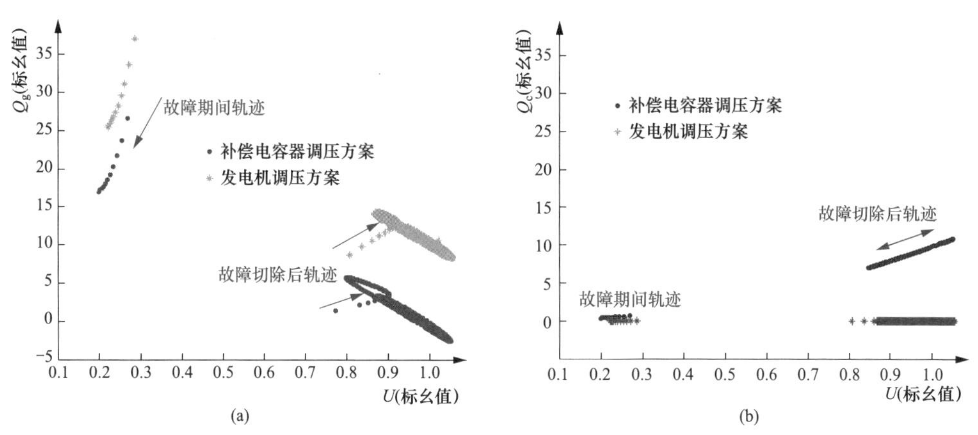

图 7-5 发电机与补偿电容器受扰无功输出轨迹

（a）发电机无功轨迹；（b）补偿电容器无功轨迹

对应两种不同的稳态调压方案，发电机与补偿电容器组成的无功源向电网注入净无功功率的对比如图 7-6（a）所示。由图 7-6（a）可以看出，发电机调压方案下，故障期间和故障后，无功源向电网注入的无功功率显著大于补偿电容器调压方案，对应如图 7-6（b）所示的电压恢复特性，也可显著改善。

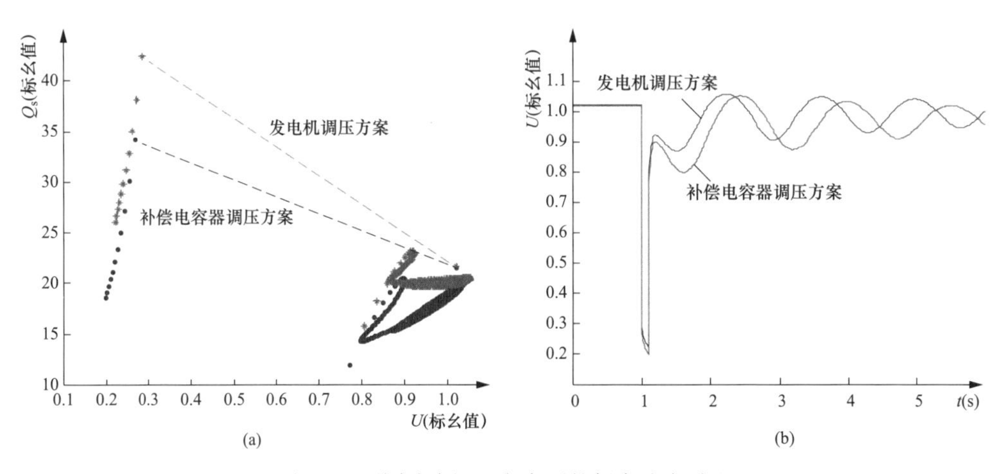

图 7-6　不同稳态调压方案下的暂态响应对比

（a）交流电网净无功变化轨迹；（b）并网母线受扰电压恢复特性

7.1.3.2　动态无功支撑能力定义及解析

电网的动态无功支撑，是决定受扰后电压恢复特性乃至电压稳定性的重要因素。提供充足的动态无功支撑容量，是提升电网抵御故障冲击能力和保障电网稳定运行的重要技术手段。当前，关于动态无功支撑能力尚无物理意义明确的统一定义，对其认识也存在不同观点。

一种观点认为，稳态运行时应尽量通过电容器投切进行电网调压，发电机应尽量少发无功以提高暂态备用，进而实现提高电压稳定性的目的。然而，这一观点忽视了励磁电压与发电机暂态电势之间存在的惯性滞后影响，且缺乏对电网无功源综合输出特性的统筹考虑。

定义动态无功支撑能力如下：局部电网受扰后电压跌落偏离额定运行状态的暂态过程中，网内各类无功电源综合输出净容性无功的调控速度和调控容量所对应的能力。定义具有两个方面的含义：①快速响应能力，即电网受扰后的电压跌落和恢复期间，综合无功源输出容性无功功率速度越快，则其动态无功支撑能力越强；②容量供给能力，受扰后综合无功源输出净容性无功功率容量越大，则其动态无功支撑能力越强。要快速输出大容量的无功功率，除具有稳态功率维持能力外，还应具有响应电网电压跌落增加无功出力的能力。

在特高压直流送端，存在换流站与主网电气联系薄弱、配套电源建设滞后需从主网大功率汇集潮流等场景；在多直流集中馈入受端，存在直流闭锁大量功率转移至交流线路使无功损耗显著增长、换相失败后直流功率恢复使无功消耗大幅增加等场景。这些场景中，严重故障扰动后，交直流混联电网存在电压稳定威胁。

特高压直流送端配套电源、负荷中心电压支撑电源等发电机组，其与主网电气联系相对较近，可参与电网稳态电压调节。考虑到发电机不同运行工况下的动态无功输出能力差异以及补偿电容器无功输出特性，为最大限度发挥无功源对电压支撑的作用，应调整机组与电容器稳态无功出力，优化网源稳态调压方案。

7.1.4 网源稳态调压优化改善电压恢复特性

7.1.4.1 大功率汇集的特高压直流送端电网

连接四川电网与上海电网的复奉±800kV/6400MW 特高压直流，是“西电东送”的重要线路。初期，特高压直流送端局部电网网源结构如图 7-7 所示。由于配套向家坝水电站机组投运相对滞后，为满足特高压直流送电 4000MW 和本地负荷用电需求，需通过沐川—叙府和洪沟—泸州线路受入大量功率。若洪沟—泸州线路故障开断，一方面直流送端电网与主网电气联系显著减弱；另一方面大量送电功率穿越四川内部交流主网后，通过沐川—叙府线路汇集，无功损耗大幅增加，会对特高压直流送端电网电压恢复特性产生不利影响。电压缓慢恢复过程

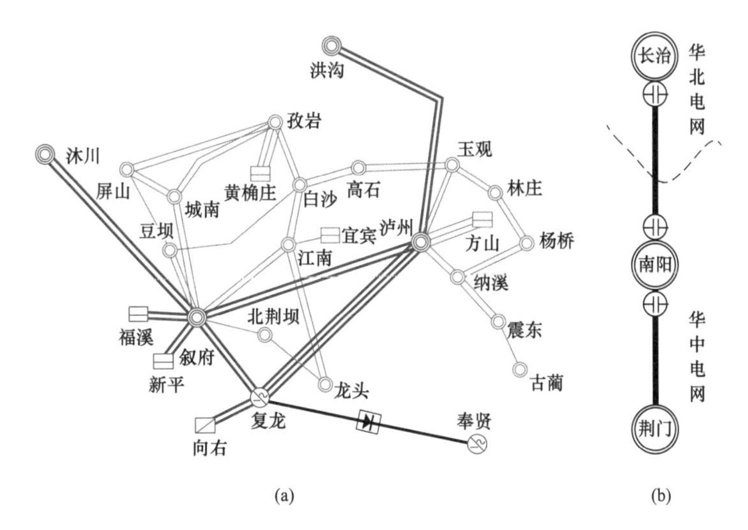

图 7-7 复奉特高压直流送端局部电网网源结构和特高压交流联络线

(a) 直流送端局部电网；(b) 华北—华中特高压交流联络线

中，负荷功率释放及直流送电功率降低导致的四川网内盈余功率，则会对“南电北送”方式下的华北—华中区域互联电网稳定运行构成威胁。

复奉特高压直流送端局部电网中，接入500kV电网的主力火电机组有福溪2×600MW、新平2×600MW以及方山2×600MW。机组与电网电气联系较为紧密，稳态运行时机组可参与局部电网电压调节。研究中，各火电厂均开1台机组，配合电网无功补偿电容器投切，维持电网电压基本相同。对应洪沟—泸州线路三相金属性接地短路切除双回线的故障扰动，针对表7-1所示三种不同的发电机无功出力工况，考察电网电压恢复特性的差异。

表7-1　　复奉特高压直流送端网源调压方案

发电厂	方案一		方案二		方案三	
	Q_g（标幺值）	$\cos\varphi$	Q_g（标幺值）	$\cos\varphi$	Q_g（标幺值）	$\cos\varphi$
福溪电厂	0	1.0	1.4	0.974	1.40	0.974
新平电厂	0	1.0	0	1.0	1.47	0.971
方山电厂	0.071	1.0	1.45	0.972	1.34	0.976
无功合计	0.071	—	2.85	—	4.21	—

对应三种不同的网源调压方案，故障扰动后复龙整流站交流母线电压、直流送电功率以及特高压交流母线电压的暂态响应特性如图7-8所示。可以看出：随着发电机稳态无功出力增加，缓解直流送端与主网电气联系减弱、潮流大量转移对电压恢复特性不利影响的效果越明显。电压恢复特性改善，可加快直流功率恢复，降低四川网内故障对华北—华中特高压交流联络线的功率冲击，长治站电压跌幅大幅减小，互联电网的稳定裕度显著提升。

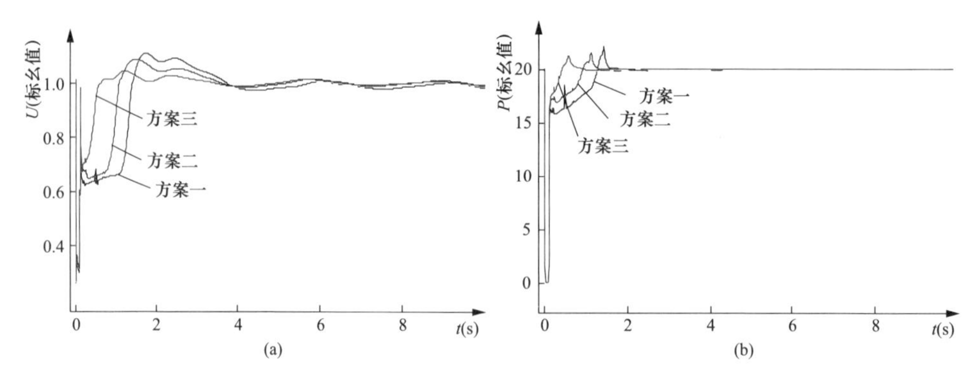

图7-8　网源稳态调压方案对电网恢复特性影响（一）

（a）复龙整流站交流母线电压；（b）直流单极功率

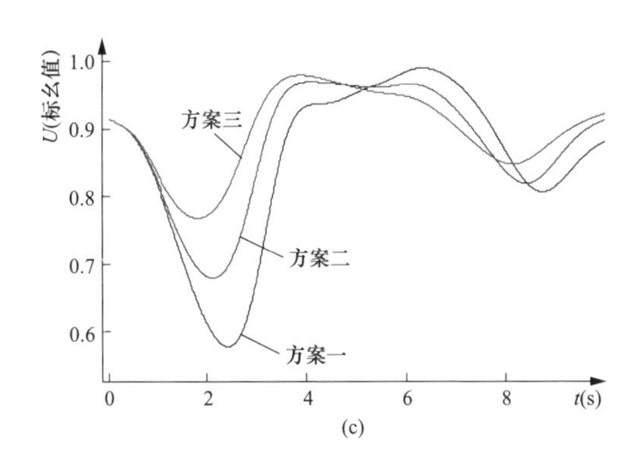

图 7-8 网源稳态调压方案对电网恢复特性影响（二）

（c）特高压长治站电压

7.1.4.2 大容量特高压直流馈入受端电网

豫西特高压直流馈入的受端电网结构如图 1-10 所示，电网通过嘉和—汝州、洛东—郑州和马寺—巩义 500kV 线路与河南主网互联。接入豫西 500kV 电网的主力机组包括孟津 2×600MW、邙山 2×600MW 和三门峡 2×1000MW。计算分析表明，在呼盟—豫西特高压直流额定功率送电条件下，若嘉和—汝州线路发生嘉和侧三相金属性短路切除双回线故障，受主网支撑能力大幅较弱、逆变站和负荷无功电压特性等因素影响，电压难以快速恢复，存在电压失稳威胁。

通过主力电源无功出力与电网无功补偿电容器投入容量调整，维持豫西各 500kV 变电站电压基本相同。对应表 7-2 所示三种不同的网源调压方案，豫西逆变站交流母线电压以及特高压直流功率恢复特性如图 7-9 所示。可以看出，随着机组稳态容性无功出力增加和补偿电容器容量减少，受端电网电压恢复特性明显改善，电压失稳风险相应降低，此外，特高压直流也可较快恢复送电功率。

表 7-2　　　　豫西特高压直流受端网源调压方案

发电厂	方案一		方案二		方案三	
	Q_g（标幺值）	$\cos\varphi$	Q_g（标幺值）	$\cos\varphi$	Q_g（标幺值）	$\cos\varphi$
孟津电厂	0	1.0	2×1.0	0.986	2×2.0	0.949
邙山电厂	0	1.0	2×1.0	0.986	2×2.0	0.949
三门峡电厂	0	1.0	2×1.0	0.995	2×2.0	0.981
无功合计	0	—	6.0	—	12.0	—

以孟津 600MW 机组为例，不同的网源调压方案下，受扰后调压器输出电压、励磁电压及发电机输出无功功率的暂态响应如图 7-10 所示。由图 7-10 可以

看出，增加稳态容性无功输出，受扰后电压跌落的暂态过程中，发电机能够输出更多的动态无功，支撑电压恢复。

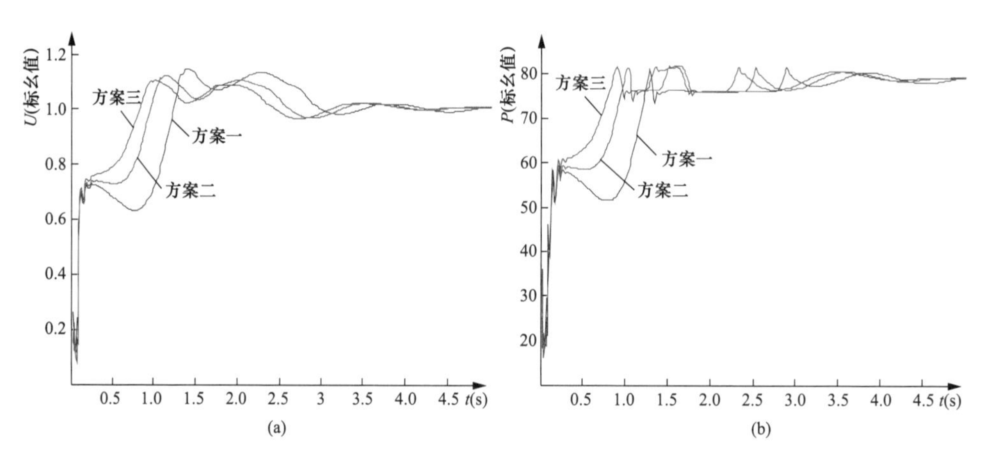

图 7-9　网源稳态调压方案对受端电网恢复特性影响

（a）豫西逆变站交流母线电压；（b）直流功率

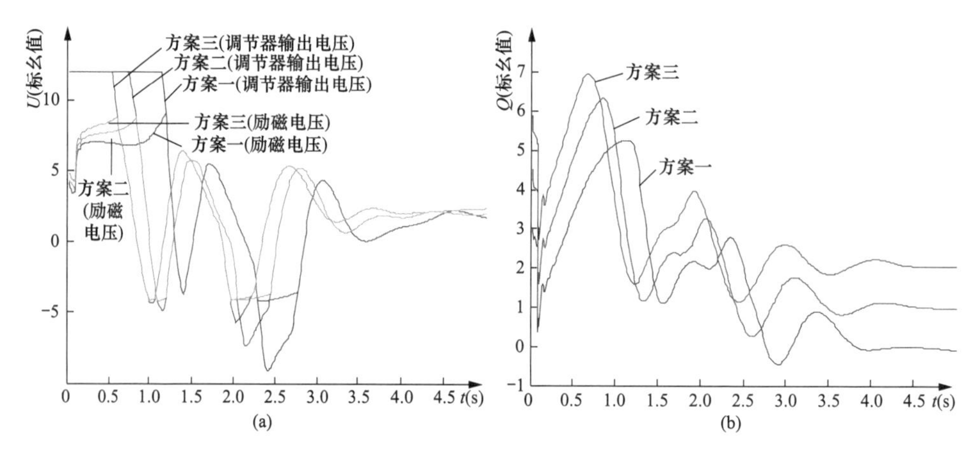

图 7-10　网源稳态调压方案对机组暂态特性的影响

（a）励磁系统电压；（b）无功出力

特高压直流送、受端故障扰动后的电压恢复特性计算结果表明，优化网源稳态调压无功出力分配，提升发电机稳态运行时的无功输出容量和暂态电势水平，可发挥机组无功功率的输出维持能力和增幅提升能力，即增强电网动态无功支撑能力，提高电压稳定裕度。

7.2 以直流逆变站为动态无功源的电压稳定控制

7.2.1 逆变站动态无功电压特性的时域解析

直流逆变站主要部件包括逆变器和容性滤波器。受直流控制方式切换、低压限流环节特性曲线、逆变器多变量耦合方程以及滤波器容性无功出力随电压二次方变化等因素影响，逆变站交直流变量之间以及无功与电压之间，均会呈现出非线性关联特征。

为考察直流送电有功功率大范围变化条件下逆变站动态无功特性，在机电暂态仿真软件 PSD-BPA 中，建立±800kV/8000MW 特高压直流仿真模型，其逆变站如图 3-15 所示。控制系统采用如 2.2.1 小节所述改进 CIGRE HVDC Benchmark Model—DM 模型。整流器采用定电流控制，逆变器采用定熄弧角控制。直流额定功率运行，逆变器无功消耗 Q_{di} 由 Q_{fi} 完全补偿。X_s 模值取为 4.25×10^{-3}（标幺值）。

仿真中，直流参考电流 i_{dref} 按式（7-8）做阶跃跌落设置，即

$$i_{dref}(t)=i_{dN}-\mathrm{INT}(t/\Delta t)\Delta i_d \tag{7-8}$$

式中：i_{dN} 为直流额定电流；t 为仿真时间；Δt 和 Δi_d 分别为电流阶跃变化的时间间隔及变化幅度，分别取值为 1.0s 和 0.02（标幺值）；INT 为取整函数。

对应参考值阶跃变化的直流电流时域响应以及逆变站无功动态变化的响应曲线如图 7-11 所示。可以看出，通过减小直流电流降低直流有功，可减少逆变器无功消耗 Q_{di}，减少的无功消耗促使交流电压提升，对应滤波器能够输出更多容性无功 Q_{fi}，交直流混联电网在 P_d 降低和 U_c 升高的新状态下达到平衡。

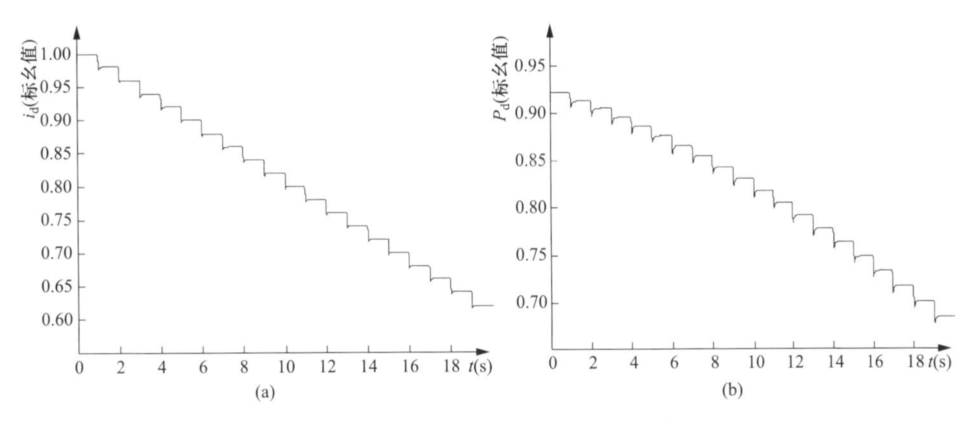

图 7-11 直流电流及逆变站无功的时域响应（一）

（a）i_d 变化轨迹；（b）P_d 变化轨迹

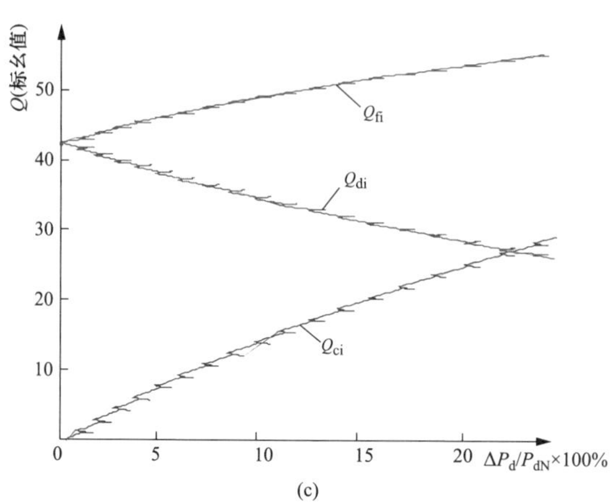

图 7-11 直流电流及逆变站无功的时域响应（二）

(c) 逆变站 ΔP_d-Q 轨迹

由此可见，直流降功率后，在 Q_{di} 减少和 Q_{fi} 增加两方面因素共同作用下，逆变站可作为无功源向交流电网输出大量净容性无功支撑交流电压。

7.2.2 交流电网强度对无功电压特性的影响

由交流电网电气联系特性和主力电源布局特征为主要因素决定的交流电网强度，会对交直流相互作用程度产生显著影响。电网遭受故障扰动后，通常伴随有输电线路开断电气联系减弱、大电源退出电压支撑能力下降等情况发生，因此，应考察不同交流电网强度下，直流电流控制对交流电网的影响。

交流电网戴维南等值阻抗 X_s 模值分别取值 4.25×10^{-3}（标幺值）和 2×10^{-3}（标幺值）两种情况，参考电流阶跃变化对应的逆变站无功电压响应对比，如图 7-12 所示。

由图 7-12 可以看出：X_s 越大，交流电网越弱，则 ΔP_d 与 Q_{ci}、U_{ci} 之间的灵敏度越大，即相同的直流回降功率，可以使逆变站向交流电网注入更多的容性无功功率，换流母线电压提升幅度更大。因此，对弱受端交流电网，直流电流控制可以起到更好的维持电压稳定的作用。但值得关注的是，电流控制后的逆变站盈余容性无功功率，易导致弱交流电网出现过电压，应予以防范。

7.2.3 提升电压稳定性的直流电流紧急控制策略

7.2.3.1 直流电流紧急控制的启动判据

大扰动后，直流逆变站换流母线电压 U_{ci} 变化特性，能够表征受端电网电压稳定水平。U_{ci} 的典型受扰轨迹如图 7-13 所示。短路故障发生和切除时，U_{ci} 瞬时高速率跌落和提升，故障期间则维持较低水平；故障切除后，若受端电网电压支撑能力强，则电压可快速单调提升恢复，如曲线Ⅰ所示；若支撑能力弱，则电压单调缓慢提升或经起伏波动后缓慢提升，如曲线Ⅱ所示；若支撑能力不足，则电压持续跌落混联电网失去电压稳定，如曲线Ⅲ所示。

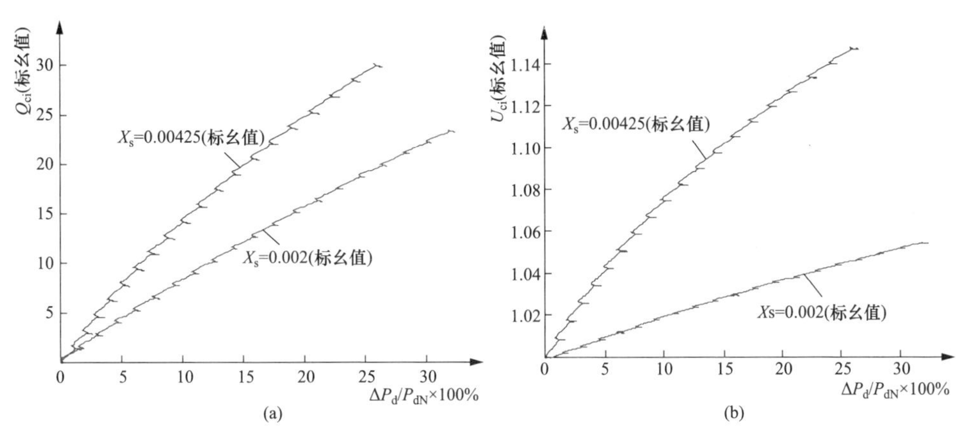

图 7-12　交流电网强度对无功电压特性的影响

（a）ΔP_d-Q_{ci}特性；（b）ΔP_d-U_{ci}特性

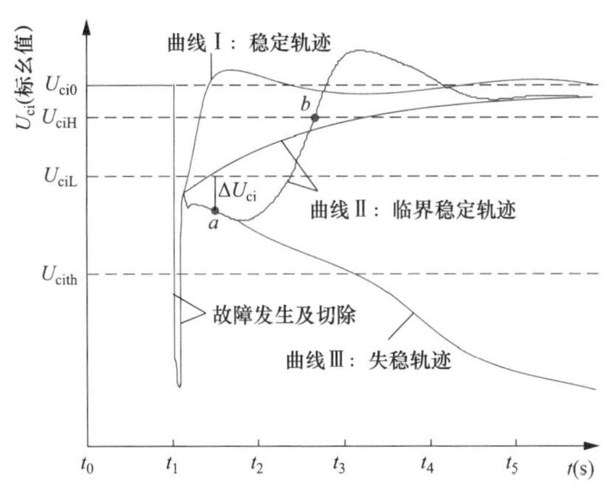

图 7-13　换流母线电压典型受扰轨迹

启动直流电流紧急控制提升受端电网电压稳定性，应避免在故障发生、持续和切除过程中动作，即控制启动时应满足电压下降或提升速率在所设定的限值 ε 以内，且电压高于设置门槛电压 U_{cith}；此外，电压低于电压限值 U_{ciL}，并呈持续降低或缓慢增长态势。对应以上要求的紧急控制启动判据如式（7-9）和式（7-10）所示。此外，为保证紧急控制的可靠性，启动判据应在维持时间 Δt_d 内均有效，否则重新判别并计时。

$$0 < \left| \frac{dU_{ci}}{dt} \right| < \varepsilon \tag{7-9}$$

$$U_{cith} < U_{ci} < U_{ciL} \tag{7-10}$$

直流电流控制量可按式（7-11）～式（7-13）确定，即

$$i'_{dref} = i_{dref} - i_{dEmg} \tag{7-11}$$

$$i_{dEmg} = \rho\zeta\Delta i_{dc} \tag{7-12}$$

$$\zeta = 1 + \frac{U_{ciL} - U_{ci}}{U_{ciL}} \times 100\% \tag{7-13}$$

式中：i_{dref}和i'_{dref}分别为控制前后的直流电流参考值；i_{dEmg}为紧急控制附加电流；Δi_{dc}为基础控制量；ζ为惩罚因子，U_{ci}小于U_{ciL}，则$\zeta > 1.0$，自动增加直流电流降幅；大于U_{ciL}，则取值1.0；ρ为追加控制系数，当$dU_{ci}/dt < 0$电压持续跌落时，其取值为大于1.0的常数以加大控制量，当$0 < dU_{ci}/dt < \varepsilon$，电压缓慢提升时，其取值则为1.0。

基础控制量Δi_{dc}可结合受端电网有功缺额的耐受能力及交流电网强度确定。

7.2.3.2 直流电流紧急控制的撤销判据

直流电流紧急控制的主要目的，是在受扰后恢复的动态过程中，通过降低直流送电有功减少逆变器无功消耗，进而使逆变站作为动态无功源向交流电网注入净容性无功，维持电压稳定并促使电压快速恢复。因此，从消除直流有功变化对受端电网频率稳定、潮流均衡分布等的不利影响，以及规避容性无功注入引发故障后受端电网过电压威胁两个方面考虑，当电网电压已恢复至较高水平后，应及时恢复直流送电功率至故障前水平。为此，当逆变站换流母线电压高于电压限值U_{ciH}时，应撤销紧急控制，判据如式（7-14）所示，即

$$U_{ci} > U_{ciH} \tag{7-14}$$

由于受扰后受端交流电网强度通常会减弱，因此撤销控制后，伴随直流功率恢复的逆变器无功消耗快速增长，有可能会引起电压大幅波动甚至出现电压再次失稳的威胁。为减小撤销控制对受端电网的冲击影响，直流电流参考值可按照式（7-15）确定，即通过N次等分，减小撤销控制量，逐渐将指令值恢复至扰动前水平。

$$i'_{dref} = i_{dref} + \frac{\rho\zeta\Delta i_{dc}}{N} \tag{7-15}$$

7.2.3.3 基于电压受扰轨迹的直流电流紧急控制策略

基于逆变站换流母线电压受扰轨迹，利用直流电流紧急控制提升受端电网电压稳定性的策略如图7-14所示。依据受端电网大扰动电压恢复特性的仿真分析，

整定控制相关参数；实时循环采样 U_{ci} 受扰轨迹，当满足启动判据和持续时间要求，结合设置的基础控制量和 U_{ci} 轨迹特征信息，计算直流电流控制量，并输入直流控制系统中的参考电流生成环节，执行直流电流回降控制；此后，循环采样 U_{ci}，在电压回升满足控制撤销判据时，一次快速或多次逐渐提升参考电流，恢复直流电流至故障前运行水平。若执行紧急控制后，电压仍持续跌落，则依据 U_{ci} 或系统级监控信号判别电压失稳后，闭锁直流的同时将相关控制复位。

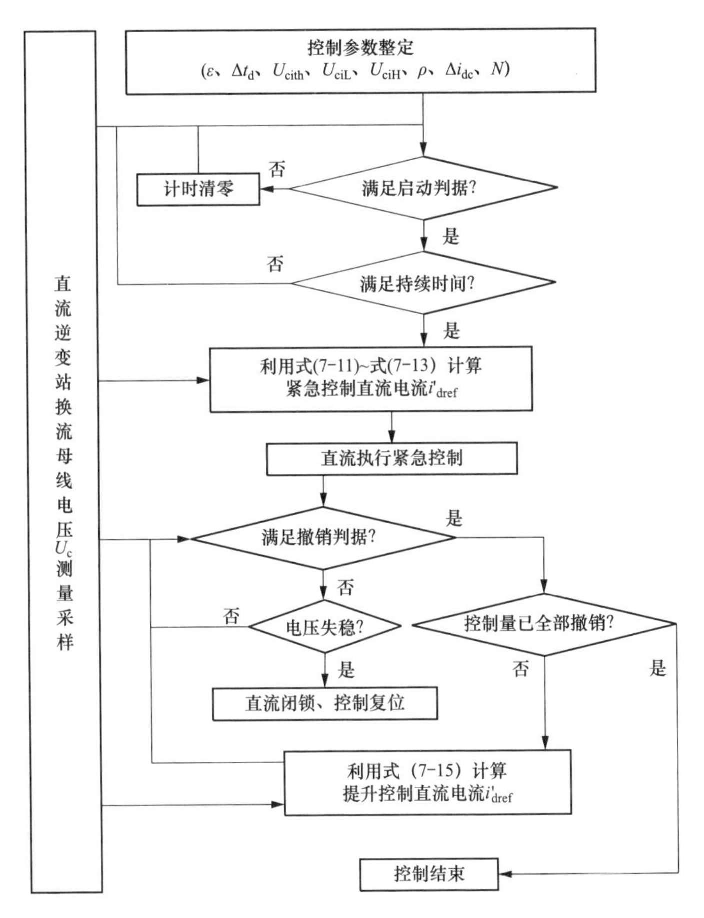

图 7-14　利用直流电流紧急控制提升受端电网电压稳定性的策略

计及紧急控制的直流参考电流生成环节如图 7-15 所示。定功率控制或定电流控制环节与 VDCOL 环节比选后的输出电流，再叠加紧急控制附加电流，生成新的电流参考值。

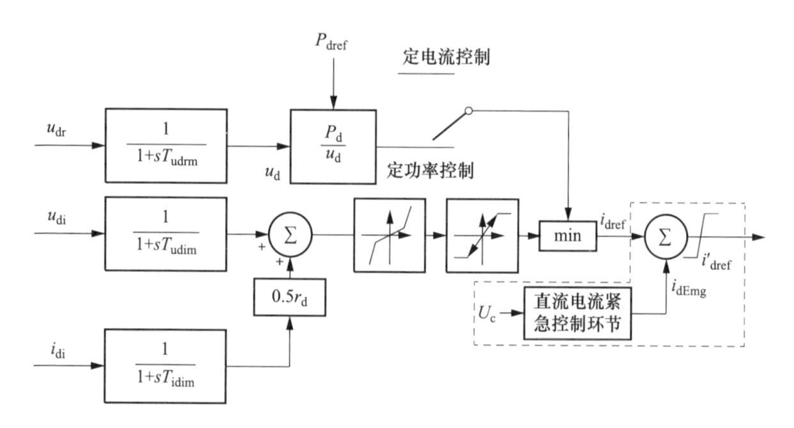

图 7-15　直流 DM 模型的指令电流生成环节

7.2.4　特高压直流受端电网紧急控制效果验证

7.2.4.1　豫西特高压直流受端电网

如图 1-10 所示受端电网，呼盟—豫西特高压直流额定功率送电，调整豫西地区感应电动机负荷比例可弱化受端电网电压稳定水平。1s 嘉和—汝州线路中一回线嘉和侧三相金属性接地短路故障，1.1s 切除故障线路，并联运行另一回线路同时跳开，电网暂态响应如图 7-16 所示。从受扰后主要 500kV 电站电压以及豫西机组与主网机组功角差变化轨迹上看，三门峡机组与主网机组功角差为 100°尚未摆开时，豫西站电压标幺值已下降至 0.3 以下；从维持稳定采取的安控措施上看，故障后切除豫西电网发电机组减少外送功率和切除负荷降低无功需求两种措

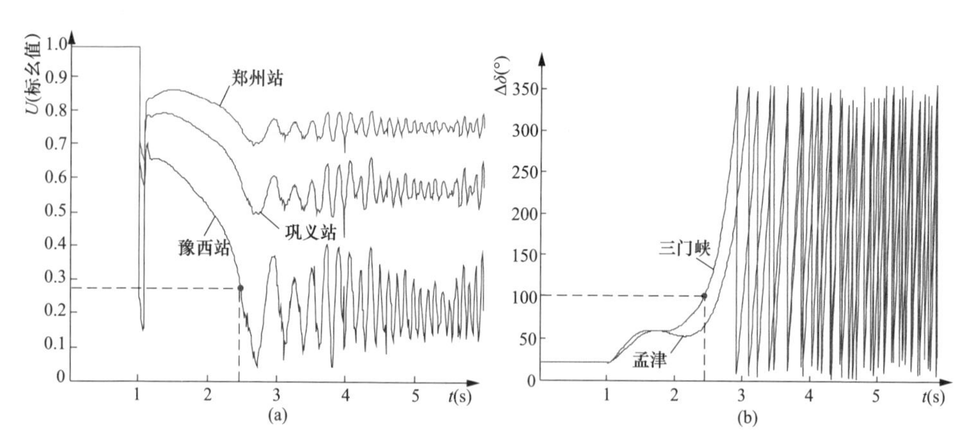

图 7-16　大扰动后豫西地区暂态响应

（a）母线电压；（b）发电机功角差

施，后者有效。因此，重要线路故障开断后，受主网对其电压支撑能力大幅减弱及高比例感应电动机负荷无功需求增加等因素影响，豫西局部电网存在电压失稳威胁。为规避安控切负荷对供电可靠性和连续性的影响，可考虑采用直流电流紧急控制措施。

呼盟—豫西特高压直流配置紧急控制功能，各参数整定值分别设置如下：$\varepsilon=5.0$、$\Delta t_d=0.15s$、$U_{cith}=0.5$（标幺值）、$U_{ciL}=0.75$（标幺值）、$U_{ciH}=0.9$（标幺值）、$\rho=1.1$、Δi_{dc}为30%额定电流即1.5kA、$N=1$。

故障切除后，U_{ci}标幺值瞬间提升至0.7左右，随后开始跌落，持续满足直流电流紧急控制启动判据，因此经0.15s延时后启动紧急控制。启动时刻U_{ci}标幺值为0.66且$dU_{ci}/dt<0$，因此，利用式（7-12）和式（7-13）可计算出紧急控制附加电流i_{dEmg}为1.848kA，即标幺值为0.367。实施控制后，待U_{ci}标幺值恢复提升至0.9时，一次性撤销直流电流附加控制指令，恢复正常送电功率。对应无控制、直流电流紧急控制，以及直流电流紧急控制和撤销控制三种情况，故障后直流电流与功率的暂态响应对比曲线如图7-17所示。可以看出，直流可快速响应电流参考值阶跃变化，相应的逆变站输出有功功率可大幅减少。

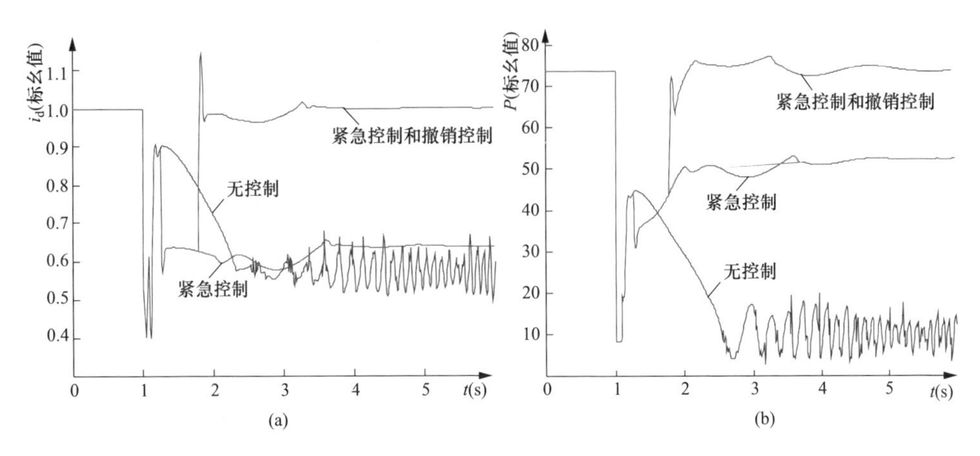

图7-17　直流电流紧急控制改善电压稳定性

（a）直流电流；（b）直流功率

豫西逆变站无功轨迹、U_{ci}恢复轨迹以及豫西地区机组与主网机组功角差的对比曲线如图7-18所示。可以看出，直流电流紧急控制条件下，故障切除后由于换流母线电压大幅跌落偏离稳态运行电压，容性滤波器输出无功显著减小且不足以供给逆变器无功消耗，因此，逆变站从交流电网吸收大量无功，恶化受端电网电压稳定性。采用紧急控制降低直流送电有功，逆变器无功消耗减小，逆变站能向交流电网注入容性无功促使电压恢复，容性滤波器所具有的电压与无功正反馈机制，则有助于加快电压恢复。待换流母线电压恢复后，若直流送电有功不恢复，则逆变站盈余容性无功注入交流电网会使 U_{ci} 冲击值高达 1.15（标幺值），威胁设备绝缘安全。为此，在逆变站电压标幺值恢复至 0.9 时，撤销紧急控制恢复直流电流，将送电功率一次提升至稳态运行水平，U_{ci} 经短时小幅跌落后继续提升，最高冲击值可得以有效抑制，标幺值降至 1.06。直流有功功率恢复后，逆变器与容性滤波器无功供需基本保持平衡。

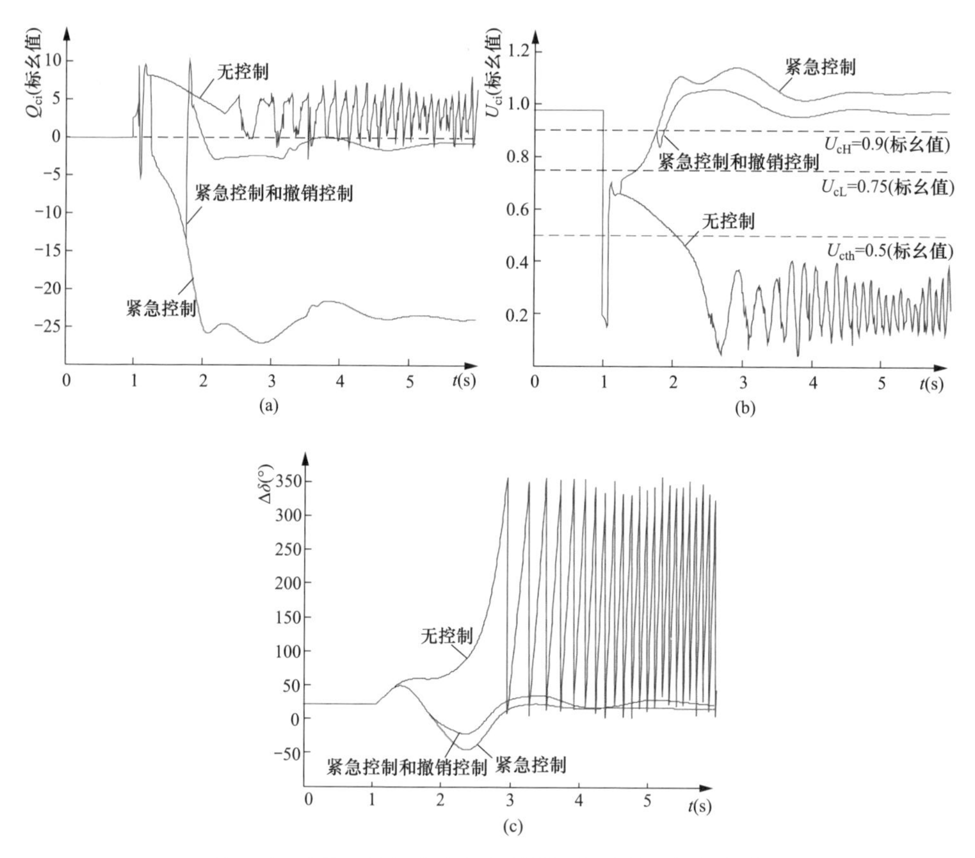

图 7-18　直流电流紧急控制与撤销控制改善电压稳定性

（a）逆变站吸收无功；（b）逆变站交流母线电压；（c）三门峡机组与主网机组功角差

从计算结果可以看出，利用直流逆变器无功消耗与送电有功强关联特性，以及逆变器无功消耗与容性滤波器无功供给之间的特性差异，实施直流电流紧急控制和撤销控制，是提升受端电网大容量动态无功供给能力的有效手段，可起到改善电压稳定性和有效规避切负荷的作用。

7.2.4.2 湖南特高压直流受端电网

甘肃酒泉至湖南湘潭±800kV/8000MW 特高压直流（简称祁韶直流）受端湖南电网局部交直流混联结构如图 7-19 所示。湘潭逆变站通过湘潭—鹤岭、湘潭—古亭及湘潭—船山线路接入主网。

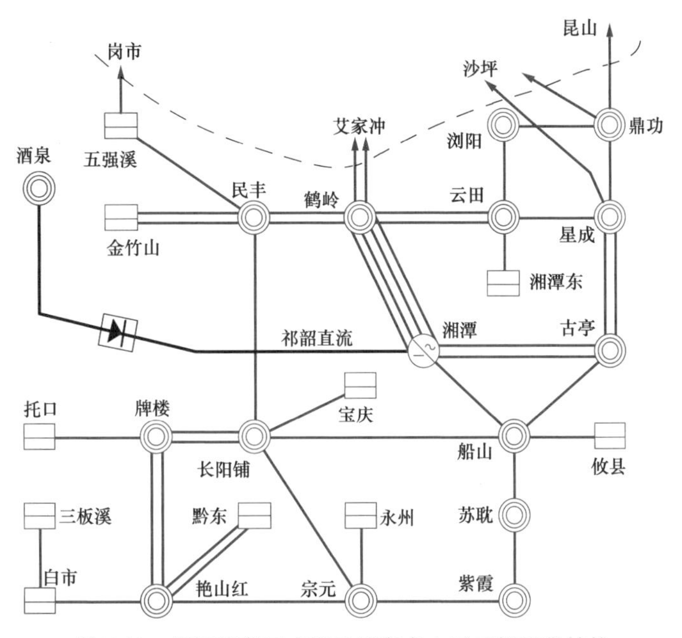

图 7-19 祁韶特高压直流受端湖南电网局部混联结构

湖南电网用电负荷主要集中在湘东、湘南地区，电源主要分布在湘西、湘西北以及湘北，电源分布不均导致负荷中心无功支撑能力严重不足，电压稳定是威胁湖南电网安全稳定运行的重要因素之一。以民丰—鹤岭 500kV 线路三相永久短路为例，祁韶直流采用如 2.2.4 节所述 DA 模型，大扰动后湖南电网暂态响应如图 7-20 所示，可以看出，故障清除后湘潭逆变站及民丰等电站电压快速跌落失去稳定，受此影响，湖南电网五强溪等机组与主网机组失去同步。

为恢复大扰动冲击下湖南电网电压稳定，考察祁韶特高压直流配置紧急控制功能，指令电流生成环节如图 7-21 所示。相关参数整定值设置与 7.2.4.1 一致，即：$\varepsilon=5.0$、$\Delta t_{\mathrm{d}}=0.15\mathrm{s}$、$U_{\mathrm{cith}}=0.5$（标幺值）、$U_{\mathrm{ciL}}=0.75$（标幺值）、$U_{\mathrm{ciH}}=0.9$（标幺值）、$\rho=1.1$、$\Delta i_{\mathrm{dc}}$为 30%额定电流，即 1.5kA、$N=1$。

无控制、直流电流紧急控制，以及直流电流紧急控制和撤销控制三种情况，民丰—鹤岭 500kV 线路三相永久短路故障冲击下，电网暂态响应对比如图 7-22 所示。可以看出，响应与 7.2.4.1 小节豫西特高压直流受端电网响应特性基本一致，直流电流紧急控制可使逆变站呈现出大容量动态无功源特性支撑电网电压恢复，电压提升后，撤销控制则能够降低恢复过程中的过电压风险。

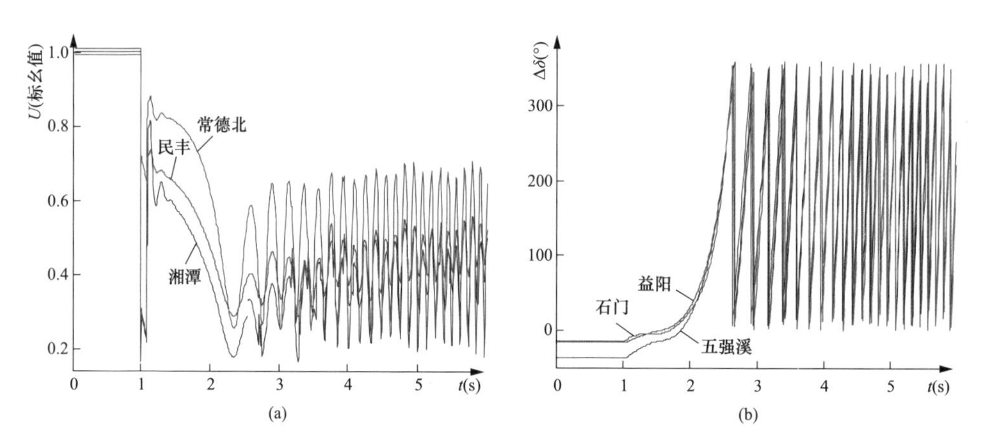

图 7-20　大扰动后湖南电网暂态响应

(a) 母线电压；(b) 发电机功角差

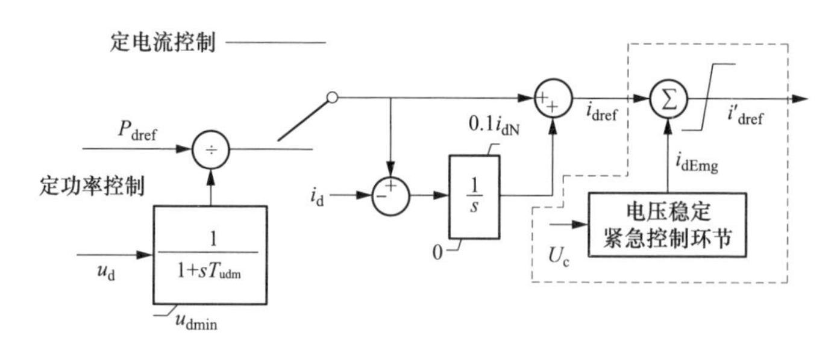

图 7-21　直流 DA 模型的指令电流生成环节

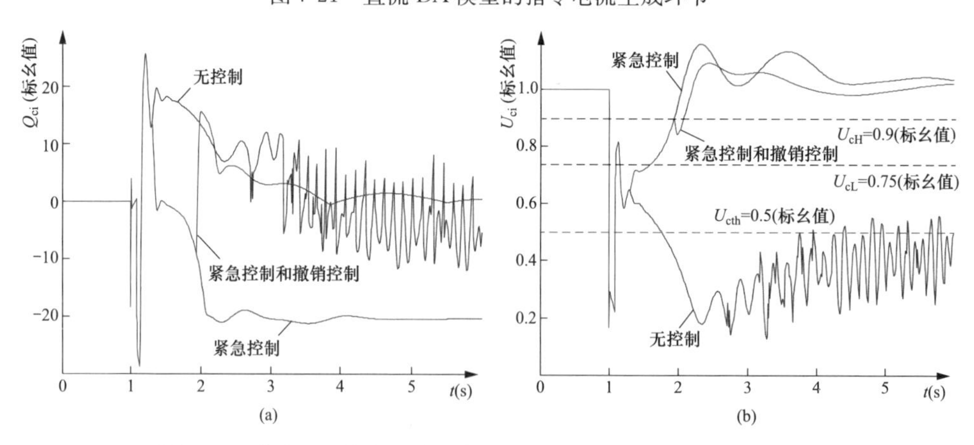

图 7-22　直流电流紧急回降控制与撤销控制改善电压稳定性（一）

(a) 逆变站吸收无功；(b) 逆变站交流母线电压

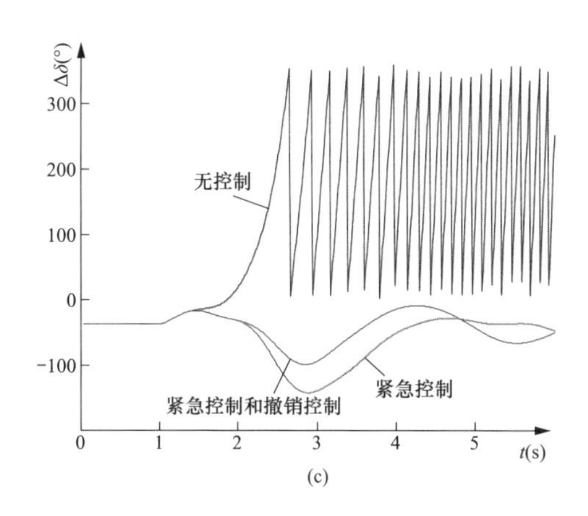

图 7-22　直流电流紧急回降控制与撤销控制改善电压稳定性（二）
（c）五强溪机组与主网机组功角差

7.3　计及有源设备“质”“量”差异的直流短路比

7.3.1　多源化发展背景下短路比计算方法的有效性分析

短路电流或短路容量，是电网的重要电气参数，是设计和校验设备机械强度、断路器遮断能力，以及整定继电保护参数的重要依据。短路电流计算，通过求解网络方程，求取电网中各有源设备——提供短路电流的设备——注入故障点的总的短路电流周期分量。针对以传统发电机（水电、火电及核电等旋转电机）为主要有源设备的短路电流计算方法，国内外学者已开展大量研究工作。近年来，在提高计算精度和适应新型有源设备接入等需求的共同驱动下，针对短路电流计算的相关研究持续深入。由于聚焦于设备机械强度、断路器遮断能力设计与校验，以及继电保护参数整定等应用，因此，相关研究通常仅关注短路电流的幅值大小。

由短路电流或短路容量衍生出的相关指标，如直流短路比（Short Circuit Ratio，SCR），广泛应用于评估电网强度、改善电压恢复特性、优化规划方案等。直流短路比是一种用于评价交流电网相对强度和电压支撑能力的定量指标，其定义于短路电流或短路容量等电网静态电气参数之上。国内学者基于传统短路比，进一步研究提出了计及直流外特性短路比、无功有效短路比以及广义短路比等新的改进指标。

直流短路比指标定义之初，电网除传统发电机外，其他有源设备提供的短路电流可忽略不计。由于“类型单一、特性同一”的传统发电机供给的短路电流增大，短路比数值和电网动态无功容量也随之单调增大，因此，基于这一认识，形成了评判逻辑——短路比数值越大则电网电压支撑能力越优。随着感应电动机、规模化风电和光伏等多类型有源设备的快速发展，不同设备所具有的显著差异特性，已对电网电压支撑能力产生了不容忽视的影响。然而，传统短路比以及改进短路比计算中，仍未对“类型多样、特性迥异”的有源设备做区别考察。由此，已导致直流短路比面临评价失效问题，即短路比越大电压支撑能力反而越弱——与既有评判逻辑相悖。

7.3.2 传统短路比（MISCR）及局限性

7.3.2.1 传统短路比（MISCR）

在多直流馈入交直流混联电网中，交直流相互影响，加之多直流交互耦合作用，使电网稳定问题十分复杂，其中，电压稳定问题尤为突出。电压支撑能力，对维持直流稳定运行和交流电网电压稳定性影响显著。国内外普遍采用传统多馈入直流短路比（Multi-infeed Short Circuit Ratio，MISCR）定量评估这一能力。

图 7-23 所示多直流馈入交直流混联电网中，P_{d} 为直流功率，Q_{f} 为容性补偿功率、$U_{\mathrm{cN}i}$ 为换流母线额定电压。对应第 i 回直流 MISCR_i 的定义，如式（7-16）所示，即

$$\mathrm{MISCR}_i=\frac{\sqrt{3}U_{\mathrm{cN}i}I''_{\mathrm{F}i}}{P_{\mathrm{d}i}+\sum\limits_{j=1,j\neq i}^{N_{\mathrm{dc}}}\sigma_{ij}P_{\mathrm{d}j}}=\frac{S_i}{P_{\mathrm{d}i}+\sum\limits_{j=1,j\neq i}^{N_{\mathrm{dc}}}\sigma_{ij}P_{\mathrm{d}j}} \tag{7-16}$$

$$\sigma_{ij}=\frac{\Delta U_{\mathrm{c}j}}{\Delta U_{\mathrm{c}i}}=\frac{Z_{ij}}{Z_{ii}} \tag{7-17}$$

式中：$I''_{\mathrm{F}i}$、S_i 分别为换流母线三相短路电流周期分量的幅值和三相短路容量；σ_{ij} 为直流 i 与直流 j 的相互影响因子；$\Delta U_{\mathrm{c}i}$、$\Delta U_{\mathrm{c}j}$ 分别为在第 i 回直流换流母线上施加无功扰动时，直流 i 与直流 j 换流母线电压的变化量；Z_{ii}、Z_{ij} 分别为等值阻抗矩阵中直流 i 换流母线自阻抗，以及直流 i 与直流 j 换流母线互阻抗；N_{dc} 为直流数量。作为 MISCR_i 的特例，单直流短路比 SCR_i 的计算公式如式（7-18）所示，即

$$\mathrm{SCR}_i=\frac{\sqrt{3}U_{\mathrm{cN}i}I''_{\mathrm{F}i}}{P_{\mathrm{d}i}}=\frac{S_i}{P_{\mathrm{d}i}} \tag{7-18}$$

通常认为，MISCR 或 SCR 数值大小、交流电网强度以及电压支撑能力三者之间，具有单调的正相关关联，即短路比数值越大，电网越强，电压支撑能力越

优；反之，则电网越弱，电压支撑能力越差。在此基础上，国内外取得共识并制定了评判逻辑：MISCR 或 SCR 大于 3.0，视交流电网为强电网；界于 2.0 与 3.0 之间，则为弱电网；小于 2.0，则为极弱电网。

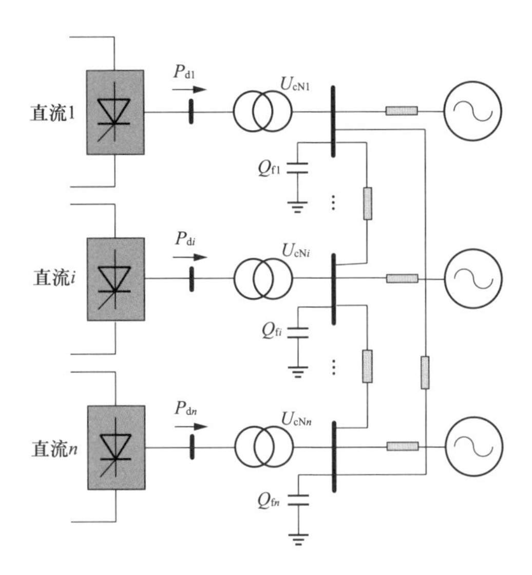

图 7-23　多直流馈入交直流混联电网

7.3.2.2　短路电流组成及传统 MISCR 局限性分析

（1）短路电流组成分析。直流短路比计算中的重要参量——换流母线三相短路电流周期分量的幅值 I''_F，是电网中所有有源设备向故障点注入短路电流的线性叠加。在提供短路电流的有源设备由单一传统发电机向大容量感应电动机及规模化风电、光伏等多类型设备发展的条件下，短路电流的组成成分也相应呈现多元化，如式（7-19）和图 7-24 所示。

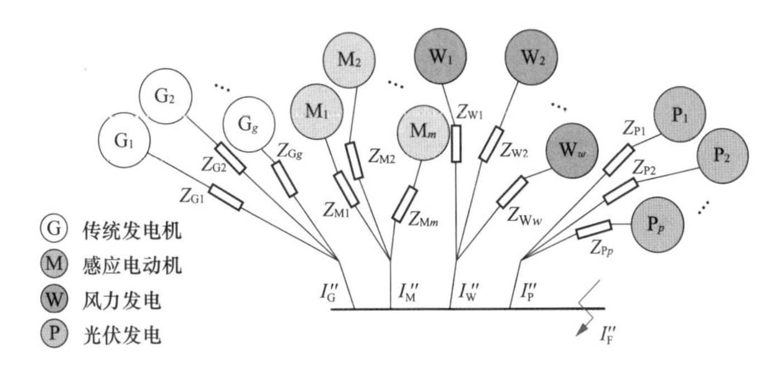

图 7-24　提供短路电流的有源设备及其转移阻抗

式（7-19）和图 7-24 中，I''_G、I''_M、I''_W和 I''_P分别为传统发电机、感应电动机、

风电和光伏等不同类型有源设备注入故障点的短路电流；E''_{G}、E''_{M}、E''_{W}、E''_{P}和Z_{G}、Z_{M}、Z_{W}、Z_{P}分别为各类有源设备等值内电势及其与故障点之间的转移阻抗；G、M、W和P分别为各类有源设备中所含元件的总数。

$$\begin{aligned} I''_{\mathrm{F}} &= I''_{\mathrm{G}} + I''_{\mathrm{M}} + I''_{\mathrm{W}} + I''_{\mathrm{P}} \\ &= \sum_{g=1}^{G} \frac{E''_{\mathrm{G}g}}{Z_{\mathrm{G}g}} + \sum_{m=1}^{M} \frac{E''_{\mathrm{M}m}}{Z_{\mathrm{M}m}} + \sum_{w=1}^{W} \frac{E''_{\mathrm{W}w}}{Z_{\mathrm{W}w}} + \sum_{p=1}^{P} \frac{E''_{\mathrm{P}p}}{Z_{\mathrm{P}p}} \end{aligned} \tag{7-19}$$

（2）MISCR的局限性分析。在仅关注短路电流幅值大小的应用中，如设备机械强度设计、断路器遮断能力校验等，不同有源设备提供的短路电流分量，具有同一性，采用式（7-19）叠加求和，即可表征其综合效应。

采用式（7-16）或式（7-18）计算的传统短路比，是默认各类有源设备的动态无功特性及其对电压的支撑能力，具有同一性。然而，在有源设备多类型发展的条件下，此默认前提将使传统短路比评估交流电网强度和表征电网电压支撑能力的局限性逐渐显现，主要表现在如下两个方面。

1）有源设备的动态无功具有无功电源和无功负荷两种特性，例如，传统发电机为无功电源，感应电动机则为无功负荷。因此，有源设备提供的动态无功的性质不同——电压支撑能力存在“质”的差异，应予以区别对待。忽视该差异的MISCR或SCR，即将有源设备同一的视为无功电源，会导致短路比数值偏大，并由此得出电网强度和电压支撑能力偏于乐观的冒进结论。

2）动态无功性质相同的有源设备，存在原理、性能以及参数等不同之处，例如，无功电源中的基于励磁控制的传统发电机与基于变频器控制的新能源机组，两者原理不同；无功负荷中的大工业感应电动机与水泵、民用综合电机，主要电气参数不尽相同等。因此，对应输出单位短路电流的有源设备，其提供的动态无功的大小不同——电压支撑能力存在“量”的差异，应予以细化考察。忽视该差异的MISCR或SCR，即将有源设备短路电流或短路容量按相同权系数叠加，会降低短路比计算精细程度，影响电网强度和电压支撑能力评估的精准性。

鉴于传统计算方法中，MISCR和SCR存在局限性，因此，需要综合考虑有源设备动态无功性质差异和动态无功大小差异——有源设备“质”“量”差异，并在此基础上，定义一种新的短路比指标。

7.3.3 计及有源设备“质”“量”差异的短路比

7.3.3.1 计及“质”“量”差异的通用短路比

一种计及不同有源设备“质”“量”差异的多馈入直流短路比指标$\mathrm{MISCR_{CQQ}}$（MISCR with Considering the “Quality” and “Quantity”），如式（7-20）所

示，即

$$\mathrm{MISCR}_{\mathrm{CQQ}_i}=\sqrt{3}U_{\mathrm{cN}i}\frac{I''_{\mathrm{G}i}+\sum_{e=1}^{E_\mathrm{S}}\alpha_{ei}I''_{\mathrm{S}ei}-\sum_{f=1}^{E_\mathrm{L}}\beta_{fi}I''_{\mathrm{L}fi}}{P_{\mathrm{d}i}+\sum_{j=1,j\neq i}^{N_\mathrm{dc}}\sigma_{ij}P_{\mathrm{d}j}}$$

$$=\frac{S_{\mathrm{G}i}+\sum_{e=1}^{E_\mathrm{S}}\alpha_{ei}S_{\mathrm{S}ei}-\sum_{f=1}^{E_\mathrm{L}}\beta_{fi}S_{\mathrm{L}fi}}{P_{\mathrm{d}i}+\sum_{j=1,j\neq i}^{N_\mathrm{dc}}\sigma_{ij}P_{\mathrm{d}j}} \tag{7-20}$$

式中：I''_G、I''_S、I''_L和 S_G、S_S、S_L 分别对应传统发电机，以及其他无功电源类和无功负荷类有源设备提供的短路电流和短路容量；E_S、E_L 分别为两类有源设备包括的型式总数，如无功电源中的风电、光伏等；α、β 是体现有源设备动态无功容量大小差异的权系数。

由式（7-20）可以看出，通过无功电源分量的加权叠加，以及无功负荷分量的加权消去，$\mathrm{MISCR}_\mathrm{CQQ}$指标可计及有源设备对电压支撑能力“质”的和“量”的差异影响。

将有源设备划分为传统发电机，以及其他具备无功电源和无功负荷两类性质的设备后，短路电流和短路容量与其各分量之间，分别满足式（7-21）和式（7-22）所示关系，即

$$I''_{\mathrm{G}i}=I''_{\mathrm{F}i}-\sum_{e=1}^{E_\mathrm{S}}I''_{\mathrm{S}ei}-\sum_{f=1}^{E_\mathrm{L}}I''_{\mathrm{L}fi} \tag{7-21}$$

$$S_{\mathrm{G}i}=S_i-\sum_{e=1}^{E_\mathrm{S}}S_{\mathrm{S}ei}-\sum_{f=1}^{E_L}S_{\mathrm{L}fi} \tag{7-22}$$

考虑到实际工程中，母线三相短路电流 $I''_{\mathrm{F}i}$和短路容量 S_i 应用较多，为此，将式（7-21）和式（7-22）代入式（7-20），可进一步得到 $\mathrm{MISCR}_\mathrm{CQQ}$的计算公式（7-23），即

$$\mathrm{MISCR}_{\mathrm{CQQ}_i}=\sqrt{3}U_{\mathrm{cN}i}\frac{I''_{\mathrm{F}i}+\sum_{e=1}^{E_\mathrm{S}}(\alpha_{ei}-1)I''_{\mathrm{S}ei}-\sum_{f=1}^{E_\mathrm{L}}(1+\beta_{fi})I''_{\mathrm{L}fi}}{P_{\mathrm{d}i}+\sum_{j=1,j\neq i}^{N_\mathrm{dc}}\sigma_{ij}P_{\mathrm{d}j}}$$

$$=\frac{S_i+\sum_{e=1}^{E_\mathrm{S}}(\alpha_{ei}-1)S_{\mathrm{S}ei}-\sum_{f=1}^{E_\mathrm{L}}(1+\beta_{fi})S_{\mathrm{L}fi}}{P_{\mathrm{d}i}+\sum_{j=1,j\neq i}^{N_\mathrm{dc}}\sigma_{ij}P_{\mathrm{d}j}} \tag{7-23}$$

结合式（7-16）和式（7-23），定义计及有源设备差异的直流短路比修正系数 K_{CQQ}，如式（7-24）所示，则 $\mathrm{MISCR_{CQQ}}$ 与传统指标 MISCR 之间的关系如式（7-25）所示。对于单直流短路比 $\mathrm{SCR_{CQQ}}$，可视为 $\mathrm{MISCR_{CQQ}}$ 的特殊情况，在式（7-23）中消去对应的累加分量 $\sigma_{ij}P_{dj}$ 即可。

$$
\begin{aligned}
K_{\mathrm{CQQ}i} &= 1+\sum_{e=1}^{E_S}(\alpha_{ei}-1)\frac{I''_{\mathrm{S}ei}}{I''_{\mathrm{F}i}}-\sum_{f=1}^{E_L}(1+\beta_{fi})\frac{I''_{\mathrm{L}fi}}{I''_{\mathrm{F}i}} \\
&= 1+\sum_{e=1}^{E_S}(\alpha_{ei}-1)\frac{S_{\mathrm{S}ei}}{S_i}-\sum_{f=1}^{E_L}(1+\beta_{fi})\frac{S_{\mathrm{L}fi}}{S_i}
\end{aligned} \tag{7-24}
$$

$$
\mathrm{MISCR}_{\mathrm{CQQ}i}=K_{\mathrm{CQQ}i}\mathrm{MISCR}_i \tag{7-25}
$$

基于 $\mathrm{MISCR_{CQQ}}$ 的电网强度评价，仍沿用传统短路比评判逻辑：$\mathrm{MISCR_{CQQ}}>3.0$，交流电网为强电网；$2.0<\mathrm{MISCR_{CQQ}}<3.0$，为弱电网；$\mathrm{MISCR_{CQQ}}<2.0$，则为极弱电网。

7.3.3.2 仅考虑感应电动机负荷的 $\mathrm{MISCR_{CQQ}}$ 指标

交流电网受扰后的恢复过程中，直流逆变站呈现出的大容量无功负荷特性，会使电压稳定问题更加突出。因此，直流馈入受端电网是交直流混联电网中重点关注的一类场景。

在直流馈入受端电网中，风电、光伏等新能源电源通常采用分布式发电、低电压等级并网的开发利用模式，由于与直流逆变站——落点于超高压、特高压交流电网——之间的电气距离较大，这些电源对换流母线短路电流影响较小，可忽略不计。因此，电网中有源设备主要为传统发电机以及感应电动机。针对这一重要场景，考虑到有源设备均为旋转电机，取 $\beta=1.0$，则对应式（7-23）和式（7-24）所示的 $\mathrm{MISCR_{CQQ}}$、K_{CQQ} 可做简化，如式（7-26）和式（7-27）所示，即

$$
\mathrm{MISCR}_{\mathrm{CQQ}i}=\frac{S_i-2S_{\mathrm{L}i}}{P_{\mathrm{d}i}+\sum\limits_{j=1,j\neq i}^{N_{\mathrm{dc}}}\sigma_{ij}P_{\mathrm{d}j}}=\frac{2S_{\mathrm{G}i}-S_i}{P_{\mathrm{d}i}+\sum\limits_{j=1,j\neq i}^{N_{\mathrm{dc}}}\sigma_{ij}P_{\mathrm{d}j}} \tag{7-26}
$$

$$
K_{\mathrm{CQQ}i}=1-\frac{2S_{\mathrm{L}i}}{S_i}=\frac{2S_{\mathrm{G}i}}{S_i}-1 \tag{7-27}
$$

7.3.4 $\mathrm{MISCR_{CQQ}}$ 计算流程

计及有源设备电压支撑能力“质”“量”差异的多馈入直流短路比 $\mathrm{MISCR_{CQQ}}$ 计算流程，如图 7-25 所示。针对第 i 回直流，在计算其换流母线三相短路电流 $I''_{\mathrm{F}i}$ 或三相短路容量 S_i 的基础上，依次遍历除传统发电机之外的无功电源

类和无功负荷类有源设备，加权叠加或消去对应分量，以计及其强化或弱化电压支撑能力的差异效果。此外，图 7-25 中，T_P、T_L 和 T_S 为用于累加求和的临时变量。

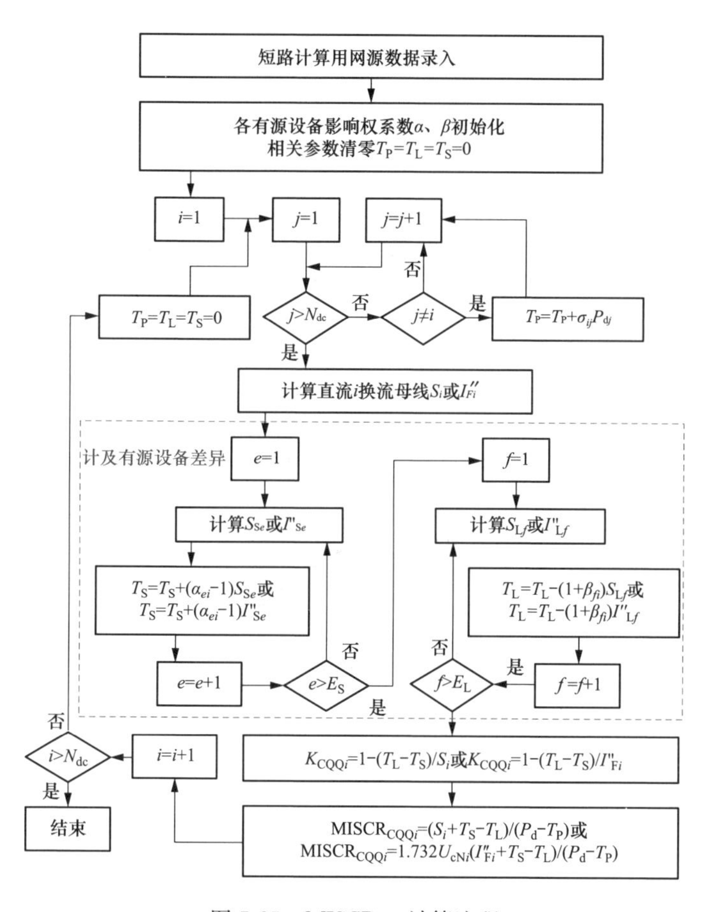

图 7-25　$MISCR_{CQQ}$计算流程

7.3.5　SCR_{CQQ}和 $MISCR_{CQQ}$有效性验证

7.3.5.1　多直流馈入受端电网

某电网规划方案下，河南豫西、豫中地区形成如图 7-26 所示的多直流馈入受端电网。豫西、豫中两回特高压直流的额定电压和额定送电功率均为±800kV 和 8000MW。豫西地区负荷容量为 10397MW；豫中地区负荷容量为 9356MW。电网负荷模型采用恒阻抗与感应电动机组合模型，其中，感应电动机参数中定子

电阻 R_s=0.02（标幺值）、定子电抗 X_s=0.18（标幺值），转子电阻 R_r=0.02（标幺值）、转子电抗 X_r=0.12（标幺值），激磁电抗 X_m=3.5（标幺值）。直流控制系统采用如 2.2.1 小节所述改进 CIGRE HVDC Benchmark Model—DM 模型。短路电流计算和混联电网大扰动暂态稳定仿真计算，分别采用 BPA-SCCPC 和 BPA-SWNT 计算程序。

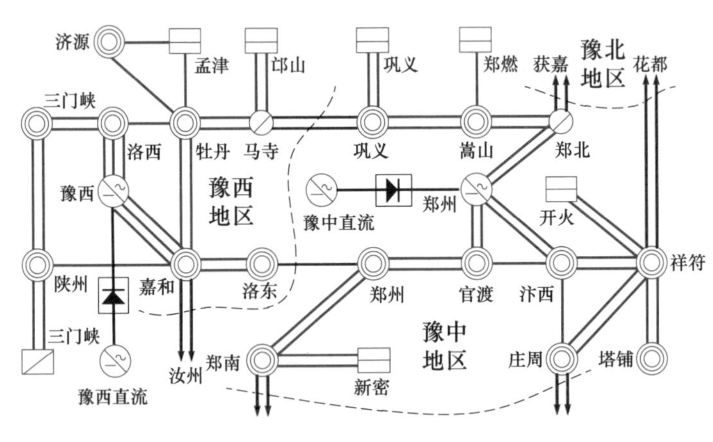

图 7-26　多直流馈入受端电网

7.3.5.2　SCR_{CQQ}和 $MISCR_{CQQ}$及其有效性分析

（1）单直流短路比 SCR/SCR_{CQQ}变化趋势。以下考察豫西、豫中地区感应电动机占各区域总负荷不同比例条件下，豫西直流换流母线短路容量 S、S_G 和 S_L，短路比 SCR、SCR_{CQQ}以及 K_{CQQ}的变化情况。计算结果及其变化趋势，如表 7-3 和图 7-27 所示。

表 7-3　　豫西单直流短路比

占比	S（MVA）	S_G（MVA）	S_L（MVA）	SCR	K_{CQQ}	SCR_{CQQ}
0	30345	30345	0	3.79	1	3.79
10%	31907		1562	3.99	0.902	3.60
20%	33441		3096	4.18	0.815	3.41
30%	34766		4421	4.34	0.746	3.24
40%	35912		5567	4.48	0.690	3.10
50%	36910		6565	4.61	0.644	2.97
60%	37786		7441	4.72	0.606	2.86
70%	38562		8217	4.82	0.574	2.77

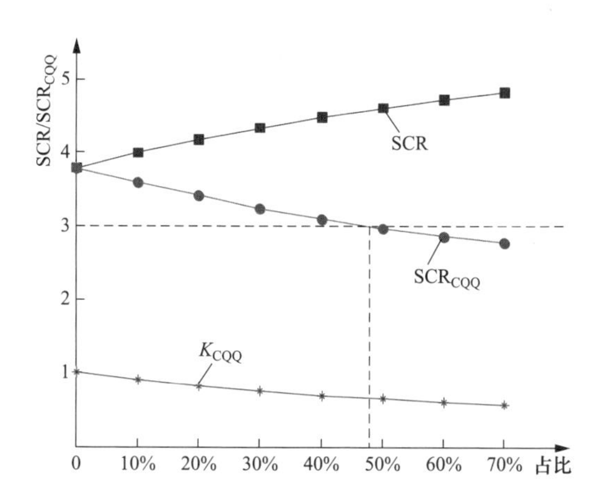

图 7-27　不同感应电动机占比下豫西直流短路比变化情况

由表 7-3 和图 7-27 可以看出，随着感应电动机负荷占比提升，豫西直流换流站母线的短路容量持续增加，对应 SCR 增大，表征直流馈入电网的强度与电压支撑能力增强。与此相反，计及感应电动机影响的 SCR_{CQQ}则单调减小，当感应电动机比例超过 45%时，$SCR_{CQQ}<3.0$，表征交流电网为弱电网，电压失稳威胁较大。由此可见，两种指标反映出的电网电压支撑能力的变化趋势，截然相反。

（2）多馈入直流短路比 MISCR/$MISCR_{CQQ}$变化趋势。感应电动机不同负荷占比条件下，豫西、豫中两回特高压直流的多馈入直流短路比 MISCR、修正系数 K_{CQQ}，以及计及感应电动机负荷影响的短路比 $MISCR_{CQQ}$的计算结果及其变化趋势，如表 7-4 和图 7-28 所示。

表 7-4　　豫西、豫中多馈入直流短路比

占比	豫西	郑州	豫西		郑州	
	MISCR		K_{CQQ}	$MISCR_{CQQ}$	K_{CQQ}	$MISCR_{CQQ}$
0	3.33	4.26	1	3.33	1	4.26
10%	3.53	4.41	0.902	3.18	0.963	4.25
20%	3.73	4.55	0.815	3.03	0.930	4.23
30%	3.90	4.67	0.746	2.91	0.902	4.21
40%	4.05	4.77	0.690	2.79	0.880	4.20
50%	4.18	4.85	0.644	2.69	0.861	4.17
60%	4.30	4.92	0.606	2.61	0.846	4.16
70%	4.40	4.99	0.574	2.52	0.832	4.15

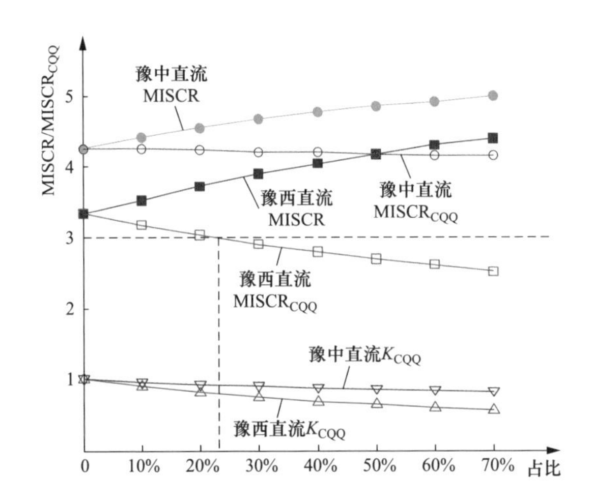

图 7-28　不同感应电动机占比下多馈入直流短路比变化情况

由表 7-4 和图 7-28 可以看出，豫西、豫中直流 MISCR 指标均大于 3.0，且随感应电动机负荷占比提升单调增大，表征多直流馈入受端电网的强度和电压支撑能力持续增强。与此不同，计及感应电动机影响的两回直流 MISCR$_{CQQ}$，则均呈单调减小趋势。其中，受传统发电机少、负荷容量和密度大等因素影响，豫西地区是多直流馈入受端电网中的最为薄弱的环节——MISCR$_{CQQ}$数值最小。当感应电动机比例大于 23%后，豫西特高压直流 MISCR$_{CQQ}$<3.0，对应受端电网即表征为弱电网。

（3）SCR$_{CQQ}$/MISCR$_{CQQ}$有效性的时域仿真验证。由计算方法可以看出，直流短路比本质上是一种静态指标——基于网络静态电气参数和稳态运行参数。因此，短路比应用于电网电压支撑能力评估的有效性，需结合指标大小变化趋势与电网动态行为演化态势之间的一致性，予以验证。为此，针对图 7-26 所示多直流馈入受端电网，对应不同感应电动机负荷占比，仿真模拟嘉和—汝州线路短路故障后开断，以验证短路比与动态行为的一致性。

综合图 7-29 所示换流母线电压大扰动恢复特性曲线簇，以及表 7-3 和表 7-4 所示直流短路比计算结果，可以看出，感应电动机接入条件下，传统短路比 SCR、MISCR 评价电压支撑能力已经失效，即指标增大判定电压支撑能力增强，与仿真结果表现出的电网电压恢复特性恶化，两者相悖。计及感应电动机弱化电压支撑能力的 SCR$_{CQQ}$和 MISCR$_{CQQ}$，其数值单调减小判别出的电网强度或电压支撑能力弱化趋势，与电网电压恢复特性的恶化态势，两者相一致。因此，综合以上分析，新指标是有效的。

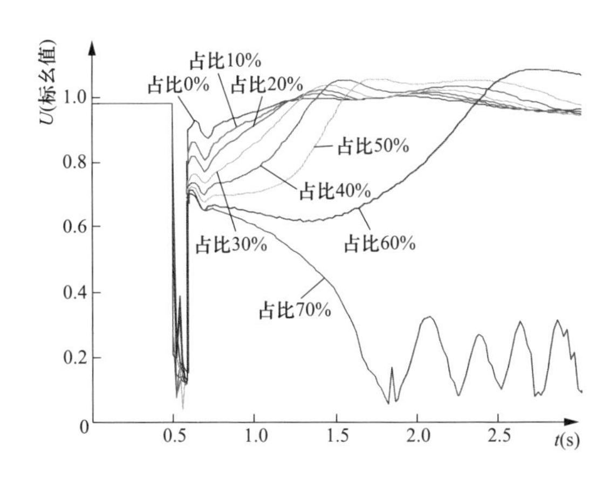

图 7-29 感应电动机不同负荷占比下豫西换流母线电压大扰动恢复特性

参考文献

[1] 王锡凡，方万良，杜正春. 现代电力系统分析 [M]. 北京：科学出版社，2003.

[2] 汤涌，仲悟之，孙华东，等. 电力系统电压稳定机理研究 [J]. 电网技术，2010，34 (4)：12-18.

[3] 郑超，汤涌，马世英，等. 网源稳态调压对暂态无功支撑能力的影响研究 [J]. 中国电机工程学报，2014，34 (1)：115-122.

[4] 郑超，马世英，盛灿辉，等. 以直流逆变站为动态无功源的暂态电压稳定控制 [J]. 中国电机工程学报，2014，34 (34)：6141-6149.

[5] 徐政，黄弘扬，周煜智，等. 描述交直流并列系统电网结构品质的 3 种宏观指标 [J]. 中国电机工程学报，2013，33 (4)：1-7.

[6] 刘楠，张彦涛，秦晓辉，等. 感应电动机负荷对短路电流影响机理研究 [J]. 电网技术，2012，36 (8)：187-192.

[7] 苏常胜，李凤婷，晁勤，等. 异步风力发电机等值及其短路特性研究 [J]. 电网技术，2011，35 (3)：177-182.

[8] 邢鲁华，陈青，吴长静，等. 含双馈风电机组的电力系统短路电流实用计算方法 [J]. 电网技术，2013，37 (4)：1121-1127.

[9] 林伟芳，汤涌，卜广全. 多馈入交直流系统短路比的定义和应用 [J]. 中国电机工程学报，2008，28 (31)：1-8.

[10] 金小明，周保荣，管霖. 多馈入直流交互影响强度的评估指标 [J]. 电力系统自动化，2009，33 (15)：98-102.

[11] 郭小江，郭剑波，王成山. 考虑直流输电系统外特性影响的多直流馈入短路比实用计算方法 [J]. 中国电机工程学报，2015，35 (9)：2143-2451.

[12] 辛焕海，章枫，于洋，等. 多馈入直流系统广义短路比：定义与理论分析 [J]. 中国电机工程学报，2016，36 (3)：633-647.
[13] 郑超，吕思卓，马世英，等. 计及有源设备“质”“量”差异的直流短路比 [J]. 电力自动化设备，2019，39 (6)：146-152.

8　交直流混联电网频率稳定性分析与控制

8.1　PSS选型对孤岛电网频率稳定性影响机理

8.1.1　发电机电磁功率及其影响因素

电网频率变化是发电机转速偏差在网络中的表现形式，表征电网中机组机械注入功率与电磁输出功率的动态平衡特性。当注入功率出现盈余时，电网频率升高；反之则下降。

发电机转子运动方程如式（8-1）和式（8-2）所示，即

$$\frac{\mathrm{d}\delta}{\mathrm{d}t}=(\omega-1)\omega_{\mathrm{N}} \tag{8-1}$$

$$T_{\mathrm{J}}\frac{\mathrm{d}\omega}{\mathrm{d}t}=T_{\mathrm{m}}-T_{\mathrm{e}}=\frac{P_{\mathrm{m}}}{\omega}-\frac{P_{\mathrm{e}}}{\omega} \tag{8-2}$$

式中：δ为相对同步旋转坐标系的转子角度；ω_{N}和ω分别为发电机额定转速和受扰转速；T_{J}为发电机惯性时间常数；T_{m}、T_{e}和P_{m}、P_{e}分别为发电机机械力矩和电磁力矩，以及机械注入功率和电磁输出功率。

发电机转速变化规律由P_{m}和P_{e}两者动态平衡特性共同决定。P_{m}跟随P_{e}变化，或P_{e}跟随P_{m}变化，均可减小转子不平衡功率，使转子转速趋于稳定。

在含有多台发电机的电网中，收缩至内电势E_{e}的第i台发电机电磁功率$P_{\mathrm{e}i}$可分解为两部分，如式（8-3）所示。其中，$P_{\mathrm{el}i}$对应负荷供电功率，$P_{\mathrm{eg}i}$对应机组同步功率。前者受励磁系统控制的$E_{\mathrm{e}i}$水平影响，提升励磁电压可增大功率输出，如式（8-4）所示；后者则主要取决于发电机相对功角，如式（8-5）所示，发电机i受扰加速，则δ_i增大，同步功率$P_{\mathrm{eg}i}$提升，相应制动作用增强。因此，在多机电网中，机组i的不平衡功率可自动通过同步功率传递至其他机组，即电网中其他机组具有稳定机组i转速的负反馈机制。

$$P_{\mathrm{e}i}=P_{\mathrm{el}i}+P_{\mathrm{eg}i} \tag{8-3}$$

$$P_{\mathrm{el}i}=E_{\mathrm{e}i}^{2}G_{ii} \tag{8-4}$$

$$P_{\mathrm{eg}i}=E_{\mathrm{e}i}B_{ij}\sum_{i=1,i\neq j}^{N_{\mathrm{g}}}E_{\mathrm{e}j}\sin(\delta_i-\delta_j) \tag{8-5}$$

式中：B_{ij}为机组 i 与机组 j 之间的电纳；G_{ii}为机组 i 的等值电导；N_g 为发电机台数。

在单机或电气参数一致的多机单厂孤岛电网中，发电机电磁功率仅具有对应负荷供电功率的 P_{eli}，缺失同步功率 P_{egi}，因此，机组转速维持能力减弱。在调速器作用下，发电机机械功率 P_m 仅响应机组转速变化慢速调整，难以跟随电磁功率的快速变化。因此，为改善孤岛电网频率稳定性，如式（8-4）所示，可通过励磁系统附加控制，动态调节励磁电压，进而调控电磁功率以跟随机械功率变化，降低机组不平衡功率水平。

8.1.2　两种 PSS 结构及频率特性

8.1.2.1　SG 型 PSS

以发电机电磁功率 P_e 与其参考值 P_{eN}之间的偏差 ΔP_e 为输入信号的 SG 型 PSS，其传递函数结构如图 8-1 所示。

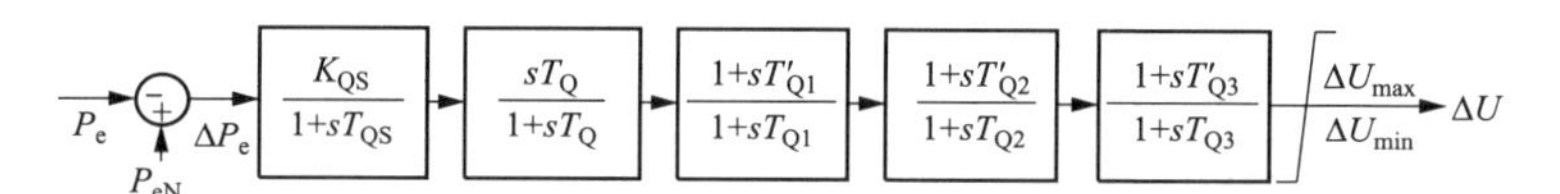

图 8-1　SG 型 PSS 传递函数

K_{QS}、T_{QS}—比例惯性环节的增益与时间常数；T_Q—隔直环节的时间常数；T'_{Q1}、T'_{Q2}、T'_{Q3}、T_{Q1}、T_{Q2}、T_{Q3}—多级移相环节中的时间常数；ΔU、ΔU_{max}、ΔU_{min}—PSS 输出附加励磁电压调节信号及其上下限值

对应 $K_{QS}=10.7$ 和 $T_{QS}=0.02$s、$T_Q=6$s、$T_{Q1}=1.8$s、$T'_{Q1}=0.17$s、$T_{Q2}=0.05$s、$T'_{Q2}=0.1$s、$T_{Q3}=0.1$s、$T'_{Q3}=0.1$s 以及 $\Delta U_{max}=0.05$（标幺值）、$\Delta U_{min}=-0.05$（标幺值），SG 型 PSS 的幅频与相频特性如图 8-2 所示。可以看出，对于频率大于 0.05Hz 的振荡，当电磁功率 P_e 受扰减小，对应 ΔP_e 增大，SG 型 PSS 滞后调节并增大 ΔU 输出，提升电网电压以增加电磁功率输出。

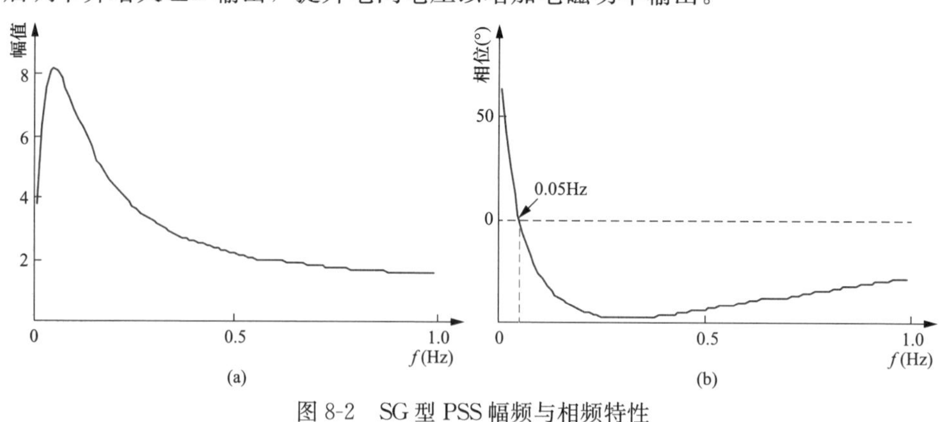

图 8-2　SG 型 PSS 幅频与相频特性

（a）幅频特性；（b）相频特性

8.1.2.2 SI 型 PSS

以发电机电磁功率 P_e 与其参考值 P_{eN} 之间的偏差 ΔP_e，以及转子转速 ω 与其参考值 ω_N 之间的偏差 $\Delta\omega$ 为组合输入信号的 SI 型 PSS，其传递函数结构如图 8-3 所示。

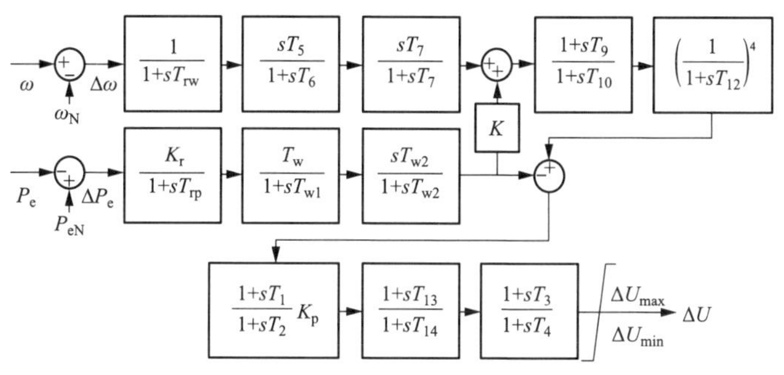

图 8-3 SI 型 PSS 传递函数

K_r、K_p、K 和 T_{rp}、T_{rw}、T_5、T_6、T_7、T_9、T_{10}、T_{12}、T_w、T_{w1}、T_{w2}、T_1、T_2、T_{13}、T_{14}、T_3、T_4 分别为比例、隔直和多级移相环节中的增益和时间常数；ΔU—PSS 输出附加励磁电压调节信号；ΔU_{max}、ΔU_{min}—PSS 输出附加励磁电压调节信号上下限值

对应 $K_r=1$、$K_p=4$、$K=1$ 和 $T_{rp}=0.01$s、$T_{rw}=0.01$s、$T_5=5$s、$T_6=5$s、$T_7=5$s、$T_9=0.6$s、$T_{10}=0.12$s、$T_{12}=0.12$s、$T_w=1.5$s、$T_{w1}=5$s、$T_{w2}=5$s、$T_1=0.15$s、$T_2=0.02$s、$T_{13}=0.1$s、$T_{14}=0.1$s、$T_3=0.15$s、$T_4=0.02$s 以及 $\Delta U_{max}=0.05$（标幺值）、$\Delta U_{min}=-0.05$（标幺值），SI 型 PSS 中对应转子转速偏差输入回路的幅频与相频特性如图 8-4 所示。可以看出，对于频率小于 0.58Hz 的振荡，当转子转速偏差 $\Delta\omega$ 下降，PSS 超前调节并减小 ΔU 输出，对应电网电压下降，机组输出电磁功率减小。

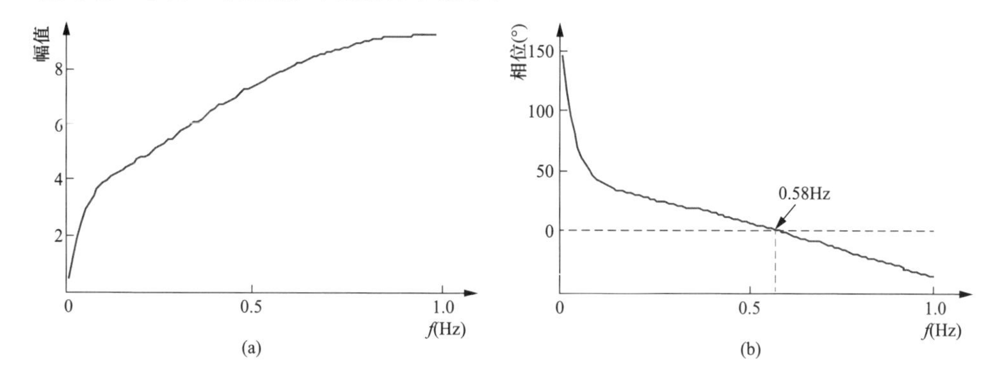

图 8-4 SI 型 PSS 幅频与相频特性

（a）幅频特性；（b）相频特性

8.1.3 PSS 选型对孤岛电网频率稳定性的影响

8.1.3.1 西藏昌都与四川交流弱互联电网

西藏昌都电网多年孤网运行，网内有金河主力水电站，装机为 4×15MW，接入昌都站 110kV 侧，配置有 SG 型 PSS；昌都小水电站装机为 4×2MW，接入中心变电站 35kV 母线。

昌都电网孤网运行，供电可靠性和安全稳定水平较低。为解决这一问题，2014 年川藏交流联网工程投运，互联电网结构如图 8-5 所示。昌都与四川主网经长距离链式交流联络线互联。冬季金河水电厂出力受限，为满足昌都电网负荷需求，从四川主网高比例受电。由于联络线所经地域地质条件复杂、自然环境恶劣，联络线故障开断风险大。低水平转动惯量、高比例外受电条件下，故障后昌都孤岛电网面临安全稳定威胁，其中，频率稳定是主要的威胁形式。作为主力机组的调节系统，金河机组原 PSS 选型对孤岛电网频率稳定性的影响，需要进一步评估，以保障故障后电网稳定运行。

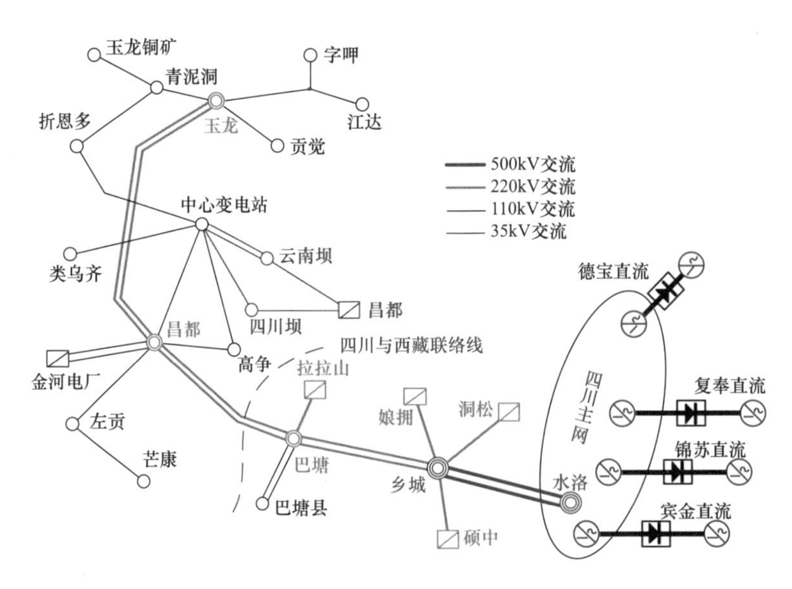

图 8-5　西藏昌都与四川互联电网

8.1.3.2 昌都孤岛电网暂态响应差异分析

川藏联网工程投运初期，昌都电网负荷容量为 106.5MW，其中，安控集中可切负荷容量 83.9MW，占总负荷容量的 78.8%。金河水电厂开 2 台机组，合计出力 30MW。昌都电网经巴塘—昌都 220kV 交流线路从四川主网受电 80.7MW，占总负荷容量的 75.8%。该线路故障开断，昌都形成孤岛电网并面临大量有功功率缺额。

暂态仿真中，昌都电网负荷模型采用 70%恒阻抗与 30%感应电动机组合模型，金河电厂水轮机及调速器模型如图 8-6 所示。低频减载设置 7 级基本轮和 1 级特殊轮。基本轮中，第 1 轮动作频率为 48.5Hz，各轮级差为 0.5Hz；第 1 轮和第 2 轮切负荷动作延时分别为 1.0s 和 1.5s，其他各轮动作延时为 2.0s。特殊轮动作频率为 49Hz，动作延时 20s。

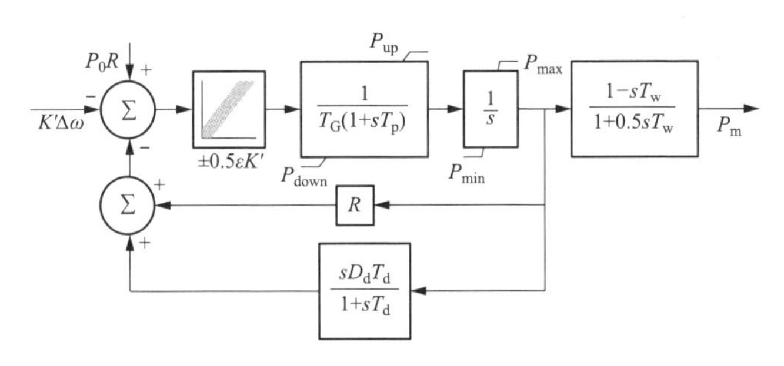

图 8-6　金河电厂水轮机及调速器模型

P_0—稳态运行功率；R—调差系数；$\Delta\omega$—转速偏差；ε—死区；T_G—调节器响应时间；T_p—引导阀门时间常数；T_d、D_d—软反馈环节时间常数和系数；T_W—水锤效应时间常数；P_m、P_{max}—输出机械功率及其最大值

2s 时，220kV 巴塘—昌都线路中一回线路发生三相永久性短路故障，2.12s 故障线路与另一回非故障并联线路同时开断，2.25s 安控切除昌都孤岛电网 95% 可切负荷，即 79.7MW。对应上述故障扰动及稳定控制，金河水电厂机组分别配置如图 8-1 和图 8-3 所示的 SG 型与 SI 型 PSS，孤岛电网电压和频率偏差的暂态响应对比曲线如图 8-7 所示。

由图 8-7 可以看出，由于孤岛电网电源容量小、电压支撑能力弱，因此故障扰动切除负荷后的电压恢复 *bc* 段，提升过程持续时间较长。此外，相同切负荷容量下，不同 PSS 选型会对孤岛电网频率动态特性产生显著影响。机组配置仅以电磁功率偏差为输入信号的 SG 型 PSS，频率呈增幅发散振荡趋势，振荡频率约为 0.07Hz，孤岛电网无法稳定运行；配置以电磁功率偏差和机组转速偏差组合为输入信号的 SI 型 PSS，则频率振荡具有较强阻尼，可快速平息。

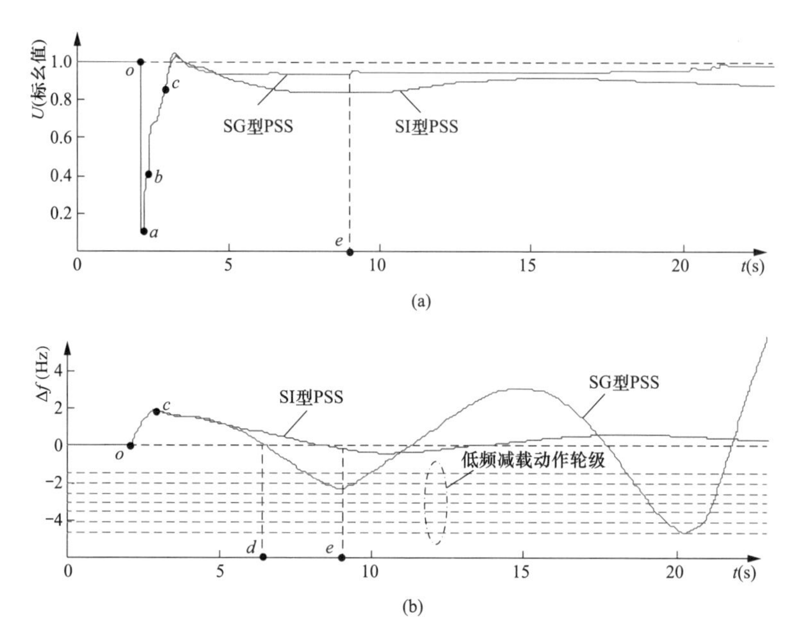

图 8-7　昌都孤岛电网暂态响应

(a) 昌都站 220kV 母线电压；(b) 昌都孤岛电网频率偏差

8.1.3.3　PSS 选型对频率稳定性影响解析

对应金河机组采用 SG 和 SI 两种不同型式的 PSS，孤岛电网主要电气量暂态响应的对比曲线如图 8-8 所示。

短路故障期间的 *oa* 段，昌都电网电压深度跌落，发电机电磁功率大幅减小，不平衡功率驱动发电机转子转速升高；在清除故障及切负荷后的恢复 *a*→*b*→*c* 段，由于孤岛电网电源容量小，电压支撑能力较弱，受电压恢复缓慢影响，电磁功率提升迟缓，加之水锤效应使机组机械注入功率有所增大，不平衡加速功率驱动转子转速快速升高。采用两种不同型式 PSS，孤岛电网 *oa* 段暂态行为无明显差异。

随着孤岛电网电压恢复，*c* 时刻，机组电磁功率开始大于机械功率，制动功率使转子转速进入 *c*→*d*→*e* 的减速段。在该过程中，对应两种不同 PSS 选型的孤岛电网暂态过渡特征为：

(1) 孤岛电网由于失去主网支撑，电压低于正常运行值，如图 8-7 所示，发电机电磁功率小于故障前水平。SG 型 PSS 输出附加信号 ΔU 增加，提升发电机励磁电压以增大电磁功率。调速器减小机械注入功率与 PSS 增大电磁输出功率共同作用，使机组制动功率大幅增加，回摆过程的减速能量 S_{sgd1} 显著大于故障及恢复过程中集聚的加速能量 S_{sga1}，机组转速大幅回摆，电网频率深度跌落。*e* 时刻，第1轮低频减载动作，切除5.3MW负荷，占孤岛电网剩余负荷的20.5%，发电机电磁功率对应阶跃下降。响应负转速偏差的机械功率逐渐提升，与发电机减小的电磁功率共同作用，机组在第2摆中集聚较故障扰动更多的加速能量，即$S_{sga2}>S_{sga1}$，进一步激发频率较大幅度的增幅振荡，后续触发多轮低频减载相继动作，电网失去稳定。

（2）SI型PSS响应转速偏差变化，动态调节励磁电压，如式（8-4）所示，在孤岛电网中可灵活快速调控机组电磁功率。如图8-8所示，响应故障后机组转速偏差下降，SI型PSS输出ΔU减小，发电机电磁功率随电网电压下降减少，因此，可快速调控的电磁功率跟随慢速调控的机械功率动态变化，幅度较小的减速不平衡功率持续作用于转子，消耗其加速能量，对应转速平稳下降，回摆幅度显著降低，进而有效规避低频减载装置动作，频率振荡亦可较快平息。

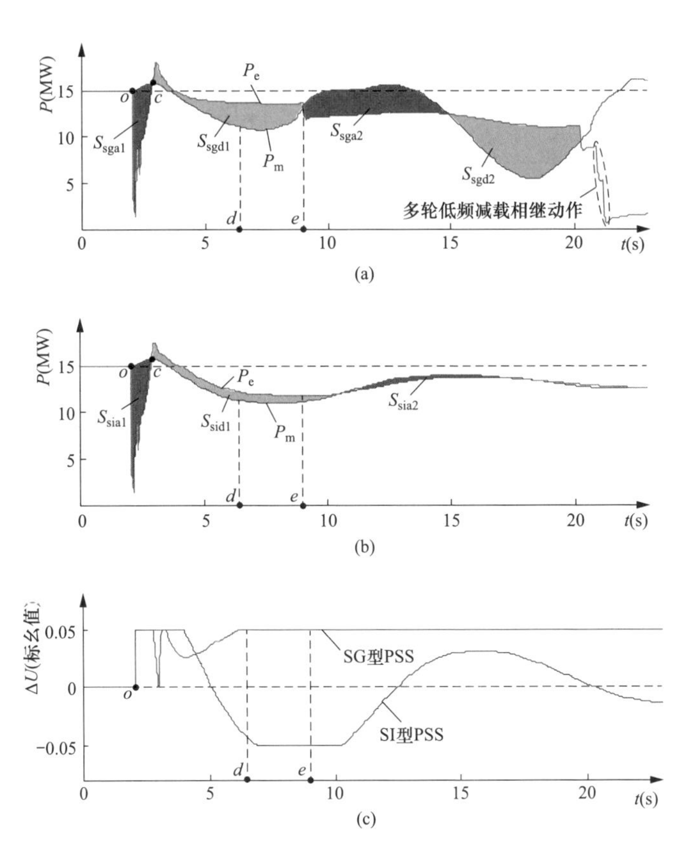

图8-8 不同PSS选型下孤岛电网主要电气量暂态响应（一）

（a）配置SG型PSS时机组功率；（b）配置SI型PSS时机组功率；（c）PSS输出附加励磁电压ΔU

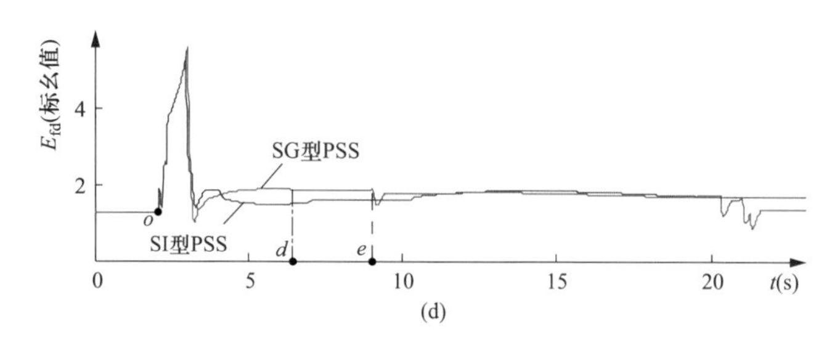

图 8-8　不同 PSS 选型下孤岛电网主要电气量暂态响应（二）

（d）发电机励磁电压

此外，对应两种不同型式 PSS，受扰后机组不平衡功率 ΔP 和电网频率偏差 Δf 的 $\Delta P-\Delta f$ 变化轨迹对比曲线如图 8-9 所示。

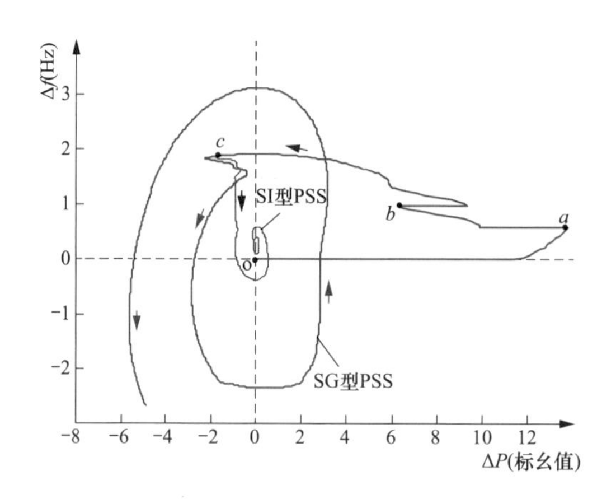

图 8-9　$\Delta P-\Delta f$ 变化轨迹

综合以上分析可以看出，与 SG 型 PSS 以维持发电机电磁功率为目标刚性增大励磁电压不同，SI 型 PSS 跟踪转速偏差，动态柔性调节励磁电压，使可快速调控的电磁功率跟随慢速调节的机械功率变化，减小转子不平衡功率，进而限制频率振幅抑制频率振荡。因此，昌都电网联网后，金河机组原 SG 型 PSS 已无法满足故障后孤岛电网频率控制要求，需要改造为 SI 型 PSS。

8.1.4　切负荷量对频率稳定性影响及优化措施

8.1.4.1　切负荷量对频率稳定性影响

昌都电网转动惯量水平低，故障孤岛后，其功率盈缺程度会对频率特性产生显著影响。由于集中切负荷容量会随被切负荷的运行功率变化而发生改变，因此为保障频率稳定，孤岛电网对不同切负荷容量应具有适应性。

对应 SG 和 SI 不同型式的两种 PSS，巴塘—昌都 220kV 交流线路故障开断后，对应切除 90%、95%、97%和 100%可切负荷，即 75.3MW、79.5MW、81.2MW 和 83.7MW，昌都孤岛电网频率暂态响应如图 8-10 所示。可以看出，配置 SG 型 PSS，频率均无法稳定；配置 SI 型 PSS，对应切除 90%、95%、97%可切负荷，孤岛电网频率均能维持稳定，适应性较强；切除 100%可切负荷，则由于过切量相对较多，频率首摆冲击幅度较大，反摆过程中由于 PSS 输出下限 ΔU_{min}约束，制约电磁功率随机械功率下降，从而导致制动功率增大，频率跌幅增加并触发低频减载装置动作，继而频率增幅振荡失稳。

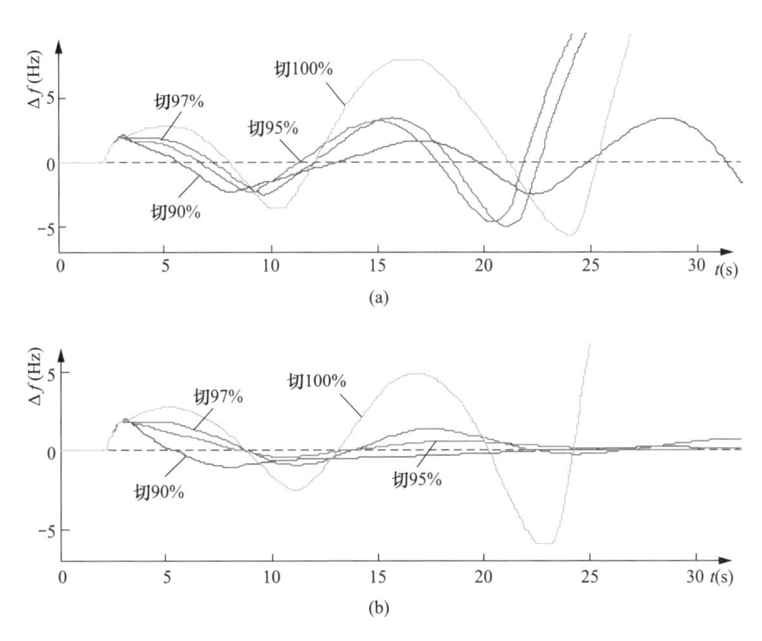

图 8-10 对应不同切负荷容量的频率暂态响应

(a) 配置 SG 型 PSS；(b) 配置 SI 型 PSS

8.1.4.2 频率稳定性优化措施

如 8.1.4.1 节所述，切除 100%可切负荷的措施下，由于 SI 型 PSS 输出限幅约束，孤岛电网频率仍存在增幅振荡的失稳威胁。为进一步增强对安控切负荷量的适应性，可优化调整 PSS 输出限幅。

对应 ΔU_{min}的标幺值由－0.05 调整至－0.1 标幺值，切除 100%可切负荷的措施下，孤岛电网暂态响应对比如图 8-11 所示。可以看出，优化后孤岛电网频率稳定性对过切负荷容量有更好的适应性。

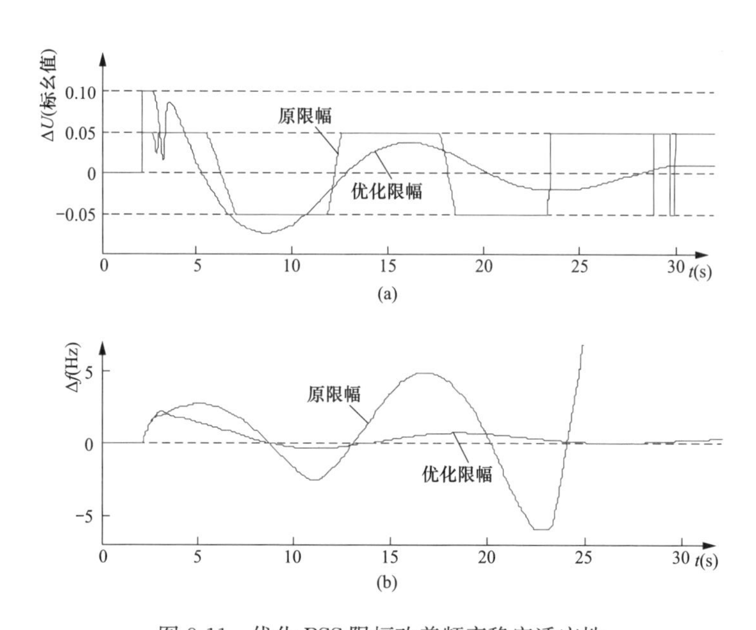

图 8-11 优化 PSS 限幅改善频率稳定适应性

(a) SI 型 PSS 输出的附加励磁电压 ΔU；(b) 不同 $\Delta U_{\min}$ 下孤岛电网频率偏差

8.2 水电高占比区域电网直流异步互联后特性变化及应对措施

8.2.1 影响区域电网受扰行为的结构性因素

在电源功率大量汇集、网络潮流灵活转运、负荷用电可靠供应等发展内因的驱动下，由邻近若干省级电网通过互联形成的区域电网，其内部交流主干输电网电气联系通常较为紧密——机组之间等值互联电纳大、交流线路阻抗小。

式（8-6）和式（8-7）分别为多机电网中发电机 i 的电磁功率 P_{ei} 输出方程和交流线路有功功率 P_{amn} 传输方程。

$$P_{ei} = E_{ei}\sum_{j=1}^{N_g} E_{ej}B_{ij}\sin(\delta_i - \delta_j) \tag{8-6}$$

$$P_{amn} = \frac{U_m U_n}{X_{mn}}\sin(\delta_m - \delta_n) \tag{8-7}$$

式中：E_{ei}、E_{ej} 和 δ_i、δ_j 分别为发电机内电势的幅值和功角；U_m、U_n 和 δ_m、δ_n 分别为交流线路两端母线电压的幅值与相位；B_{ij} 为机组之间等值互联电纳、X_{mn} 为交流线路电抗（忽略线路电阻）；N_g 为发电机台数。

由式（8-6）和式（8-7）可以看出，电气联系紧密的区域电网具有两方面特征：①B_{ij}数值大，较小的功角差，即可引起 P_{ei}显著变化，因此，发电机之间不平衡功率交换能力和同步运行能力强——功角超前，则输出功率增大，制动效应增强；反之，功角滞后，则输出功率减小，驱动效应增强；②X_{mn}数值小，线路有功传输能力强，静态稳定约束的送电功率极限水平高，不易形成输电瓶颈。

扰动冲击后，因受扰程度、惯量水平、电气参数、调节性能等方面存有差异，区域电网内部各机组呈现“布朗运动”形态，与此同时，机组之间的相对运动改变各自电磁功率，受此影响，机组相互“牵拉”和“拖拽”，并在整体上表现出机群聚合趋同运动。

8.2.2 直流异步互联后区域电网动态行为特性

8.2.2.1 互联电网模型

为分析电气结构紧密型区域电网动态行为变化机制，构建如图 8-12 所示交直流混联外送电网。区域发电机由 6 台相同参数的 600MW 机组构成，区域负荷为 1600MW，直流外送功率为 2000MW。为便于不同互联格局下动态响应特性对比，正常运行时交流外送功率为 0MW。发电机采用计及阻尼绕组的 6 阶详细模型，并计及调速器作用；负荷采用恒功率模型；直流控制系统采用 2.2.4 小节所述的 DA 模型。

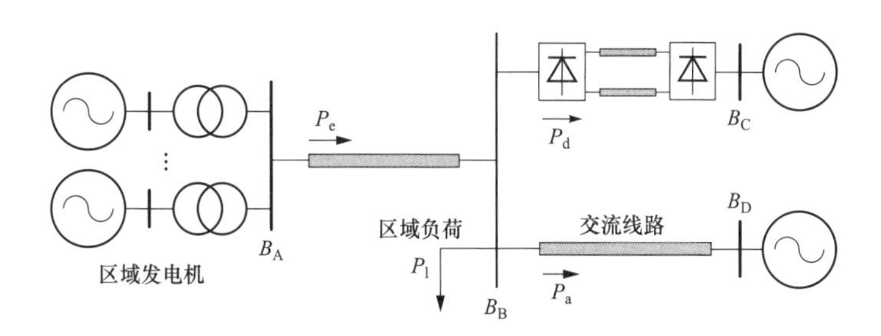

图 8-12 区域交直流混联外送电网模型

B_A—区域发电机并网母线；B_B 和 B_C、B_D—分别为交直流外送线路的送端母线和受端母线；P_e—区域内发电机电磁功率；P_d、P_a—分别为直流和交流外送功率；P_l—区域内负荷功率

8.2.2.2 互联电网动态行为变化

（1）动态行为变化特性分析。对应图 8-12 所示混联电网，计及机械阻尼特性，则线性化形式的发电机转子运动方程如式（8-8）和式（8-9）所示。式（8-8）表征机械量变化规律，式（8-9）表征电气量变化规律。

$$
\begin{aligned}
N_g T_J \frac{d\Delta\omega}{dt} &= \Delta P_m - \Delta P_e - D\Delta\omega \\
&= \Delta P_m - \Delta P_d - \Delta P_l - \Delta P_a - D\Delta\omega \\
&= [G_m(s) - G_d(s) - G_l(s)]\Delta\omega - \Delta P_a - D\Delta\omega
\end{aligned} \tag{8-8}
$$

$$
\frac{d\Delta\delta}{dt} = \Delta\omega \tag{8-9}
$$

式中：$\Delta\omega$、$\Delta\delta$ 分别为转子转速偏差和转子功角偏差；ΔP_m、ΔP_e 和 ΔP_d、ΔP_l、ΔP_a 分别为机组总的机械功率、电磁功率的偏差以及直流功率、负荷功率、交流外送线路功率的偏差；D 为阻尼系数；$G_m(s)$、$G_d(s)$ 和 $G_l(s)$ 分别对应调速器、直流及负荷响应频率变化的功率调控特性；N_g 为机组台数；T_J 为单台发电机惯性时间常数。对于定功率控制的直流和恒功率运行的负荷，则有 $\Delta P_d = \Delta P_l = 0$。

交流同步互联格局中，不平衡功率驱动产生的 $\Delta\omega$ 引起 $\Delta\delta$ 变化，并因此改变交流线路有功，如式（8-10）所示。由式（8-8）～式（8-10）可以看出，机械量与电气量两者具有强耦合作用——联合表现为机电动态过程相互作用，对应的稳定形态为区域内聚合机群与区域外机群之间的功角稳定。其中，电气量变化与机械量变化之间具有负反馈抑制机制，即 $\Delta\omega$ 增大，$\Delta\delta$ 拉大，ΔP_a 升高，增加的转子制动功率抑制 $\Delta\omega$ 增大；反之，$\Delta\omega$ 减小，$\Delta\delta$ 缩小，ΔP_a 降低，增加的转子驱动功率抑制 $\Delta\omega$ 减小。与机组调速器控制的 ΔP_m 的调节响应速度相比，电气量变化引起的 ΔP_a 响应速度更快，是决定机电振荡特征的主导因素。

$$
\Delta P_a = S_{Eq}\Delta\delta \tag{8-10}
$$

式中：S_{Eq}为同步功率系数。

直流异步互联格局中，交流线路开断使式（8-10）所示的 ΔP_a 与 $\Delta\delta$ 关联关系消失，机械量与电气量两者解耦——单独表现为区域内聚合机群的机械振荡，对应的稳定形态为频率稳定。如式（8-8）所示，调速器的调节特性是决定机械振荡特征的关键因素。

（2）不同互联格局下动态行为仿真对比。对应图 8-12 所示混联电网，分别针对交直流同步互联格局，以及开断交流线路后的直流异步互联格局，考察母线 B_B 三相瞬时性短路故障冲击下，电网动态行为的差异。

交流同步互联格局对应的电网受扰响应，如图 8-13 所示。可以看出，在电气量变化与机械量变化之间负反馈抑制机制作用下，发电机电磁功率可较快的逼近慢速变化的机械功率，从而消除机组不平衡功率平息振荡。振荡频率为 0.73Hz，属于区域机群之间低频功角振荡。

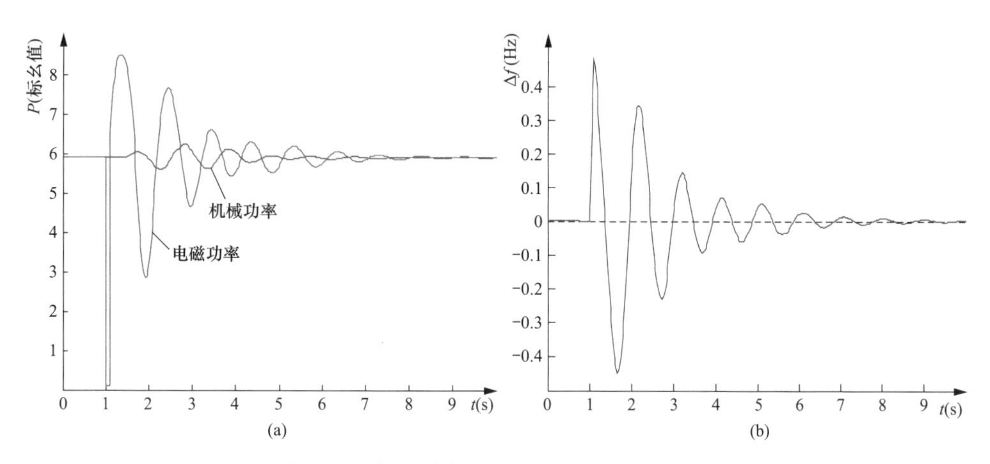

图 8-13　交流同步互联格局下受扰动态行为

(a) 单台机组机械功率和电磁功率；(b) 电网频率偏差 Δf

直流异步互联格局对应的电网受扰响应，如图 8-14 所示。可以看出，在调速器调控作用下，发电机机械功率缓慢趋近几乎恒定的电磁功率，从而消除机组不平衡功率平息振荡。振荡频率为 0.04Hz，属于区域内机群超低频频率振荡。

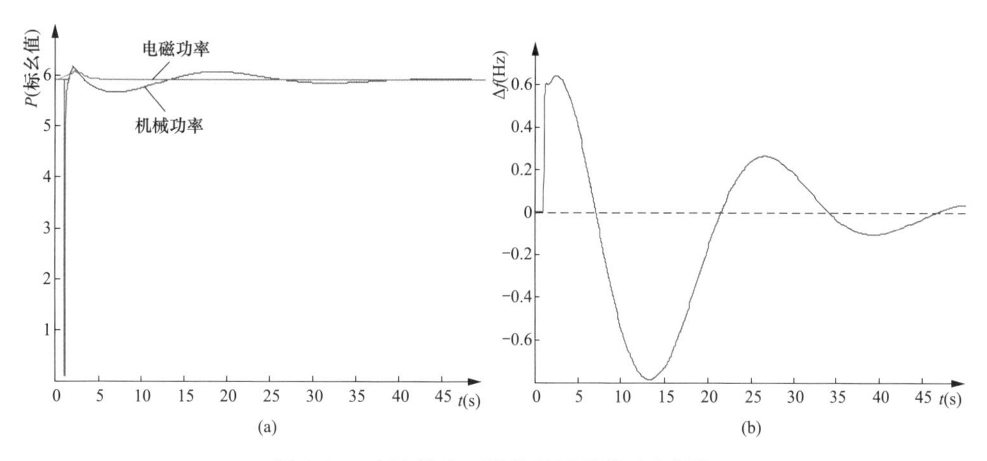

图 8-14　直流异步互联格局下受扰动态行为

(a) 单台机组机械功率和电磁功率；(b) 电网频率偏差 Δf

8.2.2.3　主要影响因素及稳定控制措施

(1) 主要影响因素。结合异步互联电网表现出的稳定形态——频率稳定，以及与式 (8-8)～式 (8-10) 相对应的如图 8-15 所示的发电机组海佛容—飞利浦斯 (Heffron-Philips) 模型，可以看出，影响异步互联电网频率动态响应行为的主要因素包括三个方面。

1) 调速器调控特性 $G_m(s)$。调速器类型（水轮机调速器、汽轮机调速器等）

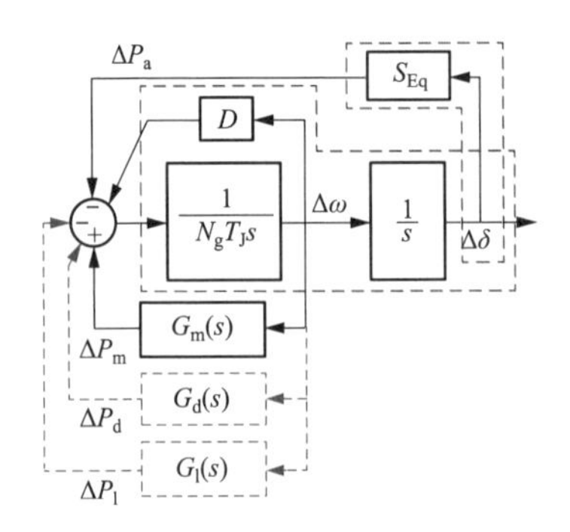

图 8-15　发电机海佛容—飞利浦模型

以及关键控制参数，能够影响机组机械功率 ΔP_m 逼近电磁功率 ΔP_e 消除不平衡功率的性能，可改变电网频率的动态响应行为。

2）直流功率调制特性 G_d(s)。响应频率变化的直流功率调制量 ΔP_d，能够大幅减少 ΔP_e 与 ΔP_m 之间的偏差，加快消除机组不平衡功率，可改善电网频率的动态响应行为。

3）负荷功率响应特性 G_l(s)。响应频率变化的负荷功率增减量 ΔP_l，能够一定程度的减少 ΔP_e 与 ΔP_m 之间的偏差，辅助消除机组不平衡功率，可优化电网频率的动态响应行为。

（2）改善异步互联电网动态特性的稳定控制措施。

对应上述三个主要影响因素，可相应通过以下三项措施，提升异步互联电网频率稳定性。

1）优化机组调速器调控特性。对于既定的电网及其机组类型，通过调整关键控制参数——比例增益和积分时间常数，改善特定频段内调速器调控特性。

2）配置直流频率限制器 FLC 功能。利用如图 2-25 所示的直流 FLC，响应电网频率偏差 Δf，自动调制直流功率。

3）增设动态无功补偿装置的附加电压控制功能。利用如图 8-16 所示附加控制器，响应频率偏差 Δf 输出电压调控量 ΔU，并叠加作用于静止无功补偿器（Static var Compensator，SVC）或静止无功发生器（Static Synchronous Compensator，STATCOM）等动态无功补偿装置的主控制器，改变无功输出，调节电网电压。变化的电压作用于负荷中的恒阻抗分量，可间接改变负荷功率，进而达到改善功率平衡特性的目的。

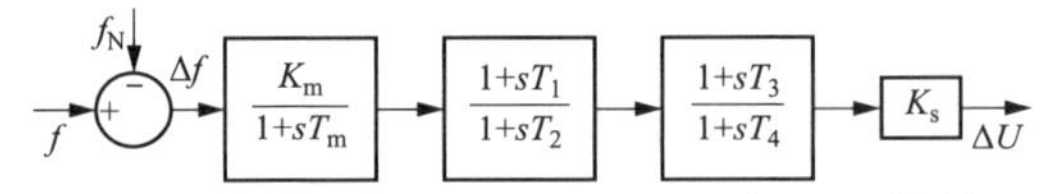

图 8-16　动态无功补偿装置的附加电压控制

K_m—测量环节增益常数；T_m—测量环节时间常数；T_1、T_2、T_3、T_4—超前滞后移相环节时间常数；K_s—控制器增益；f—电网受扰频率；f_N—额定频率；Δf—频率偏差

8.2.3　西南柔直异步互联电网特性及稳定控制

8.2.3.1　西南电网及其异步互联结构

西南电网是我国“西电东送”的重要能源基地，由四川（川）、重庆（渝）

和西藏（藏）三个省（自治区）电网组成，境内水电占比高。2018 年，西南电网通过德宝、柴拉直流与西北电网互联；通过复奉 6400MW、锦苏 7200MW 和宾金 8000MW 三回±800kV 特高压直流与华东电网互联；通过渝鄂之间九盘—龙泉、张家坝—恩施两个 500kV 交流线路与华中主网互联。西南电网与区域外电网呈现交直流混联同步互联格局。

为降低特高压直流故障对川渝交流电网的冲击影响，以及对华北—华中区域互联电网的冲击威胁，实施九盘—龙泉和张家坝—恩施交流线路开断工程和背靠背柔性直流并网工程，如图 8-17 所示。

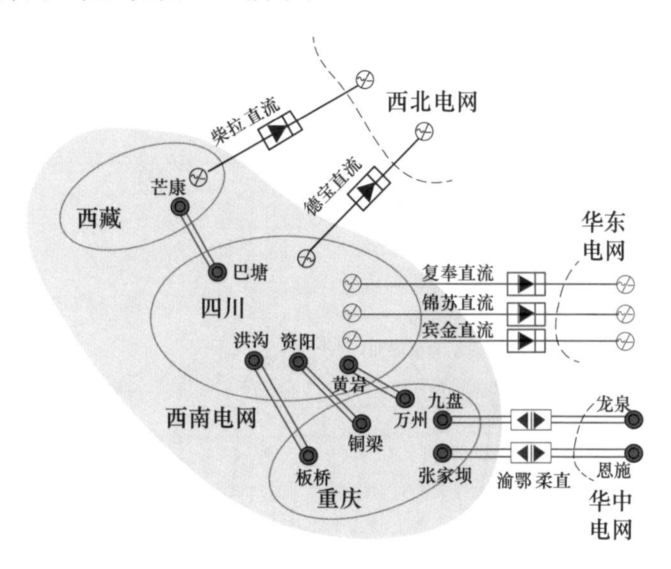

图 8-17　西南电网柔直异步互联新格局

渝鄂柔直背靠背工程投运对西南电网结构的影响，类似于如图 8-12 所示交直流外送电网开断 B_B-B_D 交流外送线路的影响。由 8.2.2 节分析可知，电网特性将发生显著变化。

8.2.3.2　西南电网暂态响应特性分析

为考察西南电网柔直异步互联后的受扰特性，基于机电暂态仿真软件 PSD-BPA，模拟川渝电网之间洪沟—板桥线路三相永久短路跳开双回线故障。仿真中，西南电网主力水电和火电机组及其励磁系统、调速器，均采用基于实测的仿真模型，负荷采用 60％恒阻抗与 40％感应电动机的组合模型。

对应上述故障，西南电网暂态响应如图 8-18 所示。由图 8-18（a）和 8-18（b）可以看出，因机组距离故障点电气距离不同，其不平衡功率 ΔP 存有差异，受扰冲击后的初始阶段，各机组转速大小不同，相应频率偏差 Δf 交替变化。由于电网电气联系较为紧密，机组不同的转速偏差引起的相对功角变化，可使不平衡功率在机组之间快速分摊，且不受网内输电能力约束。各机组相互“牵拉”并同一的趋向于频率为 0.067Hz 的超低频频率振荡，如图 8-18（c）所示。

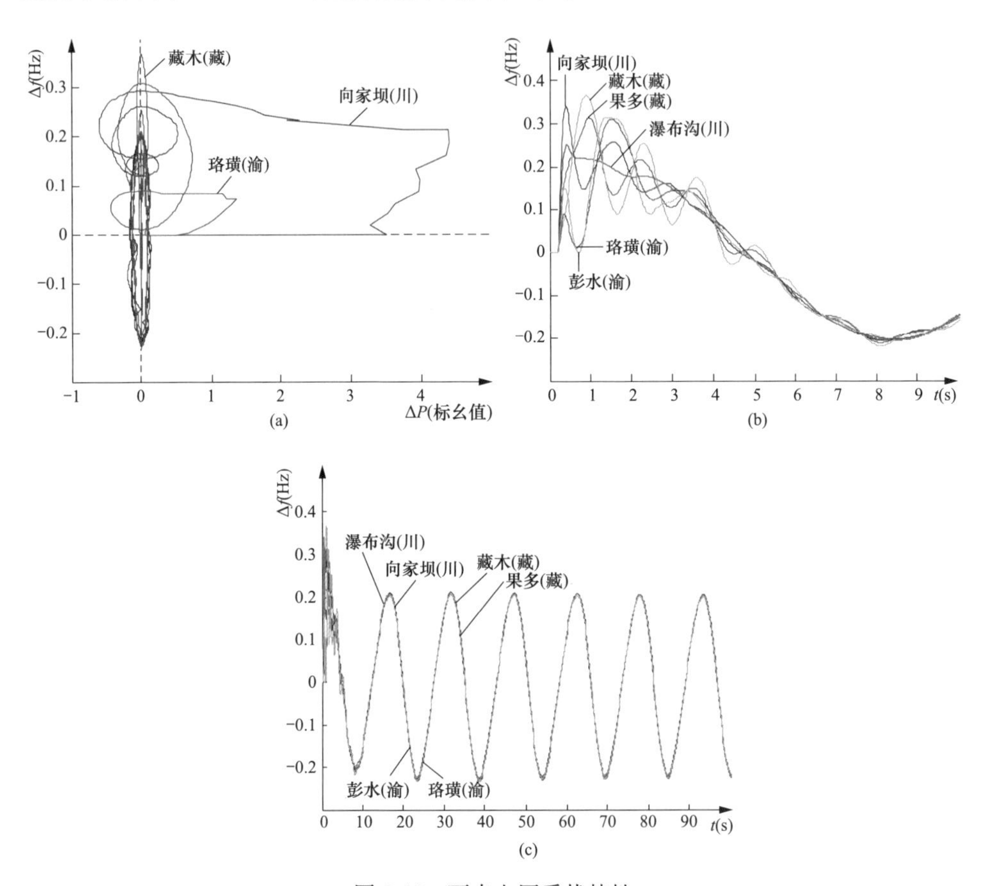

图 8-18　西南电网受扰特性

（a）机组 $\Delta P-\Delta f$ 变化轨迹；（b）频率偏差 Δf 局部特征；（c）频率偏差 Δf 整体特征

8.2.3.3　西南电网稳定控制措施及效果

水电高占比的西南柔直异步互联电网，因水电机组调速器滞后效应，受扰冲击后将出现超低频频率振荡，威胁电网安全运行，需采取应对措施。

（1）水电机组调速器参数优化。水电机组调速器对超低频频域内的频率振荡，具有负阻尼效应。为此，调整四川境内向家坝、溪洛渡等大型水电机组调速器比例—积分—微分 PID 调节器参数，即将比例和积分环节增益减至 1/3，以缓解调速器对振荡的不利影响，其效果如图 8-19 所示。可以看出，振荡得以有效抑制。

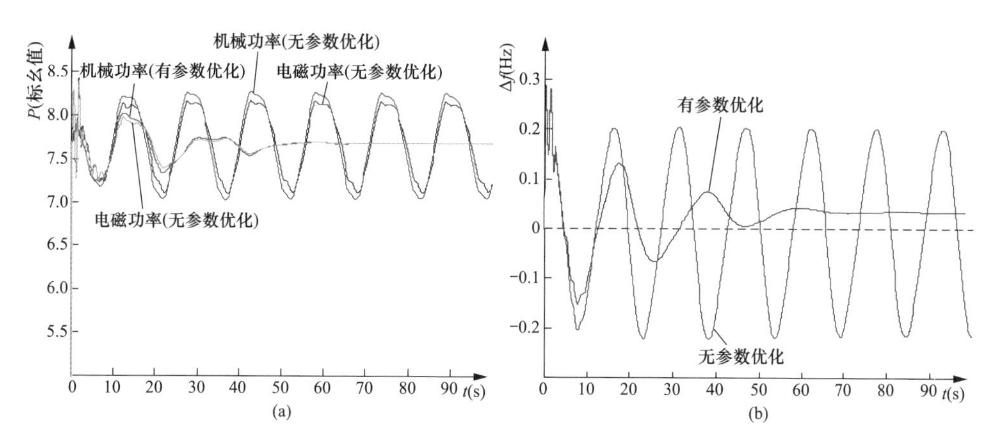

图 8-19　水电机组调速器参数优化抑制超低频频率振荡

（a）溪洛渡机组功率；（b）电网频率偏差

（2）直流频率限制器控制。西南电网复奉、锦苏和宾金三回特高压外送直流均配置 FLC 功能，对应上述故障扰动，西南电网的暂态响应如图 8-20 所示。可以看出，直流响应电网频率变化动态调节其送电功率，可快速平抑频率振荡，效果显著。此外，值得关注的是，直流功率仅在扰动初期短时波动，FLC 功能不会对直流本体及受端电网稳定运行产生持续的不利影响。

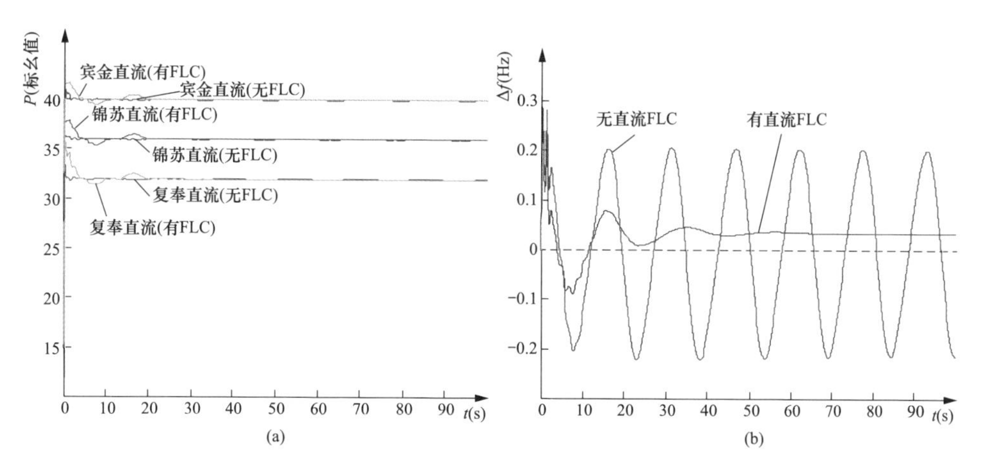

图 8-20　直流 FLC 抑制超低频频率振荡

（a）直流单极有功功率；（b）电网频率偏差

（3）动态无功补偿装置的附加电压控制。为提高负荷中心电压支撑能力，四川电网中环成都负荷中心的尖山电站和重庆电网中板桥电站各安装有 2×120Mvar 的 SVC。由于与负荷电气距离近，SVC 电压控制能够改变恒阻抗负荷分量消耗的有功功率。有无配置如图 8-16 所示附加控制器，对应上述故障扰动，西南电网的暂态响应如图 8-21 所示。可以看出，响应频率变化的 SVC 动态无功调节，可改变电网电压，并因此间接改变负荷功率，为机组提供制动功率，进而达到改善电网频率恢复特性的效果。

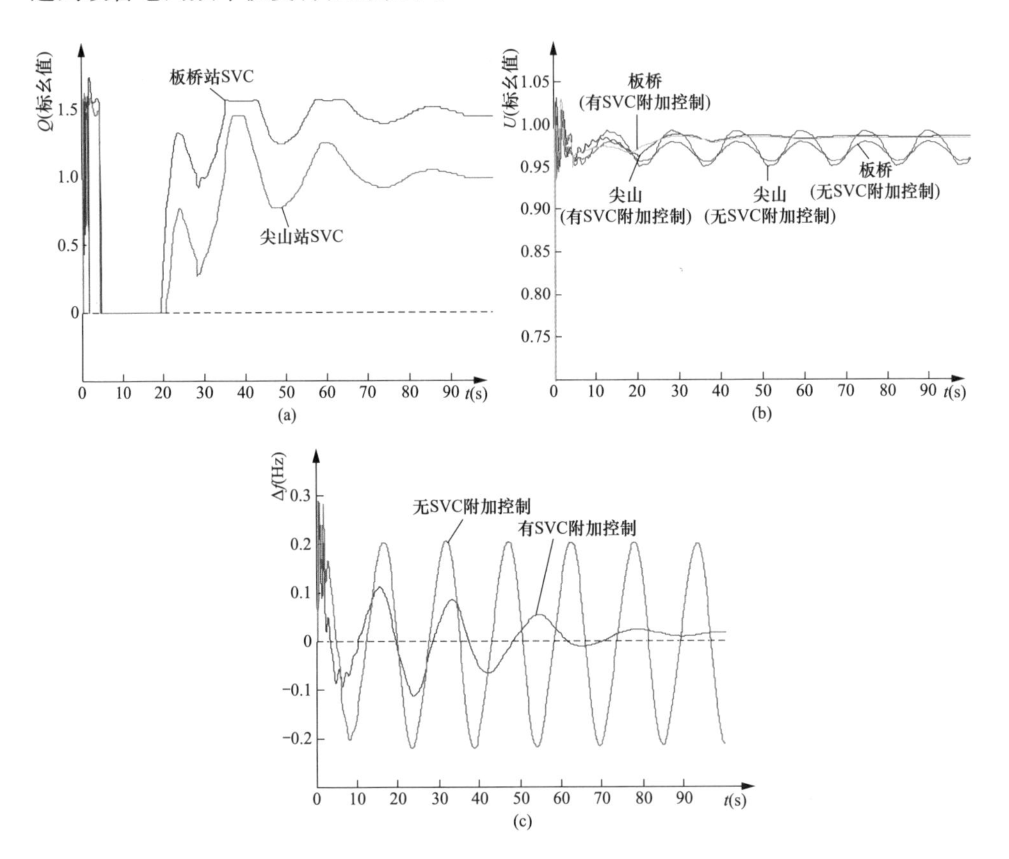

图 8-21　SVC 附加电压控制抑制超低频频率振荡

(a) SVC 无功出力；(b) 母线电压；(c) 电网频率偏差

8.3　光伏高渗透型交直流混联电网频率特性与控制

8.3.1　频率响应模型及典型轨迹分阶段解析

8.3.1.1　频率响应分析模型

频率对应同步发电机组转子转速，是电网运行状态的主要表征参量之一，其动态响应特性反映了机组机械功率注入与电磁功率输出之间不平衡量产生、消减和消除的过渡过程。影响频率动态响应特性的主要因素，即包括电网静态属性参数，如惯性时间常数，也包括电源、负荷、直流及储能等装置的有功调节性能。频率稳定的影响具有全局性，稳定一旦破坏影响范围和损失巨大。

当电网遭受不平衡有功功率冲击时，发电机 i 单机个体的机械力矩 T_{mi} 与电磁力矩 T_{ei} 之间出现偏差，其驱动转子转速 ω_i 变化，对应方程如式（8-11）所示。

$$T_{Ji}\frac{d\omega_i}{dt}=T_{mi}-T_{ei}=\frac{P_{mi}}{\omega}-\frac{P_{ei}}{\omega} \tag{8-11}$$

式中：T_{Ji} 为机组惯性时间常数；P_{mi} 和 P_{ei} 为机组机械功率和电磁功率。

电网频率对应母线电压相量的旋转速度，其变化规律与单机个体转子转速变化规律具有一致性，因此，亦可从前者考察频率特性。两相结合则可从宏观和微观两个层面综合分析和认知电网特性。具有 m 台发电机的电网聚合为单机供电模型，其运动方程与式（8-11）一致，相关聚合参数 T_J、T_m、T_e、P_m、P_e 如式（8-12）所示，即

$$T_J=\sum_{i=1}^{m}T_{Ji},T_m=\sum_{i=1}^{m}T_{mi},T_e=\sum_{i=1}^{m}T_{ei}$$

$$P_m=\sum_{i=1}^{m}P_{mi},\quad P_e=\sum_{i=1}^{m}P_{ei} \tag{8-12}$$

由式（8-11）和式（8-12），并结合式（8-13）所示电网频率偏差 Δf、转子转速偏差 $\Delta\omega$、以及稳态频率 f_N 和转速 ω_N 之间的关系，同时计及旋转备用和负荷频率调节特性，可推导出电网频率变化方程，如式（8-14）所示，即

$$\frac{\Delta f}{f_N}=\frac{\Delta\omega}{\omega_N} \tag{8-13}$$

$$T_J\omega_N\frac{d\Delta f}{dt}+\frac{1}{R}\beta(t)\Delta fP_{m0}+[P_{m0}+(K_L-1)P_{e0}]\Delta f=(P_{m0}-P_{e0})f_N \tag{8-14}$$

式中：P_{m0} 和 P_{e0} 分别为扰动后机械功率和电磁功率初值；R 为调差系数；K_L 为负荷频率调节系数；$\beta(t)$ 为机械功率变化量 ΔP_m 与 Δf 关系函数，如式（8-15）所示。

$$\beta(t)=-R\frac{\Delta P_m f_N}{P_{m0}\Delta f} \tag{8-15}$$

8.3.1.2 典型响应轨迹及其主要特征分阶段解析

对应式（8-14）和式（8-15）描述的不平衡功率冲击下电网频率变化模型，其典型响应轨迹如图 8-22 所示。以下分不同阶段解析频率响应轨迹的特征及相关的主导影响因素。

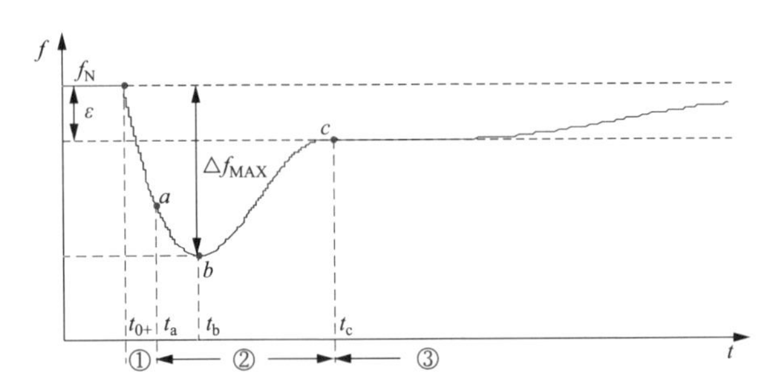

图 8-22　电网频率典型响应曲线

t_0—冲击发生时刻；t_a、t_b、t_c—为方便描述设定的特征时刻；

Δf_{MAX}—最大频率偏差；ε——一次调频动作死区

(1) 冲击后的初始过渡（第①阶段）。正常运行情况下，一旦出现扰动，假定扰动量的无功分量很小，则母线电压幅值可以当作恒定不变。扰动量的有功分量使扰动点电压相位发生变化，并由该相位的改变将扰动量传递到电网中的所有发电机组。若 t_0 时刻母线 k 发生有功扰动量 ΔP，则 t_{0+} 瞬间机组 i 电磁功率 P_{ei} 的线性化方程如式（8-16）所示，即

$$\Delta P_{ei}(t_{0+}) = \sum_{j=1,j\neq i,k}^{m} P_{sij}\Delta\delta_{ij}(t_{0+}) + P_{sik}\Delta\delta_{ik}(t_{0+}) = P_{sik}\Delta\delta_k(t_{0+}) \quad (8\text{-}16)$$

$$P_{sij} = E_{gi}E_{gj}B_{ij}\cos\delta_{ij}(t_{0+})$$

$$P_{sik} = E_{gi}U_k B_{ik}\cos\delta_{ik}(t_{0+})$$

式中：P_{sij} 和 P_{sik} 为同步功率系数；E_g 为发电机暂态电抗后的恒定内电势；U_k 为母线 k 电压；$\Delta\delta_{ij}$ 和 $\Delta\delta_{ik}$ 分别为机组 i 与机组 j 以及与母线 k 之间的相位差；$\Delta\delta_k$ 为母线 k 有功扰动引起的相位变化量。

由于扰动瞬间机组转子存在惯性，其相位不能突变。因此，进一步推导 $\Delta P_{ei}(t_{0+})$ 可由式（8-17）表述。由此可见，电网中各机组按其同步功率系数分配有功扰动量 ΔP。

$$\Delta P_{ei}(t_{0+}) = \frac{P_{sik}}{\sum_{j=1}^{m} P_{sjk}}\Delta P \quad (8\text{-}17)$$

在 $t_{0+}\rightarrow t_a$ 的过渡阶段，响应滞后的机组一次调频作用和频率小幅变化下的负荷调节效应均可忽略，即 $\beta(t)=0$、$K_L=0$，因此由式（8-14）可知该阶段 Δf 变化速率 $d\Delta f/dt$ 主要由电网惯性时间常数 T_J 和不平衡功率大小决定，如式（8-18）所示。

$$\frac{d\Delta f}{dt} = \frac{P_{m0} - P_{e0}}{T_J\omega_N}(f_N - \Delta f) \quad (8\text{-}18)$$

期间，受 t_{0+} 瞬间不平衡功率分担量、机组惯性时间常数等差异因素影响，各发电机组转速变化大小不同，机组将相对摇摆，并在同步力矩作用下趋于一致的转速。

（2）一次调频动作调节（第②阶段）。在 $t_a \rightarrow t_c$ 的过渡阶段，响应频率偏差机组一次调频开始动作，原动机调节增加机械功率注入，减小机械功率与电磁功率之间的偏差，抑制频率跌落。t_b 时刻，机械功率与电磁功率达到瞬时平衡，频率曲线对应出现拐点。此后，持续增加的机械功率驱动转子加速，电网频率恢复提升。

初始不平衡功率一定时，频率曲线拐点出现时刻 t_b 及对应的 Δf_{MAX}，除受惯性时间常数影响外，还取决于机组一次调频动态性能以及电网中负荷频率响应特性。

（3）自动发电消除频率偏差（第③阶段）。在一次调频容量充足的条件下，机组调节增长的机械功率与受负荷频率响应特性作用的机组电磁功率之间偏差逐步减小，并在 t_c 时刻达到平衡，对应频率悬停于一次调频死区，机组机械功率停止增长。此后，自动发电控制（AGC）启动，调节调频电厂有功出力，慢速消除频率偏差，恢复额定频率下的功率平衡。

需要指出说明的是，图 8-22 中为讨论方便，将频率响应曲线各阶段进行了无交叠划分，实际电网频率响应过程中各阶段则可能重叠，例如，小容量电网遭受大的不平衡功率冲击后频率快速跌落，若配有储能或直流功率调制等快速功率调节措施，则在一次调频尚未动作前频率已达到拐点，即存在 $t_a > t_b$ 现象；大电网一次调频性能弱化时，则在频率缓慢恢复变化过程中，AGC 已开始动作，即存在 $t_b > t_c$ 现象等。

8.3.2 光伏发电机电暂态仿真模型及其特征

8.3.2.1 光伏发电单元拓扑结构及主要部件

光伏发电主要部件如图 8-23 所示，包括光伏电池阵列、电压源换流器（Voltage Source Converter，VSC）及其控制器、换相电抗器和低压箱式变压器。其中，光伏电池阵列在伏打效应作用下，接收光能并输出直流电流；VSC 及其控制器维持直流侧运行电压，实现直流功率向交流功率转换，同时控制其与交流电网交换的无功功率；换相电抗器是 VSC 与交流电网能量交换的纽带；低压箱式变压器则为 VSC 提供合适的交流电压。

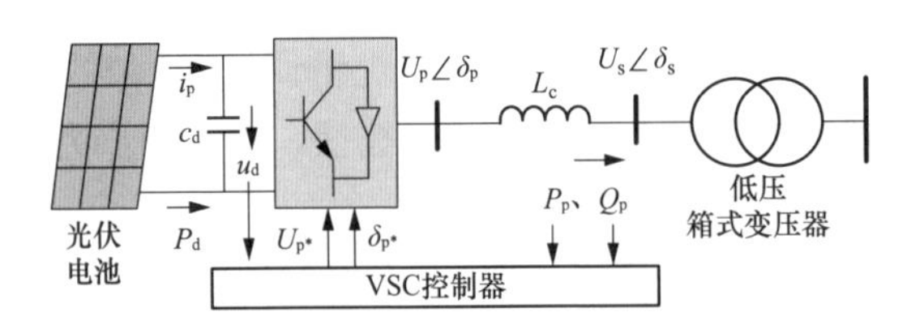

图 8-23 光伏发电单元拓扑结构及主要部件

i_p—光伏电池输出电流；u_d、P_d—直流电压和功率；c_d—直流电容；U_{p*}、δ_{p*}—控制器输出的出口 VSC 电压幅值与相位的参考值；U_p、δ_p—VSC 出口电压幅值与相位的运行值；U_s、δ_s—交流电网电压幅值和相位；L_c—换相电抗；P_p、Q_p—光伏发电输出的有功和无功

8.3.2.2 电池 *U-I* 特性模型

光伏电池是光能与电能的转换装置，经串并联形成光伏电池阵列。光伏电池建模主要有两种方法：①以光伏器件半导体特性和电池等效电路为基础的物理建模，由于该建模方法需 PN 结系数、禁带宽度能量等难以实际测量的参数，因此在实际工程和仿真研究中，应用局限性较大；②依据电池外特性，拟合电压与电流关系的统计建模，该建模方法依据短路电流和开路电压等实测参数，建立电池 *U-I* 特性方程，适用于机电暂态仿真。

标准温度 T_{ref} 和标准光照强度 S_{ref} 下，利用电池的短路电流 i_{sc}、开路电压 u_{oc}、最大功率电流 i_m 和电压 u_m 四个参数，可由式（8-19）～式（8-21）模拟电池 $U-I$ 特性，即

$$i_p = i_{sc}\left[1 - c_1 \exp\left(\frac{u_d}{c_2 u_{oc}} - 1\right)\right] \tag{8-19}$$

$$c_1 = \left(1 - \frac{i_m}{i_{sc}}\right)\exp\left(-\frac{u_m}{c_2 u_{oc}}\right) \tag{8-20}$$

$$c_2 = \left(\frac{u_m}{u_{oc}} - 1\right)\left[\ln\left(1 - \frac{i_m}{i_{sc}}\right)\right]^{-1} \tag{8-21}$$

在标准条件下，对应 $i_{sc}=7.47$A、$u_{oc}=44$V、$i_m=8.09$A、$u_m=34.8$V 的光伏电池 $U-I$ 和 $U-P$ 特性如图 8-24 所示。可以看出，随着直流电压 u_d 增大，光伏电池阵列输出电流 i_p 小幅降低，光伏输出功率则单调增加；达到最大功率点之后，随 u_d 增大 i_p 快速减小，光伏输出功率迅速降低。

非标准条件下，针对实际温度 T_{act} 和光照强度 S_{act}，利用公式（8-22）～式（8-25）计算修正参数 i'_{sc}、u'_{oc}、i'_m、u'_m，并代替原参数模拟 *U-I* 特性，式中 a 与 c 为温度补偿系数，b 为光照强度补偿系数。

$$i'_{sc} = i_{sc} S_{act}[1 + a(T_{act} - T_{ref})]/S_{ref} \tag{8-22}$$

$$u'_{oc} = u_{oc}[1 - c(T_{act} - T_{ref})]\ln[e + b(S_{act} - S_{ref})] \tag{8-23}$$

$$i'_m = i_m S_{act}[1 + a(T_{act} - T_{ref})]/S_{ref} \tag{8-24}$$

$$u'_m = u_m[1 - c(T_{act} - T_{ref})]\ln[e + b(S_{act} - S_{ref})] \tag{8-25}$$

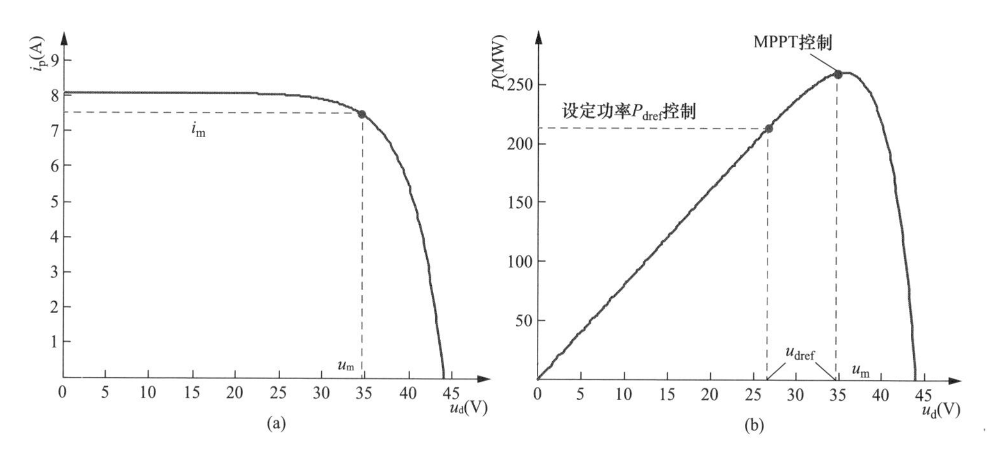

图 8-24　光伏电池 U-I 与 U-P 特性

(a) U-I 特性；(b) U-P 特性

8.3.2.3　直流侧电容电压动态模型

由光伏电池 U-I 和 U-P 特性可知，VSC 直流侧电容电压 u_d 的动态过渡过程直接影响其输出电流和功率的受扰特性。此外，u_d 还影响脉宽调制（PWM）控制下的换流器出口电压 U_p，进而影响换流器与交流电网交换的有功和无功。因此，为准确模拟光伏发电单元的受扰行为，需详细模拟 VSC 直流电压的动态特性。

如图 8-23 所示，依据基尔霍夫电流定律，描述 VSC 直流侧电容电压 u_d 的动态方程，如式（8-26）所示，即

$$\frac{du_d}{dt} = \frac{1}{c_d}\left(i_p - \frac{P_p}{\eta u_d}\right) \tag{8-26}$$

式中：c_d 为直流电容容值；P_p 为 VSC 交流有功功率；η 为 VSC 功率转换效率系数。

8.3.2.4　VSC 及其控制器综合模型

光伏发电单元中，VSC 采用 PWM 控制，具有两个控制自由度，可调节出口电压的幅值与相位，控制其与交流电网交换的有功功率和无功功率。为提升 VSC 控制性能，通常采用外环与内环相结合的双环控制器结构，如图 8-25 所示。

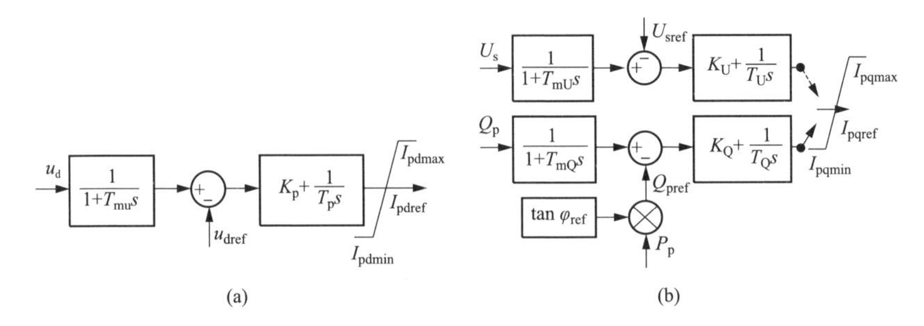

图 8-25　VSC 外环控制器模型

（a）直流电压控制器；（b）无功或交流电压控制器

T_{mu}—直流电压测量时间常数；K_p、K_U、K_Q—外环 PI 调节器的比例增益；T_p、T_U、T_Q—外环 PI 调节器的积分时间常数；I_{pdref}、I_{pqref}—VSC 交流电流 d、q 轴分量的参考值；I_{pdmin}、I_{pdmax}、I_{pqmin}、I_{pqmax}—VSC 交流电流 d、q 轴分量的控制限幅值；T_{mQ}—无功功率测量时间常数；Q_{pref}、φ_{ref}—无功功率和功率因数的参考值

图 8-25（a）所示为外环直流电压控制器，电压参考值 u_{dref} 由最大功率点追踪控制（Maximum Power Point Tracking，MPPT）控制或设定功率 P_{dref} 控制对应的运行点确定，如图 8-24（b）所示。图 8-25（b）所示为外环无功控制器，可采用恒功率因数控制或定电压控制两种不同模式。

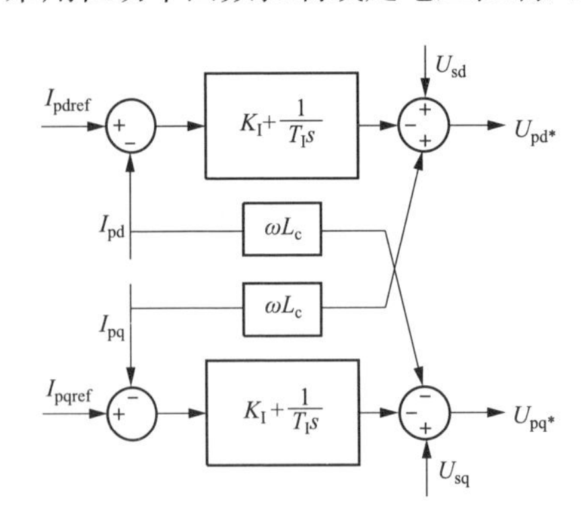

图 8-26　VSC 内环电流前馈解耦控制器

U_{sd}、U_{sq}和U_{pd*}、U_{pq*}—交流电网电压和 VSC 出口参考值电压的 d、q 轴分量；K_I、T_I—内环 PI 调节器的比例增益和积分时间常数

由于被控对象 VSC 输出有功与无功之间存在相互耦合，因此为消除有功与无功交互影响，提升功率控制的动态响应性能，在以交流电压 U_s 相量定位 d 轴的 $dq0$ 坐标系中，内环控制器采用如图 8-26 所示的电流前馈解耦控制。

依据内环电流前馈解耦控制器输出的 U_{pd*} 和 U_{pq*}，利用式（8-27）和式（8-28）计算 VSC 出口参考电压的幅值 U_{p*} 和相位 δ_{p*}。机电暂态仿真中，可忽略换流器高频触发的快速动态过程，因此，计算得到的参考值 U_{p*} 和 δ_{p*} 即为换流器出口电压运行值 U_p 和 δ_p。

$$U_{p*} = \sqrt{U_{pd*}^2 + U_{pq*}^2} \tag{8-27}$$

$$\delta_{p*} = \arctan\left(\frac{U_{pd*}}{U_{pq*}}\right) \tag{8-28}$$

8.3.2.5 区别于传统电源的光伏发电主要特征

与火电、水电等传统电源相比，光伏发电的主要差异化特征为：

（1）与传统发电机内电势相位受转子惯性制约无法突变不同，光伏发电单元出口电压的相位 δ_p 在 VSC 控制器作用下，可响应网络状态变化快速调节 $\Delta\delta_p$。在机电暂态尺度下，非短路故障引起的功率盈缺导致的电网频率动态变化过程中，其注入电网的有功呈现恒功率特征。

（2）与传统发电机基于转子旋转切割磁力线的电磁感应发电原理不同，光伏发电单元经 VSC 并网并通过调控出口电压调节输出功率，不具备转子动能改变抑制和缓冲电网频率变化的能力。

（3）与传统发电机响应电网频率变化可经一次调频调整有功出力不同，在 MPPT 或设定功率控制作用下，光伏发电与反映电网有功平衡的电气量之间无直接关联，无法感知电网状态变化而动态增减输出功率。

此外，除上述三个电气上的差异以外，在接入方式上，大容量光伏电站通常采用多点并网，与集中接入的传统电源对电网的潮流影响不同；在电气量偏差耐受能力上，基于电力电子器件的光伏发电过频、过压和低频、低压的耐受能力均弱于传统电源，扰动冲击下连锁脱网风险较大。

8.3.3 光伏对电网频率影响及缓解措施

8.3.3.1 光伏高渗透型电网

大量光伏并网将挤占传统水电、火电发电空间。受调峰能力等因素限制，部分传统电源被迫关停，电网的电源结构相应改变。光伏发电与传统电源之间的差异化特征，使电网受扰频率特性呈现出新的变化。以下针对传统电源以关停方式接纳光伏，结合 8.3.1 节所述典型响应轨迹的不同阶段，评估光伏并网对频率特性的影响。

包含 m 台传统电源和 n 组光伏的光伏高渗透型电网模型如图 8-27 所示。考虑光伏在传统电源并网母线接入，且注入功率 P_p 与发电机注入功率 P_e 一致，因此替换前后电网各母线电压幅值和相位相同。

8.3.3.2 光伏对电网频率特性的影响

（1）对频率变化第①阶段的影响。在母线 k 发生有功扰动 ΔP 的 t_{0+} 瞬间，与被替代的传统机组内电势相位维持不变不同，光伏发电单元出口母线电压会即时调节 $\Delta\delta_p$ 以维持有功平衡。因此，由式（8-16）和式（8-17）可以推导出机组 i 的电磁功率变化量 $\Delta P_{ei}(t_{0+})$，如式（8-29）所示。对比式（8-17）和式（8-29）

可以看出，由于光伏在快速控制下呈现恒功率特性，受此影响，传统机组会承担更多的初始不平衡功率。

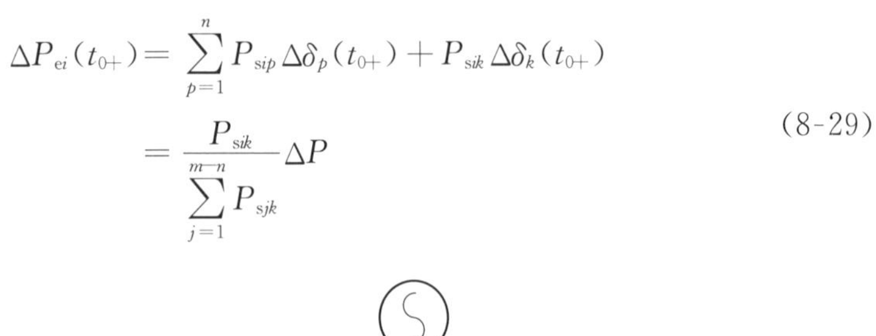

$$\Delta P_{ei}(t_{0+}) = \sum_{p=1}^{n} P_{sip}\Delta\delta_p(t_{0+}) + P_{sik}\Delta\delta_k(t_{0+}) = \frac{P_{sik}}{\sum\limits_{j=1}^{m-n} P_{sjk}}\Delta P \tag{8-29}$$

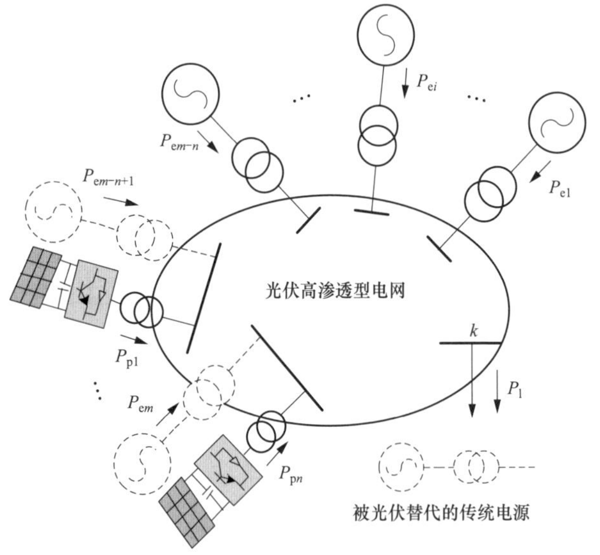

图 8-27　光伏高渗透型电网模型

此外，在频率变化的初始阶段，即 $\Delta f \approx 0$ 时，由式（8-18）可知，Δf 变化率主要取决于电网 T_J 大小。T_J 与 $d\Delta f/dt$ 之间具有如图 8-28 所示的非线性双曲变化规律，可以看出，光伏并网引起的电网惯性时间常数变化量 ΔT_J 作用于不同规模的电网，其产生的影响存在显著差异，对于传统电源装机容量较大 T_J 数值高的大规模电网，其影响不明显；对于传统电源装机容量较小 T_J 数值低的电网，其影响十分突出。由图 8-28 可以看出，惯性时间常数等量变化时，即 $\Delta T_{JL} = \Delta T_{JS}$，$d\Delta f_{S'}/dt$ 远大于 $d\Delta f_{L'}/dt$；等比例变化时，即 $\Delta T_{JL}/T_{JL} = \Delta T_{JS}/T_{JS}$，$d\Delta f_{S''}/dt$ 也明显大于 $d\Delta f_{L''}/dt$。因此，光伏高渗透并网引起的初始 $d\Delta f/dt$ 变化，会显著恶化小规模电网频率特性，大规模电网受影响程度则相对较小。

（2）对频率变化第②阶段的影响。以 MPPT 或设定功率为控制目标的光伏发电单元，不响应电网状态变化而调整功率。因此，其大量替代传统电源，将减小一次调频容量，电网抑制如图 8-22 所示 $t_a \to t_b$ 阶段频率跌落的能力相应减弱。受此影响，频率曲线拐点呈右移和下沉趋势，即拐点出现时刻延长和跌落幅度增加。极端情况下，若传统电源一次调频容量不足，则存在频率持续跌落引发电网频率崩溃的风险。在频率爬升恢复的 $t_b \to t_c$ 过程，惯性时间常数减小促使频率加快提升和一次调频容量减少滞缓频率提升两方面，共同作用并影响动态恢复过程。

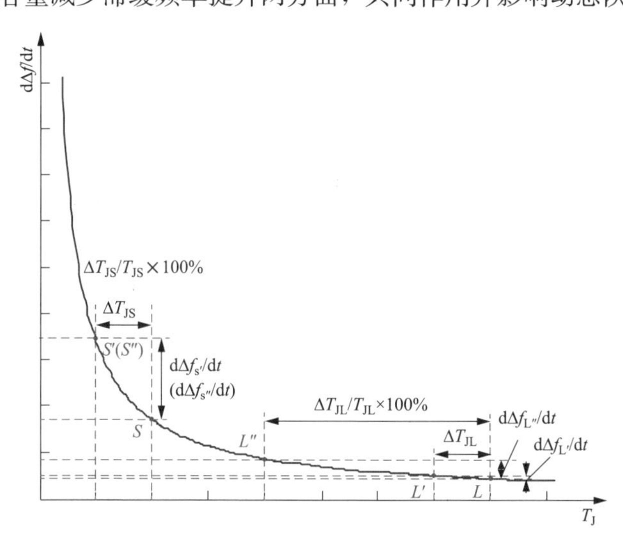

图 8-28　惯性时间常数 T_J 与频率偏差 Δf 变化率之间的趋势关系示意

（3）对频率变化第③阶段的影响。该阶段是频率慢速恢复阶段，若调频电厂容量充足，则在自动发电控制 AGC 作用下电网频率偏差可逐渐消除，光伏并网对这一过程无明显影响；若调频电厂容量不足，则频率持续存有偏差。

8.3.3.3　改善光伏高渗透型电网频率特性的措施

由式（8-11）和式（8-12）可以看出，为改善光伏高渗透电网频率特性，可从增大惯性时间常数、提升原动机机械功率调节性能和抑制发电机电磁功率变化三个方面采取措施。

对于光伏高渗透交直流混联电网，可利用如图 2-25 所示直流频率限制器 FLC，通过直流快速功率控制抑制发电机电磁功率变化，减小其与机械功率之间的偏差，从而改善电网频率特性。

8.3.4　光伏高渗透电网频率特性及措施效果验证

8.3.4.1　光伏高渗透型交直流混联电网

青藏高原太阳能资源十分丰富，近年来，西藏中部电网（简称藏中电网）光伏并网容量持续快速增长，从电源结构和出力占比上看，均已呈现出光伏高渗透特征。为提升光伏接纳和外送能力以及电网供电可靠性，投运许木—朗县—林芝—波密—左贡—芒康长距离 500kV 联网工程，如图 8-29 所示。工程投运后，藏中电网形成交直流混联新格局。

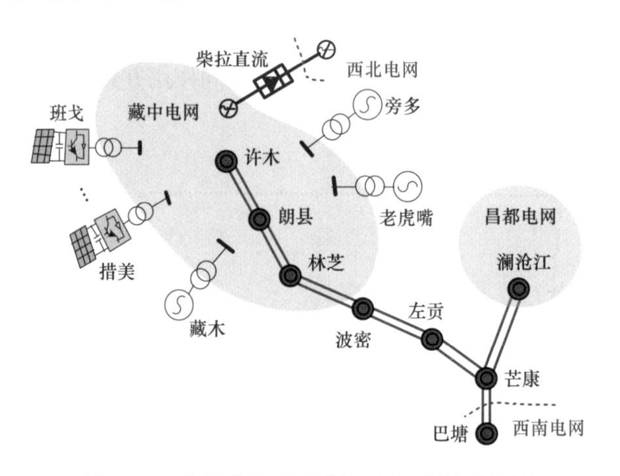

图 8-29　光伏高渗透型藏中交直流混联电网

藏中电网传统电源为水电，其中主力电站有接入 220kV 电网的藏木（6×85MW）、旁多（4×40MW）、多布（4×30MW）和老虎嘴（3×34MW）等电站，以及接入 110kV 电网的直孔和羊湖等电站。光伏电站包括班戈、拉孜、保利、措美等 25 座。

由于许木至芒康联网线路长约 966km，且存在同杆并架线路段，受恶劣的地质和气候条件影响，藏中电网存在较大孤网风险，频率稳定是威胁电网安全的重要因素。以下通过开停水电和增减光伏出力调整光伏渗透率，并维持林芝—波密交流线路和柴拉直流功率不变，在此条件下，考察林芝—波密线路无故障开断冲击下藏中孤岛电网低频和高频特性。

为讨论方便，定义光伏运行渗透率 ρ_o 如式（8-30）所示，即

$$\rho_o = \frac{P_{pv}}{P_{pv} + P_{gen}} \times 100\% \tag{8-30}$$

式中：P_{pv} 和 P_{gen} 分别为光伏和传统电源总发电功率。

8.3.4.2　枯水期受入方式下的低频特性

枯水期水电出力受限，藏中电网需受入电力以满足负荷用电需求。藏中电网总发电 655MW，柴拉直流停运，林芝—波密线路受入 28.2MW，占总发电量 4.3%。各水电机组均留有 5%旋转备用。对应光伏总出力 0MW，以及各光伏电站均匀增加出力至 100MW、200MW 和 300MW，即运行渗透率为 0、15.2%、

30.5%和45.8%四种情况，林芝—波密线路无故障开断后，电网各主要电气量暂态响应如图8-30所示。

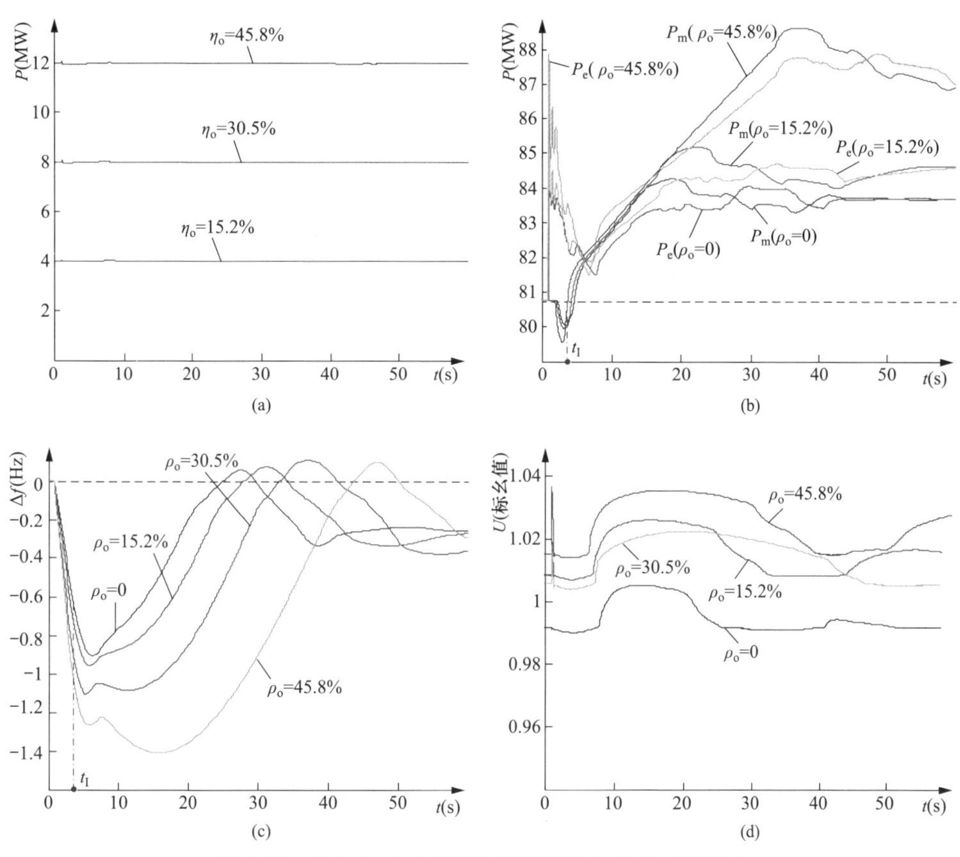

图8-30　受电方式下光伏高渗透藏中电网的低频特性

（a）班戈光伏电站输出功率；（b）藏木机组机械功率与电磁功率；

（c）藏木机组频率偏差；（d）藏中电网乃琼220kV电站电压

从图8-30中可以看出，功率缺额引起的低频动态过程中，受光伏电站快速控制维持有功功率输出基本恒定的影响，随光伏运行渗透率ρ_o提升，传统机组在扰动瞬间电磁功率增幅增大，对应分担的初始不平衡功率增加。在一次调频动作增加机械功率之前，如图中t_I时刻前，增大的初始不平衡功率使频率跌落速率加大。t_I时刻后，由于光伏不参与一次调频，因此随ρ_o提升，传统机组将承担更多的一次调频容量。频率跌落速率增大以及调节增加更多的响应滞后的机械功率两个方面共同作用，使频率跌落幅度增加且上升恢复过程趋缓。

8.3.4.3　丰水期外送方式下的高频特性

丰水期水电出力富裕，藏中电网需外送以满足电力消纳要求。藏中电网总发电 1072MW，柴拉直流送西北 300MW，林芝—波密交流线路外送 70MW，占总发电 6.5%。各水电机组均额定功率运行。对应光伏总出力 0MW，以及各光伏电站均匀增加出力至 300MW、400MW 和 500MW，即运行渗透率为 0、28.0%、37.3%和 46.6%四种情况，林芝—波密线路无故障开断后，电网各主要电气量暂态响应如图 8-31 所示。

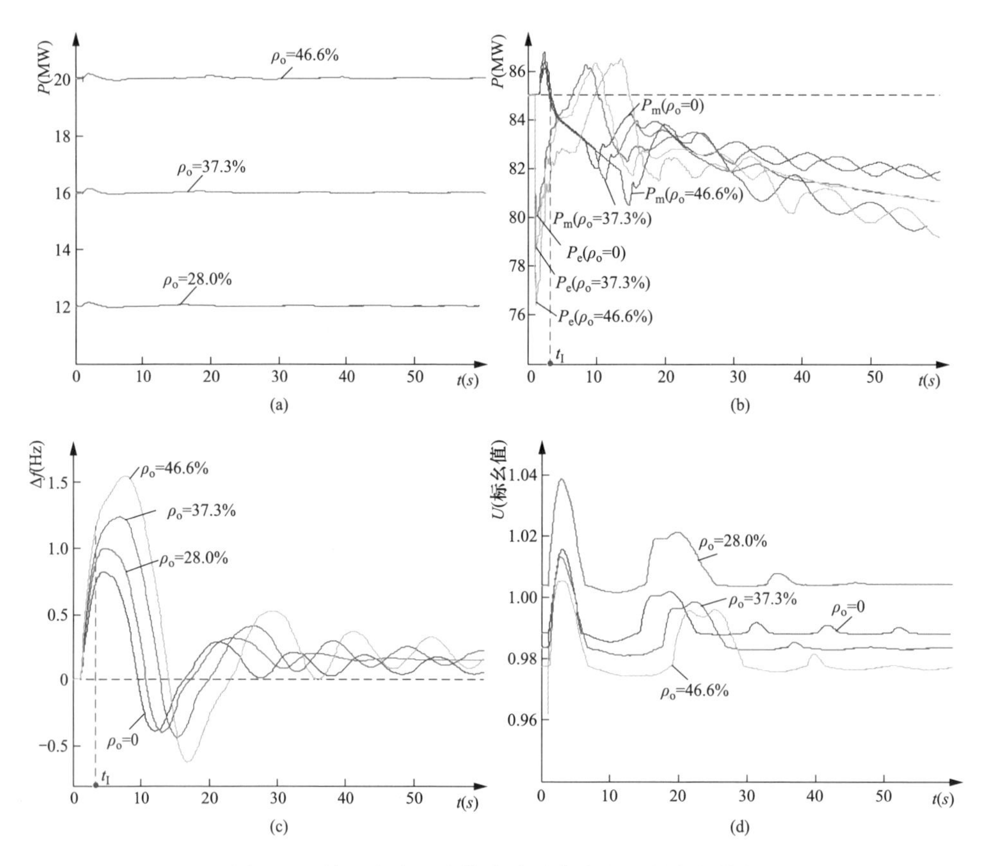

图 8-31　外送方式下光伏高渗透藏中电网的高频特性

（a）班戈光伏电站输出功率；（b）藏木机组机械功率与电磁功率；

（c）藏木机组频率偏差；（d）藏中电网乃琼 220kV 电站电压

从图 8-31 中可以看出，功率盈余引起的高频动态过程中，受光伏电站快速控制维持有功功率输出基本恒定的影响，传统机组在扰动瞬间电磁功率降幅加大，对应分担的初始不平衡功率增加。在一次调频动作减小机械功率之前，如图中 t_I 时刻前，增大的初始不平衡功率使频率上升速率加大。t_I 时刻后，由于光伏不参与一次调频，因此随运行渗透率提升，传统机组将承担更多的一次调频容量。频率上升速率增大以及调节减少更多的响应滞后的机械功率两个方面共同作用，使频率上升幅度增加且下降恢复过程趋缓。

以上针对实际电网的仿真结果，验证了光伏高渗透对频率动态特性影响分析的正确性，即从单机个体角度上看，初始不平衡功率和一次调频调节容量增加两个方面共同作用，将增大频率偏差幅度和延长频率恢复过程，使频率特性恶化；从电网整体角度上看，电网惯性时间常数减小和一次调频总容量减少，将导致频率变化速率增大、恢复能力减弱。为改善藏中光伏高渗透交直流混联电网频率特性，柴拉直流可利用 FLC 功能，以增强不平衡功率补偿能力。

8.3.4.4 直流 FLC 控制效果的仿真验证

以 8.3.4.3 小节所述外送方式为例，柴拉直流有无配置 f_b 取值为 0.05Hz 的 FLC，林芝—波密线路无故障开断冲击下，电网暂态响应对比如图 8-32 所示。

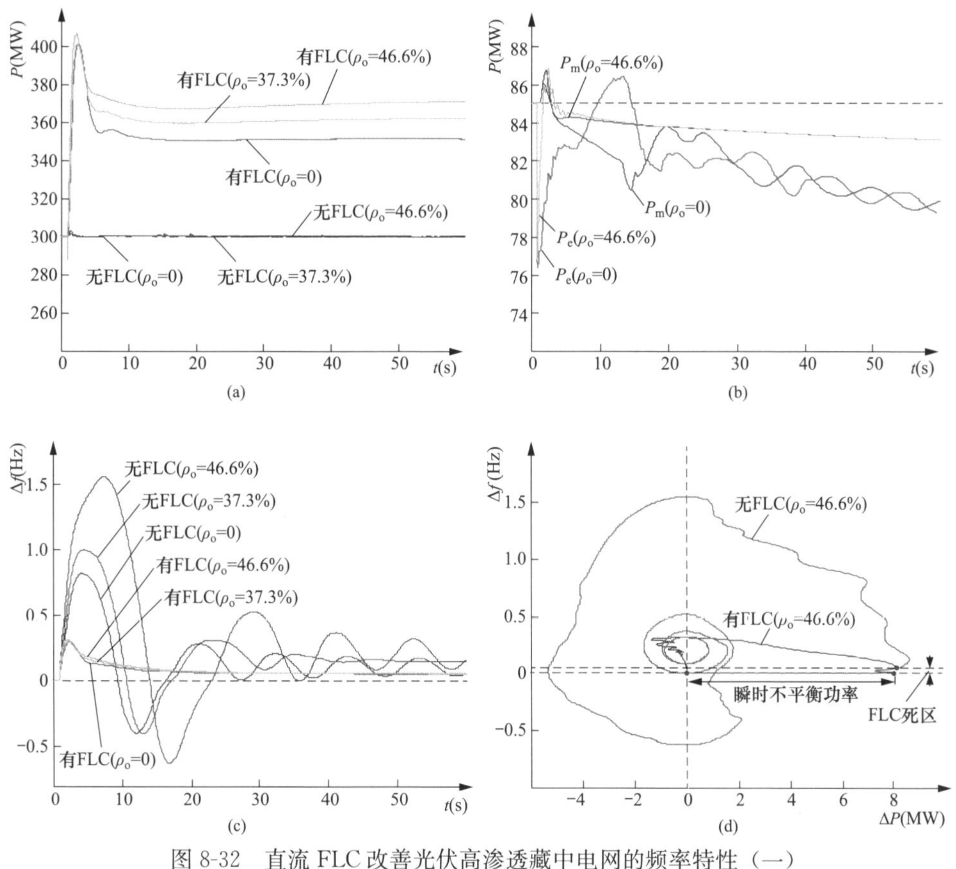

图 8-32 直流 FLC 改善光伏高渗透藏中电网的频率特性（一）

（a）柴拉直流功率；（b）藏木机组机械功率与电磁功率；

（c）藏木机组频率偏差；（d）藏木机组 $\Delta P-\Delta f$ 变化轨迹

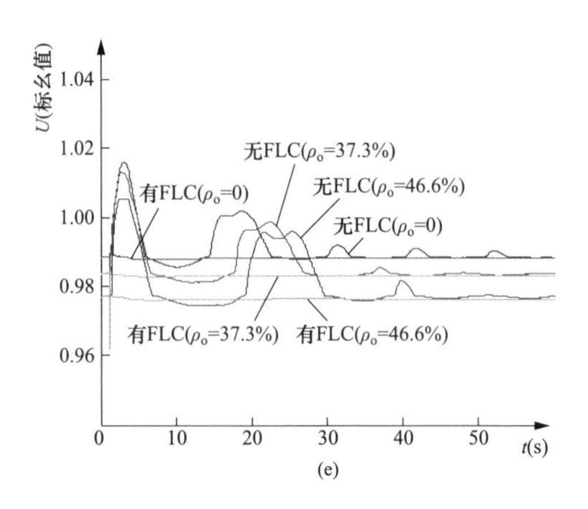

图 8-32 直流 FLC 改善光伏高渗透藏中电网的频率特性（二）

(e) 藏中电网乃琼 220kV 电站电压

从图中可以看出，扰动瞬间受死区限制 FLC 未动作，机组分担的初始不平衡功率基本不变，但随着频率偏差增大，直流功率快速提升则可相应增加机组电磁功率进而消除不平衡功率，显著抑制高频偏差幅度，改善频率恢复特性。配置 FLC 后，光伏运行渗透率对频率恢复特性无明显影响，直流稳态调节容量随渗透率增大有所增加以补偿关停机组减少的一次调频容量。

参考文献

[1] 刘取. 电力系统稳定性及发电机励磁控制［M］. 北京：中国电力出版社，2007.

[2] 杨浩，张保会，宋云亭，等. 解列后孤岛频率电压相互作用仿真及机理探讨［J］. 电网技术，2013，37（12）：3503-3508.

[3] 郑超，陈湘. PSS 选型对孤岛电网频率稳定性影响机理［J］. 电网技术，2016，40（1）：214-219.

[4] 何仰赞，温增银. 电力系统分析（下册）［M］. 武汉：华中科技大学出版社，2009.

[5] 郑超，刘柏私，摆世彬，等. 柔直异步互联后送端区域电网动态特性变化及稳定控制［J］. 全球能源互联网，2018，1（2）：27-34.

[6] 陈磊，路晓敏，陈亦平，等. 多机系统超低频振荡分析与等值方法［J］. 电力系统自动化，2017，41（22）：10-15，25.

[7] 王官宏，于钊，张怡，等. 电力系统超低频频率振荡模式排查及分析［J］. 电网技术，2016，40（8）：2324-2329.

[8] 陈国平，李明节，许涛，等. 关于新能源发展的技术瓶颈研究［J］. 中国电机工程学报，2017，37（1）：20-26.

[9] 秦晓辉，苏丽宁，迟永宁，等. 大电网中虚拟同步发电机惯量支撑与一次调频功能定位

辨析［J］．电力系统自动化，2018，42（9）：36-43．

［10］孙骁强，刘鑫，程松，等．光伏逆变器参与西北送端大电网快速频率响应能力实测分析［J］．电网技术，2017，41（9）：25-31．

［11］王梅义，吴竞昌，蒙定中．大电网系统技术［M］．北京：水利电力出版社，1991．

［12］《电力系统调频与自动发电控制》编委会．电力系统调频与自动发电控制［M］．北京：中国电力出版社，2006．

［13］丁明，王伟胜，王秀丽，等．大规模光伏发电对电力系统影响综述［J］．中国电机工程学报，2014，34（1）：1-14．

［14］郑超，林俊杰，赵健，等．规模化光伏并网系统暂态功率特性及电压控制［J］．中国电机工程学报，2015，35（5）：1059-1071．

［15］刘东冉，陈树勇，马敏，等．光伏发电系统建模综述［J］．电网技术，2011，35（8）：47-52．

［16］焦阳，宋强，刘文华．光伏电池实用仿真模型及光伏发电系统仿真［J］．电网技术，2010，34（11）：198-202．

［17］郑超，王士元，张波琦，等．光伏高渗透电网动态频率特性及应对措施［J］．电网技术，2019，43（11）：4064-4073．

9 直流参与稳定控制技术需求及在线动态安全分析与预警系统

9.1 直流参与稳定控制的技术需求

9.1.1 总的技术需求

混联大电网受扰动态过程中交直流耦合作用，使电网稳定态势更趋复杂。直流作为直接连接送、受端电网的输电线路，其多速率、大容量、多类型功率调控能力，是实现电网柔性控制和智能控制的重要手段。扬灵活可控之所长，避耦合作用之所短，则可提升混联电网送、受电能力和连续稳定运行能力。

为促进直流参与电网稳定控制的工程应用，改善混联电网多形态稳定性，需要在深度认知混联大电网动态行为特性机理、优化规划混联大电网结构、协调控制交直流及多直流、改进换流器本体性能，以及构建混联大电网在线动态安全分析与预警系统等方向上，进一步加强关键技术研究。

9.1.2 深度认知动态行为特性机理

加强对交直流混联大电网动态行为特性的认知，揭示稳定机理、识别关键特征量、建立评价体系、探究控制方法，是直流参与电网稳定控制的必要前提与基础。

为此，在混联大电网动态行为特性方面，应深入认知受扰后交流电网电压、频率等电气量不同速率波动过程中，直流功率响应特性、送受端扰动传递特性及关键影响因素；在稳定机理方面，揭示不同混联格局下，交直流和多直流交互耦合的闭环反馈机制及其对多形态稳定性威胁；在关键特征量方面，识别可表征混联电网稳定水平的高灵敏可观量，以及具有最优控制效果的可控量；评价体系方面，建立基于交直流电气量受扰轨迹且适应不同混联结构的多形态稳定性定量评价指标，及其与直流功率调控量之间的关联映射关系；在控制方法方面，探究直流调控容量和调控速率综合优化方法，满足多形态稳定控制及故障恢复性能需求。

9.1.3 优化规划交直流混联电网结构

构建坚强的电网结构是电网灵活可控和安全稳定运行的物质基础，是电力系统安全保障体系（主动安全）的第一道防线。在传统输电网规划技术的基础上，为适应直流参与电网稳定控制，需加强以下关键规划技术研究，包括：

（1）建立输电网潮流转运与汇集能力评价方法。综合考虑直流线路落点，构建适应直流功率紧急控制，具有潮流灵活转运与大容量汇集能力的交流主干输电网，降低潮流转移诱发连锁故障的风险，减少主干输电网无功损耗。

（2）建立主干输电网整体加强与局部简化协调方法。构建坚强的混联大电网，提升抗扰冲击能力；同时简化换流站局部网架结构，控制短路电流水平，避免混联大电网稳定水平因扰动冲击程度增大和交直流耦合效应增强而降低。

（3）建立混联电网电压支撑能力评估方法。定量分析交流线路对换流站落点电网的电压支撑能力，指导动态无功补偿装置优化应用，为直流功率控制提供坚强的交流电压支撑。

9.1.4 协调控制交直流及多直流

随着电网发展，交直流混联单一格局特征趋于向多格局特征共存演变，受扰后混联电网稳定态势趋于复杂化。与此同时，直流送受端、多级输电断面以及关键交流线路等稳定约束瓶颈之间的关联耦合性增强。在此背景下，需要加强交流与直流、直流与直流之间协调控制，使控制作用同调一致，效果叠加递增。

为此，需开展基于稳定灵敏度的调控直流筛选方法、基于广域及局部受扰信息的直流功率智能调控策略、适应混联大电网多断面多形态稳定约束的综合协调控制技术、直流调控与交流二、三道防线协同防御、大扰动交直流协调恢复方案，以及交直流和多直流协调控制中心功能及架构设计等相关方面的研究工作。

9.1.5 改进直流换流器本体性能

伴随有功传输的电流源换流器大量无功消耗，是混联电网电压稳定的重要威胁因素；电流源换流器桥臂之间自然换相，是逆变器发生换相失败的根本原因。直流功率调控，将改变换流器无功消耗以及逆变站熄弧角等电气量动态过渡特性，存在弱化电压稳定和诱发换相失败的影响。

改进换流器本体性能，减少无功消耗、实现自换相，则可缓解交直流耦合，消除直流功率调控对交流电网电压稳定和直流逆变器换相的不利影响。为此，应加强大容量电容换相换流器或可控电容换相换流器技术，以及基于全控型电压源换流器的高压直流输电技术的研究与应用。

9.1.6 构建混联大电网在线动态安全分析与预警系统

构建交直流混联大电网在线动态安全分析与预警系统，基于实时运行工况在线识别电网运行状态、快速筛选威胁故障、动态调整交直流控制策略，是实现直流参与混联电网稳定控制的重要决策支撑系统。

9.2 交直流混联大电网在线动态安全分析与预警系统

9.2.1 安全分析与预警系统功能

在线动态安全分析与预警系统，以交直流混联电网实时运行数据以及高性能并行计算机机群为基础，包括平台支持子系统、电网安全稳定评估预警与辅助决策子系统，以及人机界面可视化子系统三个主要组成部分，各部分通过命令、数据以及通信进行交互，构成功能完备、运行可靠、执行有序、性能高效的电力系统实时安全稳定分析工具。在线动态安全分析与预警系统实时评估电网安全稳定水平，发现电网稳定隐患，为提高电网运行决策的科学性和预测性、挖掘电网输电能力、合理安排和优化电网运行方式、实现资源优化配置、改善电网稳定水平以及电力市场环境下的调度能力，提供有效的技术支持。

在线动态安全分析与预警系统的建设，是涵盖多学科、多专业领域相关理论和技术的一项复杂工程，包括电力系统稳态和暂态建模、电网安全稳定分析与运行控制，以及面向计算机机群的并行计算和通信等。

系统以高性能分布式并行计算机机群、高效的任务调度管理软件以及安全、可靠的通信协议为支撑，以电网实时运行数据为基础，利用静态安全分析、大扰动时域仿真以及小扰动频域扫描等电力系统安全稳定分析工具，采用周期性触发和/或人工触发方式，对电网实时运行状态进行全面安全稳定性评估，搜寻导致电网由正常运行状态转换为警戒状态、紧急状态乃至极端紧急状态的潜在威胁故障，并通过可视化系统向调度运行人员展示相应的预防控制、紧急控制等辅助调节和控制策略。

在线动态安全分析与预警系统总体功能结构及相互关系如图 9-1 所示。其中，主要包括由实时动态数据整合平台、在线和离线分布式并行计算平台组成的平台支持子系统，各种电力系统分析计算工具构成的电网安全稳定评估预警与辅助决策子系统，以及执行系统配置和预警信息显示的人机界面可视化子系统。系统设置三种不同工作模式，即在线运行模式、在线研究模式和离线研究模式，以满足各种分析计算对高性能并行计算机机群高效利用的需求。

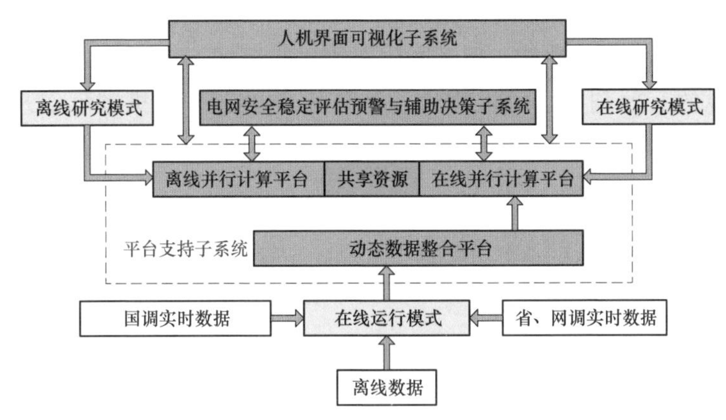

图 9-1　在线动态安全分析与预警系统总体功能结构

9.2.2　功能的主导设计思想

综合考虑交直流混联电网安全稳定分析对计算模型完整性的要求，在线运行对系统效率、稳定性和可靠性的严格限制，以及系统升级、维护对灵活性的需求，以“数据共享、在线应用、平台开放、组件集成”为主导思想设计相关功能。

为获取准确的交直流混联电网稳定分析结论，需要以完整、详尽的网络模型为基础，试图以静态或动态等值进行网络简化的技术措施，都可能导致错误的分析结论。“数据共享”就是指系统中数据源均采用开放式在线数据源，经数据整合获取目标网架完整的在线实时模型。

“在线应用”的目标是最大程度地提高系统运行效率和稳定性。包括采用计算任务预分配、数据触发计算等机制精简支持平台工作流程；利用固定数据预分发、在线动态数据广播传送高效配置数据；缩减安全稳定评估软件非必要执行流程三个主要技术措施。

“平台开放、组件集成”式系统，可根据电网安全稳定评估具体需求，方便的集成各种分析计算工具。当需求变化时，不必重新开发系统，仅需对相关配置进行改动，在保持系统结构稳定的基础上实现平滑升级。

9.2.3　平台支持子系统

9.2.3.1　平台支持子系统的硬件架构

交直流混联电网在线动态安全分析与预警系统中，平台支持子系统的主要硬件包括动态数据服务器、调度管理服务器、历史数据服务器、并行计算节点机群及网络连接交换机等。系统的硬件架构如图 9-2 所示，其中并行计算节点机群分为在线运行机群与离线、在线研究机群两部分，前者以在线实时数据为基础，周期性评估电网安全稳定性能，后者则主要用于交互式、离线研究型的电网分析。为实现资源的有效利用，两机群通过计算任务动态分配机制可实现部分资源共享。

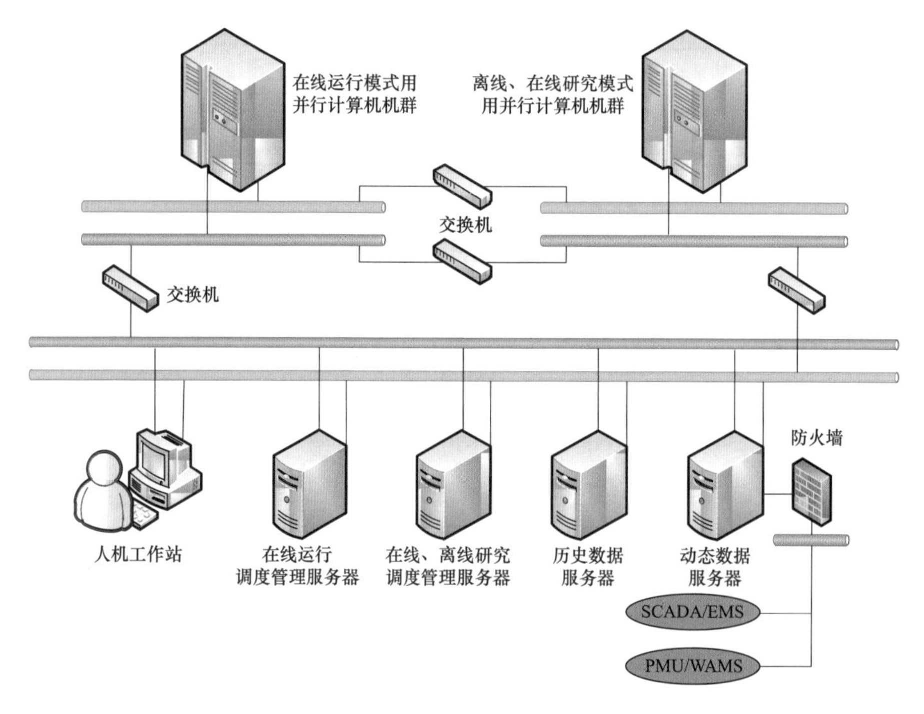

图 9-2　平台支持子系统的硬件架构

动态数据服务器接收 SCADA/EMS、PMU/WAMS 等数据源提供的电网实时运行数据，经数据整合后形成安全稳定评估客户端软件的输入数据文件和控制文件。并播发给调度服务器和历史数据服务器。

调度管理服务器负责人机工作站、动态数据服务器、并行计算机机群以及历史数据服务器之间的控制指令、计算数据和计算结果等信息的交互，以及电网安全稳定评估计算任务的协调与调度。调度管理服务器是整个系统的中枢环节。

并行计算机机群由多台计算节点通过高速网络互连而成，调用客户端软件执行电网安全稳定评估。计算节点接收调度服务器的启动计算指令，并将计算结果返回调度服务器。计算节点可同时运行多个计算进程或线程。

历史数据服务器接收在线计算相关数据文件，回收实时计算结果，并存储至指定路径，以满足人机工作站对历史信息查询的需求。

人机工作站一方面是系统维护、配置和管理的终端，另一方面是预警、决策信息的展示平台。

为提高系统的可靠性，调度管理服务器、动态数据服务器以及人机工作站均配置 2 台服务器，互为冗余，同时每个服务器至少配置 2 张千兆网卡，并由两个交换机互联，实现对网络和通信方式的硬件冗余配置。

9.2.3.2 平台支持子系统的软件功能

平台支持子系统软件功能如图 9-3 所示，包括动态数据整合、计算任务调度分配机制的实现、数据传输、计算时序控制等。各功能均由网络通信服务支持，错误则提交至异常处理模块处置。

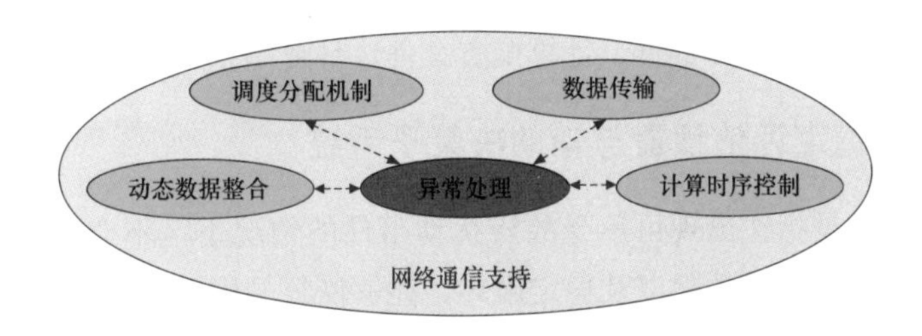

图 9-3 平台支持子系统的软件功能

动态数据整合以分层、分区采集的电网实时运行数据和离线数据为基础数据源，以生成具有较好收敛性与准确性的交直流混联电网稳态计算数据，以及具有详细动态模型的暂态计算数据为目标，为电网安全稳定评估预警与辅助决策子系统提供完备的网络模型。其主要流程如图 9-4 所示，包括在线坏数据及冗余数据过滤、网络拓扑分析、数据映射与整合等。

调度分配机制包括并行计算机机群的计算节点资源分配和电网稳定评估计算任务分配两个方面。以资源充分利用，整体效率最优为基本原则，为每一个计算节点机分配一定数量和类别的计算任务。

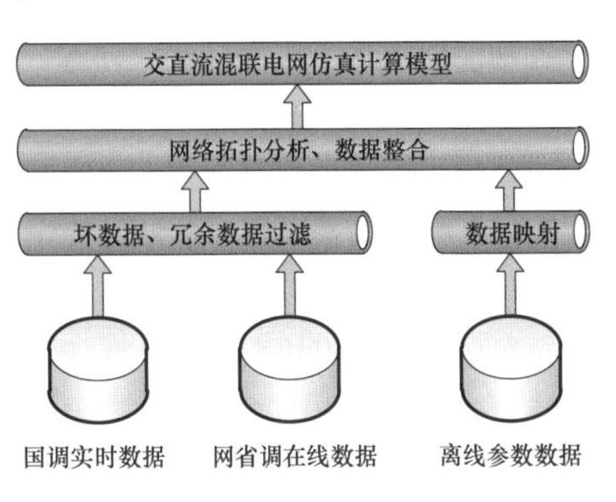

图 9-4 动态数据整合流程图

按照“平台开放、组件集成”的设计思想，支持平台可集成多软件厂商、多种类别的稳定评估软件。计算时序控制协调不同软件厂商以及同一软件厂商不同类别软件的执行流程。如图 9-5 所示，在一次计算周期内，由数据触发启动计算，顺序执行各厂商及不同类别的稳定评估软件，前一厂商计算完成或超时方能触发后一厂商的计算。

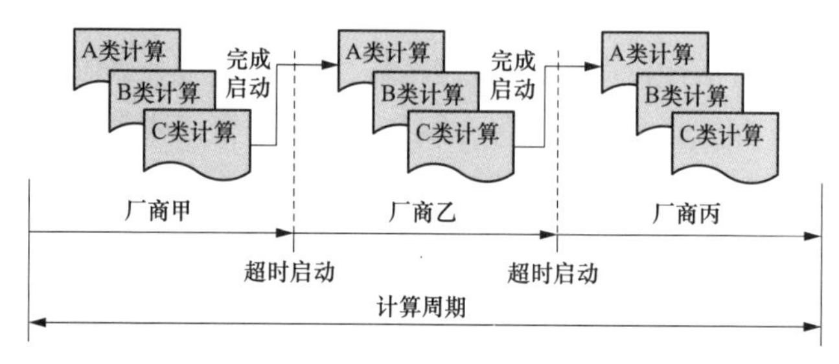

图 9-5　计算时序控制

数据传输管理主要负责调度管理服务器、并行计算机机群、历史数据服务器以及人机工作站之间计算数据、计算配置文件、计算结果等的发送与回收。

9.2.4　安全稳定评估预警与辅助决策子系统

安全稳定性是指在出现可承受故障扰动事件的情况下，不会导致负荷损失、元件过载、电压和频率越限以及稳定破坏，能够恢复故障后稳定运行的能力。安全稳定水平，需要利用各种软件，对电网进行多层面、多角度的综合计算与分析。各种离线分析计算软件，并非简单的移植即可满足在线运行条件下对安全稳定评估的要求，需在软件的数据接口、运行效率和可靠性、计算结果智能分析及辅助决策支持等方面做进一步的开发与完善。

在线安全稳定评估预警与辅助决策子系统的主要功能如图 9-6 所示，其中评估预警主要包括暂态稳定评估、短路电流评估、小干扰稳定评估、断面极限功率评估以及热稳定评估等模块；辅助决策支持针对预警信息，提供对应的调整策略。各功能模块均采用文件接口方式，由命令行启动，无需数据库支持。在“平台开发、组件集成”式平台的支持下，可方便地定制和增减各种功能模块。

快速故障筛选模块采用暂态稳定性量化判别指标，对交直流混联电网大量预想故障进行快速筛选，将可能威胁稳定性的故障输出至暂态稳定评估模块做进一步详细仿真分析。故障筛选是提高暂态稳定评估效率的有效措施。

暂态稳定评估模块采用任务并行计算模式，对人工设置的指定故障集以及快速故障筛选模块输出的威胁电网稳定性的故障集进行详细时域仿真。在离线软件的基础上，可增加基于网络拓扑自动分析的交直流混联电网故障解列后暂态稳定判别、基于振荡机群自动辨识的动态稳定判别，以及同步电网中最大发电机功角

差大于设定阈值 δ_{max} 的暂态稳定判别、枢纽母线电压低于设定门槛值 U_{low} 且持续时间超过设定时长 t_d 的电压稳定判别等实用判据，以提高计算自动分析能力和计算效率。

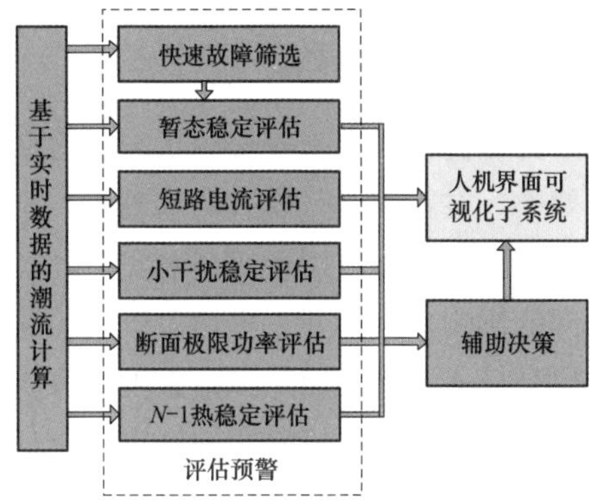

图 9-6　安全稳定预警与辅助决策子系统

短路电流评估模块采用配置文件的方式，实现对短路计算条件、扫描区域和电压等级、故障形式以及母线开关遮断容量的灵活设置。并对短路电流超过遮断容量指定百分比的母线，给出预警信息。

小干扰稳定评估采用 Arnoldi 特征根搜索算法，依据参与计算的节点机资源，动态划分搜索频段以实现多节点机快速并行计算，并对搜索重根进行筛选处理。此外，参考专家经验，实现机电振荡模式中相对振荡机群自动识别。

断面极限功率评估是以在线运行方式为基础，在发生预想事故后能够保持稳定运行的前提下，计算各重要输电断面的最大传送功率。断面极限功率是输电能力的直接反映。其计算方法是依据指定预想故障集的稳定计算结果，在保持发电与负荷功率平衡的前提下，逐步调节断面送受端功率水平以搜索功率极值。调节过程中需要综合考虑电压水平、负荷分布、开机方式以及机组出力特性等因素。

辅助决策模块是根据在线稳定评估分析的结果，针对在线运行方式中存在的稳定裕度不足的情况，通过进一步的搜索分析和计算，提出发电机出力调整等预防性控制措施或优化措施，形成保障电网安全的最佳运行方案，为调度提供决策支持。在暂态稳定与动态稳定辅助决策系统中，结合实际工程经验，由程序自动利用受扰后元件的动态信息，如电压、功角等，搜寻振荡中心及振荡机群、低电压区域，并由此确定可调范围、可调元件及调节策略。

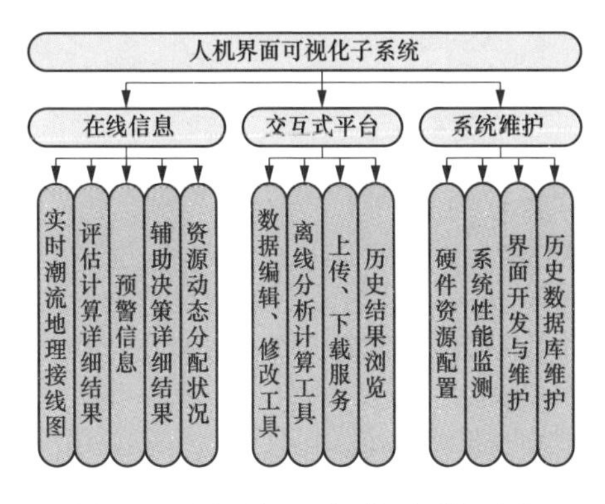

图 9-7　人机界面可视化子系统功能

9.2.5　人机界面可视化子系统

运行于人机工作站的可视化人机界面子系统，采用多文档视图窗体 MDI 风格设计，基本要求是风格美观和大方、整体布局合理，便于使用和操作。人机界面子系统的主要功能如图 9-7 所示，包括在线信息显示、交互式平台以及系统维护等三个主要部分。此外，在人机工作站上安装有各种离线分析计算工具，以完成单机模式下的计算任务。

9.2.6 在线和离线研究模式

为提高在线动态安全分析与预警系统的灵活性以及并行计算机机群资源的利用效率，在在线运行模式的基础上，设计在线研究和离线研究两种附加模式。在线研究模式主要应用于对当前实时计算数据做人工修改，以考察运行方式调整对电网的影响，例如开关投切对母线短路电流影响、线路开断对稳定性影响等；离线研究模式则主要用于提高大批量分析计算的效率，如年度方式计算等，使电网分析人员从基于单机模式的繁重计算任务中解脱出来。如图 9-1 所示，研究模式下通过人机界面修改在线数据或提交离线计算数据，在平台支持子系统的支撑下完成设定的评估计算任务并回收和显示结果。

参考文献

[1] 汤涌. 电力系统安全稳定综合防御体系框架 [J]. 电网技术，2012，36 (8)：1-5.

[2] 杨以涵，张东英. 大电网安全防御体系的基础研究 [J]. 电网技术，2004，28 (9)：23-27.

[3] 严剑峰，于之虹，田芳，等. 电力系统在线动态安全评估与预警系统 [J]. 中国电机工程学报，2008，28 (34)：87-93.

[4] 郑超，侯俊贤，严剑峰，等. 在线动态安全评估与预警系统的功能设计与实现 [J]. 电网技术，2010，34 (3)：55-60.

索　　引